“十三五”国家重点出版物出版规划项目

持久性有机污染物
POPs研究系列专著

新型有机污染物的环境行为

王亚韡　曾力希　杨瑞强　张海燕/著

科学出版社
北京

内 容 简 介

2004 年 11 月《斯德哥尔摩公约》正式对我国生效，我国面临履约及削减 POPs 的巨大挑战，缺乏对我国 POPs 生态风险评价的基础数据和 POPs 的基础研究相对薄弱是我国履约及控制 POPs 环境污染的最大障碍。最近几年，随着国际公约的推动，公约 POPs 候选物质以及相关物质的研究日益成为环境科学研究的焦点问题之一。本书较系统地介绍了从 2009 年第四次《斯德哥尔摩公约》缔约方大会会议以来新增 POPs 的背景信息、分析方法、环境行为以及毒性毒理学效应等方面的研究进展。

本书可作为有机污染物环境分析、环境监测、环境管理领域的科研人员和学生的学习参考用书，也可供其他相关领域的科研人员和政府管理决策者参考阅读。

图书在版编目（CIP）数据

新型有机污染物的环境行为/王亚韡等著. —北京：科学出版社，2018.6

（持久性有机污染物（POPs）研究系列专著）

“十三五”国家重点出版物出版规划项目

ISBN 978-7-03-057423-7

Ⅰ. ①新… Ⅱ. ①王… Ⅲ. ①有机污染物–研究 Ⅳ. ①X5

中国版本图书馆 CIP 数据核字(2018)第 103829 号

责任编辑：朱 丽 杨新政 / 责任校对：张怡君

责任印制：肖 兴 / 封面设计：黄华斌

科学出版社出版

北京东黄城根北街 16 号

邮政编码：100717

http://www.sciencep.com

北京厚诚则铭印刷科技有限公司印刷

科学出版社发行 各地新华书店经销

*

2018 年 6 月第 一 版 开本：720×1000 1/16

2024 年 7 月第二次印刷 印张：20 插页 2

字数：378 000

定价：128.00 元

《持久性有机污染物（POPs）研究系列专著》丛书编委会

丛 书 序

持久性有机污染物（persistent organic pollutants，POPs）是指在环境中难降解（滞留时间长）、高脂溶性（水溶性很低），可以在食物链中累积放大，能够通过蒸发–冷凝、大气和水等的输送而影响到区域和全球环境的一类半挥发性且毒性极大的污染物。POPs 所引起的污染问题是影响全球与人类健康的重大环境问题，其科学研究的难度与深度，以及污染的严重性、复杂性和长期性远远超过常规污染物。POPs 的分析方法、环境行为、生态风险、毒理与健康效应、控制与削减技术的研究是最近 20 年来环境科学领域持续关注的一个最重要的热点问题。

近代工业污染催生了环境科学的发展。1962 年，*Silent Spring* 的出版，引起学术界对滴滴涕（DDT）等造成的野生生物发育损伤的高度关注，POPs 研究随之成为全球关注的热点领域。1996 年，*Our Stolen Future* 的出版，再次引发国际学术界对 POPs 类环境内分泌干扰物的环境健康影响的关注，开启了环境保护研究的新历程。事实上，国际上环境保护经历了从常规大气污染物（如 SO_2、粉尘等）、水体常规污染物［如化学需氧量（COD）、生化需氧量（BOD）等］治理和重金属污染控制发展到痕量持久性有机污染物削减的循序渐进过程。针对全球范围内 POPs 污染日趋严重的现实，世界许多国家和国际环境保护组织启动了若干重大研究计划，涉及 POPs 的分析方法、生态毒理、健康危害、环境风险理论和先进控制技术。研究重点包括：①POPs 污染源解析、长距离迁移传输机制及模型研究；②POPs 的毒性机制及健康效应评价；③POPs 的迁移、转化机理以及多介质复合污染机制研究；④POPs 的污染削减技术以及高风险区域修复技术；⑤新型污染物的检测方法、环境行为及毒性机制研究。

20 世纪国际上发生过一系列由于 POPs 污染而引发的环境灾难事件（如意大利 Seveso 化学污染事件、美国拉布卡纳尔镇污染事件、日本和中国台湾米糠油事件等），这些事件给我们敲响了 POPs 影响环境安全与健康的警钟。1999 年，比利时鸡饲料二噁英类污染波及全球，造成 14 亿欧元的直接损失，导致该国政局不稳。

国际范围内针对 POPs 的研究，主要包括经典 POPs（如二噁英、多氯联苯、含氯杀虫剂等）的分析方法、环境行为及风险评估等研究。如美国 1991～2001 年的二噁英类化合物风险再评估项目，欧盟、美国环境保护署（EPA）和日本环境厅先后启动了环境内分泌干扰物筛选计划。20 世纪 90 年代提出的蒸馏理论和蚂蚱跳效应较好地解释了工业发达地区 POPs 通过水、土壤和大气之间的界面交换而长距离迁移到南北极等极地地区的现象，而之后提出的山区冷捕集效应则更加系统地解释了高山地区随着海拔的增加其环境介质中 POPs 浓度不断增加的迁移机理，从而为 POPs 的全球传输提供了重要的依据和科学支持。

2001 年 5 月，全球 100 多个国家和地区的政府组织共同签署了《关于持久性有机污染物的斯德哥尔摩公约》（简称《斯德哥尔摩公约》）。目前已有包括我国在内的 179 个国家和地区加入了该公约。从缔约方的数量上不仅能看出公约的国际影响力，也能看出世界各国对 POPs 污染问题的重视程度，同时也标志着在世界范围内对 POPs 污染控制的行动从被动应对到主动防御的转变。

进入 21 世纪之后，随着《斯德哥尔摩公约》进一步致力于关注和讨论其他同样具 POPs 性质和环境生物行为的有机污染物的管理和控制工作，除了经典 POPs，对于一些新型 POPs 的分析方法、环境行为及界面迁移、生物富集及放大，生态风险及环境健康也越来越成为环境科学研究的热点。这些新型 POPs 的共有特点包括：目前为正在大量生产使用的化合物、环境存量较高、生态风险和健康风险的数据积累尚不能满足风险管理等。其中两类典型的化合物是以多溴二苯醚为代表的溴系阻燃剂和以全氟辛基磺酸盐（PFOS）为代表的全氟化合物，对于它们的研究论文在过去 15 年呈现指数增长趋势。如有关 PFOS 的研究在 Web of Science 上搜索结果为从 2000 年的 8 篇增加到 2013 年的 323 篇。随着这些新增 POPs 的生产和使用逐步被禁止或限制使用，其替代品的风险评估、管理和控制也越来越受到环境科学研究的关注。而对于传统的生态风险标准的进一步扩展，使得大量的商业有机化学品的安全评估体系需要重新调整。如传统的以鱼类为生物指示物的研究认为污染物在生物体中的富集能力主要受控于化合物的脂–水分配，而最近的研究证明某些低正辛醇–水分配系数、高正辛醇–空气分配系数的污染物（如 HCHs）在一些食物链特别是在陆生生物链中也表现出很高的生物放大效应，这就向如何修订污染物的生态风险标准提出了新的挑战。

作为一个开放式的公约，任何一个缔约方都可以向公约秘书处提交意在将某一化合物纳入公约受控的草案。相应的是，2013 年 5 月在瑞士日内瓦举行的缔约方大会第六次会议之后，已在原先的包括二噁英等在内的 12 类经典 POPs 基础上，新增 13 种包括多溴二苯醚、全氟辛基磺酸盐等新型 POPs 成为公约受控名单。目前正在进行公约审查的候选物质包括短链氯化石蜡（SCCPs）、多氯萘（PCNs）、六氯丁二烯（HCBD）及五氯苯酚（PCP）等化合物，而这些新型有机污染物在我国均有一定规模的生产和使用。

中国作为经济快速增长的发展中国家，目前正面临比工业发达国家更加复杂的环境问题。在前两类污染物尚未完全得到有效控制的同时，POPs 污染控制已成为我国迫切需要解决的重大环境问题。作为化工产品大国，我国新型 POPs 所引起的环境污染和健康风险问题比其他国家更为严重，也可能存在国外不受关注但在我国环境介质中广泛存在的新型污染物。对于这部分化合物所开展的研究工作不但能够为相应的化学品管理提供科学依据，同时也可为我国履行《斯德哥尔摩公约》提供重要的数据支持。另外，随着经济快速发展所产生的污染所致健康问题在我国的集中显现，新型 POPs 污染的毒性与健康危害机制已成为近年来相关研究的热点问题。

随着 2004 年 5 月《斯德哥尔摩公约》正式生效，我国在国家层面上启动了对 POPs 污染源的研究，加强了 POPs 研究的监测能力建设，建立了几十个高水平专业实验室。科研机构、环境监测部门和卫生部门都先后开展了环境和食品中 POPs 的监测和控制措施研究。特别是最近几年，在新型 POPs 的分析方法学、环境行为、生态毒理与环境风险，以及新污染物发现等方面进行了卓有成效的研究，并获得了显著的研究成果。如在电子垃圾拆解地，积累了大量有关多溴二苯醚（PBDEs）、二噁英、溴代二噁英等 POPs 的环境转化、生物富集/放大、生态风险、人体赋存、母婴传递乃至人体健康影响等重要的数据，为相应的管理部门提供了重要的科学支撑。我国科学家开辟了发现新 POPs 的研究方向，并连续在环境中发现了系列新型有机污染物。这些新 POPs 的发现标志着我国 POPs 研究已由全面跟踪国外提出的目标物，向发现并主动引领新 POPs 研究方向发展。在机理研究方面，率先在珠穆朗玛峰、南极和北极地区“三极”建立了长期采样观测系统，开展了 POPs 长距离迁移机制的深入研究。通过大量实验数据证明了 POPs 的冷捕集效应，在新的源汇关系方面也有所发现，为优化 POPs 远距离迁移模型及认识 POPs 的环境归宿做出了贡献。在污染物控制方面，系统地摸清了二噁英类污染物的排放源，获得了我国二噁英类排放因子，相关成果被联合国环境规划署《全球二噁英类污染源识别与定量技术导则》引用，以六种语言形式全球发布，为全球范围内评估二噁英类污染来源提供了重要技术参数。以上有关 POPs 的相关研究是解决我国国家环境安全问题的重大需求、履行国际公约的重要基础和我国在国际贸易中取得有利地位的重要保证。

我国 POPs 研究凝聚了一代代科学家的努力。1982 年，中国科学院生态环境研究中心发表了我国二噁英研究的第一篇中文论文。1995 年，中国科学院武汉水生生物研究所建成了我国第一个装备高分辨色谱/质谱仪的标准二噁英分析实验室。进入 21 世纪，我国 POPs 研究得到快速发展。在能力建设方面，目前已经建成数十个符合国际标准的高水平二噁英实验室。中国科学院生态环境研究中心的二噁英实验室被联合国环境规划署命名为“Pilot Laboratory”。

2001 年，我国环境内分泌干扰物研究的第一个“863”项目“环境内分泌干扰物的筛选与监控技术”正式立项启动。随后经过 10 年 4 期“863”项目的连续资助，形成了活体与离体筛选技术相结合，体外和体内测试结果相互印证的分析内分泌干扰物研究方法体系，建立了有中国特色的环境内分泌污染物的筛选与研究规范。

2003 年，我国 POPs 领域第一个“973”项目“持久性有机污染物的环境安全、演变趋势与控制原理”启动实施。该项目集中了我国 POPs 领域研究的优势队伍，围绕 POPs 在多介质环境的界面过程动力学、复合生态毒理效应和焚烧等处理过程中 POPs 的形成与削减原理三个关键科学问题，从复杂介质中超痕量 POPs 的检测和表征方法学；我国典型区域 POPs 污染特征、演变历史及趋势；典型 POPs 的排放模式和运移规律；典型 POPs 的界面过程、多介质环境行为；POPs 污染物的复合生态毒理效应；POPs 的削减与控制原理以及 POPs 生态风险评价模式和预警方法体系七个方面开展了富有成效的研究。该项目以我国 POPs 污染的演变趋势为主，基本摸清了我国 POPs 特别是二噁英排放的行业分布与污染现状，为我国履行《斯德哥尔摩公约》做出了突出贡献。2009 年，POPs 项目得到延续资助，研究内容发展到以 POPs 的界面过程和毒性健康效应的微观机理为主要目标。2014 年，项目再次得到延续，研究内容立足前沿，与时俱进，发展到了新型持久性有机污染物。这 3 期“973”项目的立项和圆满完成，大大推动了我国 POPs 研究为国家目标服务的能力，培养了大批优秀人才，提高了学科的凝聚力，扩大了我国 POPs 研究的国际影响力。

2008 年开始的“十一五”国家科技支撑计划重点项目“持久性有机污染物控制与削减的关键技术与对策”，针对我国持久性有机物污染物控制关键技术的科学问题，以识别我国 POPs 环境污染现状的背景水平及制订优先控制 POPs 国家名录，我国人群 POPs 暴露水平及环境与健康效应评价技术，POPs 污染控制新技术与新材料开发，焚烧、冶金、造纸过程二噁英类减排技术，POPs 污染场地修复，废弃 POPs 的无害化处理，适合中国国情的 POPs 控制战略研究为主要内容，在废弃物焚烧和冶金过程烟气减排二噁英类、微生物或植物修复 POPs 污染场地、废弃 POPs 降解的科研与实践方面，立足自主创新和集成创新。项目从整体上提升了我国 POPs 控制的技术水平。

目前我国 POPs 研究在国际 SCI 收录期刊发表论文的数量、质量和引用率均进入国际第一方阵前列，部分工作在开辟新的研究方向、引领国际研究方面发挥了重要作用。2002 年以来，我国 POPs 相关领域的研究多次获得国家自然科学奖励。2013 年，中国科学院生态环境研究中心 POPs 研究团队荣获“中国科学院杰出科技成就奖”。

我国 POPs 研究开展了积极的全方位的国际合作，一批中青年科学家开始在国际学术界崭露头角。2009 年 8 月，第 29 届国际二噁英大会首次在中国举行，来自世界上 44 个国家和地区的近 1100 名代表参加了大会。国际二噁英大会自 1980 年召开以来，至今已连续举办了 38 届，是国际上有关持久性有机污染物（POPs）研究领域影响最大的学术会议，会议所交流的论文反映了当时国际 POPs 相关领域的最新进展，也体现了国际社会在控制 POPs 方面的技术与政策走向。第 29 届国际二噁英大会在我国的成功召开，对提高我国持久性有机污染物研究水平、加速国际化进程、推进国际合作和培养优秀人才等方面起到了积极作用。近年来，我国科学家多次应邀在国际二噁英大会上作大会报告和大会总结报告，一些高水平研究工作产生了重要的学术影响。与此同时，我国科学家自己发起的POPs研究的国内外学术会议也产生了重要影响。2004年开始的“International Symposium on Persistent Toxic Substances”系列国际会议至今已连续举行14届，近几届分别在美国、加拿大、中国香港、德国、日本等国家和地区召开，产生了重要学术影响。每年5月17～18日定期举行的“持久性有机污染物论坛”已经连续12届，在促进我国POPs领域学术交流、促进官产学研结合方面做出了重要贡献。

本丛书《持久性有机污染物（POPs）研究系列专著》的编撰，集聚了我国POPs研究优秀科学家群体的智慧，系统总结了20多年来我国POPs研究的历史进程，从理论到实践全面记载了我国POPs研究的发展足迹。根据研究方向的不同，本丛书将系统地对POPs的分析方法、演变趋势、转化规律、生物累积/放大、毒性效应、健康风险、控制技术以及典型区域POPs研究等工作加以总结和理论概括，可供广大科技人员、大专院校的研究生和环境管理人员学习参考，也期待它能在POPs环保宣教、科学普及、推动相关学科发展方面发挥积极作用。

我国的POPs研究方兴未艾，人才辈出，影响国际，自树其帜。然而，“行百里者半九十”，未来事业任重道远，对于科学问题的认识总是在研究的不断深入和不断学习中提高。学术的发展是永无止境的，人们对POPs造成的环境问题科学规律的认识也是不断发展和提高的。受作者学术和认知水平限制，本丛书可能存在不同形式的缺憾、疏漏甚至学术观点的偏颇，敬请读者批评指正。本丛书若能对读者了解并把握POPs研究的热点和前沿领域起到抛砖引玉作用，激发广大读者的研究兴趣，或讨论或争论其学术精髓，都是作者深感欣慰和至为期盼之处。

2015年1月於北京

前　　言

持久性有机物污染物（persistent organic pollutants，POPs）所引起的环境污染问题是影响我国环境安全的重要因素。随着 2004 年 11 月《关于持久性有机污染物的斯德哥尔摩公约》（以下简称《斯德哥尔摩公约》）正式对我国生效，我国面临履约及削减 POPs 的巨大挑战。缺乏对我国 POPs 生态风险评价的基础数据和 POPs 的基础研究相对薄弱是我国履约及控制 POPs 环境污染的最大障碍。最近几年，随着国际公约的推动，《斯德哥尔摩公约》POPs 候选物质以及相关物质的研究日益成为环境科学研究的焦点环境问题之一。

本书较系统地介绍了从 2009 年《斯德哥尔摩公约》缔约方大会第四次会议以来新增 POPs 的背景信息、分析方法、环境行为以及毒性毒理学效应等方面的研究进展，以期为从事有机污染物环境分析、环境监测、环境管理和其他相关人员提供参考。

全书共 8 章。第 1 章简述了有关 POPs 的《斯德哥尔摩公约》的相关背景，展望了未来有关新型有机污染物的研究热点问题，由王亚韡研究员撰写。第 2 章概述了多溴二苯醚的基本特性、分析方法、环境行为以及毒性效应的研究进展，并对目前研究热点进行了展望，由朱娜丽博士撰写。第 3 章对全氟化合物（PFASs）的物化性质、异构体的分析方法、在不同环境介质中的赋存水平及特点，以及对 PFASs 的污染控制技术和限制条款进行了简介，由高燕博士撰写。第 4 章概述了短链氯化石蜡的物化性质、分析方法的研究进展，并从环境水平及污染现状的角度出发，集中介绍了短链氯化石蜡在不同环境介质中的归宿，对未来的研究热点及方向进行了进一步的展望，由曾力希教授撰写。第 5 章阐述了硫丹的基本物化性质，环境赋存水平及在不同环境介质中的归宿，系统总结了硫丹的毒理及毒性效应，由杨瑞强博士撰写。第 6 章和第 7 章分别介绍了六溴环十二烷和六氯丁二烯的分析方法、环境赋存、生物累积、毒性效应等相关信息及研究进展，由张海燕博士撰写。第 8 章集中介绍了得克隆的结构特点、物化性质、在不同环境中的赋存及生物累积等研究进展，并对我国典型地区得克隆的风险评估进行了总结，由王亚韡研究员撰写。

本书涉及的若干研究内容得到科技部“973”计划项目、国家自然科学基金委员会国家杰出青年科学基金项目的大力支持，在此表示感谢！

作　者

2017 年秋

目　　录

第1章 引　　言

本章导读

- 简述有关 POPs 的《关于持久性有机污染物的斯德哥尔摩公约》(以下简称《斯德哥尔摩公约》)有关背景，阐释 POPs 的四大特点以及公约运行机制。
- 简述《中华人民共和国履行〈关于持久性有机污染物的斯德哥尔摩公约〉国家实施计划》(以下简称《国家实施计划》)。
- 展望未来有关新型有机污染物的研究热点。

持久性有机污染物（persistent organic pollutants，POPs）是指在环境中难降解、高脂溶性、可以在食物链中富集放大，且能够通过各种传输途径而进行全球迁移的半挥发性且毒性极大的污染物。由于其污染的严重性和复杂性远超过常规污染物，最近数十年已成为环境科学研究的热点。POPs 由于具有“三致”（致畸、致癌、致突变）效应，并且其危害具有隐蔽性和突发性的特点，一旦发生重大污染事件，将会产生灾难性后果甚至会持续危害几代人。

最近一百年来，国际上环境保护经历了从常规大气和水污染［如氮氧化物、粉尘、化学需氧量（chemical oxygen demand，COD）、生化需氧量（biochemical oxygen demand，BOD）］治理、重金属污染控制到 POPs 削减与控制的历程。2001 年，联合国环境规划署通过了旨在保护全球人类免受持久性有机污染物危害的《斯德哥尔摩公约》。目前已经有包括我国在内的 179 个国家或地区加入了该公约，从缔约方数量上不仅能看出《斯德哥尔摩公约》的国际影响力，同时也能看出全世界对于 POPs 污染的重视。该公约规定的 12 种 POPs 如艾氏剂、氯丹、滴滴涕、狄氏剂、异狄氏剂、七氯、六氯苯、多氯联苯、灭蚁灵、毒杀芬、多氯代二苯并-对-二噁英、多氯代二苯并呋喃被称为“肮脏的一打”（dirty dozen）而受到了各缔约方的严格控制与削减。在《斯德哥尔摩公约》的推动下，国际上有关 POPs 的相关研究逐步深入，已成为环境科学研究中最受人们关注的热点领域之一。

《斯德哥尔摩公约》新增列或拟增列及国际学术界高度关注的有机污染物通常称为新型 POPs。联合国环境规划署《全球化学品展望》（2012 年发布）指出，持久性有毒物质污染了整个地球。这些物质既包括传统污染物如经典 POPs、重金属等，也包括新型有机污染物如卤系阻燃剂、全氟化合物（perfluoroalkyl substances，PFASs）等。而随着人类经济活动的快速发展，这些新型有机污染物也不断地从各种环境介质中被发现而成为环境科学研究的热点。这些新型 POPs 在我国具有以下特征：①绝大多数为目前正在大量生产和使用的化工产品，尚未对其生产环境排放进行有效控制；②污染正在发生，并且在环境介质中的存量较高，但对其源和汇仍缺乏认知；③有关生态风险、健康风险和毒理学的数据还较为缺乏，难以准确评估其生态效应和健康效应。目前，国际上环境科学对新型 POPs 的研究主要集中于两部分工作：一部分工作是对公约秘书处持久性有机污染物审查委员会（POPRC）名单中新增 POPs 和正在接受审查的新型 POPs 物质进行研究；另一部分工作是对于未知有机污染物在环境介质中的鉴别及定量分析。

国际上对新型 POPs 的研究起步较早，对于其有关环境行为、归趋以及对人体健康风险的评价已有较深入的认识。我国经济快速发展，目前面临着更为复杂的环境问题。鉴于新型 POPs 的巨大累积产量，我国新型 POPs 所引起的环境污染和健康风险问题比其他国家更为严重，尤其是在我国东部经济发达地区。在常规污染及重金属污染尚未得到有效控制的同时，POPs 的污染及控制也是我们目前迫切需要解决的难题。在初步解决了滴滴涕、六六六等经典 POPs 的环境污染问题后，短链氯化石蜡（short chain chlorinated paraffins，SCCPs）、卤代阻燃剂等新型 POPs 又成为我国环境面临的新问题。在我国一些区域可食用水产品中已检测到较高含量的多溴二苯醚（polybrominated diphenyl ethers，PBDEs）（Zhu et al.，2012），而电子垃圾拆解的溴代二噁英、PBDEs 以及其他溴代阻燃剂造成的环境污染也十分严重，所导致的环境问题也已经引起了国际关注（Ni and Zeng，2009；Wu et al.，2011）。对于 PFASs 的研究表明，我国人体血液中全氟辛基磺酸（perfluoroctane sulfonic acid，PFOS）的含量明显高于日本、韩国、波兰等国（Yeung et al.，2006），而在生产企业的职业暴露人群中，人体血样中 PFOS 的含量和美国 3M 公司职工血样中含量相当（Gao et al.，2015）。基于国内相关研究成果和作为国际公约履约行动的一部分，2014 年 3 月 25 日环境保护部联合其他 11 部委发布"《关于持久性有机污染物的斯德哥尔摩公约》新增列 9 种持久性有机污染物的《关于附件 A、附件 B 和附件 C 修正案》和新增列硫丹的《关于附件 A 修正案》生效的公告"，提出其将自 2014 年 3 月 26 日对我国生效，要求在全国范围内加强新增列 POPs 的管理及风险防范。

《国家环境保护"十二五"科技发展规划》在"全球环境问题研究领域"中围绕全球环境变化和国际履约问题，指出要提升我国履行国际环境公约的能力，强调开展典型行业 POPs 排放、检测与表征方法学研究，进而开展我国典型区域 POPs 来源、污染水平与特征、迁移转化规律、削减与控制技术以及风险评估的相关研究。《国务院关于加强环境保护重点工作的意见》提出要加强 POPs 排放重点行业监督管理。《全国主要行业持久性有机污染物污染防治“十二五”规划》中也要求加快建立 POPs 污染防治标准体系，强调开展 POPs 及其前体物在环境中的迁移转化及健康风险研究。

我国是《斯德哥尔摩公约》的缔约方之一，这体现了我国政府对全球环境保护的重视。目前我们仍然面临巨大的挑战，作为化学品生产和使用大国，对于新型 POPs 在化学品管理、环境行为、生态毒理乃至环境风险方面仍然缺乏关键数据和科学研究基础。但是，通过设立相关的科研项目、建立相应的专业实验室，已经大大提高了对于 POPs 特别是新型 POPs 的检测水平和能力，并开展了新型 POPs 的主要污染源、排放因子、污染特征及演变趋势等方面的研究，同时随着履约工作目标的不断增加和更新，对新型 POPs 的研究内容也在不断地调整和更新。

对于新型有机污染物，目前环境科学研究的焦点问题即其持久性、生物富集/放大性、长距离迁移性以及生态毒性。《斯德哥尔摩公约》规定了任一缔约方均可向秘书处提交旨在将某一化学品（拟增列 POPs）列入公约附件 A、B 和/或 C 的提案。而公约秘书处将提案转交给持久性有机污染物审查委员会（POPRC）后，将依次对其与公约附件 D 即对化学品的持久性、生物富集性、长距离迁移能力及不利影响进行评价，附件 E 即评价该化学品是否会因其远距离迁移而对人体健康和/或环境产生重大不利影响进行评价，附件 F 即涉及社会经济考虑因素的信息是否符合公约对 POPs 的要求，如果全部符合，审查委员会将根据风险管理评价的结果提议是否由缔约方大会审议该化学品以便将其列入附件 A、B 和/或 C 并规定相应的管理措施。图 1.1 为 POPRC 针对某一候选物质的审查流程。

2009 年 5 月在瑞士日内瓦举行的缔约方大会第四次会议决定将全氟辛基磺酸及其盐类以及全氟辛基磺酰氟、商用五溴二苯醚、商用八溴二苯醚、开蓬、林丹、五氯苯、α-六六六、β-六六六、六溴联苯等九种化学物质新增列入《斯德哥尔摩公约》附件 A、B 和/或 C 的受控范围。2011 年缔约方大会第五次会议、2013 年缔约方大会第六次会议以及 2015 年缔约方大会第七次会议又分别决定将硫丹及硫丹硫酸盐、六溴环十二烷、多氯萘、六氯丁二烯及五氯苯酚等物质增列为公约 POPs 名单。2017 年 5 月缔约方大会第八次会议将 SCCPs、十溴二苯醚以及六氯丁二烯正式增列为公约 POPs 新增名单。目前正在进行审查的化学品包括全氟辛酸及相关物质、全氟己基磺酸盐及其盐类以及相关物质和三氯杀螨醇。

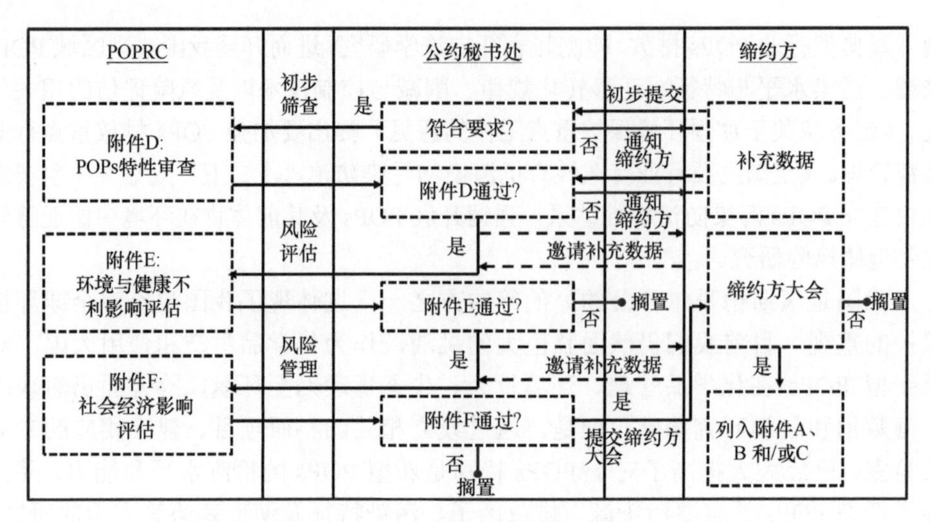

图 1.1 POPRC 审议新增 POPs 流程图

1.1 新型有机污染物的持久性

根据《斯德哥尔摩公约》附件 D 的规定，凡是某一污染物在水中的半衰期大于 2 个月，或在土壤中的半衰期大于 6 个月，或在沉积物中的半衰期大于 6 个月以及其他证据证明该化学品具有其他高度持久性的特性，都可认为该化学品符合 POPs 有关持久性的标准。

目前，在全球范围内的大气、水、土壤/沉积物、植物等环境介质中都可检测到 POPs 物质（Jones and de Voogt，1999）。其中，“环境持久性”是 POPs 最重要的特性之一，是界定一种物质是否算作持久性有机污染物以及筛选新型持久性有机污染物的重要判据之一，也是评价有机污染物对人类和环境潜在危害的基础以及开展化学品风险评估的关键依据（张set等，2012）。2009 年，《关于持久性有机污染物的斯德哥尔摩公约》的附件 D 规定，持久性的评价标准为：对于通过空气大量迁移的化学品，其在空气中的半衰期应大于两天，或者该化学品在水中的半衰期大于两个月，或在土壤/沉积物中的半衰期大于六个月；或该化学品具有其他足够持久性，因而或可考虑将之列入本公约适用范围的证据。

常见的《斯德哥尔摩公约》中受控 POPs 在不同介质（大气、水、土壤）中的半衰期总结见表 1.1。POPs 的持久性可以影响 POPs 的其他特性。对于在环境中释放速率一定的化学品，持久性等化学性质将决定其在大气、水、土壤等各环境介质中的浓度。由于持久性化学品在环境与生物体中消除更慢，因此其在环境与生物体中存在的时间更长（Jones and de Voogt，1999）。多种化学品的持久性与其生物富集、长距离迁移能力的相关性研究表明，一般而言，有机污染物的持久性越强，越难化学与生物降解，因此其生物富集性和长距离迁移能力也越强（Rodan et al.，1999）。公约首批 12 种 POPs 的持久性总体上较强，其也显示出更强的生物富集和长距离迁移能力。对于亨利常数大于 0.001 $Pa \cdot m^3 \cdot mol^{-1}$ 的化学品，大气中的半衰期是决定其长距离迁移能力的关键因素，可用化学品在大气中的半衰期对其长距离迁移能力进行简单筛选。POPs 的持久性（低化学/生物反应性）导致其具有较强的生物富集及较高的内暴露浓度，这种长期暴露也可能引发对生物更强的毒性。

鉴于 POPs 的持久性所引发的一系列环境问题，应对其相关问题进行深入研究。①POPs 持久性评价技术：相对于 POPs 在分析方法、环境归趋等方面的大量研究，针对有机污染物持久性的量化评价方法的研究还较少。未来应进一步综合采用定量结构-活性/性质相关性（quantitative structure activity relationship/quantitative structure property relationship，QSAR/QSPR）方法、环境多介质模型方法以及分子反应性方法对 POPs 持久性进行更为准确的定量评价（张焘等，2012）。②高效 POPs 化学/生物降解与替代技术：POPs 通常难以化学与生物降解，因此亟需利用新的化学/生物降解机理，发展可应用于 POPs 在排放过程及多种环境介质中的高效 POPs 化学/生物降解技术（如基因工程菌），同时寻找更为绿色、安全、有效的 POPs 的化学品替代品，从排放源头至环境介质，多线并举，减少 POPs 的排放与环境赋存。③极地与偏远地区（如青藏高原）POPs 的传输与累积：极地与偏远地区 POPs 人为直接排放少，是研究 POPs 长距离传输的理想地区。此外，这些区域生态较为脆弱，POPs 传输与累积可能造成更为显著的环境影响。应加强 POPs 的多尺度（局域尺度、大陆尺度、大洋尺度、全球尺度）、多途径长距离传输（大气传输、洋流传输、鱼类洄游传输、鸟类迁徙传输）与累积研究，更好地理解 POPs 的来源和受体地区、POPs 传输通道以及相关的土-气、水-气交换和分配过程。④环境介质中 POPs 的再释放问题：在过去的几十年里，人为活动向环境中释放了大量 POPs，POPs 在底泥、林地土壤等介质中有显著累积。由于《斯德哥尔摩公约》的实施，POPs 的人为排放显著减少。但 POPs 的多介质分布与环境变化（如温度、土地利用变化）可能引发环境介质中 POPs 再释放问题。例如，森林叶片吸收大气 POPs，叶片凋落物引起林地土壤积累 POPs；在林地转换为耕地等土地利用变化过程中，可能导致原有林地土壤中 POPs 的再释放。⑤POPs 的代际传递问题：胚胎及新生儿阶段是个体发育的关键时期。由于胚胎及新生个体对化学污染物的暴露较母体更为敏感，因此应系统开展多种 POPs 通过胎盘、母乳对胎儿、新生儿的代际传递研究，从而科学评价 POPs 的环境与健康风险。

表 1.1 常见持久性有机污染物的半衰期

化学品	英文名称	大气中半衰期（d）	水中半衰期（月）	土壤中半衰期（月）	参考文献
艾氏剂	aldrin	0.04～0.38	0.7～19.7	0.7～19.7	Howard et al.，1991
α-六氯环己烷	α-hexachlorocyclohexane	0.39～3.85	0.5～4.5	0.5～4.5	Howard et al.，1991
氯丹	chlordane	0.22～2.15	7.9～46.2	7.9～46.2	Howard et al.，1991
十氯酮	chlordecone	18250～1750 000	10.4～24.0	10.4～24.0	Howard et al.，1991
狄氏剂	dieldrin	0.17～1.69	5.8～36.0	5.8～36.0	Howard et al.，1991
异狄氏剂	endrin	0.06～7.00	11.6～48.7	48.7～170.3	Rodan et al.，1999；Burton and Pollard，1974；HSDB，1997；Sharom et al.，1980；Callahan et al.，1979；Menzie，1972
七氯	heptachlor	0.04～0.41	0.0～0.2	0.0～0.2	Howard et al.，1991
六溴联苯	hexabromobiphenyl	18.21～182.00	23.6～76.4	14.0～50.8	Rodan et al.，1999；Atkinson，1987；ATSDR，1994；Jacobs et al.，1978
六氯代苯	hexachlorobenzene	156.38～1563.75	32.3～69.6	32.3～69.6	Howard et al.，1991
林丹	lindane	0.39～3.85	0.5～8.0	0.5～8.0	Howard et al.，1991
灭蚁灵	Mirex	18 250～1 750 000	12.2～3041.7	144.0～172.0	Rodan et al.，1999；Smith et al.，1978；Menzie，1980
五氯苯	pentachlorobenzene	45.33～453.21	6.5～11.5	6.5～11.5	Howard et al.，1991
多氯联苯	polychlorinatedbiphenyls	22.92～229.17	23.6～76.4	23.6～76.4	Rodan et al.，1999；Mackay et al.，1991
毒杀芬	toxaphene	3.76～4.60	121.7	9.7～133.8	Rodan et al.，1999；HSDB，1997；Callahan et al.，1979；Nash and Woolson，1967
硫丹	endosulfan	0.10～1.03	0.0～0.3	0.0～0.3	Howard et al.，1991
六氯丁二烯	hexachlorobutadiene	119.38～1193.75	0.9～6.0	0.9-6.0	Howard et al.，1991
五氯苯酚	pentachlorophenol	5.80～58.00	0.0～0.2	0.8～5.9	Howard et al.，1991
四氯萘	tetrachloronaphthalene	6.87～18.00	3.0-6.4	3.3～6.9	Rodan et al.，1999；Howard et al.，1991；HSDB，1997；Atkinson，1987

续表

化学品	英文名称	大气中半衰期(d)	水中半衰期（月）	土壤中半衰期（月）	参考文献
短链氯化石蜡	short-chain chlorinated paraffins	1.20～7.20	3.7～32.0	3.7～32.0	Rodan et al.，1999；IPCS，1996；Mather et al.，1983；Street et al.，1983；UKOECD SIDS，1995
滴滴涕（1,1,1-三氯-2,2-二（4-氯苯基）乙烷）	1,1,1-trichloro-2,2-bis（4-chlorophenyl）ethane	0.74～7.38	0.2～11.7	24.3～194.4	Howard et al.，1991
2,3,7,8-四氯代二苯并二噁英	2,3,7,8-tetrachlorodibenzodioxin	0.93～9.29	13.9～19.7	13.9～19.7	Howard et al.，1991
2,3,7,8-四氯代二苯并呋喃	2,3,7,8-tetrachlorodibenzofuran	1.92～11.00	0.0～12.2	13.9～19.4	Rodan et al.，1999；ATSDR，1993；Atkinson，1991；USEPA，1986
2,2',4,4'-四溴二苯醚	2,2',4,4'-tetrabromodiphenyl ether（BDE47）	11～256	5～6.4	5～无明显降解现象（>61.5）	Breivik et al.，2006；Wong et al.，2012；Zhu et al.，2014；Schenker et al.，2008；Anna Palm，2001
2,2',4,4',5-五溴二苯醚	2,2',4,4',5-pentabromodiphenyl ether（BDE99）	19～467	5～11.8	5～无明显降解现象（>61.5）	Breivik et al.，2006；Wong et al.，2012；Schenker et al.，2008；Anna Palm，2001
十溴二苯醚	decabromodiphenyl ether（BDE209）	318～7620	5～19.4	5～105.6	Breivik et al.，2006；Schenker et al.，2008；Anna Palm，2001；Rd et al.，2008；Nyholm et al.，2010
全氟辛基磺酸	perfluorooctane sulfonic acid（PFOS）	115	24	24	Gomis et al.，2015
全氟辛酸	pentadecafluorooctanoic acid（PFOA）	30.9	24	19.7～25.7	Gomis et al.，2015；Venkatesan and Halden，2014

1.2 新型有机污染物的生物富集性/放大性

生物富集性和放大性是评价化学物质的重要参数。它主要是指化学物质会不断地被生物体组织吸收，并在生物体内持续累积，特别是这些物质的浓度会沿着食物链营养层次升高呈现显著增大，在高等生物体内出现很高浓度，进而影响高等生物的生态健康（USEPA，2002）。《斯德哥尔摩公约》对持久性有机污染物的生物富集性/放大性的规定为：①表明该化学品在水生物种中的生物浓缩因子或生物富集因子大于 5000，或如无生物浓缩因子和生物富集因子的数据，但有 $\log K_{OW}$ 大于 5 的证据；②表明该化学品有令人关注的其他原因的证据，例如在其他生物中的生物富集因子较高，或具有高度的毒性或生态毒性；③生物监测数据显示，该化学品所具有的生物富集潜力使得人们足以有理由考虑将其列入本公约的适用范围。

具有潜在生物富集性的有机污染物对于环境和人体造成危害的机制在于，这些污染物可能在环境中的含量很低，没有造成较为明显的生态学效应，但随着其在生物体内的富集和不同食物链的放大，最终在高营养级生物体内达到一个相当高的浓度，从而导致出现毒性效应。比如在陆生生物链中，存在于土壤中的持久性有机污染物可能通过吸收作用富集于植物体内，然后经食物摄入传递到草食动物体内，后者被高一级的捕食者捕获后进一步进行富集放大。在水生生物系统中，污染物可由浮游植物、浮游动物、底栖类生物、鱼类、鸟类、高等动物这条水生生物链进行食物链的转移和富集放大。人类处于整个食物链顶端，有机物污染物可通过水生生物链和陆生生物链的富集放大作用，最终对身体健康造成极大危害。

目前，一般主要应用以下参数来评价化学物质的生物富集性和放大性（Borga et al.，2004）：

1）生物放大因子（bio-magnification factor，BMF）：污染物通过食物途径进入生物体内，导致生物体内的污染物浓度高于食物中污染物浓度，因此用污染物在捕食者和被捕食者中的浓度比值得到化学物质的生物放大因子；

2）对于底栖类生物，可由生物体内的污染物浓度和沉积物中浓度比值得到化学物质的生物-沉积物富集因子（bio-sediment accumulation factor，BSAF）（Sundelin et al.，2004）；

3）对于水生生物，污染物能从水中直接进入生物体体内，因此利用生物体内的污染物浓度和水中浓度的比值得到化学物质的生物浓缩因子（bio-concentration factor，BCF）（Mackay and Fraser，2000），该因子只有在实验室内才能得到；

4）在水生生物体内，利用污染物通过各种吸收途径（水和食物等）以及各种可能的去除途径（代谢和排泄等）后的净残留浓度和水中浓度的比值，得到化学物质的生物富集因子（bioaccumulation factor，BAF）。

以上有关生物富集的研究主要集中在水生生态系统。近20年来，人们开始关注化学物质在陆生生态系统中的富集。一系列的研究结果使人们对化学物质的生物可富集性有了新的认识。研究结果表明基于水生生态系统获得的一些结果并不能推广至陆生生态环境。在POPs的生物累积和放大研究方面，目前研究较多的科学问题之一为一些低 K_{OW}（$K_{OW}<10^5$）的化合物［如六氯环己烷（hexachlorocyclohexanes，HCHs），PFOS］在食物链中的生物放大效应。传统的以鱼类为生物指示物的研究认为污染物在生物体中的富集能力主要受控于化合物的脂–水分配，而对化学品的管理往往也基于这一标准，对于 $K_{OW}<10^5$ 的有机污染物在水生食物链中并没有表现出生物放大作用，往往被管理层所忽略。但加拿大科学家 Gobas 对具有不同 K_{OW} 和 K_{OA} 值的有机污染物在加拿大北部食物链中富集研究发现（Kelly et al.，2007），某些低 K_{OW}–高 K_{OA} 值的污染物（如HCHs）在一些食物链中也表现出很高的生物放大效应，如在水生食物链中并没有生物放大效应的HCHs，从植物到北极熊其放大倍数在3000左右，污染物在这些生物中的富集能力可能受控于化合物的脂–气分配。

1.3 新型有机污染物的长距离迁移能力

持久性有机污染物具有毒性、持久性和长距离迁移等特性，其以大气和水体为载体，通过“蚂蚱跳效应”进行长距离迁移，从而导致全球范围的污染。在包括危险性评价、污染防治和健康影响等研究中，长距离迁移特性（long-range transport，LRT）和总持久性（overall persistence）是重要的组成部分。与典型POPs类似，新型有机污染物在环境中难降解，易于生物富集，且能够发生长距离迁移。除在污染源附近有高浓度检出外，它们能够在全世界范围内通过长距离迁移进行分布扩散，甚至到达高海拔的偏远高山地区和高纬度的极地地区，从而影响全球生态环境系统。《斯德哥尔摩公约》在其附件E中指出，评价一种化学品是否符合POPs标准，进而采取全球性行动的一个标准就是评价该化学品是否会因其远距离环境迁移而对人体健康和/或环境产生重大不利影响。因此，对于一个新型有机污染物是否具有长距离迁移能力的一个重要标准是能否在远离其排放源的地点测得该化学品，并且通过环境归趋和模型的结果表明其是否具有通过空气、水或迁徙物种进行远距离环境迁移的潜力。POPs的全球输送模式和相关理论研究表明，由低纬度向高纬度的温度变化梯度使得半挥发性POPs倾向于向低温的两极地区富集，而高山或高海拔地区存在区域尺度的温度变化梯度，因此它有可能也是一些POPs的重要富集区域。

《斯德哥尔摩公约》中对于远距离环境迁移的潜力的评判有以下标准：

1）在远离其排放源的地点测得的该化学品的浓度可能会引起关注；

2）监测数据显示，该化学品具有向环境受体转移的潜力，且可能已通过空气、水或迁徙物种进行了远距离环境迁移；

3）环境转归特性和/或模型结果显示，该化学品具有通过空气、水或迁徙物种进行远距离环境迁移的潜力，以及转移到远离物质排放源地点的某一环境受体的潜力。对于通过空气大量迁移的化学品，其在空气中的半衰期应大于两天；以及有研究表明该化学品对人类健康或对环境产生不利影响，因而有理由将之列入本公约适用范围的证据；或表明该化学品可能会对人类健康或对环境造成损害的毒性或生态毒性数据。

众多研究报告指出POPs广泛分布于全球各个地区，包括从未使用过POPs的南北极地区和偏远山区（Evenset et al.，2007；Alaee et al.，2002；Vives et al.，2004；Blais et al.，1998；Shen et al.，2004），表明其具备远距离迁移的潜力。而“全球蒸馏效应”和“山地冷凝结效应”被认为是POPs发生远距离迁移的主要原因。

“全球蒸馏效应”（global distillation effect）是一种地球化学过程，该过程导致某些化学物质，特别是半挥发性有机污染物，从地球表面温度相对较高的地区迁移至极地等较寒冷地区。与实验室的蒸馏机理相似，即从全球来看，由于温度的差异，地球就像一个蒸馏装置——在低、中纬度地区，由于温度相对较高，POPs挥发进入到大气，随风迁移至寒冷地区，发生冷凝结，最终导致POPs从热带地区迁移到寒冷地区。因为在中纬度地区温度较高的夏季POPs易于挥发和迁移，而在温度较低的冬季POPs则易于沉降下来，所以POPs在向高纬度迁移的过程中会有一系列距离相对较短的跳跃过程。因此，“全球蒸馏效应”又被称为“蚂蚱跳效应”（grasshopper effect）。

“全球蒸馏效应”最早由Goldberg于1975年提出（Goldberg et al.，1975），而后加拿大科学家Wania和Mackay发现西太平洋到加拿大北极地区海水中α-HCH的浓度随纬度的升高而升高，并应用“全球蒸馏效应”成功地解释了HCHs等POPs从热温带地区向寒冷地区迁移的现象。此外，Shen等观察到北美大气中多氯联苯（polychlorinated biphenyls，PCBs）存在纬度方向的分馏现象（Shen et al.，2006），同时有研究发现在英国南部至挪威北部的大气和土壤中同样存在着四氯取代PCBs和α-HCH浓度水平随着纬度上升而升高的现象（Ockenden et al.，1998；Meijer et al.，2002）。

POPs全球蒸馏效应表明，POPs倾向于向低温的两极地区富集，而高山或高海拔等远离排放源的地区也可能是一些POPs的重要富集区域。Calamari等在一些低纬度高海拔地区发现了高浓度的六氯苯（hexachlorobenzene，HCB）（Calamari et al.，1991）。Donald 等发现加拿大西部高山湖泊鱼体中毒杀芬的浓度要比周围低海拔湖泊鱼体内的浓度高 2 个数量级（Donald et al.，1998）。Blais 等发现加拿大山区积雪中 OCPs 和 PCBs 的浓度随着海拔的升高而急剧增加，当海拔从 770 m 升高到 3100 m，它们的浓度增加了一至两个数量级，并首次在 *Nature* 发表文章证实了“山地冷凝结效应”，即一些半挥发性有机污染物的浓度会随海拔升高而增加，其原理和全球蒸馏效应相似（图 1.2）（Blais et al.，1998）。在远离高山的平原地区，由于温度相对较高，POPs 挥发进入到大气，随风迁移至山地高寒地区，发生冷凝沉降，因为山体环境温度随着海拔的升高而逐渐下降，最终导致 POPs 存在海拔方向上的分馏，并在高海拔处累积。相对于全球蒸馏效应，POPs 的山地冷凝结效应更易被人们观察到，因为化合物可以通过非常短距离的区域迁移经历同样的温差变化，极大地缩短了化合物从高温环境到低温环境的迁移富集时间，而远距离迁移能力较低的化合物亦能在山地地区实现冷凝结效应。

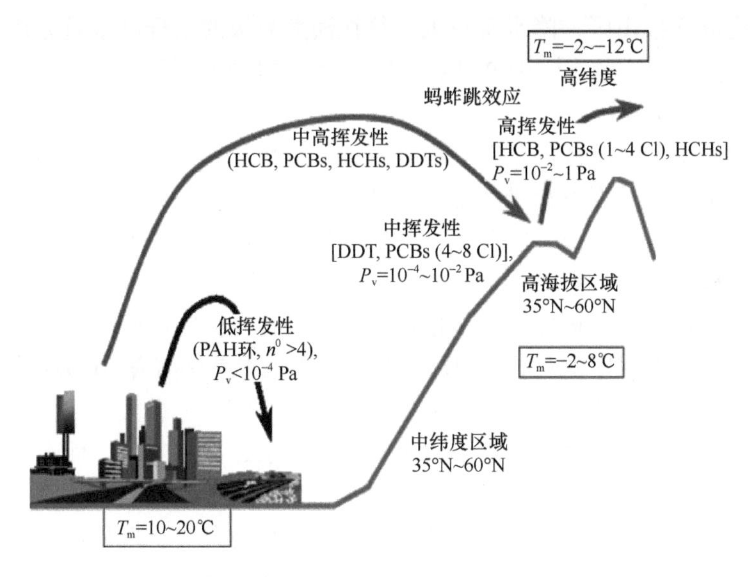

图 1.2 持久性有机污染物山地冷凝结效应原理示意图

目前，各国学者对 POPs 在高海拔山区的环境行为开展了广泛的研究，其核心问题是探讨山地冷凝结效应与污染物性质和环境因素的关系。Davidson 等研究了加拿大西部高山地区 POPs 的山地冷凝结效应，发现蒸气压大于 0.1 Pa 的易挥发性有机氯化合物的浓度水平随海拔的升高而升高，而低挥发性的有机氯化合物不存在该现象（Davidson et al.，2003）。通过对 Pyrenees、Alps 和 Caledonian 等山区有机氯化合物大气沉降的研究，Carrera 等发现在高山湖泊体系中，挥发性更强的有机污染物更容易富集在温度较低的地区，同时其捕集效率也随着大气气温的降低而升高（Carrera et al.，2002）。同样，Shen 等在有关北美大气中有机氯农药（organochlorine pesticides，OCPs）污染分布的调查研究中发现，易挥发性有机污染物更容易进行大气远距离迁移，表现出山地冷凝结效应（Shen et al.，2005）。在我国，Chen 等对四川西部山区土壤中 POPs 的冷凝结效应开展了相关研究，结果显示所有目标化合物（DDT、HCHs、PCBs 和 HCB）的浓度水平都随着海拔的升高呈现指数增长趋势（Chen et al.，2008）。而 Wang 等对我国珠穆朗玛峰地区土壤、草甸、雪松等环境介质中的 POPs 的浓度水平和海拔分布进行了研究，发现各目标化合物浓度与海拔之间存在一定的相关性（Wang et al.，2006；Wang et al.，2007）。进一步对山区 POPs 的研究证实，当地气候条件（降水、温度、风向等）、山区地形特征（海拔梯度等）、与污染源的距离以及地表特征（植被情况、有机质等）等多种因素影响着 POPs 的长距离迁移和环境行为。其中，降水对高海拔山区 POPs 冷捕集效应的影响要显著强于极地地区。一般而言，极地地区气候较干燥，降水较少。而在高海拔山区，降水量较大，往往随着海拔的上升降水量亦逐渐增大，而增强的湿沉降促进了大气中 POPs 向土壤、水体等地面的转移，进而加强了 POPs 在高海拔处的沉降富集。

极地地区由于温度低，且距离污染源远，持久性有机污染物迁移到此不易降解，因此容易受到长期留存于环境中的持久性有机污染物的污染。这些有机污染物通常来源于工业活动或者农业生产，在自然界并不存在天然源。因此有机污染物可以给出较为直接的污染指示。根据之前的研究可知，持久性有机污染物在极地冷肼效应的影响下，可能会在极地内部循环进行一段时间较持久的循环。这种现象普遍存在于不同环境介质之间。对极地海洋生态系统而言，POPs 靠地球化学循环在不同介质之间进行循环，其中包括中表层海水与底层大气之间的交换、海冰与底层大气之间的交换以及表层海水与深层海水之间的交换。而在极地的海水与冰芯中已有 POPs 检出。

持久性有机污染物在偏远和极地地区的环境行为研究一直是环境领域的研究热点，典型 POPs 例如 OCPs、PCBs、PBDEs 与 HBCDs 等在偏远高山地区如西藏以及南北极地区的多种介质中均有检出，并且在不同的介质中，POPs 的环境行为在如此复杂气候环境下也变得复杂。目前，在南极地区已经检测出 DDT 和 PCBs，但在雪、冰中含量很低。有文献报道北极地区接纳了这些持久性有机污染物，可能是由于北极水体温度较低，气体溶解性增加，并且在低温情况下 POPs 气体交换作用减弱，导致沉积作用更容易发生。而且对于某些典型的 POPs（如 HCHs）而言，由于低温的影响，它们在极地地区比在其他地区降解得更为缓慢，它们更容易通过生物累积作用进入食物链。因此，极地地区的生态系统及人类在日常生活中更容易受到这些物质的影响，这也是值得人们重点关注的环境保护区域。

南北两极地区由于在地理上及气候上的特殊性，POPs在该地区降解缓慢。两极地区生态环境脆弱，在反映全球气候变化和指示POPs的污染水平上具有独特的优势。随着对新型有机污染物长距离迁移研究的热度持续升高，新型有机污染物在极地地区的环境行为越来越受到各界人士的关注，例如SCCPs在偏远的青藏高原地区以及南北极地区均有检出。由于新型有机污染物的环境稳定性较高，当它们通过长距离迁移到极地地区时，极地地区的低温同样会使得它们较其他地区降解缓慢，进而对极地地区的生态环境造成影响。所以对新型有机污染物尤其是其在极地地区情况的研究越来越成为相关研究中的热点之一。

在我国，青藏高原作为“地球第三极”，其POPs研究具有明显的地域特色，同时具有重要的现实意义和科学价值。而我国学者在最近几年才开始关注青藏高原环境污染。最近文献报道了西藏大气、土壤、植被、湖泊沉积物和鱼体中存在多种污染物，包括有机氯农药（OCPs）、多氯联苯（PCBs）、多环芳烃（polycyclic aromatic hydrocarbons，PAHs）以及汞的污染（Gong et al.，2010；Wang et al.，2010a；Liu et al.，2010；Wang et al.，2010b；Loewen et al.，2007），其中有机氯农药（如DDT）是污染浓度最高的一类POPs物质。

藏东南地区作为青藏高原植被覆盖最为广泛的地区，其森林植被将对有机污染物向青藏高原的迁移产生重要的储滤作用。藏东南地区受印度洋暖湿气流的影响，生物多样性丰富，森林植被十分繁杂。植被对大气污染物具有“森林过滤效应”（forest filter effect）。植物从大气中吸收POPs类物质，以降低其大气浓度，并通过落叶将污染物转移到林下土壤，增加了土壤中污染物的含量，因此对POPs类物质区域大气浓度的缓冲和全球转运过程具有重要的影响。中国科学院生态环境研究中心最近几年在西藏开展了系统的POPs研究工作。对土壤中PCBs和PBDEs的研究表明，这两类污染物的浓度处于全球背景水平，而受特殊的地理环境影响，在海拔4500 m以上的污染物浓度呈现随海拔升高而升高的趋势，反映出这两类POPs物质受全球蒸馏效应影响，在高海拔低温地区发生了冷凝沉降效应。同时，通过松针作为检测大气中OCPs的环境介质，也较好地揭示了该地区具有不同物化性质的OCPs单体长距离迁移机理的差异性（Yang et al.，2008）。而由于POPs的高山冷捕集效应及大气沉降，在不同海拔的高山湖泊鱼体内也发现了较高浓度的PCBs、PBDEs和PFASs等持久性有机污染物（Yang et al.，2007；Yang et al.，2010）。这些数据初步表明青藏高原成为一些半挥发性污染物的“冷凝库”。但已有的数据积累仍然十分匮乏，对青藏高原POPs的来源、迁移转化规律、生态影响评估以及对POPs全球传输的影响等这些科学问题的回答需要更多有力的数据支持。

1.4 中国《国家实施计划》

中国政府于 2001 年 5 月 23 日签署了《关于持久性有机污染物的斯德哥尔摩公约》，第十届全国人民代表大会常务委员会于 2004 年 6 月 25 日做出了批准《斯德哥尔摩公约》的决定。该公约于 2004 年 11 月 11 日对中国正式生效。依据该公约第 7 条要求，中国政府编制并向缔约方大会递交了履行公约的《国家实施计划》。优先领域包括如下方面：

1）制定和完善履行公约所需的政策法规，加强机构建设；

2）引进和开发替代品/替代技术，推进产业化，引进和开发最佳可行技术/最佳环境实践（BAT/BEP）、废物处置技术和污染场地修复技术；

3）消除氯丹、灭蚁灵和滴滴涕的生产、使用和进出口；

4）调查和确认无意产生 POPs 排放清单、含 PCBs 电力装置和含 POPs 废物清单；

5）采用 BAT/BEP 控制重点行业二噁英排放；

6）建立资金机制以保障各项行动计划的实施；

7）开展项目示范和全面推广；

8）加强能力建设，建立控制 POPs 排放长效机制。

通过《国家实施计划》的推进，能够识别满足公约和中国环境保护的要求。这将有助于减少、消除和预防 POPs 危害的关键科学问题，提出履行《斯德哥尔摩公约》的战略和行动方案，指导履约工作，最终为保护我国和全球的生态环境与人类健康提供重要支持。

1.5 未来研究的重点

虽然经过数年的数据积累，已经获得了一定量的有关新型有机污染物污染现状以及环境行为等方面的数据，但整体上而言，对新型有机污染物的生态毒理效应、人体暴露途径以及可能的健康风险等方面的数据还比较有限。比如，2006 年 11 月在日内瓦召开的联合国环境规划署 POPs 审查委员会第二次会议上，委员会认为 SCCPs 符合《斯德哥尔摩公约》附件 D 的 POPs 筛选标准，并于 2007 年依照《斯德哥尔摩公约》附件 E 编制了相应的风险简介草案。但先后经过 5 次审核，并没有获得审查委员会参与方的一致通过。审查意见为：目前有关生态毒理、风险评估以及人体暴露、健康影响等方面的数据比较缺乏，不足以判断 SCCPs 是否在环境介质中经过长距离迁移，进而无法确定其是否在全球范围内对生态及人体健康造成了不利影响。2012 年 POPs 审查委员会第八次会议决定，将 SCCPs 有关风险简介草案的审核推迟三年，以便积累相关数据。直到 2015 年，在 POPs 审查委员会第十一次会议上，关于 SCCPs 附件 E 的科学审查才获得通过。但是对于 SCCPs 的毒性效应以及生态风险仍是该次会议争论的焦点问题之一。2016 年在 POPs 审查委员会第十二次会议上，通过了关于 SCCPs 附件 F 有关环境风险管理的草案，并于 2017 年 5 月被公约缔约方大会批准加入新增 POPs 名单。这意味着科学数据的缺乏极大地阻碍了化学品风险管理的工作进程。

现阶段，我国大量生产和使用的新型有机污染物特别是 POPs 候选物质导致我国可能面临着比其他国家更为严重的环境、健康风险以及社会经济效益评估等一系列问题。一旦某一类新型污染物被正式列为《斯德哥尔摩公约》POPs 名录而受控，我国的相关生产行业将会受到严重影响。

除了新型有机污染物本身的环境行为，其前体化合物或在环境中的转化产物及其相应的环境行为也应受到关注。2010 年《斯德哥尔摩公约》POPs 审查委员会在有关 SCCPs 的风险评估报告中援引一份欧盟针对 SCCPs 和中链氯化石蜡（medium chain chlorinated paraffins，MCCPs）的危害评估，结果指出，这些在结构上极为相似的物质（SCCPs 与 MCCPs）也可能具有相似的危险特征，其针对哺乳动物的目标器官包括肝脏、肾和甲状腺等。该草案中同时表明风险简介可包括“对多种化学品之间的毒性相互作用的考虑”，因此接触 SCCPs 和 MCCPs 所带来的共同风险的评价同样至关重要。此外，新型有机污染物和母体化合物及其转化产物结构相似，使得其类似物很有可能在不同的环境过程中，如自然界通过微生物作用、污水处理厂污水深度处理（包括臭氧氧化过程、Cl_2 消毒以及紫外光照等）、产品的使用及处置等，产生分子转化过程。因此，一旦某一类新型污染物被纳入《斯德哥尔摩公约》新增 POPs 而受到生产和使用的限制或控制，则其类似物或母体化合物也将成为相关议题的焦点化合物，这在近十年的 POPs 审查委员会的审查议题上已经有所体现。如 2009 年 5 月在瑞士日内瓦举行的《斯德哥尔摩公约》缔约方大会第四次会议（COP-4）决定将商用五溴二苯醚、商用八溴二苯醚纳入新增 POPs 名单进行受控，而在 2013 年，POPRC 第九次会议就受理并审核了关于将十溴二苯醚（商用混合物）列入《斯德哥尔摩公约》附件 A、B 和/或 C 的提案。目前该化合物已通过公约附件 D、E 及 F 的全部审核工作，预计在未来两年内，其将作为新增 POPs 被纳入公约受控。2015 年，POPRC 第十一次会议审议的将全氟辛酸列入公约附件 A、B 和/或 C 的提案中，更是把相关化合物同时列入草案进行审议，在这里，“相关”指的是在环境相关条件下可降解为全氟辛酸的相关物质。以上例子说明，在未来相关新型 POPs 的研究中，不仅要关注这些化合物本身的环境过程和毒性效应，同时也要关注相关化合物及结构类似物在环境中的转化和复合效应。然而，新型有机污染物前体化合物环境行为和毒性效应的相关数据更为匮乏，同时对其在环境中的转化也了解不足。因此，开展新型有机污染物的前体化合物和其在环境中的分子转化机制研究，将有助于为我国相关行业积极应对《斯德哥尔摩公约》推进所面临的科学问题提供数据支持。

针对以上所提出的问题，未来对于新型有机污染物的研究重点包括以下几点：研究并改进检测不同介质环境样品中痕量/超痕量新型有机污染物的样品富集及前处理技术；利用高分辨质谱及高通量分析技术，改进新型有机污染物的色谱–质谱仪器分析的定量技术并保证严格的质量保证和质量控制；对新型有机污染物在典型地区的环境行为、不同介质之间的迁移转化行为、区域监测技术等进行深入探讨；研究新型有机污染物在不同环境过程中的转化机理以及协同效应。以上研究有望为行业产品中的限量标准、应对国际公约所带来的技术/产品改型提供科学支持，为国家对于新型有机污染物风险草案的相关材料提供重要数据，并为国家履约谈判提供科学依据和技术支持。

参考文献

张焘, 仇雁翎, 朱志良,等. 2012. 有机污染物的持久性评价方法研究进展[J]. 化学通报: 420-424.

Alaee M, Luross J, Whittle D, et al. 2002. Bioaccumulation of polybrominated diphenyl ethers in the Lake Ontario pelagic food web[J]. Organohalogen Compounds, 57: 427-430.

Anna Palm. 2001. The environmental fate of polybrominated diphenyl ethers in the centre of Stockholm: Assessment using a multimedia fugacity model[A]. Swedish IVL Swedish Enviromental Research Institue.

Atkinson R. 1987.A structure-activity relationship for the estimation of rate constants for the gas-phase reactions of OH radicals with organic compounds[J]. International Journal of Chemical Kinetics, 19: 799-828.

Atkinson R. 1991. Atmospheric lifetimes of dibenzo-*p*-dioxins and dibenzofurans[J]. Science of the Total Environment, 104: 17-33.

ATSDR. 1993. Toxicological Profile for Chlorodibenzofurans. TP-93/04.U.S. Department of Health and Human Services, Public Health Service, Agency for Toxic Substances and Disease Registry[R]. Atlanta, GA. http://stacts.cdc.gov/view/cdc/6228.

ATSDR. 1994. Toxicological Profile for Polybrominated Biphenyls (PBBs). Draft.U.S. Department of Health and Human Services, Public Health Service, Agency for Toxic Substances and Disease Registry[R]. Atlanta, GA. http://www.osti.gov/biblio/160914.

Blais J, Schindler D, Muir D, et al. 1998. Accumulation of persistent organochlorine compounds in mountains of western Canada[J]. Nature, 395: 585-588.

Borga K, Fisk A, Hoekstra P, et al. 2004. Biological and chemical factors of importance in the bioaccumulation and trophic transfer of persistent organochlorine contaminants in Arctic marine food webs[J]. Environmental Toxicology and Chemistry, 23: 2367-2385.

Breivik K, Wania F, Muir D, et al. 2006. Empirical and modeling evidence of the long-range atmospheric transport of decabromodiphenyl ether[J]. Environmental Science & Technology, 40:

4612-4618.

Burton W, Pollard G. 1974. Rate of photochemical isomerization of endrin in sunlight[J]. Bull Environmental Contamination and Toxicology, 12: 113-116.

Calamari D, Bacci E, Focardi S, et al. 1991. Role of plant biomass in the global environmental partitioning of chlorinated hydrocarbons[J]. Environmental Science & Technology, 25: 1489-1495.

Callahan M, Slimak M, Gabel N, et al. 1979. Water-related environmental fate of 129 priority pollutants.EPA-440/4-79-029b.U.S. EPA, Office of Water Planning and Standards, Washington, D.C.

Carrera G, Fernandez P, Grimalt J, et al. 2002. Atmospheric deposition of organochlorine compounds to remote high mountain lakes of Europe[J]. Environmental Science & Technology, 36: 2581-2588.

Chen D, Liu W, Liu X, et al. 2008. Cold-trapping of persistent organic pollutants in the mountain soils of western Sichuan, China[J]. Environmental Science & Technology, 42: 9086-9091.

Davidson D, Wilkinson A, Blais J, et al. 2003. Orographic cold-trapping of persistent organic pollutants by vegetation in mountains of western Canada[J]. Environmental Science & Technology, 37: 209-215.

Donald D, Stern G, Muir D, et al. 1998. Chlorobornanes in water, sediment and fish from toxaphene treated and untreated lakes in western Canada[J]. Environmental Science & Technology, 32: 1391-1397.

Evenset A, Christensen G, Carroll J, et al. 2007. Historical trends in persistent organic pollutants and metals recorded in sediment from Lake Ellasjoen, Bjornoya, Norwegian Arctic[J]. Environmental Pollution, 146: 196-205.

Gao Y, Fu J, Cao H, et al. 2015. Differential accumulation and elimination behavior of perfluoroalkyl Acid isomers in occupational workers in a manufactory in China[J]. Environmental Science & Technology, 49: 6953-6962.

Goldberg E, Bourne W, Boucher E, et al. 1975. Synthetic organohalides in the sea[J]. Proceedings of the Royal Society of London, 189: 277-289.

Gomis M, Wang Z, Scheringer M, et al. 2015. A modeling assessment of the physicochemical properties and environmental fate of emerging and novel per- and polyfluoroalkyl substances[J]. Science of the Total Environment, 505: 981-991.

Gong P, Wang X, Sheng J, et al. 2010. Variations of organochlorine pesticides and polychlorinated biphenyls in atmosphere of the Tibetan plateau: Role of the monsoon system[J]. Atmospheric Environment, 44: 2518-2523.

Howard P, Boethling R, Jarvis W, et al. 1991. Handbook of Environmental Degradation Rates[M]. Chelsea, Michigan: Lewis Publishers, Inc.

HSDB. 1997. Hazardous Substances Data Bank. Toxicology Information Program Online Services. National Library of Medicine, Specialized Information Services.U.S. Department of Health and Human Services, Public Health Service, National Institutes of Health[R]. Bethesda, MD. https://toxnet.nlm.nih.gov/newtoxnet/hsdb.htm.

IPCS. 1996. Environmental Health Criteria 181: Chlorinated Paraffins. International Programme on Chemical Safety[R]. WHO, Geneva.

Jacobs L, Chou S, Tiedje J. 1978. Fate of polybrominatedbiphenyls (PBB's) in soils[J]. Persistence and plant uptake. Journal of Agricultural and Food Chemistry, 24: 1198-1201.

Jones K, de Voogt P. 1999. Persistent organic pollutants (POPs): State of the science[J]. Environmental Pollution, 100: 209-221.

Kelly B, Ikonomou M, Blair J, et al. 2007. Food web-specific biomagnification of persistent organic pollutants[J]. Science, 317: 236-239.

Liu W, Chen D, Liu X, et al. 2010. Transport of semivolatile organic compounds to the Tibetan plateau: Spatial and temporal variation in air concentrations in mountainous western Sichuan, China[J]. Environmental Science & Technology, 44: 1559-1565.

Loewen M, Kang S, Armstrong D, et al. 2007. Atmospheric transport of mercury to the Tibetan plateau[J]. Environmental Science & Technology, 41: 7632-7638.

Mackay D, Fraser A. 2000. Bioaccumulation of persistent organic chemicals: Mechanisms and models[J]. Environmental Pollution, 110: 375-391.

Mackay D, Shiu W, Ma K. 1991. Illustrated Handbook of Physical-Chemical Properties and Environmental Fate for Organic Chemicals[M]. Volume 1.Monoaromatic Hydrocarbons, Chlorobenzenes, and PCBs. Chelsea, Michigan: Lewis Publishers, Inc.

Mather J, Street J, Madeley J. 1983. Assessment of the inherent biodegradability of a chlorinated paraffin, under aerobic conditions, by a method developed from OECD Test Guidelines 302B. Chlorinated paraffin: 58% chlorination of short chain length *n*-paraffins. Rep. No.BL/B/2298. Imperial Chemical Industries, Ltd., Brixham Laboratory.

Meijer S, Steinnes E, Ockenden W, et al. 2002. Influence of environmental variables on the spatial distribution of PCBs in Norwegian and UK soils: Implications for global cycling[J]. Environmental Science & Technology, 36: 2146-2153.

Menzie C. 1972. Fate of pesticides in the environment[J]. Annual Review of Entomology, 17: 199-222.

Menzie C. 1980. Metabolism of Pesticides: Update III. U.S. Dept. of the Interior. Fish and Wildlife Service.Special Scientific Report-Wildlife No.232[R]. Washington, D.C.

Nash R, Woolson E. 1967. Persistence of chlorinated hydrocarbon insecticides in soils[J]. Science, 157: 924-927.

Ni H, Zeng E. 2009. Law enforcement and global collaboration are the keys to containing e-waste tsunami in China[J]. Environmental Science & Technology, 43: 3991-3994.

Nyholm J, Lundberg C, Andersson P. 2010. Biodegradation kinetics of selected brominated flame retardants in aerobic and anaerobic soil[J]. Environmental Pollution, 158: 2235-2240.

Ockenden W, Sweetman A, Prest H, et al. 1998. Toward an understanding of the global atmospheric distribution of persistent organic pollutants: The use of semipermeable membrane devices as time-integrated passive samplers[J]. Environmental Science & Technology, 32: 2795-2803.

Rd T J, Ahn M, Leng J, et al. 2008. Reductive debromination of polybrominated diphenyl ethers in anaerobic sediment and a biomimetic system[J]. Environmental Science & Technology, 42: 1157-1164.

Rodan B, Pennington D, Eckley N, et al. 1999. Screening for persistent organic pollutants: Techniques to provide a scientific basis for POPs criteria in international negotiations[J]. Environmental Science & Technology, 33: 3482-3488.

Schenker U, Soltermann F, Scheringer M, et al. 2008. Modeling the environmental fate of polybrominated diphenyl ethers (PBDEs): The importance of photolysis for the formation of lighter PBDEs[J]. Environmental Science & Technology, 42: 9244-9249.

Sharom M, Miles J, Harris C, et al. 1980. Persistence of 12 insecticides in water[J].Water Research, 14:

1089-1093.

Shen L, Wania F, Lei Y, et al. 2004. Hexachlorocyclohexanes in the North American atmosphere[J]. Environmental Science & Technology, 38: 965-975.

Shen L, Wania F, Lei Y, et al. 2005. Atmospheric distribution and long-range transport behavior of organochlorine pesticides in North America[J]. Environmental Science & Technology, 39: 409-420.

Shen L, Wania F, Lei Y, et al. 2006. Polychlorinated biphenyls and polybrominated diphenyl ethers in the North American atmosphere[J]. Environmental Pollution, 144: 434-444.

Smith J, Mabey W, Bohonos N, et al. 1978. Environmental pathways of selected chemicals in freshwater systems.Part II: Laboratory studies[R]. EPA-600/7-78-074.U.S.

Street J, Windeatt A, Madeley J. 1983. Assessment of the ready biodegradability of a chlorinated paraffin by OECD method 301C. Rep. No.BL/B/2208. Imperial Chemical Industries, Ltd., Brixham Laboratory.

Sundelin B, Wiklund A, Lithner G, et al. 2004. Evaluation of the role of black carbon in attenuating bioaccumulation of polycyclic aromatic hydrocarbons from field-contaminated sediments[J]. Environmental Toxicology and Chemistry, 23: 2611-2617.

UKOECD SIDS. 1995. Draft Summary Assessment Report on Alkanes, $C_{10\sim13}$, chloro-[R]. United Kingdom, Department of the Environment.

USEPA. 1986. Health Assessment Document for Polychlorinated Dibenzofurans[R]. EPA/600/8-86/018A.U.S. EPA, Environmental Criteria and Assessment Office, Cincinatti, OH.

USEPA. 2002. Persistent organic pollutants: A global issue, a global response[R]. https://www.epa.gov.

Venkatesan A, Halden R. 2014. Loss and *in situ* production of perfluoroalkyl chemicals in outdoor biosolids-soil mesocosms[J]. Environment Research, 132: 321-327.

Vives I, Grimalt J, Lacorte S, et al. 2004. Polybromodiphenyl ether flame retardants in fish from lakes in European high mountains and Greenland[J]. Environmental Science & Technology, 38: 2338-2344.

Wang X, Yang H, Gong P, et al. 2010a. One century sedimentary records of polycyclic aromatic hydrocarbons, mercury and trace elements in the Qinghai Lake, Tibetan plateau[J]. Environmental Pollution, 158: 3065-3070.

Wang X, Yao T, Cong Z, et al. 2006. Gradient distribution of persistent organic contaminants along northern slope of central-Himalayas, China[J]. Science of the Total Environment, 372: 193-202.

Wang X, Yao T, Cong Z, et al. 2007. Distribution of persistent organic pollutants in soil and grasses around Mt. Qomolangma, China[J]. Archives of Environmental Contamination and Toxicology, 52: 153-162.

Wang Y, Yang R, Wang T, et al. 2010b. Assessment of polychlorinated biphenyls and polybrominated diphenyl ethers in Tibetan butter[J]. Chemosphere, 78: 772-777.

Wong F, Kurt-Karakus P, Bidleman T. 2012. Fate of brominated flame retardants and organochlorine pesticides in urban soil: Volatility and degradation[J]. Environmental Science & Technology, 46: 2668-2674.

Wu J, Guan Y, Zhang Y, et al. 2011. Several current-use, non-PBDE brominated flame retardants are highly bioaccumulative: Evidence from field determined bioaccumulation factors[J]. Environment International, 37: 210-215.

Yang R, Wang Y, Li A, et al. 2010. Organochlorine pesticides and PCBs in fish from lakes of the Tibetan Plateau and the implications[J]. Environmental Pollution, 158: 2310-2316.

Yang R, Yao T, Xu B, et al. 2007. Accumulation features of organochlorine pesticides and heavy metals in fish from high mountain lakes and Lhasa River in the Tibetan Plateau[J]. Environment International, 33: 151-156.

Yang R, Yao T, Xu B, et al. 2008. Distribution of organochlorine pesticides (OCPs) in conifer needles in the southeast Tibetan plateau[J]. Environmental Pollution, 153: 92-100.

Yeung L W, So M, Jiang G, et al. 2006. Perfluorooctane sulfonate and related fluorochemicals in human blood samples from China[J]. Environmental Science & Technology, 40: 715-720.

Zhu H, Wang Y, Wang X, et al. 2014. Intrinsic debromination potential of polybrominated diphenyl ethers in different sediment slurries[J]. Environmental Science & Technology, 48: 4724-4731.

Zhu N, Li A, Wang T, et al. 2012. Tris (2,3-dibromopropyl) isocyanurate, hexabromocyclododecanes, and polybrominated diphenyl ethers in mollusks from Chinese Bohai Sea[J]. Environmental Science & Technology, 46: 7174-7181.

第 2 章　多溴二苯醚（PBDEs）研究进展

本章导读

- 概述多溴二苯醚的基本物化特性，包括结构、同系物组成、辛醇/水分配系数等，以及分析方法等方面的研究进展。
- 陈述商用多溴二苯醚的组成、应用及全球使用情况，阐述环境介质中多溴二苯醚的可能来源。
- 从持久性、远距离环境迁移潜力和生物累积性三方面集中介绍多溴二苯醚的环境归宿。
- 介绍多溴二苯醚的环境浓度水平和变化趋势及人类接触多溴二苯醚的情况，阐述多溴二苯醚的环境暴露现状。
- 阐述当前多溴二苯醚对水生生物、土壤生物、鸟类、陆生哺乳动物及人类健康影响的相关研究内容，揭示多溴二苯醚的健康效应问题。
- 针对目前研究热点，进一步介绍十溴二苯醚脱溴和降解的研究现状。

多溴二苯醚（polybrominated diphenyl ethers，PBDEs）属于溴系阻燃剂（brominated flame retardants，BFRs）的一类，由于其阻燃效率高、热稳定性好、添加量少、对材料性能影响小、价格便宜，作为一类添加型阻燃剂自 20 世纪 70 年代以来被广泛地应用在电子、电器、化工、交通、建材、纺织、石油、采矿等领域中。

PBDEs 具有一定的挥发性，可以散逸到空气中，进而随大气长距离迁移。同时 PBDEs 亲脂性强，化学性质稳定，可以随食物链发生生物富集和生物放大。最近的研究证实，这类溴化物会干扰甲状腺激素，妨碍人类和动物脑部与中枢神经系统的正常发育。此外，PBDEs 在制备、燃烧及高温分解时会生成剧毒致癌物多溴联苯并二噁英（polybrominated dibenzo-*p*-dioxin，PBDDs）及多溴联苯并呋喃（polybrominated dibenzofuran，PBDFs）。

PBDEs 被认为是普遍存在的环境污染物，对其环境问题的研究成为当前环境科学的一大热点。但随其环境持久性、生物累积性和远距离环境迁移等潜在危害特性被人们逐步认知，其主要商业产品五溴二苯醚、八溴二苯醚目前已被列入《斯德哥尔摩公约》POPs 名单被禁用，而十溴二苯醚于 2015 年被纳入《斯德哥尔摩公约》POPs 候选名单，2016 年，POPRC 12 通过了其关于公约附件 E 的审查。2017 年 5 月被公约缔约方大会批准加入新增 POPs 名单附件 A。然而，环境中大量遗留的 PBDEs 及其相关衍生物，仍然需要开展系统性研究，对其可能的生态风险与健康风险进行深入的探讨。

2.1 化 学 特 性

PBDEs 是由一个氧原子连接两个苯环并被不同溴原子数取代的一类芳香烃化合物，其化学结构式见图 2.1，分子式为 $C_{12}H_{(10-n)}OBr_n$。按照国际纯粹与应用化学联合会（IUPAC）编号系统，理论上 PBDEs 共有 209 种单体。根据所取代的溴原子数的不同，分为一溴、二溴、三溴、四溴、五溴、六溴、七溴、八溴、九溴和十溴代的同族物，并分别含有 3、12、24、42、46、42、24、12、3 和 1 种同分异构体，不同同系物的相关物理性质等信息见表 2.1。PBDEs 具有高沸点和高热稳定性，在环境中难以自然降解。但高溴代单体 BDE209 在高温条件下会发生降解，在有机溶剂中，光照条件下可形成低溴代 BDEs 和其他溴代产物（Soderstrom et al., 2004）。PBDEs 具有较高的 K_{OW}，表现出较强亲脂疏水性，易于在生物脂肪和沉积物中积累。生物累积性、持久性和毒性是多溴二苯醚的主要环境特征。

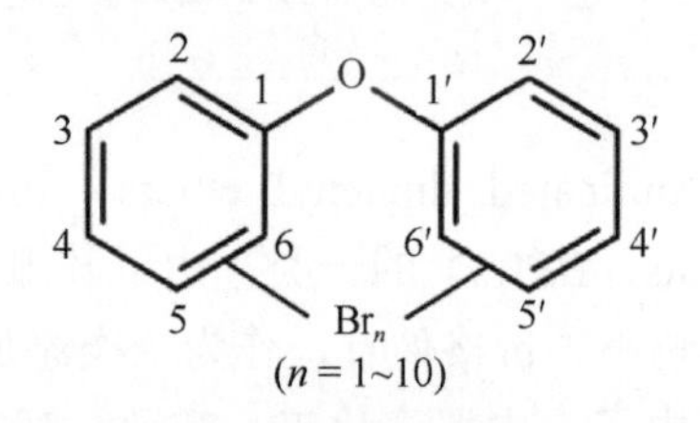

图 2.1 PBDEs 化学结构示意图

多溴二苯醚共有十个氢原子可被溴原子取代，最常见的单体包括三溴、四溴、五溴、六溴、七溴、八溴和十溴二苯醚

表 2.1 PBDEs 同系物相关信息（刘汉霞等，2005）

简称	分子式	分子量	数量	IUPAC 编号	蒸气压（mmHg）[①]	$\log K_{OW}$
MoBDE	$C_{12}H_9OBr$	249.1	3	BDE1～3	—	—
DiBDE	$C_{12}H_8OBr_2$	328.0	12	BDE4～15	—	—
TrBDE	$C_{12}H_7OBr_3$	406.9	24	BDE16～39	—	—
TeBDE	$C_{12}H_6OBr_4$	485.8	42	BDE40～81	（2.0～2.5）×10^{-6}	5.9～6.2
PeBDE	$C_{12}H_5OBr_5$	564.7	46	BDE82～127	（2.2～5.5）×10^{-7}	6.5～7.0

续表

简称	分子式	分子量	数量	IUPAC 编号	蒸气压（mmHg）①	$\log K_{OW}$
HxBDE	$C_{12}H_4OBr_6$	643.6	42	BDE128～169	（3.2～7.1）×10^{-8}	6.9～7.9
HpBDE	$C_{12}H_3OBr_7$	722.5	24	BDE170～193	—	—
OcBDE	$C_{12}H_2OBr_8$	801.4	12	BDE194～205	（9.0～16.5）×10^{-10}	8.4～8.9
NoBDE	$C_{12}HOBr_9$	880.3	3	BDE206～208	—	—
DeBDE	$C_{12}OBr_{10}$	959.2	1	BDE209	—	10.0

①mmHg 为非法定单位，1mmHg=0.133 kPa。

2.2　环 境 来 源

为降低火灾的发生频率和危害程度，各种阻燃型的化合物逐渐被添加到工业产品中，其中主要以添加型的溴系阻燃剂为主，其广泛使用和生产始于 20 世纪七八十年代。多溴二苯醚（PBDEs）作为一大类阻燃物质，因其优异的阻燃特性常被用于塑料制品、纺织品、电路板和建筑材料等诸多领域（表 2.2）。按不同程度的溴化处理工艺，商业 PBDEs 产品主要有 3 种，根据它们含量最多的同系物来命名，分别为商用五溴二苯醚（C-PentaBDE）、八溴二苯醚（C-OctaBDE）和十溴二苯醚（C-DecaBDE）（Alaee et al.，2003）。

表 2.2　日常用品中 PBDEs 的使用情况

材料	PBDEs	日常用品
塑料	OcBDE PeBDE DeBDE	计算机、电视机、吹风机、电熨斗、复印机、传真机、打印机、咖啡壶、汽车塑料部件、照明仪表板、插座、接线盒、保险丝、住房、灯座、管座、管道、地下连接盒、电路板、烟雾监测器
纤维	PeBDE PeBDE	家具内层的装饰纤维、工业织物、地毯、汽车座椅、飞机座椅、火车座椅、沙发、椅子、地毯衬垫、床垫、汽车座椅、飞机座椅、隔音板、合成板、包装材料
聚氨酯泡沫体	DeBDE	沙发、椅子、地毯衬垫、床垫、汽车座椅、飞机座椅、火车座椅、隔音板、合成板、包装材料
橡胶	PeBDE DeBDE	传送带、绝缘材料、橡胶电缆
涂料	PeBDE DeBDE	船舶及工业用涂料

商用五溴二苯醚（C-PentaBDE）指的是各种溴化二苯醚同源物的混合物，其主要成分是 2,2',4,4'-四溴二苯醚（BDE47）和 2,2',4,4',5-五溴二苯醚（BDE99），如果以质量计算，与混合物中的其他成分相比，五溴二苯醚的浓度最高。商用八

溴二苯醚（C-OctaBDE）同样是一种复杂混合物，其成分通常包括：≤0.5%五溴二苯醚异构体；≤12%六溴二苯醚异构体；≤44%七溴二苯醚异构体；≤35%八溴二苯醚异构体；≤11%九溴二苯醚异构体；≤1%十溴二苯醚。商用十溴二苯醚（C-DecaBDE）主要由十溴二苯醚（BDE209）加少量九溴二苯醚构成，其相关商用 PBDEs 的典型同系物分布见表 2.3。商用五溴二苯醚主要用于家庭和公共家具使用的聚氨酯泡沫塑料中，而这方面的用途现已基本上被淘汰。商用八溴二苯醚主要用于 ABS 树脂方面，一般用作办公设备和商用机械的外壳。商用十溴二苯醚则主要用于塑料/聚合物/复合材料、纺织品、黏合剂、密封剂、涂料和油墨等用途。

表 2.3　商用多溴二苯醚中典型多溴二苯醚同系物（Sellström et al.，2005；2007）

商用产品		商用五溴二苯醚	商用八溴二苯醚	商用十溴二苯醚
同系物（按质量计，%）	四溴二苯醚	24～38		
	五溴二苯醚	50～60		
	六溴二苯醚	4～8	10～12	
	七溴二苯醚		44	
	八溴二苯醚		31～35	
	九溴二苯醚		10～11	<3
	十溴二苯醚		<1	97～98

据统计，世界卫生组织于 2014 年报道，1992 年全世界 PBDEs 的生产量为 4×10^4 t。表 2.4 列出了从 1999 年到 2003 年全世界对溴系阻燃剂的需求变化。而到 2001 年为止，我国阻燃剂总产量约为 1.5×10^5 t，而十溴二苯醚的销售量已达 1.35×10^4 t（Xu et al.，2006）。溴素工业提供的信息表明，以色列、日本、美国和欧盟都生产过商用五溴二苯醚；荷兰、法国、美国、日本、英国和以色列都生产过商用八溴二苯醚。但是自 2004 年以来，欧盟、美国和太平洋沿岸诸国已经不再生产此类物质，也没有信息表明发展中国家仍在生产。全球商用十溴二苯醚消费在 2000 年早期达到峰值，虽然现已被列入《斯德哥尔摩公约》POPs 审查名单，但由于监管措施有限，商用十溴二苯醚仍在全世界使用。2014 年经济合作与发展组织报道指出过去的生产数据显示，全世界生产的所有多溴二苯醚中约有 75%为商用十溴二苯醚。目前，中国是最大的十溴二苯醚生产国和出口国，每年的产量约为 21 000 t（Ni et al.，2013）。虽然世界各国已经淘汰了或者正在淘汰上述三类商用多溴二苯醚的生产，但是，在未来几年里，仍会使用各种含有此类物质的产品，从而导致这类物质会继续向环境中释放。

表 2.4　世界各地多溴二苯醚生产状况统计（t）

年份	地区	DeBDE	OcBDE	PeBDE	总量
1999	美国	24 300	1 375	8 290	58 665
	欧洲	7 500	450	210	30 860
	亚洲	23 000	2 000	—	114 800
	总量	54 800	3 825	8 500	204 325
2001	美国	24 500	1 500	7 100	53 900
	欧洲	7 600	610	150	29 460
	亚洲	23 000	1 500	150	117 950
	其他	1 050	180	100	2 430
	总量	56 150	3 790	7 500	203 740
2002	总量	65 667			
2003	总量	56 418			

2.3　分 析 方 法

2.3.1　样品前处理

环境样品中 PBDEs 的含量大多属于痕量或超痕量水平（pg～ng），而且存在多种同族化合物，样品中基质复杂，含有大量高浓度的干扰物。因此，PBDEs 分析不仅需要仪器具有高灵敏度、低检测限和高选择性，而且需要复杂的样品前处理过程，以除去大量的干扰化合物和基质成分。样品前处理是影响色谱分析结果的关键环节，主要包括提取与净化浓缩等步骤。

2.3.1.1 提取

1. 固体样品

首先要通过干燥去除固体样品中的水分，使样品均匀混合。常用的干燥方法有对于样品量少、含水量低的样品（如生物组织样品）可直接与无水硫酸钠混合研磨，放置过夜使样品中的水分充分去除；对样品量大且含水量多的样品，如河流底泥、活性污泥等样品，可采用冷冻干燥法去除水分；此外还可以采用加吸水材料物理除水等方法。

常用的提取方法有索氏提取法、超临界流体萃取法、加速溶剂萃取法、微波辅助萃取法等。索氏提取法应用最为广泛，常用的溶剂包括正己烷、甲苯、二氯甲烷、正己烷/二氯甲烷、正己烷/丙酮等。双溶剂混合液（包括极性和非极性溶剂）因萃取效率高而被广泛应用，尤其适用于生物样品（王亚韡，2006；de Boer et al.,

2001）。然而，采用索氏提取法是样品分析的瓶颈，从空白到样品的提取需要耗时11～30 h 不等，此外由于提取时间和提取设备的限制使样品的分析周期拉长。

目前大量实验室应用新的萃取技术如加速溶剂萃取（accelerated solvent extraction，ASE）（Samara et al.，2006）或微波辅助萃取（microwave-assisted extraction，MAE）（Li et al.，2005）。虽然这些技术的仪器费用比索氏提取高，但这些技术的优点是有机溶剂的消耗量低，使得长期运作费用降低而且对环境的污染小，在减少提取时间的同时容易实现自动化（Björklund et al.，2000），此外，ASE 还可以实现在线去除脂肪（Björklund et al.，2001）。样品提取方法的改进是提高分析速度，缩短分析周期的关键。Sánchez-Brunete 等采用 5 mL 乙酸乙酯通过超声萃取土壤样品，用于 PBDEs 的分析，提高了方法的回收率，减少了提取土壤样品中的湿气，降低了方法的检测限和定量限，方法重复性好（Sánchez-Brunete et al.，2006）。

2. 液态样品

通常液态样品中 PBDEs 的提取也可以采用液–液萃取（liquid-liquid extraction，LLE）。文献报道己烷/丙酮的混合溶剂液–液萃取可用于河水、海水样品的提取，Darnerud 等用己烷/丙酮的混合溶液进行液–液萃取，测定了母乳中的 PBDEs（Darnerud et al.，1998）。氯仿/甲醇/水的混合液可以用来提取贻贝体内的 PBDEs（Booij et al.，2002）。母乳中的 PBDEs 也可以用亲脂凝胶和蚁酸的混合液萃取。振荡 2.5 h 后的母乳样品吸附在凝胶上，装柱，用水/甲醇和甲醇/二氯甲烷/己烷淋洗去除干扰物质，用乙腈洗脱得分析样品（Meironyté et al.，1999）。此外，固相萃取（solid phase extraction，SPE）技术可以用来提取人体脂肪中的 PBDEs（Thomsen et al.，2001a；Thomsen et al.，2001b；Covaci et al.，2005）。

2.3.1.2 净化

样品提取后含有大量的干扰物质，这些干扰物质浓度往往远大于待检测 PBDEs 的浓度，因此，需要进一步地分离纯化才能进行测定。对于环境样品的处理，主要包括除硫、除脂、去除大分子物质和其他影响色谱分离和定性定量的干扰物质。常用的除硫方法包括：铜粉除硫（Covaci et al.，2002a）和硝酸银硅胶除硫。对于生物样品，除脂是前处理的关键，常用的除脂方法包括：凝胶渗透色谱柱（gel permeation chromatography，GPC），其原理是通过体积排阻按照分子的大小将脂肪去除；浓硫酸除脂（Watanabe et al.，1987；Covaci et al.，2002a；Johnson et al.，2001），具体操作步骤为向样品的提取液（通常为正己烷）中，加入一定量的浓硫酸使脂肪变性，与有机溶剂分层，达到除脂效果；酸性硅胶除脂（Huwe et al.，2002；Covaci et al.，2002b；Ikonomou et al.，2002），原理同浓硫酸除脂，将浓硫酸加入到硅胶中装柱进行柱纯化除脂；此外氧化铝柱、弗罗里土柱和硅胶柱也是除脂的常见方法（de Boer et al.，2001）。常用的纯化柱有凝胶渗透色谱柱（Asplund et al.，1999；Dodder et al.，2002；Haglund et al.，1997；Alaee et al.，2001）、硅胶柱（Hale et al.，2001a；Hyötyläinen et al.，2002）、氧化铝柱和弗罗里土柱（Haglund et al.，1997；Norstrom et al.，2002）。GPC 主要用来去除脂肪和大分子化合物，这些物质对气相色谱柱的性能有影响（Haglund et al.，1997；Alaee et al.，2001）。经 GPC 纯化过的样品还需用弗罗里土柱（Haglund et al.，1997；Norstrom et al.，2002）或硅胶柱（de Boer et al.，2001）进一步纯化。现有的 PBDEs 测定前处理方法是建立在多氯联苯（polychlorinated biphenyls，PCBs）测定的基础上的，纯化步骤与 PCBs 的类似，美国环境保护署（EPA）的 PBDEs 检测方法和 PCBs 检测方法在前处理步骤上基本相同。在 PBDEs 前处理步骤中，需要注意的是十溴二苯醚的分析。由于 BDE209 在紫外光照射或高温时容易分解，致使 BDE209 的分析比其他的同族物困难。因此在分析过程中要尽量避光，用棕色瓶或者用铝箔包裹避光。此外，由于 BDE209 很容易降解并且色谱行为也和低溴代的化合物有较大差别，因此在 PBDEs 的检测中必须添加 ^{13}C 标记的 BDE209 内标才可以保证 BDE209 定量的准确性。

2.3.2 填料及配制

PBDEs 的分析测定方法在近十年内有了飞速发展，从国际联合实验室测定样品的结果来看，除 BDE209 测试仍存在问题外，其他同系物的测定均比较理想（Covaci et al.，2003；de Boer et al.，2002）。2003 年 8 月美国推出 EPA1614 方法草案进行评估，以待正式颁布。中国科学院生态环境研究中心在 EPA1614 方法草案基础上，结合多氯联苯和二噁英标准分析方法，建立了适合该实验室的 PBDEs 的前处理方法，实现了一次提取同时分析 PBDEs、多氯联苯和二噁英三类物质。方法质量控制满足美国环境保护署标准方法的要求，应用建立的分析方法多次参加国际比对实验，结果非常满意。

各种硅胶的预处理及制法：

硅胶的活化：将硅胶盛于蒸发皿中，在马弗炉中 550℃烘烤至少 12 h 后降温到 180℃停留至少 1 h，取出转至烧瓶中加塞密闭，保存于干燥器中。

酸性硅胶的配制：烧瓶中称取 100 g 活化硅胶，于硅胶上逐滴加入浓硫酸 40 g，置于摇床上振荡，直至没有结块。

碱性硅胶的配制：于 100 g 活化硅胶中加入 30 g 的 1 mol/L NaOH，方法同酸性硅胶的配制。

硝酸银硅胶的配制：将 5.6 g $AgNO_3$ 溶于 21 mL 超纯水，加入方法同前。然后用铝箔纸将烧瓶包裹，烧瓶口用铝箔疏松盖住，置于干燥烘箱中，30℃停留至少 5 h，升温至 60℃停留 3 h，最后升温至 180℃停留至少 12 h，干燥器中降温加塞密闭，避光保存。

浓缩好的提取液准备用复合硅胶柱进行纯化。复合柱采用干样法自行装填，方法如下：从下到上依次为1 g活性硅胶，4 g碱性硅胶（1.2%，质量比），1 g活性硅胶，8 g酸性硅胶（30%左右，质量比），1 g活性硅胶，2 g $AgNO_3$硅胶（10%左右，质量比）和4 g无水硫酸钠。约70 mL正已烷洗涤柱子，然后上样，用70 mL正已烷预淋洗，然后用二氯甲烷∶正已烷（1∶1，*v/v*）70 mL洗脱并接取。

2.3.2.1 意义

多氯联苯和二噁英是毒性较高的POPs化合物，被列入了《斯德哥尔摩公约》受控化学物质名单，而商用五溴、八溴二苯醚也被新增列入POPs名单，商用十溴二苯醚也即将列入名单。因此对PBDEs、PCBs和二噁英的大范围污染状况的调查研究显得十分重要。

目前，国际上关于PBDEs、PCBs和二噁英分析的报道大都分析周期长，实验消耗大。因此，建立新的分析方法，实现一次提取，同时分析环境样品中这三类物质的污染水平对于国际标准方法的改进和我国的履约十分重要。PBDEs、PCBs和二噁英在环境中含量为痕量和超痕量水平，样品中含有大量的基质干扰，而且三类化合物之间也存在相互干扰，因此，环境样品中三类物质的同时检测非常复杂和困难。为了消除干扰，实现准确定量，高分辨的检测器和繁琐的样品纯化步骤都是必不可少的。然而，通过仪器消除三类物质之间的相互干扰十分困难。因此，我们对样品的前处理方法进行了改进，目的是在样品的纯化过程中将PBDEs、PCBs和二噁英这三类物质分离成三个组分，消除三类物质在定量中的相互干扰，实现准确定量、缩短分析周期、减少实验消耗。

该方法可应用于标准参考物质WMF-01中PBDEs、PCBs和二噁英的分析，验证了方法的可靠性。另外，应用建立的分析方法对大量环境样品（如活性污泥、河流和海洋沉积物、生物组织、土壤等）中三类物质的含量进行了分析，验证了方法可以适用于各种基质复杂的环境样品的分析。

2.3.2.2 方法基本原理

PBDEs、PCBs和二噁英三类化合物的结构不同，极性存在一定差别，因此，通过色谱填料柱将这三类物质分离具有一定可行性。有关研究指出苯环提供电子与Ag^+结合为$AgAr^+$，因此含苯环且苯环上电子云密度大的化合物就会和硝酸银硅胶有较强的作用力。氯具有强电负性，是一个强的吸电子基团，苯环上连接的氯原子数目越多，表明对苯环电子的吸引能力越强，化合物中的电子云分布越靠近氯原子，造成苯环大π键上的电子云密度降低，与Ag^+结合力减弱。溴原子电负性比较弱，而且原子核半径大，色散力强，苯环上的电子云密度会远比连接氯原子时的大。因此，我们可以利用硝酸银硅胶对 PBDEs、PCBs 和二噁英三类物质的吸附强度的差别来将 PBDEs 与 PCBs 和二噁英分离。方法操作流程见图 2.2。

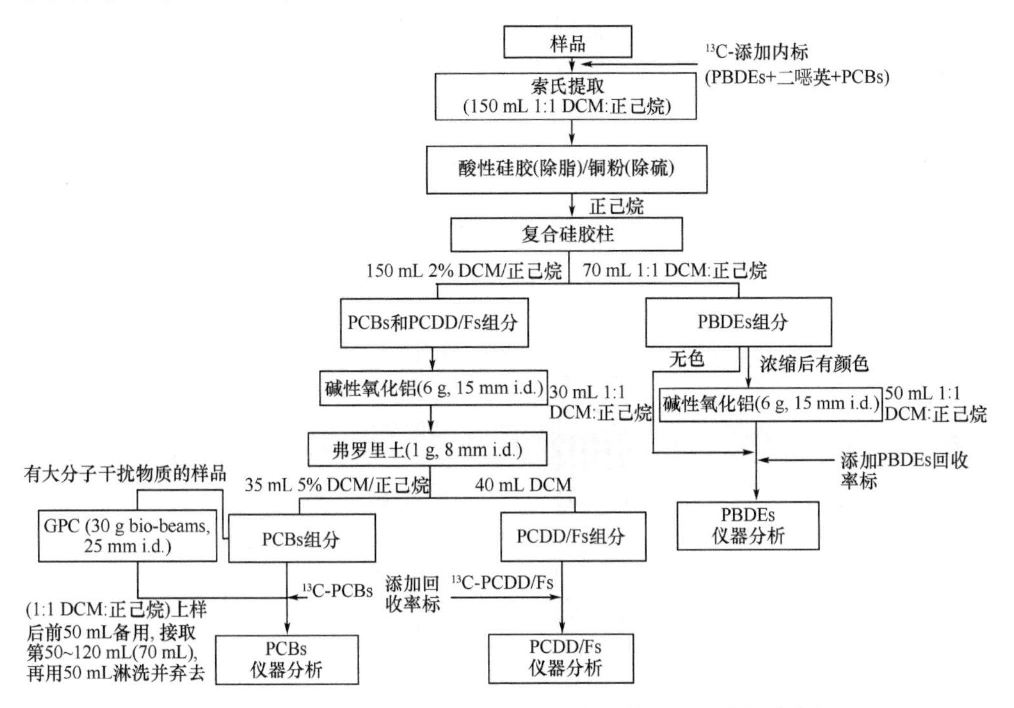

图 2.2　同时分析 PBDEs、PCBs 和二噁英的前处理方法操作流程

2.3.2.3　提取和净化步骤

含水量较大的样品先冷冻干燥，研磨过筛，含水量较少的样品可加大量无水硫酸钠混合研磨，放置过夜使其充分吸水，添加内标，采用索氏提取法提取样品，提取时间不少于 24 h。冷冻干燥过的样品采用 1∶1（*v*/*v*）二氯甲烷和正己烷溶液为提取溶剂，用无水硫酸钠除水的样品选用 1∶1（*v*/*v*）二氯甲烷和丙酮或者 2∶2∶1（*v*/*v*/*v*）的二氯甲烷、正己烷和丙酮。样品的提取步骤同 PBDEs 分析方法中的提取步骤。方法流程如图 2.2 所示，在样品纯化过程中，首先采用硝酸银硅胶柱或填装有硝酸银硅胶的复合硅胶柱（图 2.3）对样品中 PBDEs 与 PCBs 和二噁英进行分离，再选用弗罗里土小柱对 PCBs 和二噁英两类化合物进行分离。

对于活性污泥和生物等样品，脂肪的去除是样品前处理的重要步骤。PBDEs 在强酸条件下并不会分解，因而浓硫酸和经浓硫酸处理的酸性硅胶可用于样品中脂肪的去除。浓硫酸和酸性硅胶除脂因操作简单、实验条件要求低等优点成为最常用的除脂方法。由于 GPC 和酸性硅胶除脂对溶剂和填料的消耗量大［GPC 除脂需要消耗 1∶1（*v*/*v*）二氯甲烷和正己烷 200 mL，酸性硅胶除脂法消耗酸性硅胶

30～50 g，正己烷 100 mL 和二氯甲烷 30 mL]，因此选用浓硫酸直接除脂法。将索氏提取的样品溶液浓缩转溶剂至 7 mL 正己烷后，加入 8 mL 浓硫酸，振荡 1 min 后静置。离心分离，吸取上层有机相上样，再用 7 mL 正己烷洗涤上样两次。对于生物样品由于脂肪含量比较高，有机相和浓硫酸无机相很难分层，将正己烷的量增加为 10 mL，浓硫酸减少为 5 mL，采用超声波协助高速离心使有机相与浓硫酸分层。浓硫酸处理样品不仅可以去除脂肪而且可以去除大量的有机干扰物，从而大大简化前处理的步骤。

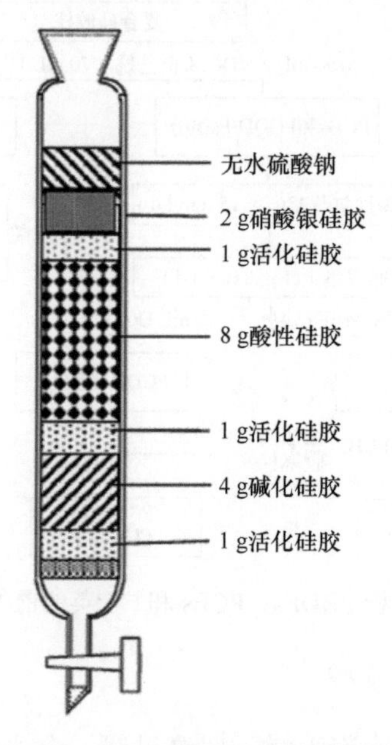

图 2.3　复合硅胶柱的填装模式

样品经过浓硫酸处理后，采用 9 mm i.d. × 8 cm 的酸性硅胶和酸性氧化铝柱进一步纯化。上样后用 5～10 mL 正己烷淋洗酸性硅胶柱，前 35 mL 正己烷淋洗液备用。移去酸性硅胶柱，用 20 mL 60%（*v/v*）正己烷和二氯甲烷的混合溶液将目标化合物从酸性氧化铝柱中洗脱下来。再用 9 mm i.d. × 8 cm 硝酸银硅胶除硫，并弃除含大量干扰物质的前级洗脱液（用 40 mL 正己烷淋洗），PBDEs 组分用 40 mL 6%（*v/v*）正己烷和二氯甲烷的混合溶液洗脱。

2.3.3　仪器分析

2.3.3.1　色谱分离——气相色谱

1. 色谱柱的选择

PBDEs 的分析采用非极性气相色谱柱，常用的色谱柱有 DB-5，HP-5，HT-5，

DB-1，CP-Sil 8，DB-XLB，AT-5 等。为了使 PBDEs 各个同族化合物以及干扰物充分分离，要选择长的色谱柱。常用的色谱柱长度为 25～60 m（de Boer et al. 2001；Covaci et al.，2002b），内径≤0.25 mm。使用细柱子可以提高分辨率（内径 0.1 mm）（Covaci et al.，2002b）。由于 BDE209 对高温敏感，在气谱中易降解，因此在检测 BDE209 时要选用短柱，10～15 m 为佳（de Boer et al.，2001），炉温要升至 320℃烘烤几分钟，以保证色谱柱中吸附的 BDE209 完全从色谱柱分离，保持色谱柱的清洁。

Korytár 等考察了 126 个 PBDEs 同族化合物在 7 个不同固定相的色谱柱（DB-1，DB-5，HT-5，DB-17，DB-XLB，HT-8，CP-Sil 19）中的保留时间（Korytár et al.，2005）。对其结果进行统计分析发现，DB-XLB 柱子不但具有最少的重叠峰个数，而且可以缩短分析时间（Wang et al.，2006）。

2. 进样

进样多采用不分流进样，温度为 250～300℃。进样口温度过高且 BDE209 易降解，因此 BDE209 进样可采用压力脉冲进样，以降低衬管中的高温，温度不要超过 300℃。也有报道通过柱上进样方式解决 PBDEs 的降解问题，但这样对气相色谱柱的损耗比较大，对样品的纯化要求也比较高。通常采用比较小的进样量（1 μL）色谱峰形比较好。而大的进样量可以降低检测限，对于以低分辨质谱作为检测器，由于检测限比较高，就可以采用大体积进样来降低检测限。人体组织样品或空气样品中，由于 PBDEs 浓度低，可以采用大体积进样装置，如加大进样量到 20 μL（Covaci et al. 2002b），或者 50～100 μL（Björklund et al.，2001）。但大体积进样时，需要做好样品的纯化，以尽可能地消除干扰。

此外，PBDEs 的测定要求比较苛刻，仪器的各种配置和条件，如连接器、色谱柱、进样器等都对结果有较大影响。不佳的检测条件会使检测灵敏度大大降低，高溴代二苯醚（如九溴、十溴二苯醚）则可能完全无法检出（Björklund et al.，2004）。

2.3.3.2　色谱分离——高效液相色谱

目前，PBDEs 的检测大多是采用气相色谱法，因为气相色谱可以实现较好的分离且检测限低。但对于分子量大的化合物，如 BDE209，气相色谱分离需要的分离温度较高，而在这种高温状态下又可能引发化合物的分解。高效液相色谱可以解决这些问题，其对于五溴二苯醚、八溴二苯醚和十溴二苯醚可以实现同时检测，而且分离速度快。

1998 年 Riess 等首次建立了快速简单的聚合材料中阻燃剂的定性检测方法。采用反相 C_{18} 柱液相分离，用磷酸盐缓冲溶液和甲醇混合溶液做流动相，紫外检测器通过全扫描方式检测（Riess et al.，1998）。实际样品中溴代阻燃剂 PBDEs 是通过用标准物质的色谱峰的保留时间和紫外吸收光谱比较定性。该方法已经大量应用于电视机和电脑废弃材料中阻燃剂的检测，其中包括商用五溴二苯醚、八溴二苯醚和十溴二苯醚的检测。Pöhlein 等在 Riess 等建立的方法基础上进行了改进，聚合物材料中三类 PBDEs 阻燃剂的检测限小于 0.1%（*m*/*m*），达到了德国法律草案的要求，同时方法实现了快速检测，十溴二苯醚保留时间小于 4 min（Pöhlein et al. 2005）。为了降低检测限并提高定性的准确性，Schlummer 等将高效液相色谱的紫外检测器与四极杆质谱联用，采用大气压化学电离（atmospheric pressure chemical ionization，APCI）源实现了 PBDEs 的检测。但五溴二苯醚在质谱检测器上检测限反而升高，八溴二苯醚和十溴二苯醚的检测限分别由紫外检测器的 0.05%～0.1%降低到 0.001%～0.01%（*m*/*m*）。此外，Schlummer 等还将凝胶渗透色谱、高效液相色谱及紫外光谱在线联用（GPC-HPLC-UV），即将大分子的聚合物与目标化合物在线分离后应用高效液相色谱分离紫外检测器检测定量，检测限低于 0.1%（*m*/*m*），但该方法在五溴二苯醚的检测上还有待进一步的改善（Schlummer et al.，2005）。

目前，液相色谱分析 PBDEs 的方法已成为国际电工委员会环境方面咨询委员会（ACEA）工作组制定的聚合物材料中多溴联苯（polybrominated biphenyls，PBBs）和 PBDEs 的测定方法。我国也颁布了行业标准 SN/T 2005.1—2005，利用高效液相色谱法测定电子电气产品中 PBBs 和 PBDEs。

2.3.3.3 检测器

目前，PBDEs 常用的检测器有电子捕获检测器（electron capture detector，ECD）、低分辨质谱（low resolution mass spectrum，LRMS）、高分辨质谱（high resolution mass spectrum，HRMS）和离子阱质谱等。近年来，飞行时间质谱和电感耦合等离子体质谱也被用于 PBDEs 的检测。另外，其他检测器如电解电导检测器（Hale et al.，2001）和原子发射检测器（Johnson et al.，2001）也可用于 PBDEs 的检测，但由于其灵敏度和选择性低，使用受到了限制。几种常用的 PBDEs 检测方法的优点和缺点见表 2.5。

表 2.5 几种常用的 PBDEs 检测方法优点和缺点

检测法	优点	缺点
ECD	价格低、易维护、易使用	对溴代物灵敏度差、线性范围不稳定、选择性很差
EI-LRMS	可以采用同位素内标、选择性好	灵敏度差
ECNI-LRMS	灵敏度高、对溴代物选择性好	源需要经常清洗和维护
EI-HRMS	灵敏度高、选择性非常好	价格高、难使用、难维护

1. 电子捕获检测器

ECD 是分析实验室比较常规的检测器，具有仪器运行费用低、灵敏度高，尤其对卤代化合物响应高等优点。20 世纪 70 年代末至 80 年代初，ECD 最早被应用于环境样品中 PBDEs 的检测。但是，ECD 选择性低，检测时样品中的不同类化合物之间存在相互干扰，如四至六溴代二苯醚和七至十氯代联苯在气相色谱柱中的保留时间相同（Hale et al.，2001），而且两类物质在 ECD 中均有较强响应，PCBs 干扰 PBDEs 的定性和定量。另外，ECD 的检测限高，分析误差较大，线性范围比较窄。因此，随着质谱的发展，研究者很少采用 ECD 作为检测器用于环境样品中 PBDEs 的检测。直到 2005 年，ECD 应用于 PBDEs 检测才有了新的发展，Martínez 等通过加强前处理以消除干扰弥补了 ECD 选择性低的缺点（Martínez et al.，2005）。在纯化过程中将 PCBs 和 PBDEs 分离就可以消除相互之间的干扰（Liu et al.，2006），实现痕量和超痕量 PBDEs 的准确分析定量；Korytár 等采用多维气相色谱与 ECD 联用（GC×GC–μECD）提高了仪器的选择性，分析了环境样品中 PBDEs 的含量（Korytár et al.，2005）。

图 2.4 显示了利用 GC-ECD 检测 PBDEs 标准的结果。虽然 ECD 对于检测 PBDEs 的标准可以得到不错的响应，但容易受到其他卤代化合物的干扰，所以只在含量比较高的情况下才可以应用。对于生物组织中 PBDEs 的分析，GC-ECD 一般无法满足分析的要求。

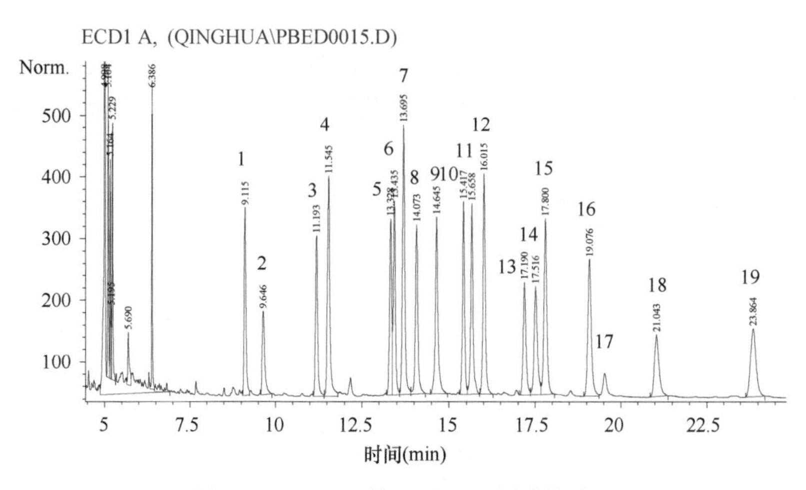

图 2.4　GC-ECD 检测 PBDEs 标准的结果

色谱柱：DB-5MS，30 m×0.32 mm×0.17 μm；载气：高纯氮气，恒流模式，1.8 mL/min；进样口：不分流，270℃，检测器：ECD，290℃，尾吹 60 mL/min 高纯氮气；柱温：90℃（保持 2 min），以 25℃/min 升至 210℃后，以 7.5℃/min 升至 275℃（保持 18 min），以 25℃/min 升至 330℃（保持 5 min）；色谱峰：1. BDE7；2. BDE15；3. BDE17；4. BDE28；5. BDE49；6. BDE71；7. BDE47；8. BDE66；9. BDE77；10. BDE100；11. BDE119；12. BDE99；13. BDE85；14. BDE126；15. BDE154；16. BDE153；17. BDE139；18. BDE138；19. BDE183

2. 低分辨质谱

常用的质谱电离源包括电子捕获负化学电离（electron capture negative ion，ECNI）源和电子轰击（electron impact，EI）源两种。数据的可靠性和电离源的选用密切相关。

1）电子捕获负化学电离源：由于仪器质量跨度的局限性和高分子量的离子在高质量端响应弱（Sellström，1999），ECNI-MS 通常选择响应较强的溴原子碎片的同位素碎片 $^{79}Br^-$和 $^{81}Br^-$（同位素丰度比在 0.505～0.495 范围内）作为检测离子，没有准确的分子离子信息，可能会受到含溴化合物的干扰，如多溴联苯。添加 ^{13}C 内标，采用同位素稀释法可以保证分析的准确性，尤其是可以使环境样品中痕量物质的检测更加可靠，但对于电子捕获负化学电离源的质谱检测离子是溴，不能添加 ^{13}C 内标。

2）电子轰击源：通常选择分子离子作为检测离子，但无法单独检测溴离子，因为会受到具有相同分子量的化合物的干扰。通常采用 EI-MS 做检测器，会受到氯代化合物尤其是 PCBs 的干扰。PCBs 和 PBDEs 都是普遍存在的环境污染物，因此样品中通常同时有这两种物质的污染，而 PBDEs 的分析方法，尤其是前处理纯化过程是在多氯联苯分析方法的基础上建立起来的，比较美国环境保护署的标准方法 EPA1668A 和 1614 方法草案可以看出，这两种物质的前处理方法基本没有差别，说明经过前处理后的样品中同时含有 PBDEs 和 PCBs 两类物质。因而采用 EI-MS 检测 PBDEs 会受到比较大的干扰，影响数据的准确性。若采用 EI 源，可以用 ^{13}C 标记的 PBDEs 的内标来定量，这样更加准确。

采用负化学电离源检测溴离子可以避免 PCBs 的干扰，但同时负化学电离源会受到含溴化合物的干扰。因此，两种电离源各有利弊，都可能会影响测定数据的可靠性。目前报道多采用负化学电离源的低分辨质谱作检测器，Yusà 等（2006）证明了 ECNI-MS 同样可用于沉积物中 PBDEs、PBBs 和多氯萘（polychlorinated naphthalenes，PCNs）的检测，可以作为政府检测的常规检测仪器。Vetter（2001）改进了 ECNI-MS 分析方法，如增加检测的选择离子，Br^{2-}（160）、HBr^{2-}（161）、$BrCl^-$（116）、$HBrCl^-$（117）四个离子碎片，可以区别不同溴代化合物，提高了分析仪器的选择性。Sellström（1999）采用氨气作反应电离气，HBr^{2-}为检测离子，作为 PBDEs 的检测特征离子，可消除了 PBBs 化合物的干扰。Br_5、Br_4Cl_2、Br_4 和 Br_3Cl_2 丰度比十分相近，仅通过溴原子的同位素离子峰很难辨别这些化合物。通过增加检测离子 $BrCl^-$和 $HBrCl^-$，确定氯原子的存在与否，可消除两类化合物的相互干扰。另外，还要通过化合物在色谱柱中的保留时间的不同对化合物定性。GC/ECNI-MS-SIM 可以为环境中的有机溴化合物检测定性提供更多的信息。但由于不能添加同位素内标，采用 ECNI-MS 检测 PBDEs 化合物存在一定干扰，检测方法还有待进一步的改进。图 2.5 给出了 ECNI 测定 PBDEs 的结果。

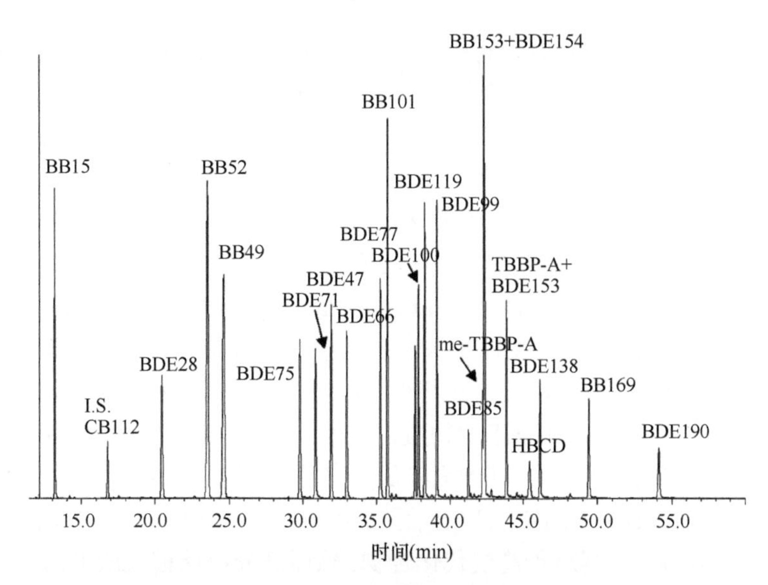

图 2.5　GC-ECNI 检测 PBDEs 标准的色谱图

色谱柱：CP-Sil 8，50 m×0.2 mm×0.25 μm；进样口：脉冲不分流进样，275℃；检测器：ECNI-MS；柱温：90℃（3 min），30℃/min 开至 210℃（3 min），5℃/min 升至 315℃；色谱峰说明：BB 为溴代联苯；TBBP-A 为四溴代双酚 A；HBCD 为六溴代环癸烷

另外，Korytár 等采用二维色谱串联质谱（GC×GC-ECNI-qMS）检测了 PBDEs（Korytár et al.，2005）。Covaci 等将 EI-MS 配合大体积进样和细内径的气相色谱柱使用，灵敏度与 ECNI-MS 相当而又有离子源质谱的高选择性（Covaci et al.，2002b）。Llorca-Porcel 等建立了应用搅拌棒吸附萃取（stir bar sorptive extraction，SBSE）热解析（thermal desorption，TD）色谱质谱检测分析 PBDEs 的方法（Llorca-Porcel et al.，2006）。方法采用 EI 电离源，在 *m/z* 为 225～500 范围内全扫描模式和单离子监测（single ion monitoring，SIM）模式检测。SBSE 的采用可以使以 SIM 模式检测的方法检测限降低 50 倍，全扫描的灵敏度提高。SBSE-TD-GC-MS 分析方法即使采用全扫描模式也可以检测水中 PBDEs 的含量，需要的样品量少（100 mL），方法检测限低。分析方法中甲醇的加入可以防止 PBDEs（尤其是五至七溴代二苯醚）在玻璃容器壁上的吸附，提高方法的精密度。Eljarrat 等（2004）通过采用四极杆离子阱（quadrupole ion trap，QIT）质谱（QIT-MS）消除干扰，验证了采用 QIT-MS 可以达到 ECNI-MS 的灵敏度，检测值的误差也在 5%范围内，证明了 QIT-MS 可以代替 ECNI-MS 对活性污泥中的 PBDEs 进行检测。

3. 高分辨质谱

早在 1994 年 Esch 就曾经对 PBDEs 的分析进行了总结。在 20 世纪 90 年代以前，PBDEs 的检测通常采用气相色谱分离后采用电子捕获检测器（ECD）或者电子捕获负化学电离源（ECNI）的质谱进行分析检测（Jansson et al.，1993）。ECD是一种比较灵敏的检测器，但是选择性较差，ECNI 源的质谱灵敏度优于 ECD。ECNI 作为电离源用于 PBDEs 检测时，检测离子为 Br^-，选择性受一定限制。而以EI 为电离源的质谱检测时，选择分子离子为目标物，如$(M\text{-}Br_2)^+$和 M^+，用于 PBDEs的检测要优于 ECNI 源。但是，由于 PBDEs 分子量跨度较大，四极杆质谱只能用于检测低溴代的二苯醚。早些年，由于没有标记的同位素内标，PBDEs 的检测通常是用 GC 分离，之后以 ECD 或者 ECNI 的低分辨质谱检测。这两种检测器虽然灵敏度高，但是选择性低。ECD 对卤素化合物响应都很强，但是没有进一步的选择性，ECNI 则对溴代化合物没有选择性。因对样品的纯化程度要求高，该方法的前处理步骤中就需要去除大量干扰物质，另外，ECD 和 ECNI-LRMS 检测定量不能采用同位素稀释法，定量的准确度降低。^{13}C 同位素内标商业化后，同位素稀释法 EI-MS 检测使 PBDEs 的定性和定量更加准确。采用 EI 源质谱对化合物的响应明显低于 ECNI 源，尤其对于高溴代化合物。然而高分辨质谱灵敏度高，检测限低，解决了这一问题。目前，高分辨质谱已经被公认为最理想的 PBDEs 检测仪器（Stanley et al.，1991）。在新方法的建立和验证阶段，研究者通常会选择 HRMS 作对比，结果相当则证明方法是可靠的。EI-HRMS 的主要缺点是消耗高，对于操作人员的技能要求高，仪器操作和维护复杂。

图 2.6 为利用 HRGC/HRMS，在 EI 源条件下分析鱼肉样品中 PBDEs 的结果。利用 30 m 长的 DB-5MS 柱，全部分析在 22 min 以内完成。质量保证/质量控制（QA/QC）结果显示分析方法灵敏度高且稳定性高。由于使用了比较快速的升温程序，有时所得到的色谱峰的峰形并不理想。

4. 离子阱质谱

近年来，离子阱质谱被广泛用于 PBDEs 的检测。Pirard 等对比了采用时间串联四极杆离子质谱（tandem-in-time quadrupole ion storage mass spectrometry，QISTMS/MS）和高分辨质谱用于同位素稀释检测方法分析 PBDEs 的效果。结果表明，两种质谱检测法的准确性相当，但采用 HRMS 分析所得结果的精确度更高。虽然 HRMS 的灵敏度更高，但由于方法的定量检测限（limit of detection，LOQ）由空白决定，两种质谱检测法的 LOQ 相近，在 0.04～3.56 ng/g lw（脂重）范围内。实验结果表明，QISTMS/MS 可以用于 PBDEs 的检测（Pirard et al.，2006）。Gómara等采用 PYE 芘基乙基高效液相色谱柱分离 PCBs 和溴代阻燃剂（BFRs，包括 PBDEs和 PBBs），PBDEs 组分通过气相色谱串联离子阱质谱检测（Gómara et al.，2006）。Yusà 等采用微波辅助萃取法提取样品，气相色谱大容量可编程温度蒸发进样器串联质谱（PTV-LV-GC-MS-MS）检测样品（Yusà et al.，2006）。Wang 等也采用离子阱质谱分析了环境样品中 PBDEs 的含量（Wang et al.，2005）。

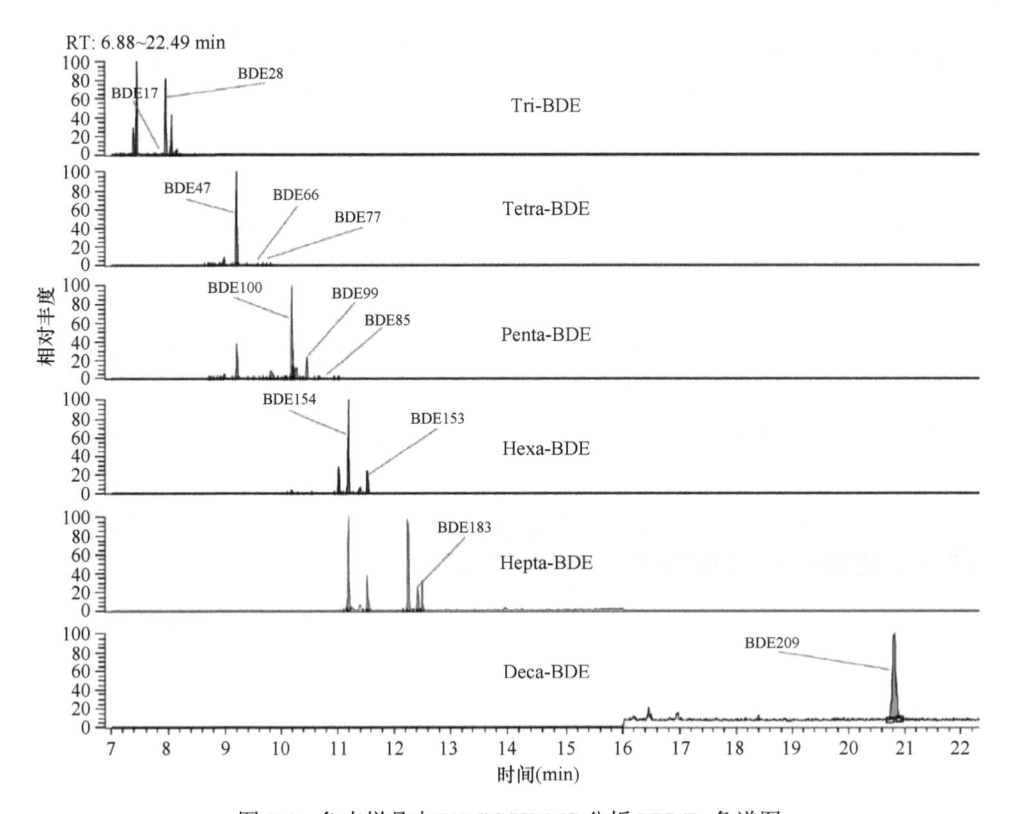

图 2.6　鱼肉样品中 HRGC/HRMS 分析 PBDEs 色谱图

色谱柱：DB-5MS，30 m×0.25 mm×0.1 μm；进样口：不分流，290℃；柱温：90℃（1 min），25℃/min 升至 210℃，5℃/min 升至 275℃，15ºC/min 升至 315℃（20 min）；检测器：高分辨质谱，EI 源 38～40 eV，R≥10 000；源温：280℃；传输线温度：270℃

2.3.4　PBDEs 色谱分析应用实例——高分辨气质联用法

中国科学院生态环境研究中心在多氯联苯和二噁英标准分析方法的基础上，建立了 PBDEs 的同位素稀释/高分辨气相色谱/高分辨质谱/选择离子检测分析法。

2.3.4.1　仪器条件的选择

1. 分辨率

PBDEs 化合物从一溴到十溴二苯醚质量数差别很大，一般质谱检测器很难达到这么大的质量跨度。因此一至四溴代二苯醚选取 M^{+2} 作为检测离子，五至十溴代二苯醚选取 $M^{-2}Br^{+2}$ 作为检测离子。多氯联苯、多溴联苯和二噁英等化合物与 PBDEs 在气相色谱上都存在共流出的现象，无法通过气相色谱柱实现分离，存在相互干扰。虽然在样品的纯化步骤中，采用了硝酸银硅胶柱去除了大量此类干扰物质，但为了保证定量的准确性，该实验室采用高分辨气相色谱/高分辨质谱分辨率调谐不低于 10 000。EPA 1614 方法草案要求 PBDEs 分析仪器的分辨率要大于 5 000（10%峰谷），选择离子为分子离子，质量范围为 248～973。但由于质谱的参考物质全氟煤油（polyfluoro kerosene，PFK）在高质量端响应很弱，分辨率要求太高，离子的响应强度就会降低，窗口锁定的质量数会由于强度太低而丢失。对于五溴代以上的二苯醚选用脱掉两个溴的碎片作为检测离子，缩小了质量范围，可以提高分辨率以保证分析的准确性。

2. 柱效

优化色谱条件以达到化合物色谱峰的最佳分离。EPA 1614 方法草案要求四溴二苯醚 BDE49 和 71 的分离度要满足峰谷与 BDE 71 峰高之比不能大于 40%。实验选取的两种柱型 HP-5MS（30 m × 250 μm i.d. × 0.25 μm 膜厚）和 DB-5MS（60 m × 250 μm × 0.25 μm 膜厚）都可以达到要求，见图 2.7 和图 2.8。60 m DB-5MS 柱可以实现 BDE49 和 71 的基线分离，使用 30 m HP-5MS 色谱柱，两种化合物的分离度也可以达到峰谷与 BDE71 峰高比值为 4.0%。

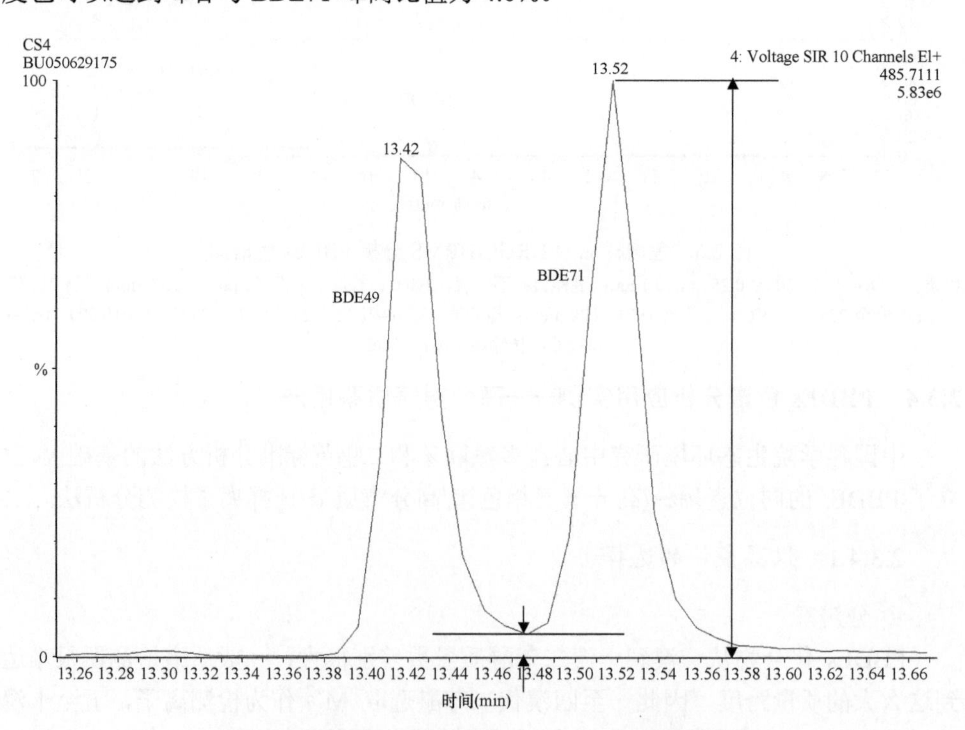

图 2.7　30 m HP-5MS 对 BDE 49 和 71 的分离色谱图

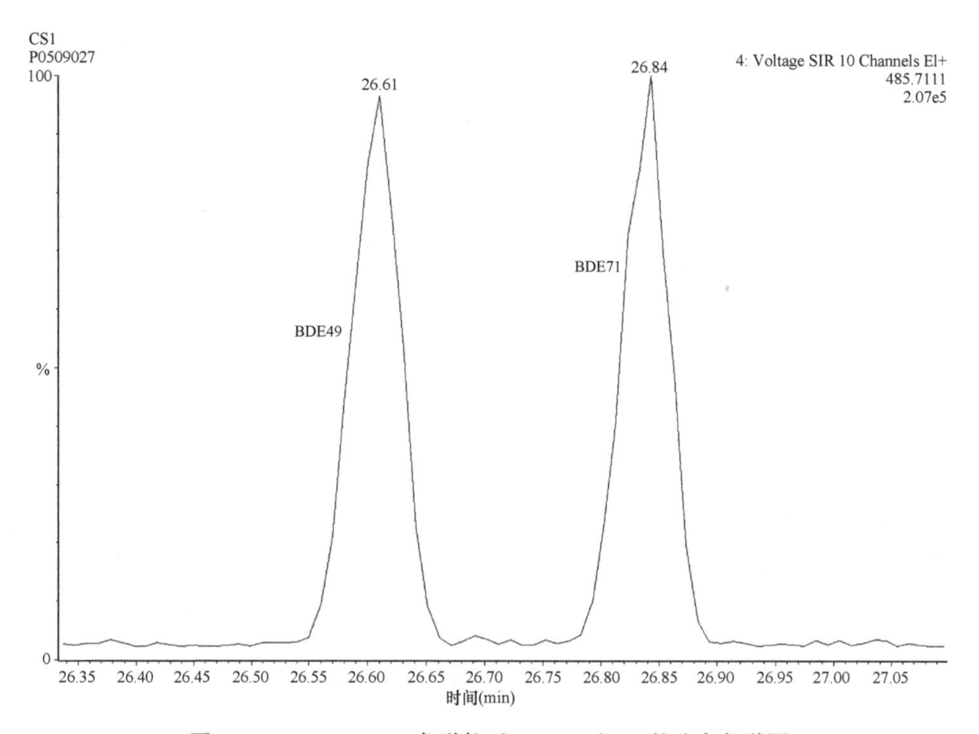

图 2.8　60 m DB-5MS 色谱柱对 BDE49 和 71 的分离色谱图

3. 色谱柱的选择

30 m 和 60 m 的气相色谱柱都可以用于 PBDEs 的分析，见色谱图 2.9。从色谱图中可以看出 60 m DB-5MS 分析的峰形好于 30 m DB-5MS 分析的峰形，PBDEs 在 30 m DB-5MS 柱上峰形有明显的拖尾。从响应强度比较，60 m 色谱柱也优于 30 m 色谱柱。此外，采用两种不同的气相色谱柱作标准曲线并分析 4 个实际样品。结果表明，采用 30 m DB-5MS 和 60 m DB-5MS 分析的结果无显著差别，BDE 100 的相对响应因子的相对标准偏差最大为 10.7%，对于 PBDEs 污染水平比较高的样品 BDE100 在两种柱型上测定的数值偏差较大，如样品 1 和样品 2 相对标准偏差分别为 15.5%和 13.9%，但数据的偏差仍在 EPA 1614 方法草案允许的范围内。国际比对实验中也发现 BDE 100 的结果偏差比较大（Takahashi et al.，2006）。鉴于实验结果和实验室二噁英类化合物的分析需要，该实验室采用 60 m DB-5MS 作为 PBDEs 的常规分析柱。

2.3.4.2　定性

用于作标准曲线的 BDE-CVS-E 由 ^{12}C-BDE3、15、28、47、99、139、153、154、183、209 和 ^{13}C-BDE3、7、15、17、28、47、49、66、71、77、85、99、

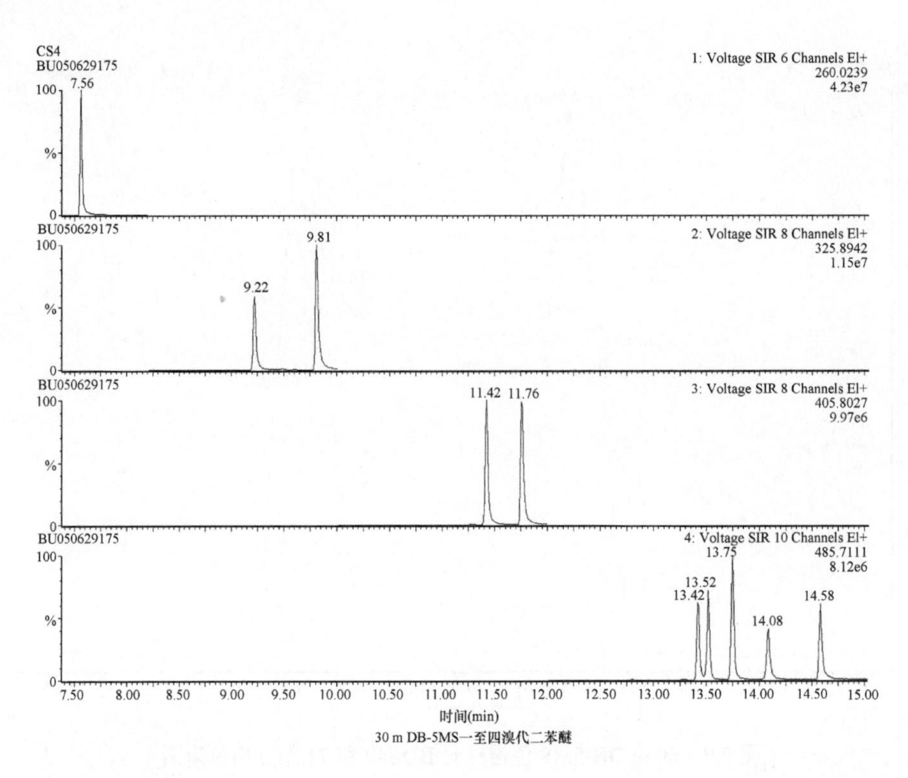

30 m DB-5MS一至四溴代二苯醚

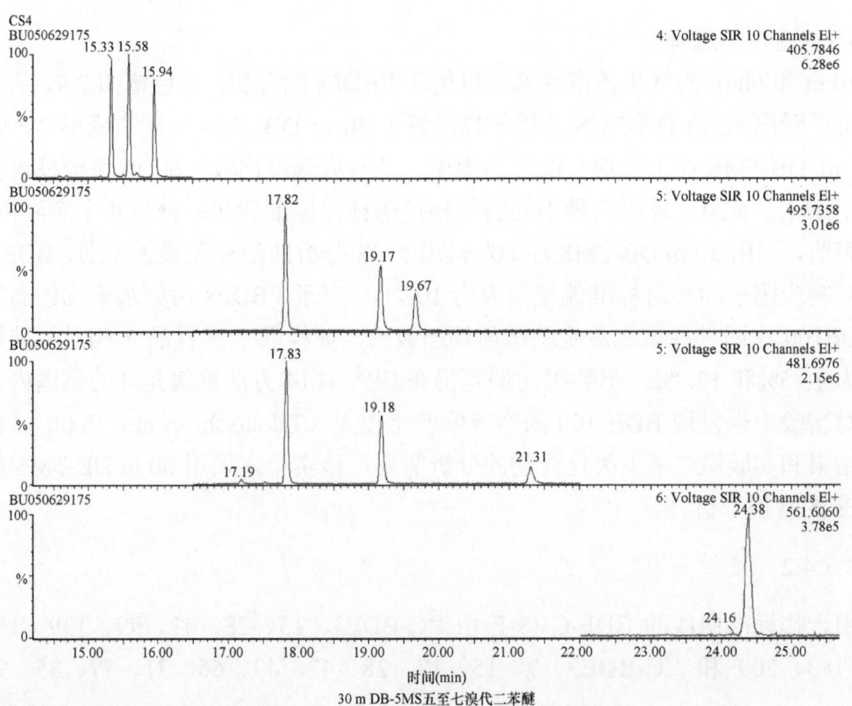

30 m DB-5MS五至七溴代二苯醚

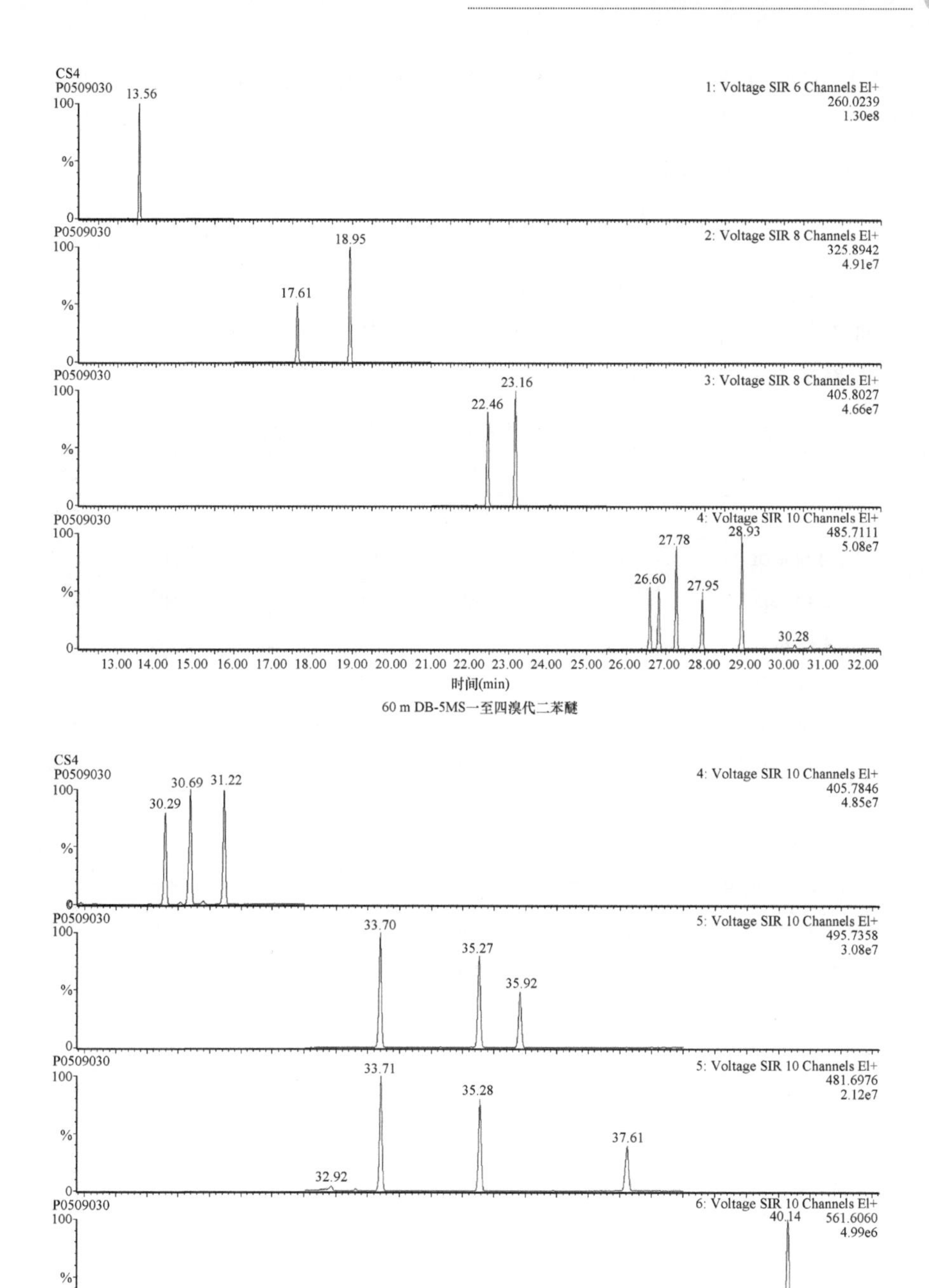

图 2.9　30 m DB-5MS 和 60 m DB-5MS 色谱柱分析 PBDEs 的色谱图

100、119、126、138、153、154、183、209 组成仪器分析标准曲线溶液（表 2.6）。对照标准谱图中各化合物的出峰顺序，确定目标化合物的保留时间（retention time，RT），再根据选取的离子碎片的丰度比进一步定性。溴元素在自然界中有两种主要的同位素形式：^{79}Br 和 ^{81}Br，二者天然丰度分别为 52 和 49。同一溴代化合物在质谱检测中选择两个以上的检测碎片，这些离子碎片之间由于含 ^{79}Br 和 ^{81}Br 的个数不同存在一定的丰度比。如果选择检测的碎片之间没有这种比例关系，则表明存在干扰或者是这个碎片不是我们的目标化合物产生的。PBDEs 检测的碎片、理论丰度以及检测中允许的浮动范围列于表 2.7 中。

表 2.6　五点标准曲线溶液 BDE-CVS-E 的组成和浓度（ng/mL）

BDE 同族物	编号	CS-1	CS-2	CS-3	CS-4	CS-5
^{13}C 未标记的化合物						
4-MoBDE	3	1.0	5.0	50	500	2 500
2,4-DiBDE	7	1.0	5.0	50	500	2 500
4,4'-DiBDE	15	1.0	5.0	50	500	2 500
2,2',4-TrBDE	17	1.0	5.0	50	500	2 500
2,4,4'-TrBDE	28	1.0	5.0	50	500	2 500
2,2',4,4'-TeBDE	47	1.0	5.0	50	500	2 500
2,2',4,5'-TeBDE	49	1.0	5.0	50	500	2 500
2,3',4,4'-TeBDE	66	1.0	5.0	50	500	2 500
2,3',4',6-TeBDE	71	1.0	5.0	50	500	2 500
3,3',4,4'-TeBDE	77	1.0	5.0	50	500	2 500
2,2',3,4,4'-PeBDE	85	1.0	5.0	50	500	2 500
2,2',4,4',5-PeBDE	99	1.0	5.0	50	500	2 500
2,2',4,4',6-PeBDE	100	1.0	5.0	50	500	2 500
2,3',4,4',6-PeBDE	119	1.0	5.0	50	500	2 500
3,3',4,4',5-PeBDE	126	1.0	5.0	50	500	2 500
2,2',3,4,4',5'-HxBDE	138	1.0	5.0	50	500	2 500
2,2',4,4',5,5'-HxBDE	153	1.0	5.0	50	500	2 500
2,2',4,4',5',6-HxBDE	154	1.0	5.0	50	500	2 500
2,2',3,4,4',5',6-HpBDE	183	1.0	5.0	50	500	2 500
DeBDE	209	10	50	500	5000	25 000

续表

BDE 同族物	编号	CS-1	CS-2	CS-3	CS-4	CS-5
^{13}C 标记的添加内标						
$^{13}C_{12}$-4-MoBDE	3L	100	100	100	100	100
$^{13}C_{12}$-4,4'-DiBDE	15L	100	100	100	100	100
$^{13}C_{12}$-2,4,4'-TrBDE	28L	100	100	100	100	100
$^{13}C_{12}$-2,2',4,4'-TeBDE	47L	100	100	100	100	100
$^{13}C_{12}$-2,2',4,4',5-PeBDE	99L	100	100	100	100	100
$^{13}C_{12}$-2,2',4,4',5,5'-HxBDE	153L	100	100	100	100	100
$^{13}C_{12}$-2,2',4,4',5',6-HxBDE	154L	100	100	100	100	100
$^{13}C_{12}$-2,2',3,4,4',5',6-HpBDE	183L	100	100	100	100	100
$^{13}C_{12}$-DeBDE	209L	1 000	1 000	1 000	1 000	1 000
^{13}C 标记的回收率内标						
$^{13}C_{12}$-2,2',3,4,4',6-HxBDE	139L	100	100	100	100	100

表 2.7　PBDEs 检测的碎片、理论丰度以及检测中允许的浮动范围

溴代原子数目	*m*/*z*	理论比值	最低限	最高限
1	*m*/（*m*+2）	1.03	0.88	1.18
2	*m*/（*m*+2）	0.43	0.47	0.59
3	（*m*+2）/（*m*+4）	1.03	0.88	1.18
4	（*m*+2）/（*m*+4）	0.70	0.60	0.81
	（*m*+4）/（*m*+6）	1.54	1.31	1.77
5	（*m*+4）/（*m*+6）	1.03	0.88	1.18
6	（*m*+4）/（*m*+6）	0.77	0.65	0.89
	（*m*+6）/（*m*+8）	1.37	1.16	1.58
7	（*m*+6）/（*m*+8）	1.03	0.88	1.18
8	（*m*+6）/（*m*+8）	0.82	0.70	0.94
9	（*m*+8）/（*m*+10）	1.03	0.88	1.18
10	（*m*+8）/（*m*+10）	0.73	0.86	0.99

2.3.4.3　定量

标准曲线是由 PBDEs 的五点标准曲线溶液 BDE-CVS-E 仪器分析结果根据相对响应因子法计算得到。曲线适用的范围为 CS-1～CS-5 的浓度范围。根据 CS-1～CS-5 仪器分析结果，计算得到 ^{12}C-PBDEs 相对于 ^{13}C-PBDEs 以及 ^{13}C-BDE-LCS

相对于 ^{13}C-BDE-IS 的相对响应因子（relative response factor，RRF）。五个浓度计算得到的 RRF 相对标准偏差（relative standard deviation，RSD）应≤20%，否则需要重新设置仪器条件，至满足要求为止。图 2.10 是 BDE 47 的标准曲线，^{12}C-BDE 47 相对于 ^{13}C-BDE 47 的 RRF 平均值为 1.14077，RSD 为 2.5%。方法采用同位素标记内标法，添加的内标为 MXC，包括 ^{13}C-BDE 3、15、28、47、99、153、154 和 183，进样标为 ^{13}C-BDE 139。对于没有 ^{13}C 内标的化合物，如 BDE 17、49、71 等化合物，用相同溴代数目的 ^{13}C-BDE 内标定性和定量。

2.3.4.4 质量控制指标

1. 回收率

PBDEs 分析过程处理步骤繁多，保证合理的回收率是准确定量的前提。EPA 1614 方法草案规定，对于一至九溴代二苯醚分析的同位素添加内标回收率要满足 25%～150%，十溴二苯醚要满足 20%～200%；对于方法评价的添加内标回收率分别要满足 35%～135%和 25%～200%，平行实验的相对标准偏差控制在 50%范围内。否则数据被认为是不可靠的，需要重新分析。

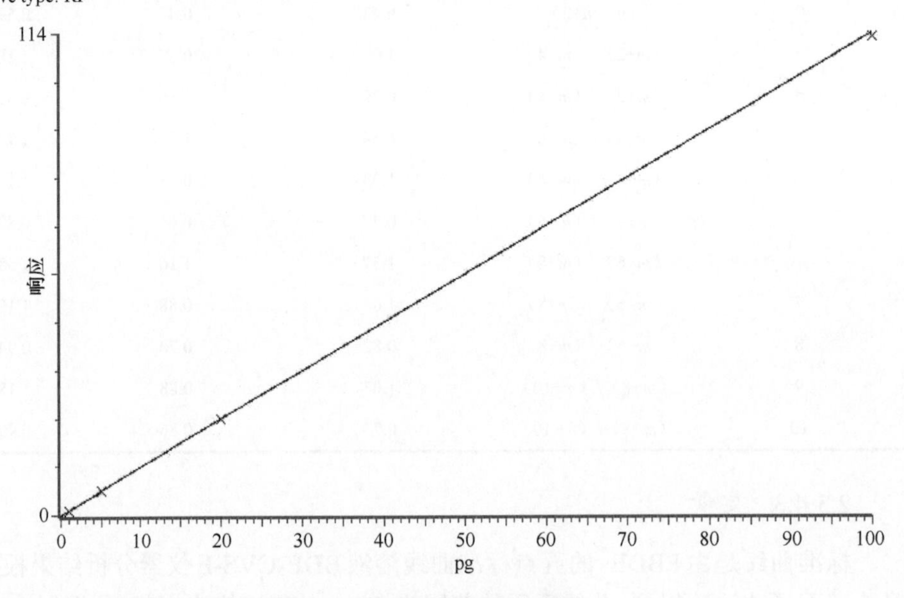

图 2.10 BDE47 的标准曲线图

2. 方法空白

PBDEs 是普遍存在的环境污染物，所以在实验过程中，从实验材料、器皿到分析仪器和实验室环境都可能会引入污染，使分析结果不可靠。因此，方法空白和实验空白是方法质量控制中必不可少的环节。同时在每组样品的分析过程中都应同时有空白实验来验证实验的可靠性。

3. 检测限

样品的检测限包括检测限（LOD）和定量限（limit of quantitation，LOQ），分别以 3 倍和 8 倍的信噪比（S/N）来计算。

2.4　环 境 归 宿

PBDEs 是最先在环境中被发现的一类溴代阻燃剂（Alaee and Wenning，2002）。1979 年，DeCarlo 在美国一家 PBDEs 生产厂附近首次检测出了十溴二苯醚（DeCarlo，1979）；1981 年，Andersson 和 Blomkvist 在瑞典西部 Visken 河中的梭子鱼中，检测出了 PBDEs（Andersson and Blomkvist，1981）；1987 年，Jasson 等在波罗的海、北海和北冰洋的食鱼鸟和哺乳动物组织样品中检测到 PBDEs，进而首次将 PBDEs 提升为全球性的环境污染物（Jansson et al.，1987）。自此，人们在许多环境介质和生物体内发现了 PBDEs 的存在。环境介质中 PBDEs 的来源包括在生产使用过程中化学品本身的泄漏，含 PBDEs 产品在使用、回收、填埋或焚烧过程中释放，但产品在使用过程中的释放被认为是环境中 PBDEs 的最主要来源（Renner，2000；Wang et al.，2005a）。

国外对溴代阻燃剂在环境中的污染及对动物、人体影响的研究始于 20 世纪 70 年代末到 80 年代初。最早的研究始于瑞典，在一项针对瑞典母乳中 POPs 的详细调查中发现，瑞典母乳中 PBDEs 的含量从 20 世纪 70 年代至 90 年代一直处于递增趋势，90 年代母乳中 PBDEs 的含量比 70 年代增加了 50 倍（图 2.11）（Noren and Meironyte，2000）。从 1997 年瑞典政府禁止使用 PBDEs 作为阻燃剂后，母乳中 PBDEs 的含量已有所降低。20 世纪 90 年代初以后，欧洲各国、北美、加拿大和日本都相继开展了 PBDEs 等溴代阻燃剂的环境污染及影响的研究工作，有关的研究成果在几篇综述文章中已体现（Hale et al.，2003；Sjodin et al.，2003；Law et al.，2006；Covaci et al.，2003；Rahman et al.，2001）。有关 PBDEs 在环境介质、生物体及人体组织中的含量分布，来源，在生物链中的降解、迁移及富集，以及 PBDEs 在全球及区域范围内的长距离迁移等研究已成为过去几年国际环境界权威刊物（*Environmental Science & Technology*）的热点。

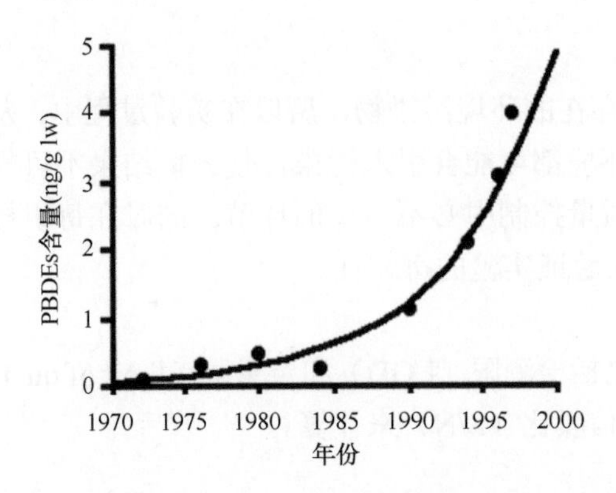

图 2.11 瑞典斯德哥尔摩地区母乳中 PBDEs 含量与时间关系图

2.4.1 持久性

PBDEs 释放到环境之中，即可分散蓄积到各种环境介质内，如空气、水体和土壤中，但大部分以土壤为归宿。总体而言，它在各个环境介质中的分布比例为：土壤>>水>空气。由于极低的水溶性，BDE209 在土壤、沉积物和空气中具有较高持久性。多项有关沉积岩芯的研究表明（Zegers et al.，2003；Vane et al.，2010），PBDEs 在海洋沉积物中具有高度持久性，历时 30 年之后仍会继续存在。在经济合作与发展组织使用五溴二苯醚和八溴二苯醚进行的快速生物降解实验中，其在 28 d 之内没有发生任何降解现象，印证了 PBDEs 的高持久性。应用 EPIWIN（Estimation Programs Interface for Windows）模型计算出五溴二苯醚的半衰期在需氧沉积物中为 600 d，土壤中为 150 d，水中为 70 d，而六至九溴二苯醚与大气羟基自由基反应的半衰期范围为 30～161 d（Gouin et al.，2004）。在光解研究实验中，在紫外灯的照射下，PBDEs 的半衰期从 0.26 h 到 6.46 h 不等，且高溴代单体的光解速率要高于低溴代单体（Fang et al.，2008）。尽管 BDE209 在沉积物、土壤和空气中持久存在，而且在环境中的半衰期很长，但有相当多的证据表明 BDE209 等高溴代多溴二苯醚在非生物环境和生物体内会脱溴生成低溴代多溴二苯醚（Stapleton et al.，2004；Van den Steen et al.，2007；Kierkegaard et al.，2007；Christiansson et al.，2009；Ahn et al.，2006；Karakas and Imamoglu，2017；Roberts et al.，2011）。脱溴产物从单溴至九溴二苯醚不等，其中还包括了持久性有机污染物，如四溴至七溴二苯醚及溴苯酚，以及确认具有持久性、生物累积性、毒性/高持久性、高生物累积性的物质，溴化二噁英/呋喃（PBDD/PBDF）和六溴苯。Stapleton 等研究发现在普通鲤鱼体内七溴二苯醚 BDE183 经过明显快速的脱溴过程后可转化为六溴二苯醚 BDE154（Stapleton et al.，2004）。Van den Steen 等在受十溴二苯醚 BDE209 暴露的欧洲椋鸟体内检测到了八溴和九溴二苯醚（BDE196、197、206、207 和 208）

的存在，首次揭示了鸟类的脱溴功能（Van den Steen et al.，2007）。同样，研究者在奶牛等哺乳动物体内亦发现了 PBDEs 的脱溴现象（Kierkegaard et al.，2007）。而 Ahn 等的研究指出，BDE209 脱溴后吸附于矿物质是一个逐步的反应过程，暴露在阳光下 14 d 后会形成九溴，然后形成八溴和七溴二苯醚同系物，但随着曝光时间增加，会随之形成六溴至三溴二苯醚（Ahn et al.，2006）。

2.4.2　远距离迁移能力

PBDEs 在空气中的高度持久性及其趋于附着在颗粒表面的特性促使其在环境中广泛扩散，并主要通过大气进行远距离迁移，甚至是进入两极地区（Breivik et al.，2006）。众多研究报告指出 PBDEs 可以通过如图 2.12 所示的扩散模式，最终广泛分布于全球各个地区，包括从未使用过 PBDEs 的南北极地区和偏远山区（Wang et al.，2005b；Strandberg et al.，2001；Moon et al.，2007；McGrath et al.，2016；Salvado et al.，2016；Salamova et al.，2014）。一项针对欧洲 11 个远离局部污染发源地的高山湖泊（海拔 566～2485 m）中鲑鱼体内的 PBDEs 研究显示，鲑鱼体内存在大量 PBDEs 单体，其中以 BDE47 和 BDE99 为主，其次是 BDE100、153、154 和 28，并且认定这些湖泊中 PBDEs 的唯一来源是大气迁移和沉降的结果（Vives et al.，2004）。在北极和南极的各种环境分区，包括空气、沉积物、雪、冰、土壤和生物群中都发现了 BDE209 和其他低溴代多溴二苯醚。一些研究报告指出，BDE209 是北极空气中占主导或主要地位的 PBDEs 之一（Hermanson et al.，2010；Meyer et al.，2012）。在南极空气和沉积物样本中也发现了 BDE209（Dickhut et al.，2012），这进一步证明了 PBDEs 的远距离迁移能力。模拟和环境研究表明，这种迁移可能是由 PBDEs 随季节和昼夜温度的变化而发生活跃的地面–空气交换，进而通过朝向两极地区的一系列沉降/挥发的跳跃过程，即所谓的“蚂蚱跳效应”（grasshopper effect）实现的。如 Lee 等对英格兰两个观测点的 PBDEs 大气浓度研究显示，夏季 PBDEs 的浓度受到温度的强烈影响，这说明陆地/空气交换过程在决定大气浓度方面起着重要作用（Lee et al.，2004）。此外，PBDEs 亦可能通过水流和多栖动物实现远距离迁移。

2.4.3　生物富集性

污染物的生物富集主要取决于两方面的因素，首先是生物体本身的特性，特别是生物体内存在的能与污染物结合的活性物质的多少与活性强弱。生物体内存在的该类物质的代谢酶活性越强，则对应的目标化合物越不易在其体内富集。如鱼体内环氧化酶的活性小于人类、鸟、昆虫等生物，因而其对某些有机

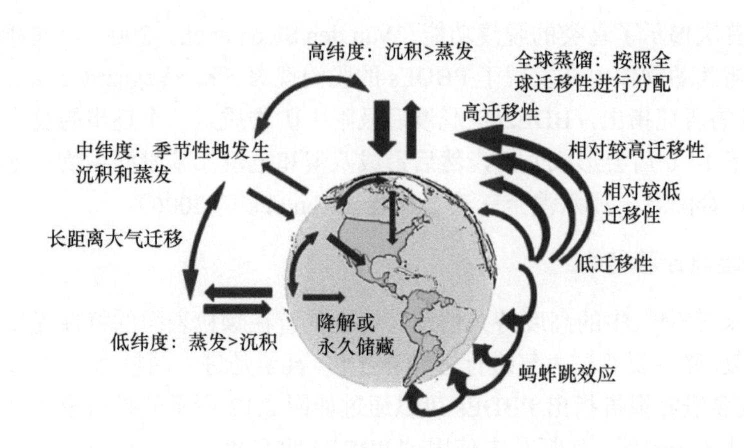

图 2.12 持久性有机污染物全球蒸馏效应原理示意图

氯农药有较强的生物富集性。另一方面，则是污染物的物化特性。PBDEs 具有化学稳定性和高亲脂性，一旦进入生物体内，很难随着生物代谢被排泄，由此进入食物链。它在各种食物链中的生物体内富集并产生生物放大效应，最终在食物链顶层的捕食动物体内达到高浓度。目前已有充分资料证明（Mizukawa et al.，2009；Wu et al.，2009；Burreau et al.，2006），随着水生、陆生食物链和北极食物链营养水平的升高，生物群中五溴二苯醚和八溴二苯醚的浓度也在提高。计算得出的生物浓缩因子（bio-concentration factor，BCF）、生物富集因子（bioaccumulation factors，BAF）和生物放大因子（bio-magnification factor，BMF）均证明了五溴二苯醚和八溴二苯醚的潜在生物富集和生物放大作用。Law 等（2006）对来自波罗的海和大西洋的三种不同食物链中 PBDEs 的生物放大效应进行了研究，结果显示三溴至七溴二苯醚都具有生物放大效应，其中五溴二苯醚的生物放大效应最大。Matscheko 等调查研究了 PBDEs 在瑞典土壤–蚯蚓间的蓄积因子，结果显示 BDE47、66、99 和 100 的土壤–蚯蚓蓄积因子都大于 1，范围从 1～10 不等（Matscheko et al.，2002）。而六溴和七溴二苯醚在西班牙两种淡水鱼类的生物–沉积物富集因子（BSAF）为 1～3（van Beusekom et al.，2006）。此外，一系列有关 PBDEs 在顶层捕食动物体内，如游隼、北极熊等的高浓度报道也令人担忧（Muir et al.，2006；Herzke et al.，2005）。因为某种化合物在捕食动物体内的高浓度通常表明其有可能在食物链的顶层捕食动物体内产生生物富集作用。对于十溴二苯醚 BDE209 的生物富集性，现有的生物积累数据模棱两可，这在很大程度上体现了不同物种在吸收、代谢和消除方面的差异，反映了在分析测量 BDE209 方面的挑战。因为 BDE209 的分子较大、极端疏水而且生物利用度低，过去曾被假设为其在生物群中的生物富集性不高。但多项环境监测研究显示，在世界各地多个物种和人类中都发现存在 BDE209，并提供了关于生物富集性的相关佐证（She et al.，2013；Xu et al.，2016）。如 Yu 等（2013；2011）在跨越了多个营养级的陆生食物网研究报告中称 BDE209 生物放大因子的范围为 1.4～4.7。生物–沉积物富集因子（BSAF）体现了生物与沉积物之间的污染物稳态浓度比，有利于进一步了解生物富集和生物放大潜力。一些研究计算了 BDE209 的沉积物 BSAF 值，结果表明其生物放大潜力不大（Klosterhaus and Baker，2010a；He et al.，2012）。但一些研究显示了较高的沉积物 BSAF 值，其数值大于 3，表明某些贝类具有生物富集潜力（Debruyn et al.，2009；Wang et al.，2009）。

2.5 环境暴露

2.5.1 环境浓度水平和趋势

PBDEs 在全球环境中广泛扩散。有大量监测数据表明已在各地区人群、海洋和陆地鸟类、海洋和陆地哺乳动物、大气、沉积物、土壤、海产品和鱼类体内检出了 PBDEs。

2.5.1.1 空气中的多溴二苯醚

PBDEs 的蒸气压随溴代个数的增加而线性降低，由此推断高溴代二苯醚更易结合在颗粒物上，而不是在气相上。因此，低溴代二苯醚更易在大气中长距离传输，而高溴代二苯醚特别是 BDE209 远距离迁移能力差。在中国乃至亚洲，对大气中 PBDEs 的测定也只是近一二十年开展的工作。2004 年，Jones 等利用被动采样器，对亚洲地区空气中的 PBDEs 进行了检测，采样地区包括中国、日本、韩国和新加坡。结果表明大部分采样点的 PBDEs 低于检测限，而最主要的单体为 BDE47 和 99。PBDEs 总量的浓度范围低于检测限，为 340 pg/m^3。这个结果和智利的结果比较相似，但是低于美国的结果（Jaward et al.，2005；Pozo et al.，2004；Jaward et al.，2004）。

2003 年，中国极地科考船“雪龙号”，从渤海出发一直到高纬度的太平洋，利用大流量采样器，采集了 49 个空气样品，对其中的 11 个 PBDEs 单体进行分析（Wang et al.，2005b）。结果表明 PBDEs 浓度范围为 2.25～198.9 pg/m^3，平均值为 58.3 pg/m^3。这个结果高于波罗的海空气中的含量（ter Schure et al.，2004），但是低于南安达略湖的含量（Gouin et al.，2002）。他们还发现，从太平洋的中部到北部，PBDEs 的含量随着纬度的增加而降低。2004 年在广州，Chen 等（2006）测定了城市地区 PBDEs 的含量及分布特征和气-固分布状况。结果显示，空气中的

PBDEs 含量要高于世界其他地区已有的检测结果，其中 BDE209 的含量超过了总量的 70%，这个也要高于欧美地区，而和日本的结果比较相近。

对于其他地方，Ohta 等于 2001 年报道了日本大阪地区空气中 PBDEs 的分布状况，从 Tri-BDE 到 Hepta-BDE 的总量在 2～6.6 pg/m^3，Deca-BDE 为 100～340 pg/m^3（Ohta et al.，2002）。而在 1993～1994 年期间，在这个城市空气中发现了非常高的 PBDEs 的含量，Deca-BDE 的含量达到了 83～3060 pg/m^3（Watanabe et al.，2002）。

2.5.1.2 底泥中的多溴二苯醚

有机物的正辛醇–水分配系数是用来预测其在水中行为的重要物理化学参数，PBDEs 的溶解度随溴取代个数的增加而减小。由此推测低溴代二苯醚比高溴代的在水中的流动性更强一些。所以高溴代 PBDEs 有可能在污染源附近的底泥中有更高的残留分布。相比于世界其他地区，包括我国在内的东南亚地区底泥中 PBDEs 含量处于中等水平（Klamer et al.，2005；Wurl and Obbard，2005；Gevao et al.，2006）。

陈社军等测定了珠江三角洲和南海北部海域的 66 个表层沉积物样品，研究了该区域中 PBDEs 的含量、分布、来源和在环境中的迁移。研究结果表明，东江和珠江是 PBDEs 的高污染区，含量为 12.7～7 361 ng/g，其中 BDE209 平均含量为 1199 ng/g，是目前世界上已报道沉积物中含量最高的区域之一。溯源发现其来自东莞和广州本地排放，而西江的 PBDEs 主要通过大气的传输输入，另一个高污染区澳门水域被验证是珠江三角洲水体环境中有机污染物的“汇”。他们同时研究了该区域的浓度分布，发现近几年，PBDEs 的含量呈快速增长趋势(陈社军等，2005)。表 2.8 列出了我国和其他国家水体底泥中 PBDEs 的含量对比。结果表明，东亚相对于世界其他地区，底泥中 PBDEs 含量处于中等水平。

2.5.1.3 水生生物和生物样品中的多溴二苯醚

水生生物是一个很好的指示环境污染的生物标志物，因为它们可以从水体、底泥乃至食物链中富集污染物。Uneo 等调查了全世界不同地区的飞鱼肌肉中 PBDEs 的含量，发现其总量在<0.1～53 ng/g lw 的范围内，并且发现在东亚（图 2.13）所采集的样品中的含量要高于其他地区的含量（Ueno et al.，2004）。大多数趋势分析表明（Murtomaa-Hautala et al.，2015；Jianxian et al.，2015；Darnerud et al.，2015；Houde et al.，2017），20 世纪 70 年代初至 90 年代中末期，ΣPBDEs 在环境和人体内的浓度迅速增长，并于 90 年代末期在某些地区如欧洲达到峰值，不过，在其他地区如北极地区仍有增无减，直到 21 世纪初才开始下降。如对加

表 2.8　世界各地底泥中 PBDEs 含量分布（ng/g dw）

地点	国家	时间年份	单体	∑PBDEs	BDE209	文献
南北海	荷兰	2000		0.4～0.6	1～32	（Klamer et al.，2005）
珠江	中国		$\sum_{15}$BDEs	0.15～13.03		（Zheng et al.，2004）
珠江	中国	2002	$\sum_{9}$BDEs	0.04～94.7	0.4～7 340	（Mai et al.，2005）
青岛	中国		$\sum_{21}$BDEs	0.12～5.5		（Yang et al.，2004）
香港	中国	2004	$\sum_{14}$BDEs	1.7～52.1	ND～2.92	（Liu et al.，2005）
新加坡海岸	新加坡	2003	BDE47	3.4～13.8		（Wurl et al.，2005）
河口	日本		4～6 溴代 BDE	21.0～59.0	<25～11 600	（Wit et al.，2002）
海岸	韩国	2000	$\sum_{5}$BDEs	1.1～33.8		（Moon et al.，2002）
海岸	科威特		$\sum_{39}$BDEs	80～3 800		（Gevao et al.，2006）
安大略和伊利湖	美国	2003	$\sum_{12}$BDEs	2.6；1.1	63；39	（Zhu et al.，2005）
苏比利尔湖	美国	2001～2002	$\sum_{10}$BDEs	0.3～3.0	4～17	（Song et al.，2004）
密歇根和休伦湖	美国	2002	$\sum_{9}$BDEs	1.7～4.0；1.0～1.9	63%；91%	（Song et al.，2005a）
安大略和伊利湖	美国	2002	$\sum_{9}$BDEs	4.9～6.3；1.8～2.0	50～55；211～242	（Song et al.，2005b）
Scheldt estuary	荷兰	2001	$\sum_{9}$BDEs	14.0～22.0	240～1 650	（Verslycke et al.，2005）
西班牙海岸	西班牙	2003	$\sum_{11}$BDEs	0.16～3.94	2.46～132	（Eljarrat et al.，2005）
Danube Delta	罗马尼亚	2001		ND	ND	（Covaci et al.，2006）
旧金山河口	美国		22 种单体	ND～212		（Oros et al.，2005）

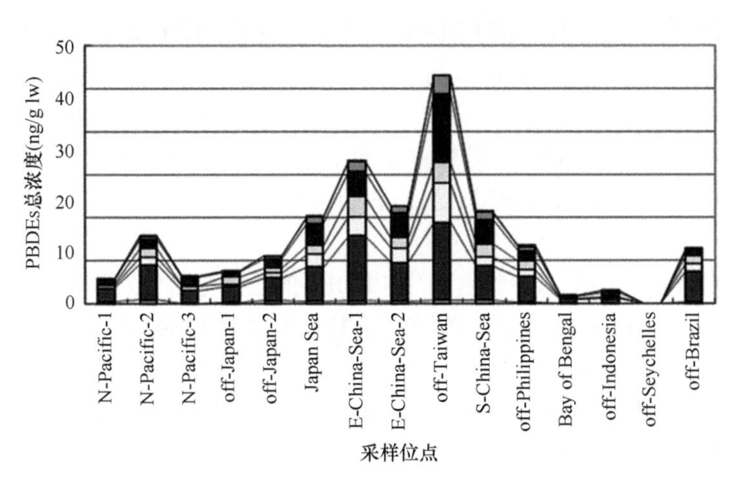

图 2.13　不同地区飞鱼肌肉中 PBDEs 单体的堆积柱形图

拿大北极地区一种海豹鲸脂 PBDEs 的含量进行研究发现，从 1981 年到 2000 年，其含量呈指数上升趋势（Ikonomou et al.，2002）。研究者认为，与瑞典母乳中 PBDEs 的含量从 1997 年开始呈递减趋势不同，极地海豹中 PBDEs 的持续上升与全球 PBDEs 产量的增加相对应。此外，许多脆弱的生态系统和物种亦受到影响，如一些濒危物种体内这种化学物质的浓度之高已经达到了令人担忧的程度。商用五溴二苯醚和商用八溴二苯醚的逐步淘汰和禁止促使 BDE209 成为全球环境中最常见的多溴二苯醚之一。BDE209 在沉积物和土壤中的浓度很高，常见于世界各地的生物群。由于 BDE209 能够光解/脱溴生成低溴多溴二苯醚，可能导致观察不到任何 BDE209 的时间趋势，因此目前关于环境介质中 BDE209 的浓度水平随时间变化的数据有限。有少数研究报道了其在北极地区生物群中的时间趋势，发现加拿大北极地区空气中的 BDE209 浓度水平在 2002～2005 年期间呈上升趋势，而在 2007～2009 年期间没有观察到同样的现象（Nizzetto et al.，2014）。

2.5.2 人类接触

饮食、使用相关产品以及呼吸室内空气和粉尘被视为是人类接触多溴二苯醚的最重要来源和途径（图 2.14）。对于人类来说，鱼类和农产品是含有 PBDEs 的主要食物来源，此外还有喂养婴儿的母乳。目前已在各种食物及室内灰尘中检测出不同浓度水平的 PBDEs 单体，其中 BDE47、153、183、99、100 和 209 出现最频繁（Pietron and Malagocki，2017；Korcz et al.，2017；Xu et al.，2016）。一篇关于韩国市政垃圾处理的工人血样中的 PBDEs 含量报道显示（Kim et al.，2005），其含量范围为 8.61～46.05 ng/g，要稍微高于一般人群的含量，并且这个含量高于欧洲国家的含量（Hites et al.，2004）（图 2.15），但低于美国的含量（Sjodin et al.，2001）。在这篇研究报告中，BDE47 是最主要的单体，占总量的 33%，并且发现 BDE183 的含量要高于一般人群的含量。这或许是由垃圾中存在的八溴代的 PBDEs 所致。

Roszko 等在对波兰市场上的谷物食品中 PBDEs 的检测分析中发现，BDE209 在谷物中的平均含量在 100 pg/g 左右，显著高于其他单体 BDE99、47 和 153 的含量（Roszko et al.，2014）。Sjödin 等通过研究人体血液中 PBDEs 的含量与食用波罗的海鱼量间的关系发现，瑞典人血液中 PBDEs 含量与食用鱼的数量密切相关，不吃鱼的人体内 PBDEs 的平均含量为 0.4 ng/g，而每月吃 12～20 次鱼的人体内 PBDEs 的平均含量则在 2.2 ng/g 左右（Sjodin et al.，2000）。此外，人们在用作农作物肥料的污泥中亦检测出 PBDEs 的存在，这些农作物肥料可能是人类摄入 PBDEs 的潜在途径之一（Hale et al.，2001b）。但另一方面，在现有的诸多有关动

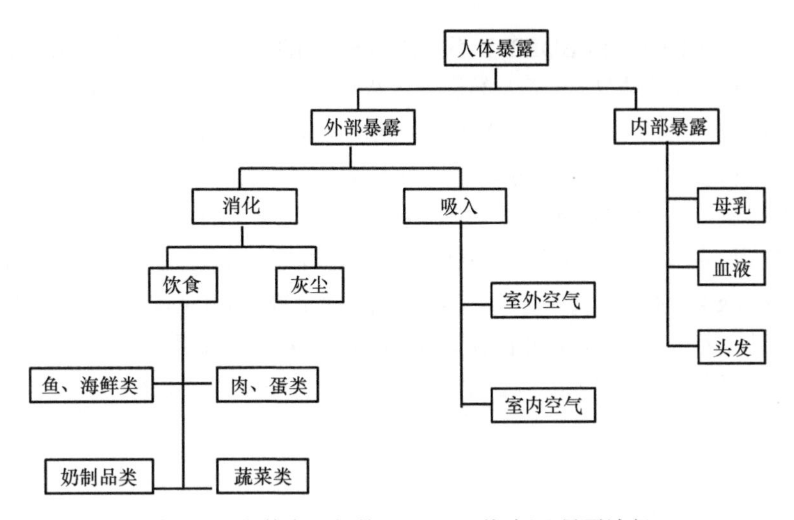

图 2.14　人体中可能的 PBDEs 污染来源/暴露途径

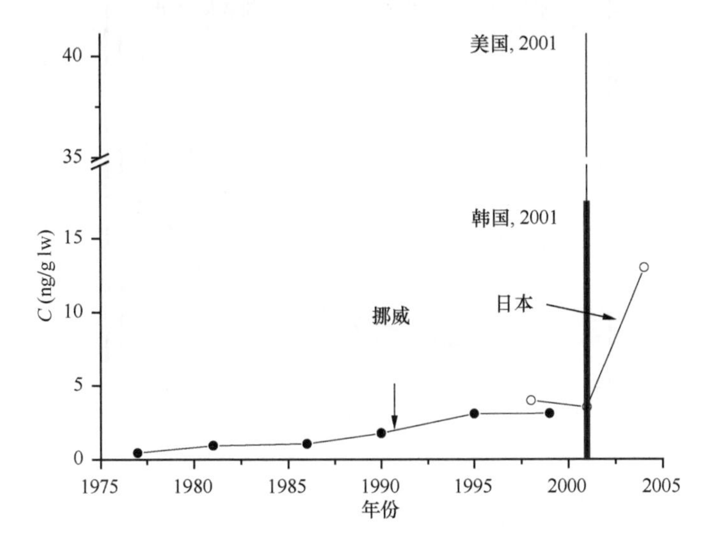

图 2.15　不同国家人体血样中 PBDEs 含量时间分布

物体样品 PBDEs 的报道中，检出高浓度 BDE209 的报道仍占少部分，大部分报道表明低中溴代 BDEs 普遍存在于动物体内，而 BDE209 的检出较少，原因在于相比于低中溴代 BDEs，Deca-BDE 在鱼类、家禽等动物体内吸收差而且代谢快，生物富集率低，残留量较少，不易通过食物链的生物富集放大作用进入人体。因此，通过食物链的富集放大作用进入人体的饮食摄入途径可能不是人体中 Deca-BDE 的主要污染来源。对于婴幼儿来说，母乳中存在的 PBDEs 仍是其早期接触 PBDEs 的原因。相关研究显示（Toms et al.，2007；Li et al.，2017；Yang et al.，2016），母乳中存在从 BDE17 到 BDE209 不等的多种 PBDEs 单体。来自美国、加拿大、日本、欧盟地区的数据显示了人类母乳中程度不等的 PBDEs 含量(图 2.16)，其中 BDE47 仍是主要的单体。截至 2003 年中期，美国人体母乳中的五溴二苯醚水平要比欧洲人高得多。而瑞典女性母乳样品中五溴二苯醚的浓度水平则是在 20 世纪 90 年代中期达到峰值，而后呈明显下降趋势。不过，现在的浓度依然比 1980 年的水平高得多。加拿大卫生部估计 6 个月以下的母乳喂养的婴儿，摄入总量将达到每天 50～187 ng/kg 体重，其中来自灰尘的摄入量为每天 40 ng/kg 体重。新西兰的一项研究估计，3～6 个月的婴儿的摄入量为 11.7 ng/（kg 体重·d），而 6～12 个月的婴儿的摄入量估计为 8.2 ng/（kg 体重·d）（Coakley et al.，2013）。

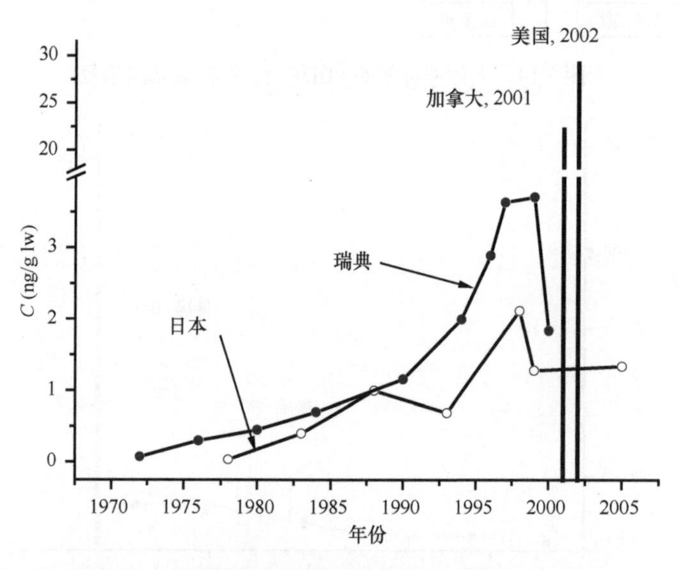

图 2.16　不同国家的母乳中 PBDEs 的含量时间分布

除了饮食摄入，呼吸摄入是人体中 PBDEs 的另一大主要来源途径。PBDEs 蒸气压较低，在空气中主要存在于粉尘等固体颗粒物上。无论是在室外空气中还是在室内空气中，PBDEs 的污染浓度都不可忽视。如在北京、广州室外空气中，BDE47、99 与 209 共同构成了空气中主要的 PBDEs 单体，且其浓度高达 10 ng/m^3（Ding et al.，2016；Li et al.，2009）。作为添加型阻燃剂，室内装饰材料、家具和电器在使用过程中都会不同程度地向室内空气中逸散 PBDEs。Kajiwara 和 Takigami（2013）等在窗帘布原料的周边空气中检测到 PBDEs 的存在，并揭示织布向周边散发 PBDEs 的速率随温度的升高而升高。Knoth 等在德国私家住房的吸尘器粉尘袋中检测到包括 BDE209 在内的高浓度 PBDEs 单体（Knoth et al.，2007）。而在电器循环回收厂、计算机维修厂、橡胶生产加工厂工作的职业人员更是每天暴露在被高浓度的 PBDEs 污染的空气中，呼吸摄入成为他们体内 PBDEs 的主要来源途径。瑞典的一项调查研究显示，每天与电脑接触的电脑拆解的工人血清中 Deca-BDE 的含量是医院清洁工的 6 倍左右（Sjodin et al.，1999）。需要注意的是，若干项研究显示，幼童和幼儿体内的 PBDEs 浓度水平高于成人（Frederiksen et al.，2009），观察到 BDE209 的情况也是如此（Lunder et al.，2010）。对于幼儿，这是因为其行为导致其从屋内灰尘中吸收了大量的 PBDEs。欧洲食物安全局的数据表明，假定每日摄入 100 mg 的灰尘，估计 1～3 岁欧洲儿童的接触量范围为每天 0.53～83 ng/kg 体重，这一数值高于相应计算得出的膳食摄入量中间值（2.59 ng/kg 体重和 6.4 ng/kg 体重）。已查明儿童玩具，特别是硬塑料玩具，是儿童接触商用十溴二苯醚的潜在来源（Chen et al.，2009）。瑞典的一项关于母亲或幼儿组的同系物–同系物相互关系的研究显示（Sahlstrom et al.，2014），膳食是母亲接触四溴至九溴二苯醚的重要途径。对于婴儿而言，母乳喂养是接触四溴至六溴二苯醚的主要途径，灰尘是幼儿接触八溴至十溴二苯醚的最重要途径。尽管存在一些地理差异，但目前所有 BDE209 估计摄入量都指出灰尘接触的重要性，特别是对幼童而言。

近几年，PBDEs 在环境介质中特别是人体的含量呈快速增长趋势，这和快速的市场需求量增长趋势相一致。但是，对于亚洲地区，因为缺少市场监管和调查，PBDEs 的用量和详细记录还处于空白。许多发达国家将废弃的电子垃圾输出到发展中国家特别是东南亚国家，造成了这些国家严重的环境问题，特别是 PBDEs 的污染问题，但是越来越多的环境工作者和政府官员开始关注这一问题及相关的贸易。中国正在起草相关电子垃圾进口的法律，而日本已经开始降低 PBDEs 的使用量。另外，新的阻燃剂也正在开发和使用，以减少 PBDEs 的需求，如无卤阻燃剂等。

2.6 健康效应

PBDEs 对野生动物和人类的负面影响的可能性已成为欧盟、加拿大、美国等国家和地区开展国家和区域性评估所重点关注的对象。有关 PBDEs 对土壤中的生物、植物、鸟类、鱼类、青蛙、大鼠、小鼠和人类的毒性作用的研究报告也越来越多。PBDEs 毒性研究提供的证据表明，其对一些物种可能具有生殖健康和产出方面的不利影响以及发育和神经毒性作用，包括生物化学层面和细胞层面的变化，直至可能更加直接地影响更高层面的生物组织，包括生存、成长、行为、免疫功能、生殖、发育、神经系统和内分泌调节作用。

2.6.1 水生生物毒性效应

水生毒性数据表明 PBDEs 的累积可导致哺乳动物、鱼类和两栖类在脆弱生命阶段受到不利影响。PBDEs 可以通过影响水生生物的 TH 系统进而可能影响其发育和变态。如非洲爪蛙蝌蚪的离体尾部在接触 BDE206 之后，尾尖衰退情况显著减少（Schriks et al.，2006）；前肢出现的时间被推迟，同时出现了甲状腺组织学变化，尾组织中的甲状腺受体的表达减少（Qin et al.，2010）；在发声系统发育雄激素敏感关键期以及身体各组织利用雄激素发声的成体期，在流过接触系列低剂量的 PBDEs 暴露浓度 12 周之后，非洲爪蛙的喉部运动神经元受到影响，改变了其发声系统的解剖结构和功能（Ganser and Rania，2009）。同样，鱼类在接触 PBDEs 之后，亦观察到一系列慢性和急性效应。在环境相关浓度中对黑头呆鱼开展的受控饲养研究显示，成鱼在膳食接触低剂量 PBDEs 28 天之后，与控制组相比，流通总甲状腺素（TT4）和 3,5,3′–碘甲状腺原氨酸（TT3）分别下降 53%和 46%。在接触高剂量 BDE209 之后，鱼类的 TT4 和 TT3 水平分别减低至 62%和 59%。无论是接触高剂量还是低剂量，14 天的净化期之后，鱼类的 TH 水平仍然受到抑制。与受控制组相比，这两个剂量还会使脑脱碘酶（T4-ORD）的活性减少 65%（Noyes et al.，2013）。斑马鱼幼体在水中接触 1.92 mg/L 的 BDE209 达 14 天之后，其体重和存活率显著下降（Chen et al.，2012）。在对斑马鱼小剂量慢性毒性研究中发现，PBDEs 对其整体健康、生殖参数和行为以及运动神经和骨骼肌发育均会产生跨代影响，也即在接触后，亲本的后代中观察到这些影响。这是由于 BDE209 在怀孕的母体中会发生转移，且在雄鱼中，使精子质量指标受到明显影响（He et al.，2011）。

2.6.2 鸟类和哺乳动物的毒性效应

PBDEs 对鸟类和哺乳动物的毒性效应包括免疫调节改变、发育毒性、生育行为改变、生育能力下降和繁殖成功率改变，但相关数据显示神经发育毒性和对 TH 系统的影响较大（Chen and Hale，2010；Darnerud，2003）。已报告的生殖毒性效应包括睾丸和精子数量降低，蛋白质表达改变和磷酸化状态等（Miyaso et al.，2012）。

Hallgren 等通过管饲法将雌性大鼠和小鼠暴露于几种 PBDEs 和 PCBs 混合物中 14 天，结果发现，两种 PBDEs 单体均降低了大鼠和小鼠体内甲状腺素和维生素 A 的含量，但其毒性小于 PCBs。通过测定 EROD、MROD 和 PROD 酶的活性发现，这三种酶的活性均明显增加，这充分说明微粒体酶的活性被诱导。同时，低溴代的单体对大鼠肝脏中酶的诱导会更强一些（Hallgren et al.，2001）。同时，PBDEs 不仅影响了大鼠和小鼠的甲状腺，且在雌性小鼠的肾上腺中，观察到 CYP17 酶的活性降低，并且对类固醇激素的生产有潜在影响（Ernest et al.，2012）。

Eriksson 等的研究表明，对于刚出生的小鼠，给予四溴或五溴二苯醚，均会导致小鼠运动行为异常，成年后记忆和学习能力明显下降，并且 BDE99 对神经系统的毒性比 BDE47 更强。通过对 BDE47 和 BDE99 两种在环境中含量最高的同系物及四溴双酚 A 对雄性小鼠的本能行为和环境适应能力影响的测定来判断其对神经系统的毒性效应时发现，BDE99 和 BDE47 对神经系统的毒性作用将随着其年龄的增加变得更加明显，并且具有显著的剂量–效应关系（Eriksson et al.，1998）。

在另一项体外研究中，Gregoraszczuk 等发现接触 BDE209 会导致豪猪卵巢细胞中的睾酮、孕激素、雌二酮分泌增加，这一发现表明，BDE209 可通过干扰排卵诱发窦状卵泡的早产黄体化（Gregoraszczuk et al.，2008）。PBDEs 可能引发的发育神经毒性机制包括甲状腺内稳态受损、神经细胞和干细胞的直接中毒以及干扰神经传导系统（Costa et al.，2014）。以啮齿动物为模型的研究显示，在“大脑井喷式增长”期对大鼠和小鼠单剂给药 BDE209，会导致其行为、习惯和记忆持续和持久性改变（Viberg et al.，2003；2007）。转基因小鼠在出生后接触 BDE209，其空间学习和记忆受到持久的影响，并发现野生小鼠的焦虑程度下降，完成空间记忆任务时学习延迟（Reverte et al.，2013；Heredia et al.，2012）。其可能原因在于 BDE209 是一种哺乳动物神经毒物，接触 BDE209 会导致左右大脑半球之间区域（胼胝体面积）的神经连接减少，给大鼠造成不可逆的脑白质少突胶质细胞发育不良。这种作用伴随甲状腺功能减退症同时出现（Fujimoto et al.，2011）。进一步研究显示，BDE209 可改变基因表达和细胞内蛋白质水平，干扰突触和细胞分化，进而导致神经毒性并通过影响长时程协同作用来干扰学习和记忆（Mariani et al.，2015）。

除神经毒性作用之外，现有的数据还指出 PBDEs 是潜在的内分泌干扰物。PBDEs 在结构上类似于 TH，如前所述，会对 TH 系统产生影响，引发 T3、T4、TSH 等水平的升高或降低（Hamers et al.，2006；Ibhazehiebo et al.，2011）。

在研究十溴二苯醚对大鼠生殖系统的影响时，没有发现其对大鼠生殖系统产生影响（Guvenius et al.，2001）。而在研究八溴二苯醚对大鼠的毒性实验时，发现亲代母鼠的体重下降，胆固醇的含量稍微上升，没有发现肾脏和肝脏的病变。子代胎儿的受害症状表现为对 PBDEs 的再吸收能力增强，平均体重下降，出现严重水肿现象，头骨的骨化过程减慢。

虽然在动物实验中累积了大量有关 PBDEs 毒性效应数据，但尚不足以根据这些研究报告的结论来评估该物质对人类的危险。目前有关 PBDEs 对人体风险的研究重点集中在其神经发育毒性，它通常被认为是对哺乳动物的最关键作用。如前面所述，人类在发育早期就已经发生 PBDEs 接触，也即通过胎盘转移在子宫内接触和通过母乳在产后接触，这佐证了认为在哺乳动物模式中观察到的神经发育毒性也可能影响人类的观点。流行病学数据进一步证明了对影响人类健康的风险。尽管被测试者人数有限，但研究显示初乳中的 PBDEs 浓度水平与 12～18 个月儿童较低的智力发育分数有关联（Gascon et al.，2012），而且人类在出生前或出生后接触 PBDEs 会延迟认知，并可能会影响神经系统的发育（Chao et al.，2011）。

此外，一些流行病学研究认为，接触 PBDEs 可能导致人体神经发育毒性（Harley et al.，2011；Eskenazi et al.，2013；Zhang et al.，2017；Vuong et al.，2017；Chevrier et al.，2016）。一些人类研究也观察到了 TH/TSH 水平与接触 PBDEs 有关联（Zheng et al.，2017；Makey et al.，2016；Jacobson et al.，2016；Huang et al.，2014）。

2.6.3 其他生物毒性效应

目前已有的关于土壤微生物、植物和蚯蚓的毒性数据显示，PBDEs 似乎对植物和土壤有机物不具有急性毒性，而通常在高剂量时才观察到不良反应（Xie et al.，2013b；Xie et al.，2013a）。

2.6.4 生物积累和生物放大作用

由于氯和溴同属一个主族元素，在性质上有许多相似的地方，因此可能会和 PCBs 以同样的方式在环境中分布和迁移。正如前述，因为 PBDEs 在环境中不易分解、具有高亲脂性、易于和颗粒物结合，因此会通过食物链在生物体各组织器官中蓄积和浓缩。将鲫鱼暴露于六溴、七溴、九溴和十溴二苯醚中时，得到 BDE209 的 BCF<4，八溴<2，六溴、七溴<4；将鲤鱼暴露于八溴当中时，BCF>10（CBC，1982），并且在生物体内的蓄积作用与 PBDEs 的溴化程度呈负相关（Hakk et al.，2003）。这说明，PBDEs 中含溴量越高，其生物积累作用就越低，但目前很少有报道可以检测到一溴、二溴、三溴、七溴代二苯醚在生物体内的含量。关于 PBDEs 在生物体内的蓄积部位，以及各部位的蓄积量等问题的报道还很少。

通过比较水生生态系统中不同营养水平上的生物体内 PBDEs 浓度时发现，PBDEs 在食物链中具有生物放大效应。因此，进入环境中的 PBDEs 即使是极其微量的，由于生物放大效应，也会使处于高位营养级的生物受到毒害作用。

由于 PBDEs 在环境中的含量呈上升趋势，并且其在环境中具有持久性、高脂溶性和环境稳定性等特点，并且在结构上与 PCBs 具有相似性，因此，PBDEs 作为一大类新的环境污染物而受到人们越来越多的关注。目前，关于 PBDEs 毒性效应的研究还非常有限，并且主要是针对单一因素，即多溴二苯醚本身。而在现实环境中，往往是几种污染物同时存在，同时起作用（Zhou et al.，1995）。因此 PBDEs 与其他环境污染物如与 PCBs、PCNs 等污染物之间形成的多种污染物复合污染及联合毒性效应方面的研究应当是今后工作的重点。这些工作包括：复合污染中污染物之间的相互作用机制和分子机理；PBDEs 与其他污染物之间的联合作用方式是拮抗、协同、相加还是独立作用、作用部位等；污染物的不同浓度水平与污染物毒性效应之间，即剂量–效应之间的关系。以上这些方面的研究有待于进一步加强。

2.7　十溴二苯醚的降解和脱溴作用

商用十溴二苯醚是一种多溴二苯醚制剂，由十溴二苯醚（BDE209）加少量九溴二苯醚和八溴二苯醚构成。十多年来，商用十溴二苯醚一直在接受关于其潜在健康和环境影响的调查，一些国家和地区严格限制商用十溴二苯醚，并对其采取自愿风险管理行动。商用十溴二苯醚消费在 2000 年初期达到顶峰，目前仍然在全世界使用。作为添加型阻燃剂，它具有多种用途，用于塑料/聚合物/复合材料、纺织品、黏合剂、密封剂、涂料和油墨中。在其生命周期的所有阶段（图 2.17），商用十溴二苯醚都会排放到环境中，但据推算，其在使用寿命期间和报废阶段的排放量最高。因为难溶于水（<0.124 μg/L，24℃），可强烈吸附于有机物，BDE209 在空气中易与颗粒物结合，不易光降解，进而实现远距离传输。在来自偏远地区的环境和生物群样品中均可检出 BDE209，它也是在北极空气和沉积样品中发现的主要多溴二苯醚之一。在各种不同生物体和包括人类血清、脐带血、胎盘、胎儿、母乳在内的生物样品中均检出高浓度的BDE209，证实了BDE209的生物可利用性。环境及生物群中非商业生产的多溴二苯醚单体的发现被认为是 BDE209 脱溴的证据。各 PBDEs 单体对生物体在生殖健康、发育和神经毒性作用方面的毒理研究数据及各单体间可能存在的毒理协同作用影响加剧了人们对 BDE209 降解和脱溴作用，即 BDE209 在环境介质和生物群中降解或脱溴后生成更持久、毒性更强和更具生物累积性的其他多溴二苯醚。

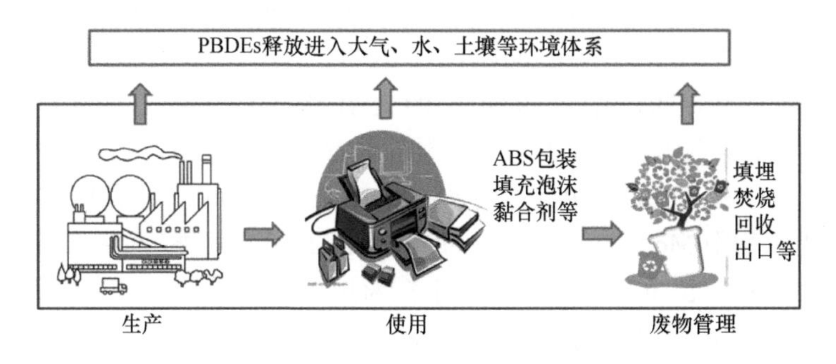

图 2.17　PBDEs 生命周期和潜在排放示意图

尽管 BDE209 在沉积物、土壤和空气等环境介质中持久存在，具有很长的半衰期，但有相当多的研究报道表明 BDE209 在非生物环境和生物体内可降解和脱溴生成单溴至九溴二苯醚不等的其他低溴代 BDEs，以及具有高毒性/高持久性、高生物累积性的物质如溴化二噁英/呋喃（PBDD/Fs）和六溴苯。受控实验运用自然光开展的研究可为土壤、沉积物、大气和其他基质中 PBDEs 光溴化现象提供最明确的证据。如 Ahn 等的研究显示，BDE209 在阳光下暴露 14 天后会形成九溴二苯醚，且随着曝光时间的增加，随后可形成八溴至三溴二苯醚，证明 BDE209 脱溴后吸附于矿物质是一个逐步的反应过程（Ahn et al.，2006）。Kajiwara 等的研究同样证明在灰尘、塑料和纺织品等非生物物质中的 BDE209 暴露于光线后会降解和脱溴为六溴至九溴二苯醚（Stapleton and Dodder，2008；Kajiwara et al.，2008；Kajiwara and Takigami，2013）。而监控数据为 BDE209 在不同环境条件下的降解提供了支持证据。如 Orihel 等对湖泊沉积物中的 PBDEs 调查结果证明，沉积物中的 BDE209 在 30 年过程中形成了少量九溴和八溴二苯醚（Orihel et al.，2016）。同样，其他学者在一些淤泥和沉积物中也观察到了 BDE209 降解为九溴和八溴二苯醚的情况（Gerecke et al.，2005；Arinaitwe et al.，2014）。除光解作用外，微生物的降解作用被认为是影响 BDE209 土壤和沉积物发生脱溴的一个重要原因（Chang et al.，2016），其可能的降解途径如图 2.18 所示。

除了在沉积物、土壤和空气等非生物介质中发生降解脱溴作用外，多项研究显示 BDE209 在包括植物、鸟类、鱼类和啮齿类动物在内的动植物中也存在脱溴现象，只是因物种的不同，对 BDE209 的脱溴能力可能不同。对土壤和生长于土壤中的植物进行研究显示，在土壤中，植物会协助 BDE209 脱溴。且低溴代二苯醚在植物组织中的分布模式不同于其在掺有 BDE209 的土壤中的分布模式，表明 BDE209 不仅可以在土壤中脱溴，还会在植物的体内进一步脱溴（Du et al.，2013；Wang et al.，2014；Wang et al.，2011）。目前对鱼类和鸟类体内存在的 BDE209 脱溴降解研究较多。多项研究报告表明（Kierkegaard et al.，1999；Stapleton et al.，2006；Vigano et al.，2011；Munschy et al.，2011；Wan et al.，2013），Holden et al.，2009；Letcher et al.，2014），暴露 BDE209 之后的鱼类和鸟类（鸟蛋）体内，可检测到范围从单溴至八溴二苯醚的多个明显的降解产物。检测到 BDE209 以及未在商用十溴二苯醚中出现的不明身份同系物如 BDE49、126、179、188、202，这被视为是脱溴的证据（Mo et al.，2012；Holden et al.，2009）。此外，九溴二苯醚/BDE209 同系物在鸟蛋和捕食鱼类中的比率高于在商用混合物中观测到的比率，这表明 BDE209 在鸟类/鸟蛋中发生了脱溴（Mo et al.，2013；Holden et al.，2009）。另一方面，在暴露于 BDE209 之后，生物如蚯蚓体内出现大量 BDE209，这也表明 BDE209 在陆地环境中发生生物转化（Klosterhaus and Baker，2010）。哺乳动物

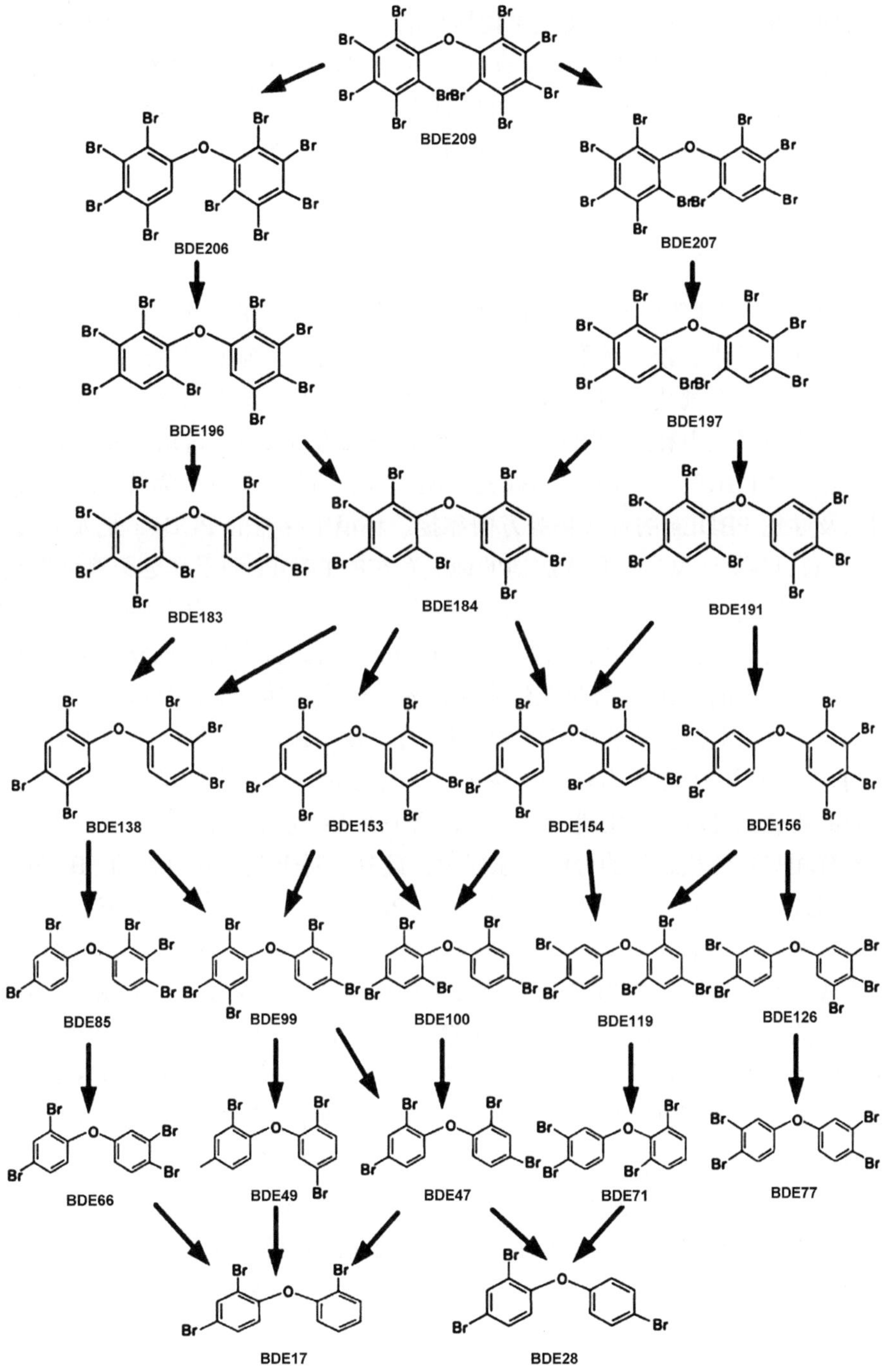

图 2.18　BDE209 微生物降解可能途径（Chang et al.，2016）

数据表明，脱溴是 BDE209 实现生物转化的第一步，随后还可进一步羟化为苯酚和儿茶酚（Riu et al.，2008；Wang et al.，2010；Huwe et al.，2008）。由上述可知，BDE209 降解和脱溴成为具有高毒性的低溴代同系物将会导致商用十溴二苯醚出现毒性，因而对 BDE209 在各环境介质中的降解和生物转化尤为关注。

2.8 总 结

商用多溴二苯醚是一种起源于人类的合成混合物，在全世界被广泛用作阻燃剂。逐步淘汰商用多溴二苯醚的生产和使用已促成了当前使用量的减少，不过许多正在使用的含有商用多溴二苯醚，尤其是商用十溴二苯醚的材料在其使用和回收时会继续向环境中释放 PBDEs。考虑到高溴代的阻燃剂可降解为毒性较强的低溴二苯醚，对 PBDEs 的研究可向探究十溴二苯醚的降解规律、降解物组成及毒性作用以及寻找 PBDEs 的替代物等方向靠拢。环境中存在的 PBDEs 是人类活动的结果。北极地区、远离生产和释放地的地区存在的 PBDEs 源于其远距离环境迁移。干湿沉降是影响大气中持久性有机污染物在大气中分布、迁移和转化的一个重要因素。一方面干湿沉降能够去除大气中 PBDEs 等持久性有机污染物，另一方面干湿沉降将大气中的 PBDEs 等持久性有机污染物带到土壤、地表水体以及沉积物中，成为土壤、地表水体以及沉积物中 PBDEs 的重要来源之一。近年来，关于 PBDEs 在不同地区和不同季节干湿沉降的浓度、沉降通量、清除率的研究以及干沉降速率方面的研究已经取得一定进展，但是缺乏 PBDEs 气相干沉降的研究，以及湿沉降中溶解相与颗粒相之间的分配关系研究；此外，对干湿沉降引起的 PBDEs 在大气与土壤或水体之间交换的相关研究较少。PBDEs 在环境中的降解速度很慢，具有环境持久性，在若干鱼类、鸟类和哺乳动物物种以及食物链中具有生物累积性和生物放大性。虽然有关 PBDEs 生物放大作用研究已经取得了一定成果，但是还存在一定的问题。如摄食关系的不确定性、不同物种对 PBDEs 代谢的差异性、环境介质中浓度的不确定性、生物的迁徙特性等，均会造成不同物种对 PBDEs 单体生物放大效应的差异性。今后应该利用一些新的技术和手段，如稳定同位素技术等，加强环境指示生物在特定生态系统（如受 PBDEs 点源污染严重的生态系统）中的应用，对 PBDEs 生物放大效应进行更深入的研究。诸多数据表明 PBDEs 对动植物及人类具有包括生殖、生存、神经系统和内分泌系统在内的关键端点有不良影响，尤其是对人类的可能影响，仍需要大样本的人群流行病学证据支持。鉴于此，有必要采取全球行动。

参考文献

陈社军, 麦碧娴, 曾永平,等. 2005. 珠江三角洲及南海北部海域表层沉积物中多溴二苯醚的分布特征[J]. 环境科学学报, 25: 1265-1271.

刘汉霞, 张庆华, 江桂斌,等. 2005. 多溴二苯醚及其环境问题[J]. 化学进展, 17: 554-562.

王亚韡. 2006. 多溴联苯醚的性质及环境行为研究[D]. 北京: 中国科学院生态环境研究中心.

周启星. 1995. 复合污染生态学[M]. 北京: 中国环境科学出版社, 39-75.

Ahn M, Filley T, Jafvert C, et al. 2006. Photodegradation of decabromodiphenyl ether adsorbed onto clay minerals, metal oxides, and sediment[J]. Environmental Science & Technology, 40: 215-220.

Alaee M, Arias P, Sjodin A, et al. 2003. An overview of commercially used brominated flame retardants, their applications, their use patterns in different countries/regions and possible modes of release[J]. Environment International, 29: 683-689.

Alaee M, Sergeant D, Ikonomou M, et al. 2001. A gas chromatography/high-resolution mass spectrometry (GC/HRMS) method for determination of polybrominated diphenyl ethers in fish[J]. Chemosphere, 44: 1489-1495.

Alaee M, Wenning R, 2002. The significance of brominated flame retardants in the environment: current understanding, issues and challenges[J]. Chemosphere, 46: 579-582.

Andersson O, Blomkvist G 1981. Polybrominated aromatic pollutants found in fish in Sweden[J]. Chemosphere, 10: 1051-1060.

Arinaitwe K, Muir D, Kiremire B, et al. 2014. Polybrominated diphenyl ethers and alternative flame retardants in air and precipitation samples from the Northern Lake Victoria Region, East Africa [J]. Environmental Science & Technology, 48: 1458-1466.

Athanasiadou M, Sjödin A, Åke Bergman. 1999. Organohalogen substances in muscle, egg and blood from healthy baltic salmon (*Salmo salar*) and baltic salmon that produced offspring with the M74 syndrome[J]. Ambio, 28: 67-76.

Björklund E, Muller A, von Holst C. 2001. Comparison of fat retainers in accelerated solvent extraction for the selective extraction of PCBs from fat-containing samples[J]. Analytical Chemistry, 73: 4050-4053.

Björklund E, Nilsson T, Bøwadt S. 2000. Pressurised liquid extraction of persistent organic pollutants in environmental analysis[J]. Trends in Analytical Chemistry, 19: 434-445.

Björklund J, Tollbäck P, Hiärne C, et al. 2004. Influence of the injection technique and the column system on gas chromatographic determination of polybrominated diphenyl ether[J]. Journal of Chromatography A, 1041: 201.

Booij K, Zegers B, Boon J. 2002. Levels of some polybrominated diphenyl ether (PBDE) flame retardants along the Dutch coast as derived from their accumulation in SPMDs and blue mussels (*Mytilus edulis*)[J]. Chemosphere, 46: 683-688.

Breivik K, Wania F, Muir D, et al. 2006. Empirical and modeling evidence of the long-range atmospheric transport of decabromodiphenyl ether[J]. Environmental Science & Technology, 40: 4612-4618.

Burreau S, Zebuhr Y, Broman D, et al. 2006. Biomagnification of PBDEs and PCBs in food webs from the Baltic Sea and the northern Atlantic Ocean[J]. Science of the Total Environment, 366: 659-672.

CBC. 1982. The bioaccumulation of compound S-511 by Carp. Tokyo: Chemical biotesting Centre.

Chang Y, Lo T, Chou H, et al. 2016. Anaerobic biodegradation of decabromodiphenyl ether(BDE-209)-contaminated sediment by organic compost [J]. International Biodeterioration & Biodegradation, 113: 228-237.

Chao H, Tsou T, Huang H, et al. 2011. Levels of breast milk PBDEs from southern Taiwan and their potential impact on neurodevelopment [J]. Pediatric Research, 70: 596-600.

Chen D, Hale R. 2010. A global review of polybrominated diphenyl ether flame retardant contamination in birds [J]. Environment International, 36: 800-811.

Chen L, Mai B, Bi X, et al. 2006. Concentration levels, compositional profiles, and gas-particle partitioning of polybrominated diphenyl ethers in the atmosphere of an urban city in South China[J]. Environmental Science & Technology, 40: 1190-1196.

Chen Q, Yu L, Yang L, et al. 2012. Bioconcentration and metabolism of decabromodiphenyl ether (BDE-209) result in thyroid endocrine disruption in zebrafish larvae[J]. Aquatic Toxicology, 110: 141-148.

Chen S, Ma Y, Wang J, et al. 2009. Brominated flame retardants in children's toys: Concentration, composition, and children's exposure and risk assessment[J]. Environmental Science & Technology, 43: 4200-4206.

Chevrier C, Warembourg C, Le Maner-Idrissi G, et al. 2016. Childhood exposure to polybrominated diphenyl ethers and neurodevelopment at six years of age[J]. Neurotoxicology, 54: 81-88.

Christiansson A, Eriksson J, Teclechiel D, et al. 2009. Identification and quantification of products formed via photolysis of decabromodiphenyl ether[J]. Environmental Science and Pollution Research International, 16: 312-321.

Coakley J, Harrad S, Goosey E, et al. 2013. Concentrations of polybrominated diphenyl ethers in matched samples of indoor dust and breast milk in New Zealand[J]. Environment International, 59: 255-261.

Costa L, De Laat R, Tagliaferri S, et al. 2014. A mechanistic view of polybrominated diphenyl ether (PBDE) developmental neurotoxicity[J]. Toxicology Letters, 230: 282-294.

Covaci A, de Boer J, Ryan J, et al. 2002b. Determination of polybrominated diphenyl ethers and polychlorinated biphenyls in human adipose tissue by large-volume injection-narrow-bore capillary gas chromatography/electron impact low-resolution mass spectrometry[J]. Analytical Chemistry, 74: 790-798.

Covaci A, Gheorghe A, Hulea O, et al. 2006. Levels and distribution of organochlorine pesticides, polychlorinated biphenyls and polybrominated diphenyl ethers in sediments and biota from the Danube Delta, Romania[J]. Environmental Pollution, 140: 136-149.

Covaci A, Gheorghe A, Steen Redekker E, et al. 2002a Distribution of organochlorine and organobromine pollutants in two sediment cores from the Scheldt estuary (Belgium)[J]. Organohalogen Compounds, 57: 329-332.

Covaci A, Voorspoels S, De Boer J. 2003. Determination of brominated flame retardants, with emphasis on polybrominated diphenyl ethers (PBDEs) in environmental and human samples—A review[J]. Environment International, 29: 735-756.

Covaci A, Voorspoels S. 2005. Optimization of the determination of polybrominated diphenyl ethers in human serum using solid-phase extraction and gas chromatography-electron capture negative ionization mass spectrometry[J]. Journal of Chromatography B, 827: 216-223.

Darnerud P, Atuma S, Aune M, et al. 1998. Polybrominated diphenyl ethers (PBDEs) in breast milk from

primiparous women in Uppsala county, Sweden[J]. Organohalogen Compounds, 35: 411-414.
Darnerud P, Lignell S, Aune M, et al. 2015. Time trends of polybrominated diphenylether (PBDE) congeners in serum of Swedish mothers and comparisons to breast milk data[J]. Environmental Research, 138: 352-360.
Darnerud P. 2003. Toxic effects of brominated flame retardants in man and in wildlife[J]. Environment International, 29: 841-853.
de Boer J, Allchin C, Law R, et al. 2001. Method for the analysis of polybrominated diphenylethers in sediments and biota[J]. Trends in Analytical Chemistry, 20: 591-599.
de Boer J, Cofino W. 2002. First world-wide interlaboratory study on polybrominated diphenyl ethers (PBDEs)[J]. Chemosphere, 46: 625-633.
Debruyn A, Meloche L, Lowe C J. 2009. Patterns of bioaccumulation of polybrominated diphenyl ether and polychlorinated biphenyl congeners in marine mussels[J]. Environmental Science & Technology, 43: 3700-3704.
DeCarlo V. 1979. Studies on brominated chemicals in the environment[J]. Annals of the New York Academy of Sciences, 320: 678-681.
Dickhut R, Cincinelli A, Cochran M, et al. 2012. Aerosol-mediated transport and deposition of brominated diphenyl ethers to Antarctica[J]. Environmental Science & Technology, 46: 3135-3140.
Ding N, Wang T, Chen S, et al. 2016. Brominated flame retardants (BFRs) in indoor and outdoor air in a community in Guangzhou, a megacity of southern China[J]. Environmental Pollution, 212: 457-463.
Dodder N, Strandberg B, Hites R. 2002. Concentrations and spatial variations of polybrominated diphenyl ethers and several organochlorine compounds in fishes from the Northeastern United States[J]. Environmental Science & Technology, 36: 146-151.
Du W, Ji R, Sun Y, et al. 2013. Fate and ecological effects of decabromodiphenyl ether in a field lysimeter[J]. Environmental Science & Technology, 47: 9167-9174.
Eljarrat E, BarcelÓ D. 2004. Sample handling and analysis of brominated flame retardants in soil and sludge samples[J]. Trends in Analytical Chemistry, 23: 727-736.
Eljarrat E, De L, Larrazabal D, et al. 2005. Occurrence of polybrominated diphenylethers, polychlorinated dibenzo-*p*-dioxins, dibenzofurans and biphenyls in coastal sediments from Spain[J]. Environmental Pollution, 136: 493-501.
Eriksson P, Jakobsson E, Fredriksson A. 1998. Developmental neurotoxicity of brominated flame-retardants, polybrominated diphenyl ethers and tetrabromo-bis-phenol A[J]. Organohalogen Compounds, 35: 375-377.
Ernest S, Wade M, Lalancette C, et al. 2012. Effects of chronic exposure to an environmentally relevant mixture of brominated flame retardants on the reproductive and thyroid system in adult male rats[J]. Toxicological Sciences, 127: 496-507.
Eskenazi B, Chevrier J, Rauch S, et al. 2013. In utero and childhood polybrominated diphenyl ether (PBDE) exposures and neurodevelopment in the CHAMACOS study[J]. Environment Health Perspect, 121: 257-262.
Fang L, Huang J, Yu G, et al. 2008. Photochemical degradation of six polybrominated diphenyl ether congeners under ultraviolet irradiation in hexane[J]. Chemosphere, 71: 258-267.
Frederiksen M, Vorkamp K, Thomsen M, et al. 2009. Human internal and external exposure to PBDEs —A review of levels and sources[J]. International Journal of Hygiene and Environmental Health,

212: 109-134.

Fujimoto H, Woo G, Inoue K, et al. 2011. Impaired oligodendroglial development by decabromodiphenyl ether in rat offspring after maternal exposure from mid-gestation through lactation[J]. Reproductive Toxicology, 31: 86-94.

Ganser, Rania L. 2009. Anatomy and function of the African clawed frog vocal system is altered by the brominated flame retardant, PBDE-209[J]. Open Access Dissertations. Paper 245.

Gascon M, Fort M, Martinez D, et al. 2012. Polybrominated diphenyl ethers (PBDEs) in breast milk and neuropsychological development in infants[J]. Environmental Health Perspectives, 120: 1760-1765.

Gerecke A, Hartmann P, Heeb N, et al. 2005. Anaerobic degradation of decabromodiphenyl ether[J]. Environmental Science & Technology, 39: 1078-1083.

Gevao B, Beg M, Al-Ghadban A, et al. 2006. Spatial distribution of polybrominated diphenyl ethers in coastal marine sediments receiving industrial and municipal effluents in Kuwait[J]. Chemosphere, 62: 1078-1086.

Gómara B, García-Ruiz C, González M, et al. 2006. Fractionation of chlorinated and brominated persistent organic pollutants in several food samples by pyrenyl-silica liquid chromatography prior to GC-MS determination[J]. Analytica Chimica Acta, 565: 208-213.

Gouin T, Cousins I, Mackay D. 2004. Comparison of two methods for obtaining degradation half-lives[J]. Chemosphere, 56: 531-535.

Gouin T, Thomas G, Cousins I, et al. 2002. Air-surface exchange of polybrominated diphenyl ethers and polychlorinated biphenyls[J]. Environmental Science & Technology, 36: 1426-1434.

Gregoraszczuk E, Rak A, Kawalec K, et al. 2008. Steroid secretion following exposure of ovarian follicular cells to single congeners and defined mixture of polybrominateddibenzoethers (PBDEs), *p*, *p* '-DDT and its metabolite *p*, *p* '-DDE[J]. Toxicology Letters, 178: 103-109.

Guvenius D, Bergnmn A, Norén K. 2001. Polybrominated diphenyl ethers in Swedish human liver and adipose tissue[J]. Archives of Environmental Contamination & Toxicology, 40: 564-570.

Haglund P, Zook D, Buser H, et al. 1997. Identification and quantification of polybrominated diphenyl ethers and methoxy-polybrominated diphenyl ethers in Baltic Biota[J]. Environmental Science & Technology, 31: 3281-3287.

Hakk H, Letcher R. 2003. Metabolism in the toxicokinetics and fate of brominated flame retardants—A review[J]. Environment International, 29: 801-828.

Hale R, Alaee M, Manchester-Neesvig J B, et al. 2003. Polybrominated diphenyl ether flame retardants in the North American environment[J]. Environment International, 29: 771-779.

Hale R, La Guardia M, Harvey E, et al. 2001a. Polybrominated diphenyl ether flame retardants in Virginia freshwater fishes (USA)[J]. Environmental Science & Technology, 35: 4585-4591.

Hale R, La Guardia M, Harvey E, et al. 2001b. Flame retardants persistent pollutants in land-applied sludges[J]. Nature, 412: 140-141.

Hallgren S, Sinjari T, Håkansson H, et al. 2001. Effects of polybrominated diphenyl ethers (PBDEs) and polychlorinated biphenyls (PCBs) on thyroid hormone and vitamin A levels in rats and mice[J]. Archives of Toxicology, 75: 200-208.

Hamers T, Kamstra J, Sonneveld E, et al. 2006. *In vitro* profiling of the endocrine-disrupting potency of brominated flame retardants[J]. Toxicological Sciences, 92: 157-173.

Harley K, Chevrier J, Aguilar Schall R, et al. 2011. Association of prenatal exposure to polybrominated diphenyl ethers and infant birth weight[J]. American Journal of Epidemiology,

174: 885-892.

He J, Yang D, Wang C, et al. 2011. Chronic zebrafish low dose decabrominated diphenyl ether (BDE-209) exposure affected parental gonad development and locomotion in F1 off spring[J]. Ecotoxicology, 20: 1813-1822.

He M, Luo X, Chen M, et al. 2012. Bioaccumulation of polybrominated diphenyl ethers and decabromodiphenyl ethane in fish from a river system in a highly industrialized area, South China[J]. Science of the Total Environment, 419: 109-115.

Heredia L, Torrente M, Colomina M T, et al. 2012. Behavioral effects of oral subacute exposure to BDE-209 in young adult mice: A preliminary study[J]. Food and Chemical Toxicology, 50: 707-712.

Hermanson M, Isaksson E, Forsstrom S, et al. 2010. Deposition history of brominated flame retardant compounds in an ice core from Holtedahlfonna, Svalbard, Norway[J]. Environmental Science & Technology, 44: 7405-7410.

Herzke D, Berger U, Kallenborn R, et al. 2005. Brominated flame retardants and other organobromines in Norwegian predatory bird eggs[J]. Chemosphere, 61: 441-449.

Hites R. 2004. Polybrominated diphenyl ethers in the environment and in people: A meta-analysis of concentrations[J]. Environmental Science & Technology, 38: 945-956.

Holden A, Park J, Chu V, et al. 2009. Unusual hepta- and octabrominated diphenyl ethers and nonabrominated diphenyl ether profile in California, USA, peregrine falcons (*Falco peregrinus*): More evidence for brominated diphenyl ether-209 debromination [J].Environmental Toxicology & Chemistry, 28: 1906-1911.

Houde M, Wang X, Ferguson S H, et al. 2017. Spatial and temporal trends of alternative flame retardants and polybrominated diphenyl ethers in ringed seals (*Phoca hispida*) across the Canadian Arctic[J]. Environmental Pollution, 223: 266-276.

Huang F, Wen S, Li J, et al. 2014. The human body burden of polybrominated diphenyl ethers and their relationships with thyroid hormones in the general population in Northern China[J]. Science of the Total Environment, 466-467: 609-615.

Huwe J, Hakk H, Smith D, et al. 2008. Comparative absorption and bioaccumulation of polybrominated diphenyl ethers following ingestion via dust and oil in male rats[J]. Environmental Science & Technology, 42: 2694-2700.

Huwe J, Lorentzsen M, Thuresson K, et al. 2002. Analysis of mono- to deca-brominated diphenyl ethers in chickens at the part per billion level[J]. Chemosphere, 46: 635-640.

Hyötyläinen T, Hartonen K. 2002. Determination of brominated flame retardants in environmental samples[J]. Trends in Analytical Chemistry, 21: 13-30.

Ibhazehiebo K, Iwasaki T, Kimura-Kuroda J, et al. 2011. Disruption of thyroid hormone receptor-mediated transcription and thyroid hormone-induced purkinje cell dendrite arborization by polybrominated diphenyl ethers[J]. Environmental Health Perspectives, 119: 168-175.

Ikonomou M, Rayne S, Addison R. 2002. Exponential increases of the brominated flame retardants, polybrominated diphenyl ethers, in the Canadian arctic from 1981 to 2000[J]. Environmental Science & Technology, 36: 1886-1892.

Jacobson M, Barr D, Marcus M, et al. 2016. Serum polybrominated diphenyl ether concentrations and thyroid function in young children[J]. Environment Research, 149: 222-230.

Jansson B, Andersson R, Asplund L, et al. 1993. Chlorinated and brominated persistent organic compounds in biological samples from the environment[J]. Environmental Toxicology &

Chemistry, 12: 1163-1174.

Jansson B, Asplund L, Olsson M. 1987. Brominated flame retardants-ubiquitous environmental-pollutants[J]. Chemosphere, 16: 2343-2349.

Jaward F, Farrar N, Harner T, et al. 2004. Passive air sampling of PCBs, PBDEs, and organochlorine pesticides across Europe[J]. Environmental Science & Technology, 38: 34-41.

Jaward T, Zhang G, Nam J, et al. 2005. Passive air sampling of polychlorinated biphenyls, organochlorine compounds, and polybrominated diphenyl ethers across Asia[J]. Environmental Science & Technology, 39: 8638-8645.

Jianxian S, Hui P, Jianying H. 2015. Temporal trends of polychlorinated biphenyls, polybrominated diphenyl ethers, and perfluorinated compounds in Chinese sturgeon (*Acipenser sinensis*) eggs (1984-2008)[J]. Environmental Science & Technology, 49: 1621-1630.

Johnson A, Olson N. 2001. Analysis and occurrence of polybrominated diphenyl ethers in Washington State freshwater fish[J]. Archives of Environmental Contamination & Toxicology, 41: 339-344.

Kajiwara N, Noma Y, Takigami H. 2008. Photolysis studies of technical decabromodiphenyl ether (DecaBDE) and ethane (DeBDethane) in plastics under natural sunlight[J]. Environmental Science & Technology, 42: 4404-4409.

Kajiwara N, Takigami H. 2013. Emission behavior of hexabromocyclododecanes and polybrominated diphenyl ethers from flame-retardant-treated textiles[J]. Environment Science Process Impacts, 15: 1957-1963.

Karakas F, Imamoglu I. 2017. Estimation of anaerobic debromination rate constants of PBDE pathways using an anaerobic dehalogenation model[J]. Bulletin of Environmental Contamination and Toxicology, 98: 582-587.

Kierkegaard A, Asplund L, De Wit C A, et al. 2007. Fate of higher brominated PBDEs in lactating cows[J]. Environmental Science & Technology, 41: 417-423.

Kierkegaard A, Balk L, Tjarnlund U, et al. 1999. Dietary uptake and biological effects of decabromodiphenyl ether in rainbow trout (*Oncorhynchus mykiss*)[J]. Environmental Science & Technology, 33: 1612-1617.

Kim B, Ikonomou M, Lee S, et al. 2005. Concentrations of polybrominated diphenyl ethers, polychlorinated dibenzo-*p*-dioxins and dibenzofurans, and polychlorinated biphenyls in human blood samples from Korea[J]. Science of the Total Environment, 336: 45-56.

Klamer H, Leonards P, Lamoree M, et al. 2005. A chemical and toxicological profile of Dutch North Sea surface sediments[J]. Chemosphere, 58: 1579-1587.

Klosterhaus S, Baker J. 2010. Bioavailability of decabromodiphenyl ether to the marine polychaete Nereis virens[J]. Environmental Toxicology and Chemistry, 29: 860-868.

Knoth W, Mann W, Meyer R, et al. 2007. Polybrominated diphenyl ether in sewage sludge in Germany[J]. Chemosphere, 67: 1831-1837.

Korcz W, Strucinski P, Goralczyk K, et al. 2017. Levels of polybrominated diphenyl ethers in house dust in Central Poland[J]. Indoor Air, 27: 128-135.

Korytár P, Covaci A, Leonards P, et al. 2005a. Comprehensive two-dimensional gas chromatography of polybrominated diphenyl ethers[J]. Journal of Chromatography A, 1100: 200-207.

Korytár P, Parera J, Leonards P E, et al. 2005b. Quadrupole mass spectrometer operating in the electron-capture negative ion mode as detector for comprehensive two-dimensional gas chromatography[J]. Journal of Chromatography A, 1067: 255-264.

Law R, Allchin C, De Boer J, et al. 2006. Levels and trends of brominated flame retardants in the

European environment[J]. Chemosphere, 64: 187-208.

Lee R, Thomas G, Jones K. 2004. PBDEs in the atmosphere of three locations in western Europe[J]. Environmental Science & Technology, 38: 699-706.

Letcher R, Marteinson S, Fernie K. 2014. Dietary exposure of American kestrels (*Falco sparverius*) to decabromodiphenyl ether (BDE-209) flame retardant: Uptake, distribution, debromination and cytochrome P450 enzyme induction[J]. Environment International, 63: 182-190.

Li J, Liu X, Yu L, et al. 2009. Comparing polybrominated diphenyl ethers (PBDEs) in airborne particles in Guangzhou and Hong Kong: Sources, seasonal variations and inland outflow[J]. Journal of Environmental Monitoring, 11: 1185-1191.

Li Q, Loganath A, Chong Y, et al. 2005. Determination and occurrence of polybrominated diphenyl ethers in maternal adipose tissue from inhabitants of Singapore[J]. Journal of Chromatography B, 819: 253-257.

Li X, Tian Y, Zhang Y, et al. 2017. Accumulation of polybrominated diphenyl ethers in breast milk of women from an e-waste recycling center in China[J]. Journal of Environmental Science (China), 52: 305-313.

Liu H, Zhang Q, Cai Z, et al. 2006. Separation of polybrominated diphenyl ethers, polychlorinated biphenyls, polychlorinated dibenzo-*p*-dioxins and dibenzo-furans in environmental samples using silica gel and florisil fractionation chromatography[J]. Analytica Chimica Acta, 2006, 557: 314-320.

Liu Y, Zheng G, Yu H, et al. 2005. Polybrominated diphenyl ethers (PBDEs) in sediments and mussel tissues from Hongkong marine waters[J]. Marine Pollution Bulletin, 50: 1173-1184.

Llorca-Porcel J, Martínez-Sánchez G, Álvarez B, et al. 2006. Analysis of nine polybrominated diphenyl ethers in water samples by means of stir bar sorptive extraction-thermal desorption-gas chromatography–mass spectrometry[J]. Analytica Chimica Acta, 569: 113-118.

Lunder S, Hovander L, Athanassiadis I, et al. 2010. Significantly higher polybrominated diphenyl ether levels in young US Children than in their mothers[J]. Environmental Science & Technology, 44: 5256-5262.

Mai B, Chen S, Luo X, et al. 2005. Distribution of polybrominated diphenyl ethers in sediments of the Pearl River Delta and adjacent South China Sea[J]. Environmental Science & Technology, 39: 3521-3527.

Makey C, Mcclean M, Braverman L, et al. 2016. Polybrominated diphenyl ether exposure and thyroid function tests in North American adults[J]. Environment Health Perspectives, 124: 420-425.

Mariani A, Fanelli R, Depaolini A, et al. 2015. Decabrominated diphenyl ether and methylmercury impair fetal nervous system development in mice at documented human exposure levels[J]. Developmental Neurobiology, 75: 23-38.

Martínez A, Ramil M, Montes R, et al. 2005. Development of a matrix solid-phase dispersion method for the screening of polybrominated diphenyl ethers and polychlorinated biphenyls in biota samples using gas chromatography with electron-capture detection[J]. Journal of Chromatography A, 1072: 83-91.

Matscheko N, Tysklind M, De Wit C, et al. 2002. Application of sewage sludge to arable land-soil concentrations of polybrominated diphenyl ethers and polychorinated dibenzo-*p*-dioxins, dibenzofurans, and biphenyls, and their accumulation in earthworms[J]. Environmental Toxicology and Chemistry, 21: 2515-2525.

McGrath T, Morrison P, Sandiford C, et al. 2016. Widespread polybrominated diphenyl ether (PBDE) contamination of urban soils in Melbourne, Australia[J]. Chemosphere, 164: 225-232.

Meironyté D, Norén K, Bergman A. 1999. Analysis of polybrominated diphenyl ethers in Swedish human milk. A time-related study, 1972–1997[J]. Journal of Toxicology & Environmental Health Part A, 58: 329-341.

Meyer T, Muir D, Teixeira C, et al. 2012. Deposition of brominated flame retardants to the Devon Ice Cap, Nunavut, Canada[J]. Environmental Science & Technology, 46: 826-833.

Miyaso H, Nakamura N, Matsuno Y, et al. 2012. Postnatal exposure to low-dose decabromodiphenyl ether adversely affects mouse testes by increasing thyrosine phosphorylation level of cortactin[J]. Journal of Toxicological Sciences, 37: 987-999.

Mizukawa K, Takada H, Takeuchi I, et al. 2009. Bioconcentration and biomagnification of polybrominated diphenyl ethers (PBDEs) through lower-trophic-level coastal marine food web[J]. Marine Pollution Bulletin, 58: 1217-1224.

Mo L, Wu J P, Luo X, et al. 2012. Bioaccumulation of polybrominated diphenyl ethers, decabromodiphenyl ethane, and 1,2-bis(2,4,6-tribromophenoxy)ethane flame retardants in kingfishers (*Alcedo atthis*) from an electronic waste-recycling site in South China[J]. Environmental Toxicology and Chemistry, 31: 2153-2158.

Mo L, Wu J, Luo X, et al. 2013. Using the kingfisher (*Alcedo atthis*) as a bioindicator of PCBs and PBDEs in the dinghushan biosphere reserve, China[J]. Environmental Toxicology and Chemistry, 32: 1655-1662.

Moon H, Chio H, Kim S, et al. 2002. Contaminations of polybrominated diphenyl ethers in marine sediments from the southeastern coastal areas of Korea[J]. Organohalogen Compounds, 58: 217-220.

Moon H, Kannan K, Lee S, et al. 2007. Atmospheric deposition of polybrominated diphenyl ethers (PBDEs) in coastal areas in Korea[J]. Chemosphere, 66: 585-593.

Muir D, Backus S, Derocher A, et al. 2006. Brominated flame retardants in polar bears (*Ursus maritimus*) from Alaska, the Canadian Arctic, East Greenland, and Svalbard[J]. Environmental Science & Technology, 40: 449-455.

Munschy C, Heas-Moisan K, Tixier C, et al. 2011. Dietary exposure of juvenile common sole (*Solea solea* L.) to polybrominated diphenyl ethers(PBDEs): Part 1. Bioaccumulation and elimination kinetics of individual congeners and their debrominated metabolites[J]. Environmental Pollution, 159: 229-237.

Murtomaa-Hautala M, Viluksela M, Ruokojarvi P, et al. 2015. Temporal trends in the levels of polychlorinated dioxins, -furans, -biphenyls and polybrominated diethyl ethers in bank voles in Northern Finland[J]. Science of the Total Environment, 526: 70-76.

Ni K, Lu Y, Wang T, et al. 2013. Polybrominated diphenyl ethers (PBDEs) in China: Policies and recommendations for sound management of plastics from electronic wastes[J]. Journal of Environmental Management, 115: 114-123.

Nizzetto P, Aas W, Krogseth I S. 2014. Monitoring of environmental contaminants in air and precipitation, annual report 2013[M]. Norwegian Environment Agency, 1-70.

Noren K, Meironyte D. 2000. Certain organochlorine and organobromine contaminants in Swedish human milk in perspective of past 20～30 years[J]. Chemosphere, 40: 1111-1123.

Norstrom R, Moisey J, Simon M, et al. 2001. Proceedings of the 3rd Annual Workshop on Brominated Flame Retardants in the Environment[A]. Burlington, Canada, August 23-24.

Noyes P, Lema S, Macaulay L, et al. 2013. Low level exposure to the flame retardant BDE-209 reduces thyroid hormone levels and disrupts thyroid signaling in fathead minnows[J]. Environmental Science & Technology, 47: 10012-10021.

Ohta S, Nakao T, Nishimura H, et al. 2002. Contamination levels of PBDEs, TBBPA, PCDDs/DFs, PBDDs/DFs and PXDDs/DFs in the environment of Japan[J]. Organohalogen Compounds, 57: 57-60.

Orihel D, Bisbicos T, Darling C, et al. 2016. Probing the debromination of the flame retardant decabromodiphenyl ether in sediments of a boreal lake[J]. Environmental Toxicology and Chemistry, 35: 573-583.

Oros D, Hoover D, Rodigari F, et al. 2005. Levels and distribution of polybrominated diphenyl ethers in water, surface sediments, and bivalves from the San Francisco estuary[J]. Environmental Science & Technology, 39: 33-41.

Pietron W, Malagocki P. 2017. Quantification of polybrominated diphenyl ethers (PBDEs) in food[J]. A review. Talanta, 167: 411-427.

Pirard C, Pauw E, Focant J. 2006. Suitability of tandem-in-time mass spectrometry for polybrominated diphenylether measurement in fish and shellfish samples: Comparison with high resolution mass spectrometry[J]. Journal of Chromatography A, 1115: 125-132.

Pöhlein M, Llopis, Wolf M, et al. 2005. Rapid identification of RoHS-relevant flame retardants from polymer housings by ultrasonic extraction and RP-HPLC/UV[J]. Journal of Chromatography A, 1066: 111-117.

Pozo K, Harner T, Shoeib M, et al. 2004. Passive-sampler derived air concentrations of persistent organic pollutants on a north-south transect in Chile[J]. Environmental Science & Technology, 38: 6529-6537.

Qin X, Xia X, Yang Z, et al. 2010. Thyroid disruption by technical decabromodiphenyl ether (DE-83R) at low concentrations in Xenopus laevis[J]. Journal of Environmental Sciences, 22: 744-751.

Rahman F, Langford K, Scrimshaw M, et al. 2001. Polybrominated diphenyl ether (PBDE) flame retardants[J]. Science of the Total Environment, 275: 1-17.

Renner R. 2000. What fate for brominated fire retardants[J]. Environmental Science & Technology, 34: 222a-226a.

Reverte I, Klein A, Domingo J, et al. 2013. Long term effects of murine postnatal exposure to decabromodiphenyl ether (BDE-209) on learning and memory are dependent upon APOE polymorphism and age[J]. Neurotoxicology and Teratology, 40: 17-27.

Riess M, Eldik R. 1998. Identification of brominated flame retardants in polymeric materials by reversed-phase liquid chromatography with ultraviolet detection[J]. Journal of Chromatography A, 827: 65-71.

Riu A, Cravedi J, Debrauwer L, et al. 2008. Disposition and metabolic profiling of [C-14]-decabromodiphenyl ether in pregnant Wistar rats[J]. Environment International, 34: 318-329.

Roberts S, Noyes P, Gallagher E, et al. 2011. Species-specific differences and structure-activity relationships in the debromination of PBDE congeners in three fish species[J]. Environmental Science & Technology, 45: 1999-2005.

Roszko M, Jedrzejczak R, Szymczyk K 2014. Polychlorinated biphenyls (PCBs), polychlorinated diphenyl ethers (PBDEs) and organochlorine pesticides in selected cereals available on the Polish retail market[J]. Science of the Total Environment, 466-467: 136-151.

Sahlstrom L, Sellstrom U, De Wit C, et al. 2014. Brominated flame retardants in matched serum samples from Swedish first-time mothers and their toddlers[J]. Environmental Science &

Technology, 48: 7584-7592.

Salamova A, Hermanson M, Hites R. 2014. Organophosphate and halogenated flame retardants in atmospheric particles from a European arctic site[J]. Environmental Science & Technology, 48: 6133-6140.

Salvado J, Sobek A, Carrizo D, et al. 2016. Observation-based assessment of PBDE loads in Arctic Ocean Waters[J]. Environmental Science & Technology, 50: 2236-2245.

Samara F, Tsai C, Aga D. 2006. Determination of potential sources of PCBs and PBDEs in sediments of the Niagara River[J]. Environmental Pollution, 139: 489-497.

Sánchez-Brunete C, Miguel E, Tadeo J. 2006. Determination of polybrominated diphenyl ethers in soil by ultrasonic assisted extraction and gas chromatography mass spectrometry[J]. Talanta, 70: 1051-1056.

Schlummer M, Brandl F, Mäurer A, et al. 2005. Analysis of flame retardant additives in polymer fractions of waste of electric and electronic equipment (WEEE) by means of HPLC-UV/MS and GPC-HPLC-UV[J]. Journal of Chromatography A, 1064: 39-51.

Schriks M, Zvinavashe E, Furlow J, et al. 2006. Disruption of thyroid hormone-mediated *Xenopus laevis* tadpole tail tip regression by hexabromocyclododecane (HBCD) and 2, 2 ', 3, 3 ', 4, 4 ', 5, 5 ', 6-nona brominated diphenyl ether (BDE206)[J]. Chemosphere, 65: 1904-1908.

Sellstrom U, De Wit C, Lundgren N, et al. 2005. Effect of sewage-sludge application on concentrations of higher-brominated diphenyl ethers in soils and earthworms[J]. Environmental Science & Technology, 39: 9064-9070.

Sellström U. 1999. Determination of some polybrominated flame retardants in biota, sediment and sewage sludge[D]. Stockholm University.

She Y, Wu J P, Zhang Y, et al. 2013. Bioaccumulation of polybrominated diphenyl ethers and several alternative halogenated flame retardants in a small herbivorous food chain[J]. Environmental Pollution, 174: 164-170.

Sjodin A, Hagmar L, Klasson-Wehler E, et al. 1999. Flame retardant exposure: polybrominated diphenyl ethers in blood from Swedish workers[J]. Environmental Health Perspectives, 107: 643-648.

Sjodin A, Hagmar L, Klasson-Wehler E, et al. 2000. Influence of the consumption of fatty Baltic Sea fish on plasma levels of halogenated environmental contaminants in Latvian and Swedish men[J]. Environmental Health Perspectives, 108: 1035-1041.

Sjodin A, Patterson D, Bergman A 2003. A review on human exposure to brominated flame retardants - particularly polybrominated diphenyl ethers[J]. Environment International, 29: 829-839.

Sjodin A, Patterson D, Bergman A. 2001. Brominated flame retardants in serum from US blood donors[J] . Environmental Science & Technology, 35: 3830-3833.

Soderstrom G, Sellstrom U, De Wit C, et al. 2004. Photolytic debromination of decabromodiphenyl ether (BDE 209)[J]. Environmental Science & Technology, 38: 127-132.

Song W, Ford J, Li A, et al. 2004. Polybrominated diphenyl ethers in the sediments of the Great Lakes. 1. Lake Superior[J]. Environmental Science & Technology, 38: 3286-3293.

Song W, Ford J, Li A, et al. 2005b. Polybrominated diphenyl ethers in the sediments of the Great Lakes. 3. Lakes Ontario and Erie[J]. Environmental Science & Technology, 39: 5600-5605.

Song W, Li A, Ford J, et al. 2005a. Polybrominated diphenyl ethers in the sediments of the Great Lakes. 2. Lakes Michigan and Huron[J]. Environmental Science & Technology, 39: 3474-3479.

Stanley J, Cramer P, Thornburg K, et al. 1991. Mass spectral confirmation of chlorinated and brominated diphenylethers in human adipose tissues[J]. Chemosphere, 23: 1185-1195.

Stapleton H, Brazil B, Holbrook R, et al. 2006. *In vivo* and *in vitro* debromination of decabromodiphenyl ether (BDE209) by juvenile rainbow trout and common carp[J]. Environmental Science & Technology, 40: 4653-4658.

Stapleton H, Dodder N. 2008. Photodegradation of decabromodiphenyl ether in house dust by natural sunlight[J]. Environmental Toxicology and Chemistry, 27: 306-312.

Stapleton H, Letcher R, Baker J. 2004. Debromination of polybrominated diphenyl ether congeners BDE 99 and BDE 183 in the intestinal tract of the common carp (*Cyprinus carpio*)[J]. Environmental Science & Technology, 38: 1054-1061.

Strandberg B, Dodder N, Basu I, et al. 2001. Concentrations and spatial variations of polybrominated diphenyl ethers and other organohalogen compounds in Great Lakes air[J]. Environmental Science & Technology, 35: 1078-1083.

Takahashi S, Sakai S, Watanabe I. 2006. An intercalibration study on organobromine compounds: Results on polybrominated diphenylethers and related dioxin-like compounds[J]. Chemosphere, 64: 234-244.

ter Schure A, Larsson P, Agrell C, et al. 2004. Atmospheric transport of polybrominated diphenyl ethers and polychlorinated biphenyls to the Baltic Sea[J]. Environmental Science & Technology, 38: 1282-1287.

Thomsen C, Lundanes E, Becher G. 2001a. A simplified method for determination of tetrabromobisphenol A and polybrominated diphenyl ethers in human plasma and serum[J]. Journal of Separation Science. 2001a, 24: 282-290.

Thomsen C, Lundanes E, Becher G. 2001b. Brominated flame retardants in plasma samples from three different occupational groups in Norway[J]. Journal of Environmental Monitoring, 3: 366-370.

Toms L, Harden F, Symons R, et al. 2007. Polybrominated diphenyl ethers (PBDEs) in human milk from Australia[J]. Chemosphere, 68: 797-803.

Ueno D, Kajiwara N, Tanaka H, et al. 2004. Global pollution monitoring of polybrominated diphenyl ethers using skipjack tuna as a bioindicator[J]. Environmental Science & Technology, 38: 2312-2316.

Van Beusekom O, Eljarrat E, Barcelo D, et al. 2006. Dynamic modeling of food-chain accumulation of brominated flame retardants in fish from the Ebro River Basin, Spain[J]. Environmental Toxicology and Chemistry, 25: 2553-2560.

Van den Steen E, Covaci A, Jaspers V, et al. 2007. Accumulation, tissue-specific distribution and debromination of decabromodiphenyl ether (BDE 209) in European starlings (*Sturnus vulgaris*)[J]. Environmental Pollution, 148: 648-653.

Vane C, Ma Y, Chen S, et al. 2010. Increasing polybrominated diphenyl ether (PBDE) contamination in sediment cores from the inner Clyde Estuary, UK[J]. Environmental Geochemistry and Health, 32: 13-21.

Verslycke T, Vethaak A, Arijs K, et al. 2005. Flame retardants, surfactants and organotins in sediment and mysid shrimp of the Scheldt estuary (The Netherlands)[J]. Environmental Pollution, 136: 19-31.

Vetter W. 2001. A GC/ECNI-MS method for the identification of lipophilic anthropogenic and natural brominated compounds in marine samples[J]. Analytical Chemistry, 73: 4951-4957.

Viberg H, Fredriksson A, Eriksson P. 2007. Changes in spontaneous behaviour and altered response to nicotine in the adult rat, after neonatal exposure to the brominated flame retardant, decabrominated diphenyl ether (PBDE 209)[J]. Neurotoxicology, 28: 136-142.

Viberg H, Fredriksson A, Jakobsson E, et al. 2003. Neurobehavioral derangements in adult mice receiving decabrominated diphenyl ether (PBDE 209) during a defined period of neonatal brain development[J]. Toxicological Sciences, 76: 112-120.

Vigano L, Roscioli C, Guzzella L. 2011. Decabromodiphenyl ether (BDE-209) enters the food web of the River Po and is metabolically debrominated in resident cyprinid fishes[J]. Science of the Total Environment, 409: 4966-4972.

Vives I, Grimalt J, Lacorte S, et al. 2004. Polybromodiphenyl ether flame retardants in fish from lakes in European high mountains and Greenland[J]. Environmental Science & Technology, 38: 2338-2344.

Vuong A, Braun J, Yolton K, et al. 2017. Prenatal and postnatal polybrominated diphenyl ether exposure and visual spatial abilities in children[J]. Environmental Research, 153: 83-92.

Wan Y, Zhang K, Dong Z, et al. 2013. Distribution is a major factor affecting bioaccumulation of decabrominated diphenyl ether: Chinese sturgeon (*Acipenser sinensis*) as an example[J]. Environmental Science & Technology, 47: 2279-2286.

Wang D, Cai Z, Jiang G, et al. 2005a. Determination of polybrominated diphenyl ethers in soil and sediment from an electronic waste recycling facility[J]. Chemosphere, 60: 810-816.

Wang F, Wang J, Dai J, et al. 2010. Comparative tissue distribution, biotransformation and associated biological effects by decabromodiphenyl ethane and decabrominated diphenyl ether in male rats after a 90-day oral exposure study[J]. Environmental Science & Technology, 44: 5655-5660.

Wang S, Zhang S, Huang H, et al. 2011. Behavior of decabromodiphenyl ether (BDE-209) in soil: Effects of rhizosphere and mycorrhizal colonization of ryegrass roots[J]. Environmental Pollution, 159: 749-753.

Wang S, Zhang S, Huang H, et al. 2014. Characterization of polybrominated diphenyl ethers (PBDEs) and hydroxylated and methoxylated PBDEs in soils and plants from an e-waste area, China[J]. Environmental Pollution, 184: 405-413.

Wang X, Ding X, Mai B, et al. 2005b. Polybrominated diphenyl ethers in airborne particulates collected during a research expedition from the Bohai Sea to the Arctic[J]. Environmental Science & Technology, 39: 7803-7809.

Wang Y, Li A, Liu H, et al. 2006. Development of quantitative structure gas chromatographic relative retention time models on seven stationary phases for 209 polybrominated diphenyl ether congeners[J]. Journal of Chromatography A, 1103: 314-328.

Wang Z, Ma X, Lin Z, et al. 2009. Congener specific distributions of polybrominated diphenyl ethers (PBDEs) in sediment and mussel (*Mytilus edulis*) of the Bo Sea, China[J]. Chemosphere, 74: 896-901.

Wania F, Mackay D. 1996. Peer reviewed: tracking the distribution of persistent organic pollutants[J]. Environmental Science & Technology, 30: 390A-396A.

Watanabe I, Kashimoto T, Tatsukawa R. 1987. Polybrominated biphenyl ethers in marine fish, shellfish and river and marine sediments in Japan[J]. Chemosphere, 16: 2389-2396.

Watanabe I, Kawano M, Tatsukawa R. 1995. Polybrominated and mixed polybromo/chlorinated dibenzo-*p*-dioxins and -dibenzofurans in the Japanese environment[J]. Organohalogen Compounds, 24: 337-340.

Wit C. 2002. An overview of brominated flame retardants in the environment[J]. Chemosphere, 46: 583-624.

Wu J, Luo X, Zhang Y, et al. 2009. Biomagnification of polybrominated diphenyl ethers (PBDEs) and polychlorinated biphenyls in a highly contaminated freshwater food web from South China[J]. Environment Pollution, 157: 904-909.

Wurl O, Obbard J. 2005. Organochlorine pesticides, polychlorinated biphenyls and polybrominated diphenyl ethers in Singapore's coastal marine sediments[J]. Chemosphere, 58: 925-933.

Xie X, Qian Y, Wu Y, et al. 2013a. Effects of decabromodiphenyl ether (BDE-209) on the avoidance response, survival, growth and reproduction of earthworms (*Eisenia fetida*)[J]. Ecotoxicology and Environmental Safety, 90: 21-27.

Xie X, Qian Y, Xue Y, et al. 2013b. Plant uptake and phytotoxicity of decabromodiphenyl ether (BDE-209) in ryegrass (*Lolium perenne* L.)[J]. Environmental Science-Processes & Impacts, 15: 1904-1912.

Xu F, Tang W, Zhang W, et al. 2016. Levels, distributions and correlations of polybrominated diphenyl ethers in air and dust of household and workplace in Shanghai, China: Implication for daily human exposure[J]. Bulletin of Environmental Contamination and Toxicology, 23: 3229-3238.

Xu H, Zhang J, Li H 2006. Present status and development on flame retardant[J]. Materials Review, 20: 39-41.

Yang L, Lu Y, Wang L, et al. 2016. Levels and profiles of polybrominated diphenyl ethers in breast milk during different nursing durations[J]. Bulletin of Environmental Contamination and Toxicology, 97: 510-516.

Yang Y, Pan J, Li Y, et al. 2004. Persistent organic pollutants PCNs and PBDEs in sediments from coastal waters of Qingdao, Shandong Peninsula[J]. Chinese Science Bulletin, 49: 98-106.

Yu L, Luo X, Wu J, et al. 2011. Biomagnification of higher brominated PBDE congeners in an urban terrestrial food web in north China based on field observation of prey deliveries[J]. Environmental Science & Technology, 45: 5125-5131.

Yu L, Luo X, Zheng X, et al. 2013. Occurrence and biomagnification of organohalogen pollutants in two terrestrial predatory food chains[J]. Chemosphere, 93: 506-511.

Yusà V, Pardo O, Pastor A, de la Guardia M. Optimization of a microwave-assisted extraction large-volume injection and gas chromatography–ion trap mass spectrometry procedure for the determination of polybrominated diphenyl ethers, polybrominated biphenyls and polychlorinated naphthalenes in sediments[J]. Anal Chim Acta. 2006, 557: 304-313

Zegers B, Lewis W, Booij K, et al. 2003. Levels of polybrominated diphenyl ether flame retardants in sediment cores from Western Europe[J]. Environmental Science & Technology, 37: 3803-3807.

Zhang H, Yolton K, Webster G, et al. 2017. Prenatal PBDE and PCB exposures and reading, cognition, and externalizing behavior in children[J]. Environmental Health Perspectives, 125: 746-752.

Zheng G J, Martin M, Richardson B J, et al. 2004. Concentrations of polybrominated diphenyl ethers (PBDEs) in Pearl River Delta sediments[J]. Marine Pollution Bulletin, 49: 520-524.

Zheng J, He C, Chen S, et al. 2017. Disruption of thyroid hormone (TH) levels and TH-regulated gene expression by polybrominated diphenyl ethers (PBDEs), polychlorinated biphenyls (PCBs), and hydroxylated PCBs in e-waste recycling workers[J]. Environment International, 102: 138-144.

Zhu L, Hites R. 2005. Brominated flame retardants in sediment cores from Lakes Michigan and Erie[J]. Environmental Science & Technology, 39: 3488.

第3章　全氟化合物（PFASs）研究进展

本章导读

- 首先对 PFASs 进行概述，包括其结构特点、物理化学性质、生产和使用情况等。
- 从前处理和仪器分析两个方面介绍了不同环境及生物介质中 PFASs 及其典型直链/支链异构体的分析方法。
- 介绍 PFASs 在水体、沉积物、土壤和大气等环境介质中的赋存情况，PFASs 的生物累积特点和毒性效应，以及人体对 PFASs 的暴露，包括暴露量与暴露途径、暴露水平、代谢和健康风险等。
- 简述新型全氟/多氟化合物相关的研究进展、PFASs 的污染控制技术和限制条款等。

自 1947 年美国 3M 公司（Minnesota Mining and Manufacturing Company）首次利用电化学氟化法生产出全氟化合物（perfluoroalkyl substances，PFASs）以来，已有上百种含有磺酰基的全氟有机化合物系列产品被开发生产。PFASs 在工业和生活领域应用广泛，在环境介质、生物组织及人体血液中广泛检出。由于其具有环境持久性、远距离迁移能力、生物累积性和潜在的生物毒性，2009 年全氟辛基磺酸及其盐类（perfluorooctane sulfonate，PFOS）和全氟辛基磺酰氟（perfluorooctane sulfonyl fluoride，PFOSF）被列入了《斯德哥尔摩公约》附件 B 以限制其生产和使用；2015 年全氟辛酸（perfluorooctanoic acid，PFOA）被列入《斯德哥尔摩公约》的候选名单；2017 年全氟己基磺酸及其盐类（perfluorohexane sulfonate，PFHxS）以及相关化合物被列入《斯德哥尔摩公约》的候选名单（UNEP，2009；Wang et al.，2009；王亚韡等，2010；UNEP，2017）。有关 PFASs 的环境持久性、生物累积性及其生物毒性等问题的研究已成为环境科学和毒理学领域的前沿课题和研究热点（Giesy et al.，2002；金一和等，2002；郭睿等，2006a）。

3.1　PFASs 概述

PFASs 是一类和碳原子连接的氢原子全部被氟原子取代的化合物，具备优良的热稳定性、化学稳定性、表面活性及疏水疏油性能（Lindstrom et al.，2013）。环境中存在的 PFASs 主要有全氟羧酸类（perfluorocarboxylic acids，PFCAs）、全氟磺酸类（perfluoroalkane sulfonates，PFSAs）、全氟烷基磺酰胺类（perfluoroalkyl sulfonamides，PFOSAs）及氟调醇（fluorotelomer alcohols，FTOHs）等。其中，全氟辛基磺酸（PFOS）和全氟辛酸（PFOA）是环境中存在的最典型的 PFASs，且这两种化合物是多种 PFASs 在环境中的最终转化产物（Young and Mabury，2010）。PFOS 和 PFOA 的分子结构示意图见图 3.1。PFOS 分子由 17 个氟原子和 8 个碳原子组成烃链，烃链末端碳原子上连接一个磺酰基；PFOA 由 15 个氟原子和 7 个碳原子组成烃链，烃链末端碳原子上连接一个羧基。由于氟具有最大的电负性（–4.0），使得碳氟键具有强极性并且其键能是自然界中最大的（110 kcal/mol）[①]，在空气中即使处于很高的温度（>150℃）也是稳定的，其热解温度高达 1200℃。同时，这类化合物也抗强酸、强碱和氧化剂，很难被代谢、水解、光解及生物降解。PFOS 和 PFOA 的主要物化性质见表 3.1（OECD，2002；USEPA，2003）。

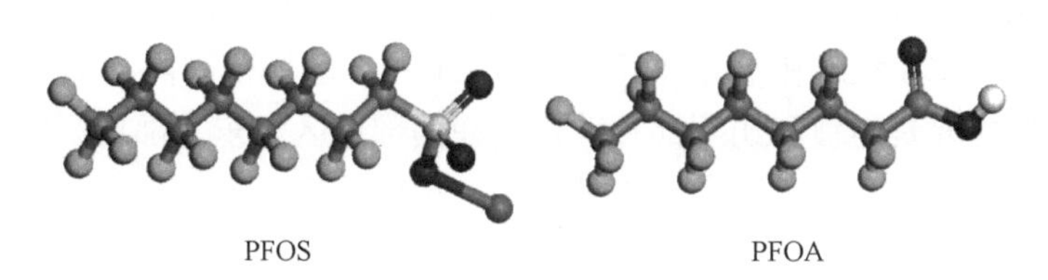

图 3.1　PFOS 和 PFOA 分子结构示意图

PFASs 被广泛应用于纺织、灭火泡沫、皮革、食品包装、地毯、地板打磨和洗发香波等领域（史亚利等，2009；Lindstrom et al.，2013）。环境中的 PFASs 来自于人类对 PFASs 的生产和使用，并且在 PFASs 的整个生命周期内都可能向环境中排放，包括 PFASs 原料的生产过程，含有 PFASs 原料的商业产品生产、销售及使用过程，以及含有 PFASs 的产品在使用之后，进入垃圾填埋场和污水处理厂时。

Paul 等在对全球的 PFOS 生产、排放和环境存在量的评估中估算的 PFOSF 在 1970～2002 年间的全球历史生产总量为 96 000 t，期间直接排放（包括制造、使用

① cal 为非法定单位，1 cal=4.184 J。

表 3.1 PFOS 和 PFOA 的主要物化性质（OECD，2002；USEPA，2003）

	PFOS [$CF_3(CF_2)_7SO_3K$]	PFOA [$CF_3(CF_2)_6CO_2H$]
常温常压下存在状态	白色粉末	白色絮状固体
分子量	538	414
蒸气压	3.31×10^{-4} Pa	10 mmHg（25℃）
水溶性	519 mg/L［（20±0.5）℃］ 680 mg/L（24～25℃）	3.4 g/L
熔点	≥400℃	45～50℃
沸点	—	189～192℃（736 mmHg）
气/水分配系数	$<2\times10^{-6}$	—
亨利常数	3.09×10^{-9} Pa·m³·mol⁻¹	—
pK_a	–3.27	2.5
pH（1 g/L）	—	2.6

和消费产品）和间接排放（包括前体化合物和副产物的排放）的为 45 250 t，2002 年 3M 公司停止 PFOSF 的生产后，全球 PFOSF 产量呈下降趋势（Paul et al.，2009）。我国 PFOS 的产量在 2003～2006 年间显著增加，且在 2007～2011 年仍保持了较高的生产量（图 3.2）；生产地区主要集中在湖北、福建、广东、上海、江苏等地（Xie et al.，2013）。在全国范围内，电镀行业是环境中 PFOS 的主要来源，其次是纺织品、消防、PFOS 生产和半导体行业（图 3.3）；在区域范围内，东部地区环境中 PFOS 的来源主要是电镀和纺织品行业，而在西部地区和东北部地区的一些省市，消防行业是 PFOS 最主要的来源（Xie et al.，2013）。

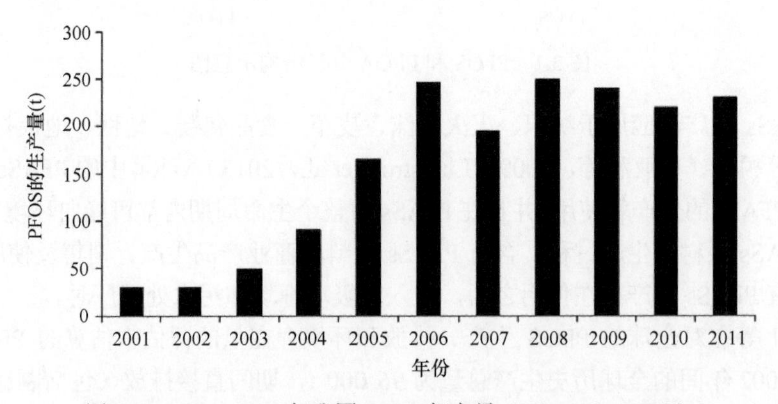

图 3.2 2001～2011 年我国 PFOS 年产量（Xie et al.，2013）

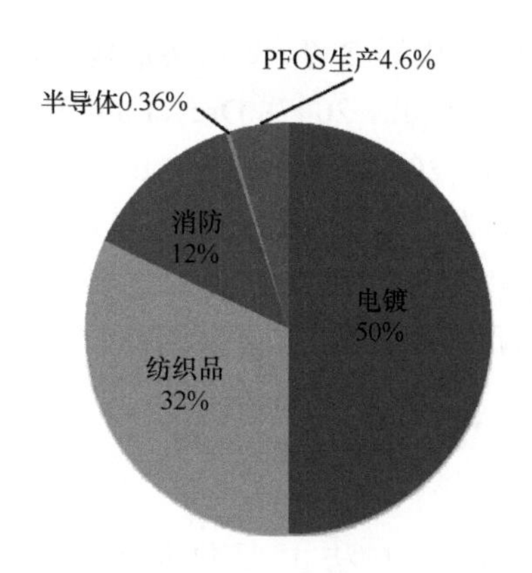

图 3.3　我国主要的 PFOS 工业来源（Xie et al.，2013）

3.2　PFASs 分析方法

3.2.1　样品前处理方法

对于 PFCAs 和 PFSAs 等离子型 PFASs，其分析方法多为固相萃取结合液相色谱–串联质谱法（LC-MS/MS）分析。环境水样通常经过过滤或离心等前处理后进行萃取，最常用的萃取方法为固相萃取（solid phase extration，SPE）。常用的 SPE 柱包括 HLB 柱、WAX 小柱以及 C_{18} 柱等（Taniyasu et al.，2003；Naile et al.，2010；Zhou et al.，2013）。对于短链 PFCAs（C_4～C_6），WAX 小柱较其他方法有较好的加标回收率。液液萃取、固相微萃取、在线固相萃取等方法也被应用于水样中 PFASs 的前处理中（Alzaga and Bayona，2004；Gonzalez-Barreiro et al.，2006；Gosetti et al.，2010）。土壤及沉积物中的 PFASs 的提取方法包括振荡提取、超声提取、索氏提取、加速溶剂萃取等，其中前两种方法比较常用。根据溶剂的不同，包括甲醇或乙腈提取、酸消解（甲醇或乙腈中加入乙酸）、碱消解（甲醇或乙腈中加入 NaOH 等强碱）、离子对提取（四丁基硫酸氢铵 TBA+甲基叔丁基醚 MTBE，pH=10）等（Ahrens et al.，2009；Bao et al.，2009；Kelly et al.，2009；Bao et al.，2010；Benskin et al.，2011；Loi et al.，2013）。生物样品包括生物体、组织、器官及食物样品的提取方法多采用振荡或超声提取，包括甲醇提取、乙腈提取、碱消解、酸消解、离子对提取。样品提取后过膜或者过 SPE 小柱进一步净化（So et al.，2006a；Wang et al.，2010a；Loi et al.，2011；Mueller et al.，2011；Wang et al.，2013a）。

中性 PFASs 种类较多，而其中全氟辛基磺酰胺类（PFOSAs）等化合物的前处理方法及仪器分方法与离子型 PFASs 一致，FTOHs 等挥发性 PFASs 的前处理方法与离子型 PFASs 差别较大。对于 FTOHs 的萃取，常采用的方法有冷阱列萃取、流化床萃取、超声提取、索氏提取等，萃取溶剂包括乙酸乙酯、丙酮和 MTBE、二氯甲烷或者甲醇等（Barker et al.，2007；Dreyer and Ebinghaus，2009；Del Vento et al.，2012；Schlummer et al.，2013）。Schulummer 等对于纺织品中的 8∶2 FTOH 采用超声提取的方法，溶剂为正己烷，过硅胶柱净化（Schlummer et al.，2013）。Szostek 等对鼠的血浆、组织中 8∶2 FTOH 提取选择 MTBE 作为提取溶剂，提取方式为涡旋振荡，肝脏、肾、脂肪组织样品采用硅胶柱进行进一步净化（Szostek and Prickett，2004）。

3.2.2 仪器分析方法

非挥发性 PFASs 的检测方法主要包括高效液相色谱–串联质谱法（HPLC-MS/MS）（Ahrens et al.，2009a）；高效液相色谱–质谱联用（HPLC-MS）（Saito et al.，2004；Dolman and Pelzing，2011）；高效液相色谱/四极杆/飞行时间串联质谱法（HPLC-QTQF）（郭睿等，2006b）；气质联用（GC-MS）（Chu and Letcher，2009）等。HPLC- MS/MS 是目前文献报道中最常见的一种 PFASs 检测方法。它可以定量地检测环境及生物体中的 PFASs。其优点是串联质谱的选择性和灵敏度高；前处理要求较低；线性范围较宽；检测限较低，在浓度较低、介质复杂的情况下具有显著优势。与串联质谱法相比，HPLC-MS 的缺点是选择性较差，基质复杂时容易出现干扰，这就增加了样品处理时间和难度以及检测成本。HPLC-QTOF 具有高分辨率和高质量准确度，可以降低共流出物及基质干扰，但由于 QTOF 灵敏度稍低，线性范围小，在实际环境样品的检测中应用较少。GC-MS 方法在离子型 PFASs 的检测中应用较少，由于 PFASs 自身是非挥发的，因此要通过衍生的方法才可以进行 GC-MS 检测，步骤较为复杂，并且在衍生化的过程中有可能产生有毒物质，且线性范围窄，因而该方法的使用受到限制。

目前挥发性 PFASs 前驱体的仪器分析最常见的方法是 GC-MS。正化学电离（positive chemical ionization，PCI）源（Barber et al.，2007；Del Vento et al.，2012）、负化学电离（negative chemical ionization，NCI）源以及电子轰击电离（electron impact ionization，EI）源可以应用于不同中性 PFASs 的电离（Shoeib et al.，2005）。其中 PCI 源有较高的选择性，应用更为广泛。

3.2.3 异构体分析方法

PFASs 的生产工艺包括电化学法和调聚法，3M 公司所采取的合成方式为电化学法，而杜邦公司所采取的是调聚法。这两种生产工艺所生产的 PFASs 在结构上有一定的区别。电化学法生产的 PFASs 包括直链和支链异构体，而调聚法合成的 PFASs 则结构单一（Benskin et al.，2010；张义峰等，2012）。PFASs 同分异构体化学性质较为接近，分离检测较难，且市售的异构体标准品较少，因此，异构体的分析方法有一定的挑战性。

已有的对 PFASs 异构体的分析方法主要包括 ^{19}F-NMR（Arsenault et al.，2008）、GC-MS（Bastos et al.，2001；Chu and Letcher，2009）和 LC-MS/MS（Langlois and Oehme，2006；Benskin et al.，2007）。其中，^{19}F-NMR 的方法可以较为全面地分析异构体，但该方法灵敏度较低，不适合用于环境样品的分析，主要用于工业品或标准品中的异构体组分鉴定。2001 年，Bastos 等首次将 GC-MS 的方法应用于 *N*-乙基全氟辛基磺酰胺（*N*-EtFOSA）异构体的分析（Bastos et al.，2001）。GC-MS 的方法在多种介质都有广泛的应用（De Silva and Mabury，2004；De Silva and Mabury，2006；De Silva et al.，2009a；De Silva et al.，2009b；De Silva et al.，2009c；Gebbink and Letcher，2010；O'brien et al.，2011a；Greaves and Letcher，2013；Peng et al.，2014；Zhang et al.，2015）。采用 GC-MS 方法对 PFASs 进行分离的优点在于分辨率较高，且基质效应的影响较低，优化后的方法运行时间较短；缺点是需要较为复杂的衍生化，且不同官能团的 PFASs 需要采取不同的衍生方法，不能同时进行 PFSAs 和 PFCAs 异构体的分析测定（Benskin et al.，2010）。2002 年，Stevenson 首次利用 HPLC-MS/MS 的方法分析了人体血液中的 PFOA 异构体（Stevenson，2002）。Martin 等在 2004 年对 PFOS 异构体进行了初步分离（Martin et al.，2004）。2006 年，Langlois 和 Oehme 采用五氟苯基固定相（PFP）色谱柱对 PFOS 异构体进行分离（Langlois and Oehme，2006），分析时间小于 30 min，且可以完成多种异构体的分离。Benskin 等采用 FluoroSep RP Octyl 色谱柱，结合不同的离子碎片，同时对多种 PFASs 异构体进行分离（Benskin et al.，2007）。这两种类型的色谱柱在异构体的分析中应用较多。LC-MS/MS 的方法可以对不同官能团的 PFASs 进行同时分析，在环境样品的 PFASs 分析中应用广泛，但 LC-MS/MS 的方法存在一定程度的异构体共流出现象，需要进一步优化与发展（图 3.4）（Benskin et al.，2010）。

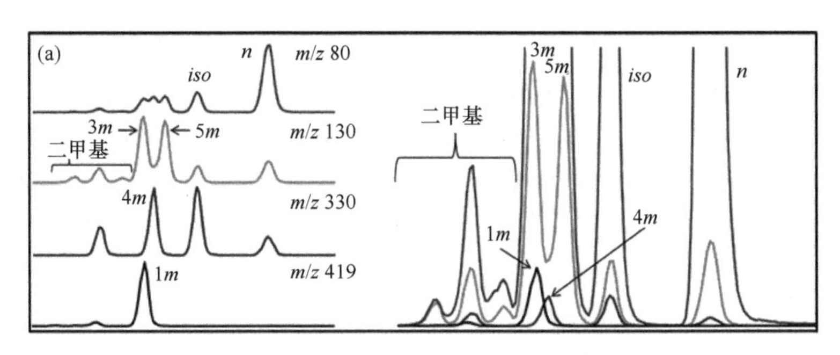

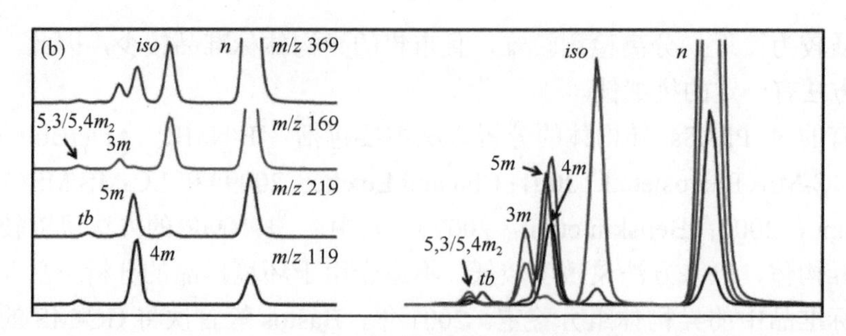

图 3.4　PFOS（a）和 PFOA（b）异构体 LC-MS/MS 色谱图（Benskin et al.，2010）

3.3　PFASs 的环境分布

PFASs 独特的稳定性使其具有环境持久性，其在各种环境介质包括水（Ahrens et al.，2009b）、大气（Kim et al.，2012）、灰尘（Goosey and Harrad，2011）、土壤（Wang et al.，2013b）、沉积物（Yeung et al.，2013）、污泥（Yoo et al.，2009），以及生物样品包括植物（Shi et al.，2012a）、鸟类（Gebbink and Letcher，2012）、哺乳动物（Falk et al.，2012）、鱼类（Shi et al.，2010）、贝类（Pan et al.，2010）中都有检出。我国环境中广泛存在 PFASs 类污染物（Zhang et al.，2013a；Wang et al.，2014）。在偏远的极地地区也有 PFASs 类化合物的检出，其远距离传输途径主要包括大气传输和水圈迁移（Prevedouros et al.，2006；Butt et al.，2010）。

3.3.1　水体

PFASs 广泛存在于各类水体中。PFASs 主要通过直接排放、间接排放和大气沉降进入地表水中。直接排放通过生活污水、工业废水、污水处理厂、垃圾填埋场等进入地表水体。间接排放主要指 PFASs 前驱体等在生物和化学作用下降解为终端产物 PFOS 和 PFOA。大气沉降指大气中的 PFASs 通过大气干、湿沉降进入地表水。

全球海域普遍受到了 PFASs 污染。南极海域（Wei et al.，2008）、太平洋、大西洋、北大西洋、亚洲的日本、中国香港和韩国的沿岸海域以及欧洲近岸海域都有受到 PFASs 污染的报道。对比不同海域可见，PFASs 在某些沿岸海域和海湾表层水中的浓度较高，离岸海域和陆架海域次之，大洋和极地水域浓度最低。Ahrens 等对大西洋表层海水中的 PFASs 进行了调查，结果发现 FOSA、PFOS 和 PFOA 是最主要的单体，浓度分别为 302 pg/L、291 pg/L 和 229 pg/L（Ahrens et al，2009）。从太平洋到北冰洋，表层水中 PFASs 在西北太平洋、北冰洋和白令海峡海水中的浓度分别为（560±170）pg/L、（500±170）pg/L 和（340±130）pg/L，呈逐渐降低趋势，PFCAs

是主要的 PFASs（Cai et al.，2012）。而中国香港、南中国海、韩国近岸海水中的 PFASs 尚未对水生生物及其捕食者造成危害（So et al.，2004；So et al.，2007）。在青藏高原的冰雪样品中，也检出了 PFASs，其浓度范围为 37.8～4236 pg/L（Wang et al.，2014）。目前已有的大部分研究中，PFOS 或 PFOA 是水体中最主要的 PFASs，而部分地区水体中的短链 PFASs 的浓度超过了 PFOS 和 PFOA。如武汉汤逊湖中全氟丁酸（PFBA）是最主要的全氟烷基酸（PFAAs）（Zhou et al.，2013）。

Mak 等对我国和其他国家的自来水中 PFASs 的含量进行了比较（图 3.5），结果表明，在研究的国内 10 个城市中，上海自来水中 PFASs 含量最高，达到 130 ng/L，其次是武汉、南京、深圳、厦门和沈阳，而北京的生活饮用水中 PFASs 的含量最低，为 0.71 ng/L；研究的其他国家自来水中 PFASs 的浓度均低于上海；该研究中，健康风险熵值（risk quotient，RQ）通过自来水中实测 PFASs 浓度与美国环境保护署（EPA）设定的临时健康咨询值（provisional health advisory）或者明尼苏达州卫生部设定的健康基准值（health-based values）的比值进行计算，结果表明，RQ 均小于 1，这些自来水样品中的 PFASs 污染尚未对居民的健康造成风险（图 3.6）（Mak et al.，2009）。

美国新泽西州公共饮用水系统中 PFOA 的最高浓度为 0.039 ng/mL，检出率为 65%，大部分样品中的 PFOA 的浓度低于健康基准值（Post et al.，2009）。Murakami 等对日本东京的地下水中 PFOS 和 PFOA 的研究表明，在所有地下水样品中均可检出 PFASs（Murakami et al.，2009）。

污水处理厂通常被认为是 PFASs 的源和汇，在有关污水处理厂的研究中，几乎所有的污水中均可检出不同浓度的 PFASs，单体特征以 PFOS 和 PFOA 为主。Boulanger 等发现 *N*-EtFOSE 在厌氧条件下并不发生降解，在有氧条件下也只有 5.3%的 *N*-EtFOSE 降解为 PFOS，因此认为污水中 PFOS 和 PFOA 的主要来源是两种化合物的使用和前体化合物在生产过程中的残留。而 Becker 等（2008）的研究则发现，处理后的污水中 PFOA 和 PFOS 浓度可增加 20 倍和 3 倍，因此认为前体化合物的降解是污水的主要来源（Boulanger et al.，2005）。Sinclair 等对纽约 6 个污水处理厂出水的 PFASs 浓度（PFOS 和 PFOA 浓度分别为：3～68 ng/L 和 58～1050 ng/L）进行调查时也发现，出水中 PFOS 和 PFOA 的浓度升高的现象（Sinclair et al. 2006）。Becker 等和 Wang 等分别对污水处理厂和周围受纳水体环境中的 PFASs 进行了研究，认为污水排放是受纳水体环境一个重要的污染源（Becker et al. 2008；Wang et al.，2005）。

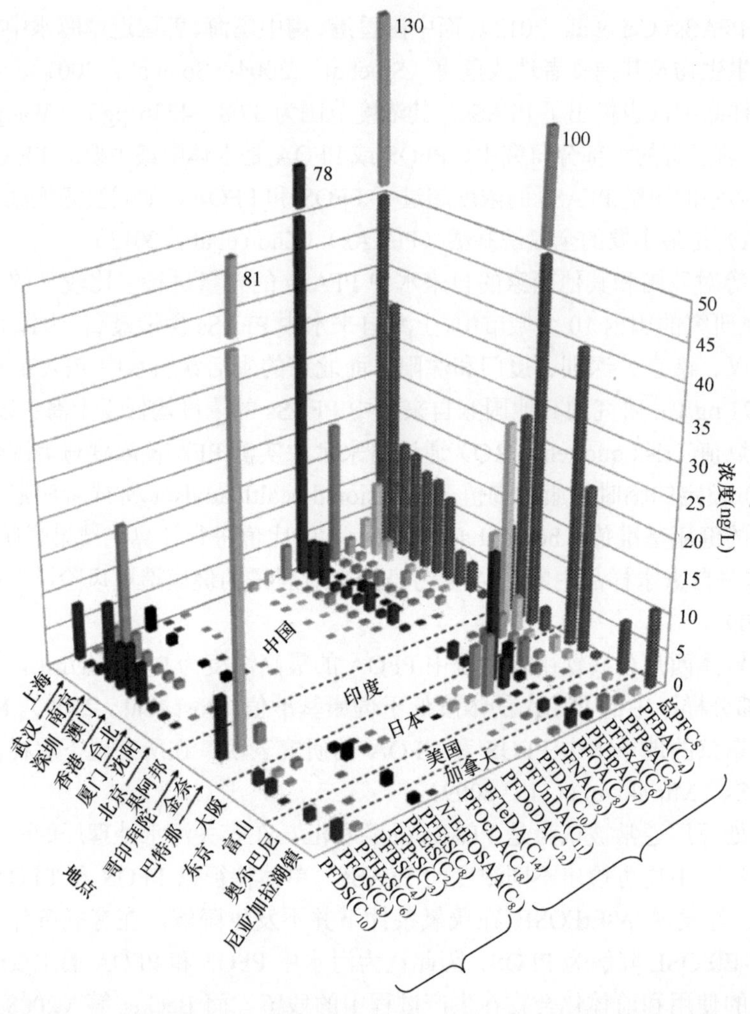

图 3.5　不同地区自来水中 PFASs 浓度水平（Mak et al.，2009）

3.3.2　沉积物

渤海、黄海、东海三个海域沉积物中 PFASs 的研究表明，PFOS 在东海地区浓度较高，而 PFOA 在渤海地区浓度较高（Gao et al.，2014）。莱州湾地区的研究表明，该区域河流沉积物中的 PFASs 浓度高于海岸区域沉积物中的浓度，PFOA 是主要的污染物（Zhao et al.，2013）。对渤海南部区域的研究发现 PFOA 和 PFBS 是两种主要的污染物，小清河是该区域可能的点源，且有相对较高的环境风险（Zhu et al.，2014）。珠江口地区沉积物中 PFBS 是最主要的 PFAAs（Gao et al.，2015a）。我国不同河流、湖泊及海洋表层沉积物中 PFOS 和 PFOA 的浓度之间的比较及与世界其他国家和地区沉积物中 PFOS 和 PFOA 的浓度比较见图 3.7（Gao et al.，2015a）。

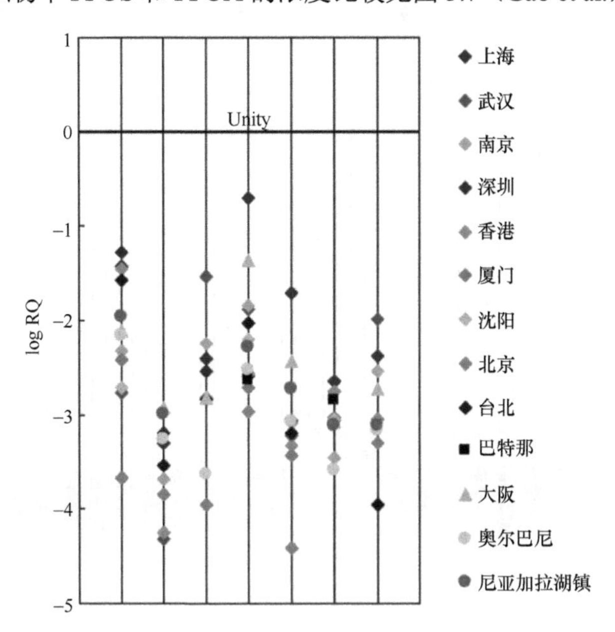

图 3.6　自来水中 PFOS、PFHxS、PFBS、PFOA、PFHxA、PFPeA 和 PFBA 风险熵值（Mak et al.，2009）

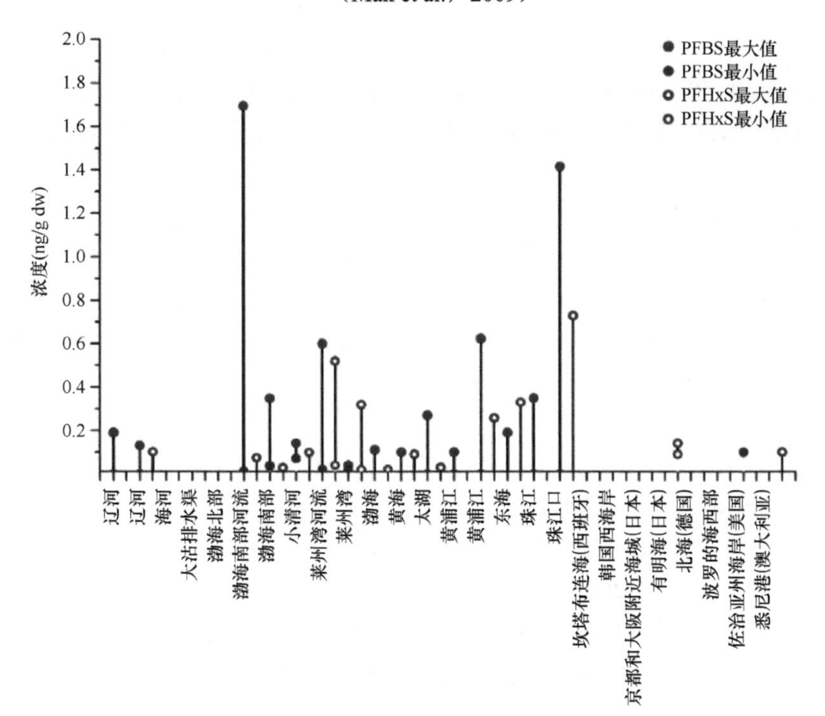

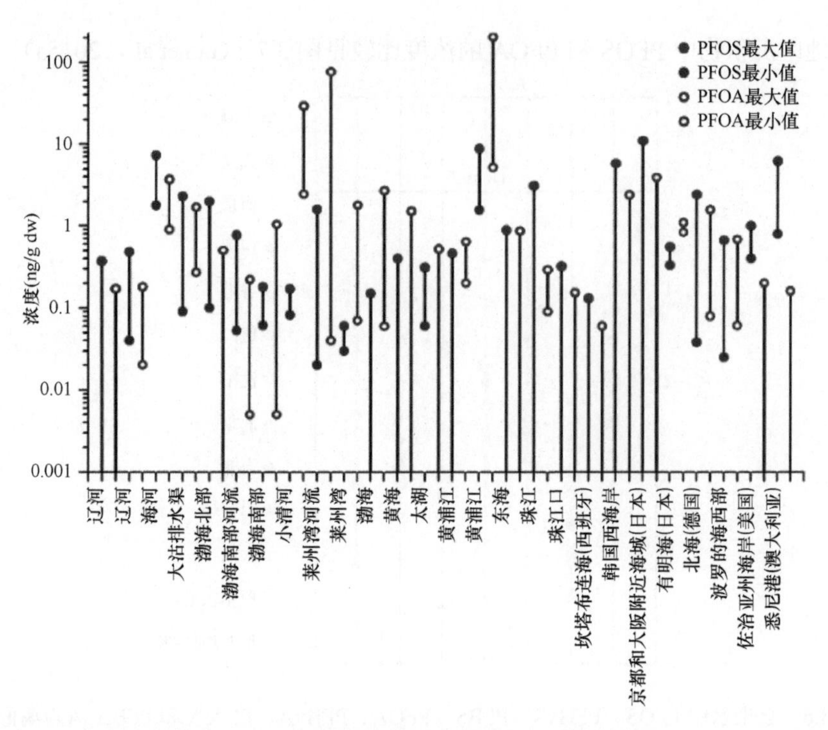

图 3.7 表层沉积物中 PFBS、PFHxS、PFOS 和 PFOA 浓度比较（Gao et al.，2015a）

采用风险熵值（RQ）进行沉积物中 PFASs 的环境风险评价时，风险熵值通常采用沉积物中 PFASs 的浓度与预测无毒性效应浓度（predicted no-effect concentration, PNEC）的比值表示。通过糠虾毒性实验得到的淡水中 PFOS 的 PNEC 值为 25 μg/L（Brooke et al.，2004）；基于淡水藻类毒性实验的淡水中 PFOA 的 PNEC 值为 1250μg/L（Colombo et al.，2008）；而由水中的 PNEC 值得到的淡水沉积物中 PFOS 和 PFOA 的未经总有机碳含量（total organic carbon，TOC）校正的 PNEC 值分别为 4.9 ng/g 和 86 ng/g，海水沉积物的 PNEC 值是淡水沉积物的十分之一（Zhao et al.，2013）。若 RQ 值小于 1 表明无风险，RQ 值大于或等于 1 表明沉积物中的 PFASs 对水生生物存在潜在的环境风险。

3.3.3 土壤

土壤是 PFASs 重要的源和汇。干湿沉降是土壤中 PFASs 的重要来源，而且土壤中的 PFASs 可能会重新进入水体或者植物体内（Strynar et al.，2012；Zareitalabad et al.，2013；Liu et al.，2015），目前对土壤中 PFASs 的研究还相对较少。对韩国河口和沿海地区土壤中 PFASs 的研究发现，土壤中的 PFASs 浓度和检出率都处于较低水平（Naile et al.，2010）。瑞典滑雪区域土壤中 PFCAs 的浓度范围为 0.059～

19 ng/g dw（干重）（Plassmann and Berger，2013）。美国、中国、日本、挪威、希腊和墨西哥采集的混合土壤中，有 58.3%的样品中有 PFASs 检出，其中 PFOS 的检出率最高（48%），其次是 PFOA（28%），PFHpA 的检出率为 17%（Strynar et al.，2012）。我国非 PFASs 点源污染地区土壤中的 PFOS 和 PFOA 浓度水平与南极洲和火地岛以及瑞典地区浓度水平相当（Llorca et al.，2012; Plassmann and Berger，2013）。天津工业园区的土壤样品中 PFOS 和 PFOA 的检出率较低（Wang et al.，2012c）。另一个天津地区土壤样品的研究中，PFOS 的最高浓度为 2.3 ng/g dw，PFOA 最高浓度为 0.51 ng/g dw（Pan et al.，2011）。渤海北部沿海区域土壤中 PFOS 的浓度最高值为 0.70 ng/g dw，PFOA 浓度最高值为 0.47 ng/g dw（Wang et al.，2011）。氟化工厂 PFASs 的生产是周边环境中 PFASs 的重要来源。在我国湖北的一个氟化工厂厂区内，PFOS、PFOA 和 PFHxS 的浓度平均值分别为 2583ng/g dw、50.1ng/g dw 和 35.3 ng/g dw，周边区域三种 PFAAs 的浓度范围分别为 0.68～189 ng/g dw、Nd～34.2 ng/g dw、0.04～7.07 ng/g dw，PFAAs 浓度随着与化工厂的距离的增加呈指数下降（Wang et al.，2010b）。在氟工业园区集中的辽东湾地区，土壤中 PFASs 最高浓度为 3.14 ng/g dw，PFOA 和 PFUnDA 是主要的污染物（Wang et al.，2013a）。

3.3.4 大气

由于 PFOS 和 PFOA 具有较低蒸气压及较高水溶性，在空气中主要吸附于颗粒物上，不易挥发进入气相，目前气相中 PFASs 的研究主要集中在 PFOS 和 PFOA 的前驱体如 FTOHs 等化合物上。研究表明，这些前驱体可以在大气中进行远距离迁移并转化为 PFOS 和 PFOA。Li 等（2011）对亚洲地区空气中的 PFASs 进行了研究，中国和日本地区空气中最主要的 PFASs 是 FTOHs，其次是 8∶2 FTOH，从城市到农村再到偏远地区，PFASs 的浓度逐渐降低。Jahnke 等于 2005 年利用主动采样器对德国和南非之间的海域空气（53°N～33°S 之间）进行了研究，结果表明，从欧洲大陆到工业化欠发达的地区，PFASs 浓度呈降低趋势。在该研究中，英国和欧洲大陆之间的海峡地区 PFASs 浓度最高，其中 8∶2 FTOH 的浓度为 190 pg/m^3，南半球也有 PFASs 的检出，但 8∶2 FTOH 的浓度最高值仅为 14 pg/m^3；此外对颗粒物中的 PFOS 和 PFOA 进行了分析，PFOS 和 PFOA 的最高浓度分别为 2.5 pg/m^3 和 2.0 pg/m^3，比中性 PFASs 浓度低 2 个数量级（Jahnke et al.，2007）。Barber 等利用主动采样方式对欧洲西北部地区大气样品中的 PFASs 进行了研究，PFOA 是颗粒相中最主要的 PFASs，浓度范围为 1～818 pg/m^3，8∶2 和 6∶2 FTOH 是气相中最主要的 PFASs，浓度范围分别为 5～243 pg/m^3 和 5～189 pg/m^3，室内空气中的中性 PFASs 浓度远高于室外空气，表明室内环境可能是大气中中性 PFASs 的重要来源，而大气中离子型 PFASs 的检出也表明这些 PFASs 可以通过吸附在颗粒物上而进行远距离传输（Barber et al.，2007）。Chaemfa 等利用 PUF-PASs 研究了欧洲大气中的离子型 PFASs，只有 PFOS 和 PFOA 的检出率较高，但该研究并未对空气体积进行计算（Chaemfa et al.，2010）。Fraser 等采用主动采样的方法开展了室内空气中 PFASs 的研究，其中，FTOHs 的浓度最高，特别是 8∶2 FTOH，几何平均值为 9920 pg/m^3，在一个新建的建筑物中，FTOHs 的浓度最高（Fraser et al.，2012）。Goosey 等在 2008～2009 年利用 SIP 对英国的室内空气和室外空气进行采样，除了 EtFOSA 外，室内空气中的 PFASs 浓度高于室外空气，表明室内污染是室外空气中 PFASs 的重要来源，此外，室内空气中的 PFHxS 浓度高于 PFOS，且该研究中 PFHxS 的浓度高于 2005 年英国的报道，这可能是由于 PFHxS 的生产使用量增加（Goosey et al.，2012）。Ahrens 等研究了污水处理厂和垃圾处理厂大气中的 PFASs，在污水处理厂，6∶2 FTOH 是最主要的 PFASs，PFOS 是最主要的 PFAAs，其次是 PFBA；在垃圾处理厂中 8∶2 FTOH 是最主要的 PFASs，PFBA 是最主要的 PFAAs，PFCAs 的浓度随着链长的增加而降低，此外，偶数链长的 PFCAs 的排放量高于奇数链长 PFCAs（Ahrens et al.，2011）。

灰尘是与人类最常接触的物质之一。Moriwaki 等首次报道了灰尘中 PFASs 的污染情况，16 个采自日本的室内灰尘样品中 PFOS 和 PFOA 平均浓度分别为 200 ng/g 和 380 ng/g（Moriwaki et al.，2003）。另一项对加拿大渥太华室内灰尘中 PFASs 的研究指出，样品中 PFOS、PFOA 和 PFHxS 的平均含量分别为 444 ng/g、106 ng/g 和 392 ng/g，且 PFASs 的浓度与房龄和地板材料有比较明显相关性，房子越老旧，室内灰尘所含 PFOS 和 PFOA 的浓度越低，PFHxS 未检出，而且这 3 种化合物的含量彼此之间或与地板上地毯面积之间都呈一定的正相关性（Kubwabo et al.，2005）。Strynar 等对 2000～2001 年期间从美国俄亥俄州和北卡罗莱纳州的许多家庭（n=102）和老年活动中心（n=10）采集的室内灰尘样品中 PFASs 含量情况进行了分析，结果发现 95%的样品中含有 PFOA 和 PFOS，含量的中值分别为 142 ng/g 和 201 ng/g，并且两者来源相似。PFOS 和 PFOA 的最大浓度分别为 12 100 ng/g 和 1660 ng/g（Strynar et al.，2008）。另外，由于强挥发性的 8∶2 FTOHs 的降解，PFOA 浓度有所增加。在一项对德国室内灰尘的研究中发现，PFASs 的浓度可能与灰尘粒径大小有一定关系（Fromme et al.，2008）。以上研究表明 PFASs 广泛存在于室内灰尘中，吸附于表面的 PFASs 很可能就是人类暴露的重要途径之一，但对此推论需要更多研究来证实。雨水是反映室外大气状况的一个特征指标，能及时反映大气污染的状况。Loewen 等利用 LC-MS/MS 技术分析了加拿大温尼伯湖和马尼托巴湖地区的雨水，结果发现 PFOS 平均浓度为 0.59 ng/L，而未检测到 PFCAs 的存在（Loewen et al.，2005）。Scott 等对北美地区 9 个地点的降水样品进行了采样分析，同时检测到 PFCAs 及其前驱体，推测出这类物质大气中可能的转化行为。

其中，3 个位于加拿大偏远地区的样品中 PFOA 浓度最低（0.1～6.1 ng/L），3 个位于美国东北部的采样点和 2 个加拿大南部城市采样点的浓度较高，美国东部的特拉华州浓度最高（平均达 85 ng/L，范围为 0.6～89 ng/L）（Scott et al.，2006）。具体的迁移、转化过程有待于进一步研究。

3.3.5　异构体环境分布

PFASs 异构体的研究起步较晚，但已在世界范围内的多种环境样品中有检出，并且通过环境中异构体的组成可以初步进行来源解析（Benskin et al.，2010）。

对挪威机场消防演习地区环境和生物样品中 PFASs 异构体的研究发现，随着距演习地区距离的增加，直链化合物的比例增加，在孔隙水中，支链化合物的比例有所增加，这表明直链和支链 PFASs 在环境中分配和迁移行为的差异性（Karrman et al.，2011）。Benskin 等在对垃圾渗滤液的研究中发现，*n*-PFOA 的比例在研究期间呈上升趋势，这可能与直链前驱体的转化有关（Benskin et al.，2012a）。北美地区，从偏远地区到城市的一系列的环境和生物样品中，大部分都有直/支链 PFOA 异构体检出，其中 *n*-PFOA 的比例高于 ECF 产品中的 78%。一些极地样品中检出了 *n*-和 *iso*-的长链 PFCAs，这些结果支持了长链 PFCAs 前驱体能够进行远距离迁移的假设（De Silva et al.，2009）。Benskin 等在对偏远地区高山湖泊沉积物柱芯的研究中发现，没有支链 PFCAs 的检出（Benskin et al.，2011）。Benskin 等对大西洋和加拿大北极海水中 PFASs 异构体的研究发现，93%的海水样品中 PFOA 异构体组成与电解法生产的 PFOA 没有显著差别，这表明海水对异构体组成的影响较小，可以作为有效的 PFOA 源解析方式（Benskin et al.，2012b）。Benskin 等通过对部分北美、亚洲和欧洲国家水体中 PFASs 异构体的单体组成进行生产方式的判断，结果表明，除了日本的东京湾，其他地区的 PFASs 的污染，大部分都源自电化学法生产，日本东京湾地区具有较高的 *iso*-PFOA 比例，表明该区域可能有调聚法 *iso*-PFOA 的生产，估算该区域 PFOA 的来源包括电化学法、直链调聚法和异丙基调聚法生产的 PFOA。在该研究中也首次报道了我国环境和产品中的 PFOA 异构体组成，结果表明，我国的 PFOA 生产主要是电化学法，这与我国实际的生产工艺相符（Benskin et al.，2010）。对我国淮河和太湖地区 PFOS 异构体的研究中发现，在太湖地区，支链 PFOS 的比例为 48.1%～62.5%，高于电解法生产的 PFOS，而在淮河地区，支链比例为 29.0%～35.0%，两地异构体组成的差别可能是由于异构体的环境分配和迁移规律的差异以及 PFOS 来源的不同（Yu et al.，2013）。继续对这两个区域进行水体、悬浮颗粒物和沉积物的 PFASs 异构体分配行为的研究，结果表明，对于 PFOA、PFOS 和 PFOSA 异构体，直链化合物在颗粒相上的分配系数高于支链化合物，PFASs 异构体在颗粒相上的分配差别有可能对 PFASs

源解析造成影响，对太湖地区的PFOA进行源解析的结果表明，PFOA主要来源于电解法（Chen et al.，2015）。在对我国江苏常熟地区氟工业园区周边环境中PFASs异构体的研究中发现，该区域污水厂进水中有高的*iso*-PFOA比例，表明该区域的生产方式包括异丙基调聚法（Jin et al.，2015）。

3.4 PFASs的生物累积与毒性效应

3.4.1 生物累积与生物放大

PFASs在哺乳动物、鱼类、鸟类、植物等生物体内广泛检出。Pan等对我国渤海地区软体动物的研究中发现 PFOA 的浓度最高，其浓度平均值的范围为<0.5～31.3 ng/g ww，是PFOS浓度的1.5～46.9倍（Pan et al.，2010）。在北京地区人工喂养的淡水鱼组织中，PFOS的最高浓度为70.7 ng/g ww，日摄入量计算表明，人们通过食用淡水鱼造成的健康风险较低（Shi et al.，2012b）。Gulkowska等分析了广州和舟山两城市的海产品，发现PFOS是含量最高的PFASs，浓度范围是0.3～13.9 ng/g ww，但其浓度水平还没有达到危害人体健康的水平（Gulkowska et al.，2006）。青藏高原高山湖泊的鱼肉样品中有96%的样品检出了PFASs，浓度范围为0.21～5.20 ng/g dw，其中PFOS是主要的PFASs（Shi et al.，2010）。Shi等对我国白洋淀湖中的生物调查发现，PFOS是水生动物中最主要的PFASs，中值为2.56 ng/g ww，浓度范围为0.57～13.7 ng/g ww，而在浮游植物中，PFASs的单体组成和动物有较大差别，PFOA和PFNA是最主要的PFASs（Shi et al.，2012a）。在PFASs污染严重的湖北省汤逊湖地区，鲫鱼肌肉中PFAAs的浓度均值为263 ng/g ww，餐鱼肌肉中PFAAs浓度平均值为348 ng/g ww，PFOS为主要的PFAAs，占鲫鱼和餐鱼PFAAs的94%和93%（Zhou et al.，2013）。中国南部地区水鸟蛋中PFASs的含量范围为27～160 ng/g ww，浓度最高的为PFOS（143 ng/g ww），不同种类水鸟蛋的PFOS含量之间存在显著差异（Wang et al.，2008）。

持久性有机污染物在生物体脂肪中蓄积的程度往往与其辛醇/水分配系数K_{OW}有关。由于PFASs具有疏水疏油的特性，其生物富集机制与其他持久性有机污染物有一定差异。对北太平洋中途岛的黑脚信天翁的研究表明 PFOS 在肝脏中的浓度高于肌肉和脂肪（Chu et al.，2015）。在五大湖地区的银鸥体内，PFSAs的浓度在脂肪组织中最高，其他组织器官中浓度顺序为：肝脏>肌肉>红细胞>脑；PFCAs的浓度顺序为脑>血浆>肝脏>红细胞>脂肪>肌肉（Gebbink and Letcher，2012）。在北极地区狐狸体内的PFASs的研究表明，PFASs浓度在肝脏中浓度最高，其次是血液和肾脏，脂肪和肌肉中浓度最低，并且狐狸体内PFASs浓度受身体胖瘦条件的影响（Aas et al.，2014）。东格陵兰岛的北极熊体内，PFASs 的浓度在肝脏中最高，其他组织器官中的浓度顺序为血液>脑>肌肉≈脂肪，肝脏和血液中 C_6～C_{11} 的 PFCAs 浓度更高，脂肪和脑中 C_{13}～C_{15} 的 PFCAs 浓度更高，肝脏中的 PFOS 的平均值最高，其次是血液（Greaves et al.，2012）。对北极熊血液和组织中的 PFOS 异构体的调查发现，不同组织器官中 PFOS 的异构体组成不同，单甲基异构体在血液和肝脏中有检出，而在脑、肌肉和脂肪中没有检出，二甲基异构体在所有组织中都没有检出，在肝脏中的 *n*-PFOS 比例为 93.0%±0.5%，在血液中为 85.4%±0.5%（Greaves and Letcher，2013）。对太湖地区的水生生物进行不同组织器官的异构体分布规律研究发现，*n*-PFOS 的比例范围为 46.3%～96.5%，异构体在卵和肝脏中的比值大小如下：直链>单甲基支链>二甲基支链，且 *n*-PFOS 在肝脏和肌肉中的比值以及肾脏和肌肉中的比值都高于支链，表明 *n*-PFOS 可能与肝脏中蛋白质的结合能力更高或者支链异构体更容易通过肝脏或者肾脏消除（Fang et al.，2014a）。

Kelly 等对北极地区海洋食物网中 PFASs 的研究表明，食鱼食物网中，PFOSA 有生物放大效应，而 PFAAs 几乎没有生物放大效应，在海洋哺乳动物食物网中，PFOSA 和几种 PFAAs 有生物放大效应（Kelly et al.，2009）。Tomy 等对北极东部地区海洋食物网中的 PFASs 研究发现，PFOS 浓度和营养级（trophic level，TL）显著正相关（Tomy et al.，2004）。北极西部地区海洋食物网中的 PFOS、PFOSA 和 C_8～C_{11} 的 PFCAs 的营养级放大因子（trophic magnification factor，TMF）均大于 1，且 PFCAs（C_8～C_{11}）的 TMF 随着碳链长度的增加而升高（Tomy et al.，2009）。加拿大高纬度北极地区湖泊食物网中 PFASs 不存在生物放大现象（Lescord et al.，2015）。而在亚热带食物网中，PFOS、PFDA、PFUnDA 和 PFDoDA 都存在营养级放大现象（Loi et al.，2011）。Muller 等对加拿大北部地区的苔藓—北美驯鹿—狼的陆生食物链的研究表明 PFASs 存在营养级放大现象，且 C_9～C_{11} 的 PFCAs 及 PFOS 的 TMF 最高（Mueller et al.，2011）。对安大略湖食物链中 PFOS 异构体在水、沉积物和生物体的分配和生物累积研究表明，生物体中的 *n*-PFOS 的比例升高，表明生物对支链异构体的吸收率较低，支链异构体较快的消除速率，对直链异构体的优势富集，生物体内 PFOS 的异构体组成与沉积物中的类似，直链异构体的生物富集因子高于单甲基支链异构体，直链异构体的生物放大因子也高于单甲基支链异构体，而二甲基支链异构体则没有表现出生物放大现象，表明 PFOS 的分子结构能够影响其生物累积能力（Houde et al.，2008）。对辽东湾地区的海洋食物网中的 PFCAs 异构体的研究发现直链 PFCAs 的营养级放大因子高于支链 PFCAs，这会导致高营养级动物中支链 PFCAs 比例较低（Zhang et al.，2015）。太湖水生食物网中 PFOS 异构体的营养级放大因子顺序如下：*n*-PFOS（3.86）>（3+5）*m*-PFOS（3.35）>4*m*-PFOS（3.32）>1*m*-PFOS（2.92）>m_2-PFOS（2.67）>*iso*-PFOS（2.59），这与 PFOS 异构体在 FluoroSep-RP Octyl 色谱柱上的出峰顺序一致，表明不同异构体在生物体内富集差异可能和它们的疏水性有关（Fang et al.，2014b）。

3.4.2 毒理学研究

目前 PFOS 和 PFOA 的毒性毒理研究主要涉及发育毒性、免疫毒性、肝脏毒性、内分泌干扰及潜在的致癌性等方面，研究指标涉及对模型动物体重、肝脏、致癌性、死亡率和发育等多方面的影响（Lau et al.，2003；Kennedy et al.，2004）。

大鼠和小鼠是最主要的受试模型动物。对大鼠的研究发现，大鼠经口暴露 PFOS 的半数致死量（LD_{50}）为 250 mg/kg，吸入 1 h 半数致死浓度（LC_{50}）为 512 mg/L，属于中等毒性物质（3M，1999）。对暴露 PFOA 和 PFOS 的大鼠，测定血样、各组织样及排泄物中的 PFOA 和 PFOS，结果表明，肝脏、肾脏和血液是这两种 PFAAs 的主要富集部位，且两种 PFAAs 通过尿液的排泄速率比粪便快，尿液排泄被认为是两种 PFAAs 从大鼠体内清除的主要方式；与 PFOA 相比较，PFOS 具有相对较低的排出速率和更高的体内浓度，从而导致其可能具有更强的毒性效应（Cui et al.，2009；Cui et al.，2010）。

PFOA 对小鼠的免疫系统也产生了抑制作用，导致小鼠胸腺和脾脏严重萎缩。Harada 等利用全细胞膜片钳记录的方法，证实 PFOA 可以改变膜表面的电位，因此对钙离子通道产生影响（Harada et al.，2005a）。PFOA 能够降低小鼠血清中 IgG 和 IgM 水平，降低 T 细胞和 B 细胞免疫功能，诱导免疫抑制，导致小鼠胸腺以及脾脏萎缩。在胸腺细胞中未成熟的 CD_4^+和 CD_8^+细胞减少最为显著，脾脏中 T 淋巴细胞和 B 淋巴细胞数目减少。对剂量–反应关系和时间–变量曲线分析发现，PFOA 所致的过氧化物酶增生作用先于胸腺和脾脏萎缩。小鼠停止 PFOA 染毒后，胸腺和脾脏质量可在 5～10 天内迅速得以恢复，过氧化物酶增生作用继续存在。而且胸腺和脾脏质量的恢复与停止染毒后胸腺细胞和脾细胞数目的改变相平行。PFOA 可能通过作用于细胞周期中的 S 期和 G_2/M 期，间接导致胸腺细胞及 CD_4^+和 CD_8^+细胞的数量减少（Yang et al.，2000；Yang et al.，2001；Yang et al.，2002）。有研究人员在大鼠饲料中分别添加 0.5 mg/kg、1.5 mg/kg、4.5 mg/kg PFOS，自由摄食 65 天后检测血清中甲状腺素水平。结果发现，PFOS 各组与对照组比较 T3、T4 水平下降，差异有统计学意义，但未见剂量–效应关系，促甲状腺素（TSH）水平正常。分析其原因可能是 T3、T4 下降不受下丘脑–垂体–甲状腺轴的影响，而是 PFOS 直接作用于甲状腺，使腺体合成甲状腺素减少（张颖花等，2005）。

PFOS 会影响大鼠中枢神经系统，并能够在组织中富集（Austin et al.，2003）。有研究表明，PFOS 和 PFOA 能影响小鼠大脑和胆碱能系统的发育，造成小鼠的神经行为缺陷（Johansson et al.，2008）。进一步研究表明，PFOS 和 PFOA 的暴露会对几种蛋白质造成影响，这几种蛋白质在小鼠大脑发育过程中对神经元生长和突触发生起重要作用（Johansson et al.，2009）。以 Wistar 大鼠为模式动物，探讨 PFOS 低剂量长期经口染毒对大鼠海马细胞内游离[Ca^{2+}]i 的影响。结果发现，PFOS 染毒 2 mg/kg、8 mg/kg、32 mg/kg 和 128 mg/kg 实验组海马细胞[Ca^{2+}]i 分别为（222.27±19.67）nmol/L、（244.29±19.07）nmol/L、（381.69±9.61）nmol/L 和（528.27±15.51）nmol/L，显著高于对照组（141.30±12.70）nmol/L（$p<0.01$），并且海马细胞内[Ca^{2+}]i 随着 PFOS 染毒剂量的增加而升高（$r = 0.929$，$p<0.05$）（刘冰等，2005）。PFOS 对大鼠中枢神经系统谷氨酸能神经元影响的研究显示，成年雄性 Wistar 大鼠 PFOS 经口单次染毒，实验组剂量分别为 50 mg/kg、100 mg/kg 和 200 mg/kg，24 小时后大鼠大脑皮层、海马、小脑中平均谷氨酸免疫反应阳性神经细胞（Glu-IRPC）阳性面积比、平均积分吸光度与对照组相比明显升高且有统计学意义（$p<0.01$）（李莹等，2004）。推测 Glu 释放过多可导致兴奋性氨基酸受体（EAAR）过度激活，促使[Ca^{2+}]i 内流，使细胞内[Ca^{2+}]i 超载，引发自由基产生、代谢酶破坏、细胞膜损伤、细胞骨架的破坏和线粒体呼吸链中断等一系列病理改变，上述反应可能在 PFOS 引起大鼠神经毒性的机制中起重要作用。

PFOA 对小鼠具有遗传发育毒性，包括流产、影响产后存活率、后代生长发育延缓、雄性后代性成熟加速等（Lau et al.，2006），能够引起三代小鼠的乳腺发育和/或分化的延迟，且接近人群污染水源浓度的低剂量的 PFOA 足以引起乳房发育形态改变（White et al.，2011），还会改变胚胎肝脏和肺中脂肪酸分解代谢相关基因的表达（Rosen et al.，2007）。PFOS 暴露引起新生 ICR 小鼠的颅内血管扩张或者呼吸障碍，进而导致新生小鼠死亡（Yahia et al.，2008）。PFOA 也能导致新生小鼠死亡，但是致死原因和 PFOS 可能不同（Yahia et al.，2010）。PFBA 暴露没有引起类似 PFOS 和 PFOA 的现象，这可能与 PFBA 较快的排出速率有关，但是 PFBA 暴露对新生小鼠也有一定影响，包括显著延迟睁眼时间等（Das et al.，2008）。PFASs 对其他模型动物也有毒性效应。研究表明 PFOS 和 PFOA 可能具有雌激素效应，并可改变斑马鱼的基因表达（Liu et al.，2007；Shi et al.，2008）。PFOS 和 PFOA 还能够影响斑马鱼肝细胞的生长，PFOS 的抑制率高于 PFOA，PFOS 和 PFOA 都能加速细胞凋亡（Cui et al.，2015）。PFOS 暴露可引起斑马鱼的畸变和死亡，并且造成不可逆的肝脏组织病理学变化等（Du et al.，2009），影响斑马鱼幼鱼鱼鳔的膨胀、脊柱曲度和游泳行为（Hagenaars et al.，2014）。PFOS 暴露会引起非洲爪蟾的发育毒性（San-Segundo et al.，2016）。对一种淡水藻（斜形栅藻）进行多种 PFAAs 的暴露，结果表明，不同链长和官能团的 PFAAs 的毒性有差别，PFOS、PFDoDA 和 PFTeA 能够抑制生长，PFBS、PFHxA 和 PFOA 则不存在这种效应，PFOS、PFOA、PFDoA 和 PFTeA 则能够增加线粒体膜势能和细胞膜通透性（Liu et al.，2008）。对波罗的海微藻进行 PFCAs 的急性暴露结果表明，PFCAs 的毒性和疏水性有关，不同藻类对 PFCAs 的反应也不同（Latala et al.，2009）。此外，PFOS 在一些研究中表现出对其他化合物的毒性调节作用（Jernbro et al.，2007；Liu et al.，2009a；Keiter et al.，2016），值得进一步研究。

Loveless 等研究了直/支链全氟辛酸铵（ammonium perfluorooctanoate，APFO）毒性的差别，受试动物为大鼠和小鼠，结果表明纯直链 APFO 和直/支链 APFO 混合物暴露导致大鼠和小鼠体重的下降比例均超过纯支链暴露，纯支链暴露对大鼠和小鼠各种指标的影响较弱，表明支链 APFO 的毒性可能会低于直链 APFO（Loveless et al.，2006）。此外，对鸡胚胎肝细胞暴露直/支链 PFOS 和直链 PFOS 的研究中发现，直/支链 PFOS 混合物暴露的肝细胞比直链 PFOS 暴露的肝细胞有更多的基因转录表达，影响的基因表达包括脂质代谢、肝系统开发和细胞生长与增殖等多方面，在观察的多种功能和途径中，直/支链 PFOS 混合物的影响都高于 *n*-PFOS，这表明 *n*-PFOS 的影响可能低于支链 PFOS（O'brien et al.，2011b）。但由于目前缺少高浓度的异构体标准品，关于支链 PFASs 异构体单体的毒性研究匮乏。

3.5 人体 PFASs 暴露及健康风险

3.5.1 人体暴露水平

Yeung 等对 2004 年采集的我国 9 个城市的全血样品的分析表明 PFOS 水平最高，在不同城市间的平均值范围为 3.72～79.2 ng/mL，其次是 PFHxS；PFASs 含量未表现出年龄差异，但表现出一定的性别差异（Yeung et al.，2006）。同年对我国 5 个城市居民血样的研究中，PFOS 浓度最高，浓度范围为 0.45～83.1 ng/mL，不同城市间 PFOS 平均值的范围为 1.4～56.3 ng/mL（Yeung et al.，2008）。两个研究中，浓度最高的城市均为沈阳。Wu 等对辽宁省 7 个城市的人体血液样品做了进一步的研究，结果表明，不同城市的 PFASs 的组成明显不同，其差异与不同地区的产业结构、暴露途径等密切相关（Liu et al.，2009b）。香港地区人群血液的 PFAAs 中 PFOS 水平最高（2.24～11.3 ng/g），其次是 PFOA（0.76～3.42 ng/g）和 PFHxS（0.38～1.61 ng/g）（Loi et al.，2013）。Gao 等对氟化工厂工人血清中 PFASs 的研究表明，工人血清中 PFOS、PFOA 和 PFHxS 的几何平均值分别为 1386 ng/mL、371 ng/mL 和 863 ng/mL（Gao et al.，2015b）。

在挪威北部沿海地区的人群中，血浆中 PFOS、PFOA、PFHxS、PFNA 和 PFHpS 的浓度中值分别为 29 ng/mL、3.9 ng/mL、0.5 ng/mL、0.8 ng/mL 和 1.1 ng/mL（Rylander et al.，2009）。在美国红十字会血液捐献者的血清中，PFOS 浓度范围为 4.1～1656 ng/mL，几何平均值为 34.9 ng/mL（Olsen et al.，2003a）。对采集自美国、

哥伦比亚、巴西、比利时、意大利、波兰、印度、马来西亚和韩国的血样的研究表明，PFOS 浓度最高，其次是 PFOA，采集自美国和波兰地区的样品中 PFOS 浓度最高（>30 ng/mL），其次是韩国、比利时、马来西亚、巴西、意大利和哥伦比亚（3～29 ng/mL），最低的是印度（<3 ng/mL）。该研究中 PFOS 和 PFOA 浓度没有显著的年龄和性别差异（Kannan et al.，2004）。氟化工厂退休工人初始的血清中 PFOS、PFHxS 和 PFOA 浓度的算术平均值分别为 799 ng/mL、290 ng/mL 和 691 ng/mL，五年后则分别为 403 ng/mL、182 ng/mL 和 262 ng/mL（Olsen et al.，2007）。在美国几个较高的PFOA暴露地区的现居民和前居民体内，PFOA 浓度水平的中值分别为 33.0 ng/mL 和 36.5 ng/mL，且 PFOA 水平随着在暴露地区居住时间的增长而升高（Seals et al.，2011）。美国 2005～2006 年 C_8 健康项目参与者的 PFOA 浓度中值为 24.3 ng/mL（Shin et al.，2011）。日本人血清中 PFOS 的浓度范围为 2.4～14 ng/mL（Taniyasu et al.，2003）。Karrman 的研究中表明，澳大利亚人群血清中 PFASs 的浓度稍高于亚欧地区而低于美国人血液中的浓度（Karrman et al.，2006）。成年男性血清中 PFASs 浓度显著高于女性，但小于 12 岁的儿童则没有表现出明显的性别差异（Toms et al.，2009）。Kato 等对参加 2001～2002 年美国全国健康和营养调查的儿童混合血清样品的 PFASs 分析表明，在众多影响血清 PFASs 暴露水平的因素中，种族是唯一的具有显著意义的人口因素（Kato et al.，2009）。Dallaire 等研究了加拿大因纽特人血浆中 PFOS 等的暴露水平，发现所有样品中均可检测到 PFOS，表明因纽特人传统的生活方式和偏远的聚居地并不能保护他们免受 PFOS 的影响（Dallaire et al.，2009）。挪威产妇的血清样品中，PFOS 是最主要的 PFAAs，其次是 PFOA，PFOS 和 PFOA 浓度的中值分别为 8.03 ng/mL 和 1.53 ng/mL（Berg et al.，2014）。

值得关注的是，一些国家对 C_8 类化合物的限制措施已经在人体血清浓度中有所体现。Haug 等分析了 1976～2007 年间的挪威居民血液样品中的 19 种 PFASs，结果发现，从 1977 年到 20 世纪 90 年代中期，40～50 岁男性居民血清中的 PFOS 呈现增加趋势，而从 2000 年开始呈现降低的趋势（Haug et al.，2009）。Olsen 等对 2006 年采集自美国红十字会血库中成年人血浆样品与 2000～2001 年的样品进行比较，发现 2006 年测定的血浆中 PFOS、PFOA 和 PFHxS 的含量分别比 2000～2001 年降低 60%、25%和 30%，该结果与美国国内停止生产全氟磺酰氟基化合物后 PFOS 和 PFHxS 化合物在血清中的消除半衰期一致（Olsen et al.，2008）。Kato 等对美国 1999～2008 年的血清样品进行分析，结果表明，PFOS 浓度有明显的下降趋势，而 PFNA 的水平则有显著的上升趋势，1999～2000 年的 PFOA 的浓度最高，但在 2003～2008 年没有显著变化，PFHxS 水平在 1999～2006 年间下降，但在 2007～2008 年则有所上升（Kato et al.，2011）。

此外，目前也有关于人体其他基质的研究。有报道表明人体指甲中的 PFOS

和 PFOA 浓度均与血清中的浓度呈显著正相关（Li et al.，2013）。Guruge 等报道了亚洲斯里兰卡地区男性精液中的浓度，PFOS 和 PFOA 的平均值分别为 0.118 ng/mL 和 0.323 ng/mL，且城市地区样品中 PFAAs 的浓度高于农村地区（Guruge et al.，2005）。随着母乳中 PFASs 的分析方法的建立（Kuklenyik et al.，2004），各国相继开展了母乳中 PFASs 水平的研究。Kärrman 等分析了瑞典母乳中的 PFASs，PFOS 的检出率为 100%（Kärrman et al.，2007）。Tao 等研究了 2004 年采自美国马萨诸塞州母乳样品中的 PFASs，样品中最主要的 PFASs 是 PFOS 和 PFOA，二者的浓度平均值分别为 131 pg/mL 和 43.8 pg/mL（Tao et al.，2008）。So 等分析了中国舟山市母乳样品中的 PFASs，PFOS 和 PFOA 是最主要的两种 PFASs，PFNA、PFDA、PFUnDA 的污染则与海产品的消费相关，风险评估结果表明，母乳中的 PFOS 对婴儿健康构成的风险较小（So et al.，2006b）。

对于我国河北石家庄和邯郸两市的城市和乡村地区的人群进行了血清中 PFASs 异构体的分析，发现 *n*-PFOS 的比例为 48.1%，远低于电解法生产的 PFOS 中的比例，并且低于其他研究中人血清中的 *n*-PFOS 比例；研究中还发现，随着 PFOS 浓度升高，*n*-PFOS 比例降低（Zhang et al.，2013b）。而对我国天津孕妇的血清中 PFASs 异构体分析发现，*n*-PFOS 比例为 66.7%，*n*-PFOA 的比例为 99.0%（Jiang et al.，2014）。相应的 50 对情侣血清中 *n*-PFOS 的比例为 59.2%，*n*-PFOA 的比例为 99.7%（Zhang et al.，2014）。Gao 等对氟化工厂工人血清中 PFASs 异构体的研究发现，*n*-PFOS、*n*-PFOA 和 *n*-PFHxS 所占百分比的平均值分别为 63.3%、91.1% 和 92.7%（Gao et al.，2015b）。

3.5.2 排泄与半衰期

人体内 PFASs 的半衰期与消除途径直接相关，而人体对 PFASs 的富集/消除途径并不完全明确。肾消除是一种重要的消除途径，人体对不同 PFASs 的肾消除速率表现出了较大的差异，不同报道中对于某一种 PFASs 的结果也有较大的差别。肾消除速率（CL_{renal}）的计算公式如下：$CL_{renal}=C_{urine}\times V_{urine}/(C_{serum}\times W)$；其中，$C_{urine}$ 代表尿液中 PFASs 的浓度（ng/L），V_{urine} 代表每天的尿液排泄体积（$V_{urine(female)}$=1.2 L/d；$V_{urine(male)}$=1.4 L/d），C_{serum} 代表血液中的 PFASs 浓度（ng/mL），W 代表体重（kg）（Zhang et al.，2013c，Gao et al.，2015b）。Harada 等报道的日本京都地区居民体内 PFOA 和 PFOS 的肾消除速率的平均值分别为（0.030±0.013）mL/(d·kg)和（0.015±0.010）mL/(d·kg)（Harada et al.，2005b）。Zhou 等计算的 PFCAs 和 PFSAs 的肾消除速率范围为 0.020～16.5 mL/(d·kg)和 0.013～9.43 mL/(d·kg)，8 个碳以内的 PFAAs 的消除主要通过尿液，而其他消除方式对于链长较长的 PFAAs 的消除也较为重要（Zhou et al.，2014）。有的报道则认为 PFCAs 通过尿液的消除速率快于 PFSAs，短链 PFCAs 的消

除速率快于长链 PFCAs，而在 PFSAs 中，PFOS 的消除速率快于 PFHxS，尿液消除可能是短链 PFCAs 的主要消除途径（Zhang et al.，2013c）。而月经、胆汁排泄等其他消除途径的作用也不可忽略（Harada et al.，2007；Han et al.，2012；Wong et al.，2014）。Wong 等的研究表明，女性月经占了男女 PFOS 消除差异的 30%，但除了月经外，PFOS 消除还存在其他性别差异（Wong et al.，2014）。

Olsen 等通过血清中 PFAAs 减少的速率对氟化工厂退休工人的半衰期进行计算，PFOS 半衰期的算术平均值和几何平均值分别为 5.4 a 和 4.8 a，PFHxS 为 8.5 a 和 7.3 a，PFOA 则为 3.8 a 和 3.5 a（Olsen et al.，2007），他们报道的 PFBS 半衰期则仅为 26 d（Olsen et al.，2009）。Zhang 等报道的年轻女性的 PFOS 和 PFOA 的半衰期的平均值分别为 6.2 a 和 2.1 a，而年老女性和男性的 PFOS 和 PFOA 的半衰期分别为 21 a 和 2.6 a（Zhang et al.，2013c）。Wong 等计算的男性 PFOS 半衰期为 4.7 a，计算的包括月经消除的女性半衰期为 3.7 a，而没有计算月经消除的女性半衰期为 4.0 a（Wong et al.，2014）。在对美国 PFOA 暴露地区的现居民和前居民的研究中发现，PFOA 在高暴露量和低暴露量人群中的半衰期分别为 2.9 a 和 8.5 a，这表明人体中 PFOA 的半衰期可能与暴露水平或者时间等有关系（Seals et al.，2011）。

对 PFASs 异构体的肾排泄的研究发现，在血液和尿液中，*n*-PFOS 的比例分别为 53%和 45%，血液和尿液中 *n*-PFOA 的比例分别为 97%和 94%，尿液中 *n*-PFOS 和 *n*-PFOA 的比例低于血液，这表明了支链 PFOS 和支链 PFOA 比对应的直链化合物更易于通过尿液排出；通过配对的血液和尿液计算肾消除速率，结果表明，对于 PFOS，*n*-PFOS 的肾消除速率低于 1*m*-PFOS 以外的支链 PFOS 异构体，*n*-PFOA 的肾消除速率在 PFOA 异构体中是最低的（Zhang et al.，2013c）。对氟化工厂工人体内 PFASs 的肾消除速率计算表明，支链异构体比对应的直链异构体有更快的肾消除速率（Gao et al.，2015b）。Beesoon 等通过实验研究了 PFOS 和 PFOA 异构体与血清蛋白的结合能力，结果表明，直链 PFAAs 与牛血清和人血清蛋白的结合能力都高于对应的支链 PFAAs，这也许是支链 PFOS 和 PFOA 具有较高排出速率的重要原因（Beesoon and Martin，2015）。

3.5.3　暴露量与暴露途径

人体对 PFASs 的暴露途径包括饮水、食物、灰尘的吸入和皮肤接触、空气和悬浮颗粒物摄入、含有 PFASs 相关产品的摄入等直接暴露，以及前驱体的摄入等间接暴露途径（Vestergren and Cousins，2009；Mirailes-Marco and Harrad，2015）。人体对 PFOS 和 PFOA 的每日耐受摄入量的值分别为 150 ng/(kg bw·d)和 1500 ng/(kg bw·d)（Benford et al.，2008）。

Vestergren 等在对 PFOA 暴露的总结中发现，饮食摄入是背景人群最主要的暴露途径；对于饮用水污染地区，饮用水摄入是最主要的暴露途径；对于职业工人，空气摄入是主要的暴露途径，但该研究并未对皮肤摄入和灰尘摄入进行计算（图 3.8）（Vestergren and Cousins，2009）。Lorber 等通过两种模型计算了 PFOA 暴露量，其中，通过暴露介质浓度和接触频率计算的成人和儿童的暴露量为 70 ng/d 和 26 ng/d，儿童通过灰尘的吸入和皮肤接触摄入的 PFOA 量最高，而成人通过饮食摄入的 PFOA 量最高；通过一阶药代动力学计算的摄入量，10th 和 95th 分位值为 15 ng/d 和 130 ng/d（Lorber and Egeghy，2011）。Trudel 等通过对摄入的 PFOS 和 PFOA 量的估算发现，北美和欧洲人的 PFOS 和 PFOA 日暴量为 3～220 ng/kg 体重和 1～130 ng/kg 体重，最主要的持续暴露途径是 PFAAs 污染的食物和饮水，而通过浸渍喷雾剂、地毯处理剂、食品包装材料等消费产品的暴露量只占一小部分；儿童由于对食物的吸收量更高，并且会通过手–口接触摄入化学品和灰尘，PFAAs 的暴露量可能高于青少年和成人，但在此研究中没有考虑前驱体的作用（Trudel et al.，2008）。对高 PFAAs 污染的汤逊湖地区的研究表明，渔民通过饮水和灰尘的日摄入量在 0.01～0.19 ng/kg 体重范围内，而渔民每日通过食鱼摄入的 PFOA 和 PFOS 量高达 1.48 ng/kg 体重和 621 ng/kg 体重，是 PFAAs 最主要的暴露途径(Zhou et al.，2014)。而对氟化工厂工人 PFASs 暴露途径的研究表明，工人对 PFASs 最重要的暴露途径是室内灰尘和悬浮颗粒物（Gao et al.，2015b）。Vestergren 等对前驱体在 PFOS 和 PFOA 暴露中的作用进行了研究，PFOS 和 PFOA 的日暴量分别为 3.9～520 ng/kg 体重和 0.2～140 ng/kg 体重，而前驱体暴露在 PFOS 和 PFOA 整体暴露中所占的比例在不同人群中也有较大差别，在中等暴露量人群中的比例为 2%～5% 和 2%～8%，在高暴露量人群中所占的比例则高达 60%～80%和 28%～55%（Vestergren et al.，2008）。

3.5.4 健康风险

由于 PFASs 在人体血清中的广泛检出，其健康风险也受到了一定的关注，相关研究包括高 PFASs 暴露人群、普通人群以及孕妇等。Alexander 等对氟化工厂工人的研究表明，高的 PFOS 暴露量可能与膀胱癌的发生有一定关联，但受样本量等的限制，并不能得到确定的结论（Alexander et al.，2003；Alexander and Olsen，2007）。Lundin 等对 APFO 生产工厂工人的研究表明，APFO 的暴露与肝癌、胰腺癌和睾丸癌或肝硬化无关，而与前列腺癌、脑血管疾病和糖尿病的关系需要进一步研究（Lundin et al.，2009）。Sakr 等对 APFO 生产工厂工人的研究中发现，血清中 PFOA 的升高可以导致总胆固醇的升高，但与甘油三酸酯或其他脂蛋白水平没有显著相关性，PFOA 水平与总胆红素和血清天门冬氨酸转氨酶水平也相关，但与其他肝酶没有显著关联（Sakr et al.，2007）。Wang 等对氟化工厂工人和周边居民的研究表明，

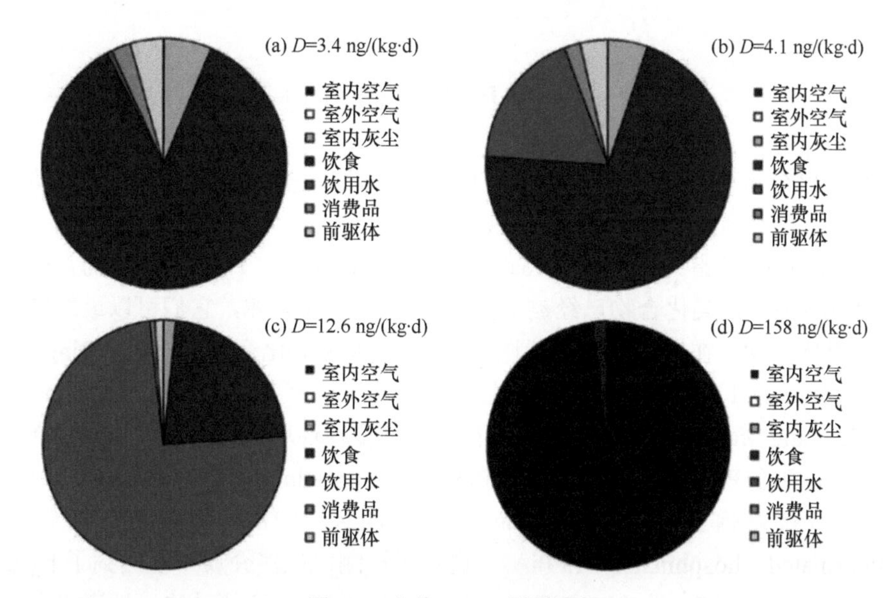

图 3.8　人体 PFOA 暴露途径

（a）背景区域，饮用水中 PFOA 浓度为 1.3 ng/L；（b）饮用水中 PFOA 浓度为 40 ng/L；（c）饮用水点源污染区域，PFOA 浓度为 519 ng/L；（d）职业暴露人群，室内空气中 PFOA 浓度为 1μg/m^3（Vestergren and Cousins，2009）

血清中 PFOA 水平与高密度脂蛋白胆固醇负相关，且 miR-26b 和 miR-199a-3 水平随着 PFOA 水平的升高而升高（Wang et al.，2012b）。Olsen 和 Zobel 对氟化工厂工人血脂、肝脏和甲状腺参数的研究没有发现 PFOA 与总胆固醇、低密度胆固醇、肝酶和甲状腺激素之间的关联，而 PFOA 和甘油三酯正相关，但原因并不明确（Olsen and Zobel，2007），3M 公司工人血液中浓度在 6 ppm 内时，血清肝酶、胆固醇或者脂蛋白并没有发生实质性变化（Olsen et al.，1999），且氟化工厂工人的血液、脂肪、肝脏、甲状腺或泌尿系统参数没有显著变化（Olsen et al.，2003b）。血清中高的 PFOA 水平和一些肝脏以及肾脏功能指标、胆固醇、促甲状腺激素、红细胞指数、白细胞或血小板计数没有显著相关性（Emmett et al.，2006）。对高 PFOA 暴露人群的研究发现，血清中高的 PFOA 水平和高尿酸血症发生率有一定关联，但并不能得到因果结论（Steenland et al.，2010）。此外，血清中高的 PFOA 水平和高胆固醇血症有一定关联，但与高血压和冠心病等无关（Winquist and Steenland，2014）。对日本孕妇血清中 PFAAs 水平的研究表明，孕妇血清中 PFOS 和 PFOA 浓度与多种不饱和脂肪酸的水平负相关，且 PFOS 浓度与女婴的体重负相关（Kishi et al.，2015）。而在我国舟山地区母乳中 PFAAs 的研究中并未发现 PFAAs 水平和婴儿体重的相关性（So et al.，2006b）。不同研究中得到的结果并不一致，且结果的准确性可能会受样本数量的限制，但以上结果表明 PFASs 对人体健康的影响值得进一步关注。

3.6 新型 PFASs 研究进展

除了 PFCAs、PFSAs、PFOSAs、FTOHs 等研究较多的 PFASs 以外，环境中越来越多的新型 PFASs 受到人们的关注。

多氟烷基磷酸酯类（polyfluoroalkyl phosphate esters，PAPs）化合物常用于食品包装材料中，该类化合物已经被认为是 PFCAs 的前驱体，它们可以最终转化为 PFCAs 类化合物，在饮用水和污泥样品中都有 PAPs 类化合物的检出（Ding et al., 2012; Jackson and Mabury，2012），并且人体血液中也有 PAPs 的检出（D'eon et al., 2009; Lee and Mabury，2011）。Loi 等在对香港多种环境介质、生物和人血样品的研究中，对新型 PFASs 包括多氟烷基磷酸二酯（polyfluoroalkyl phosphate diesters, diPAPs），氟调磺酸盐（fluorotelomer sulfonates，FTSAs）和全氟次磷酸酯（perfluorinated phosphinates，PFPiAs）进行了检测，在多介质中检测到了 pg/L 到 ng/L 浓度水平的 diPAPs（6∶2，6∶2/8∶2，8∶2），在底栖动物、地表水和人血液样品中检测到了 pg/L 到 ng/L 浓度水平的 6∶2 和 8∶2 的 FTSAs，仅在底栖动物样品中检测到了 PFPiAs（Loi et al.，2013）。

全氟碘烷类化合物（polyfluorinated iodine alkanes，PFIs）是调聚氟化生产过程中的一类重要化合物，是环境中一类新的 PFASs 前驱体。Ruan 等在一个氟化工厂周边的环境中检测全氟单碘烷类化合物（perfluorinated iodine alkanes，FIAs）和全氟调聚碘烷化合物（polyfluorinated telomer iodides，FTIs），并对其环境行为进行了研究（Ruan et al.，2010）。且通过有氧条件下的土壤实验证明 6∶2 FTI 可以转化为 PFCAs（Ruan et al.，2013）。进一步对 PFIs 的体外雌激素活性的研究表明，其雌激素效应与链长和碘取代的结构特征密切相关（Wang et al.，2012a）。

F53-B 是一种氯代多氟醚基磺酸盐（6∶2 Cl-PFAES），多年来在我国的铬电镀行业中被用作铬雾抑制剂。2013 年，Wang 等首次报道了其环境浓度、持久性和毒性效应，研究结果表明，在我国的一个铬电镀工业的废水处理厂的进水、出水及受纳地表水中均检测到了 F53-B，且其对斑马鱼具有中等毒性，环境的难降解性与 PFOS 相似（Wang et al.，2013c）。进一步的研究表明，我国不同城市的污泥样品中均可发现 F53-B 以及 8∶2 和 10∶2 Cl-PFAES 的存在（Ruan et al.，2015）。其中 F53-B 在鲫鱼体内具有较高的生物累积能力（Shi et al.，2015）。

全球市场上存在的 PFASs 超过 3000 种，而人们所关注的只是其中的小部分（Wang et al.，2017），目前人们所关注的 PFASs 种类见图 3.9。近期在对德国慕尼黑地区可提取有机氟（extractable organic fluorine，EOF）的一项研究中发现，自 2000 年以来，总的可提取有机氟浓度没有明显变化规律，但其中 PFOS 的浓度及所占比例逐年下降，而未知 EOF 所占的比例逐年增加，人们有可能面临着越来越多的未知有机氟化合物的暴露（Yeung and Mabury，2016）。我国血液样品中 EOF 和 PFASs 分析的结果表明，可定量的 PFASs 仅占 EOF 的 30%～80%，这表明，除了 PFCAs 和 PFSAs 以外，一些其他的 PFASs，比如前驱体或中间产物以及替代品，也是有机氟污染的重要组成部分（Yeung and Mabury，2016）。在近期的对我国茶叶中可提取有机氟污染水平的研究中发现，已知的 PFASs 仅占 EOF 比例的 0.023%～0.41%（Zhang et al.，2017），这表明在我国也面临着较多的未知 EOF 的污染。

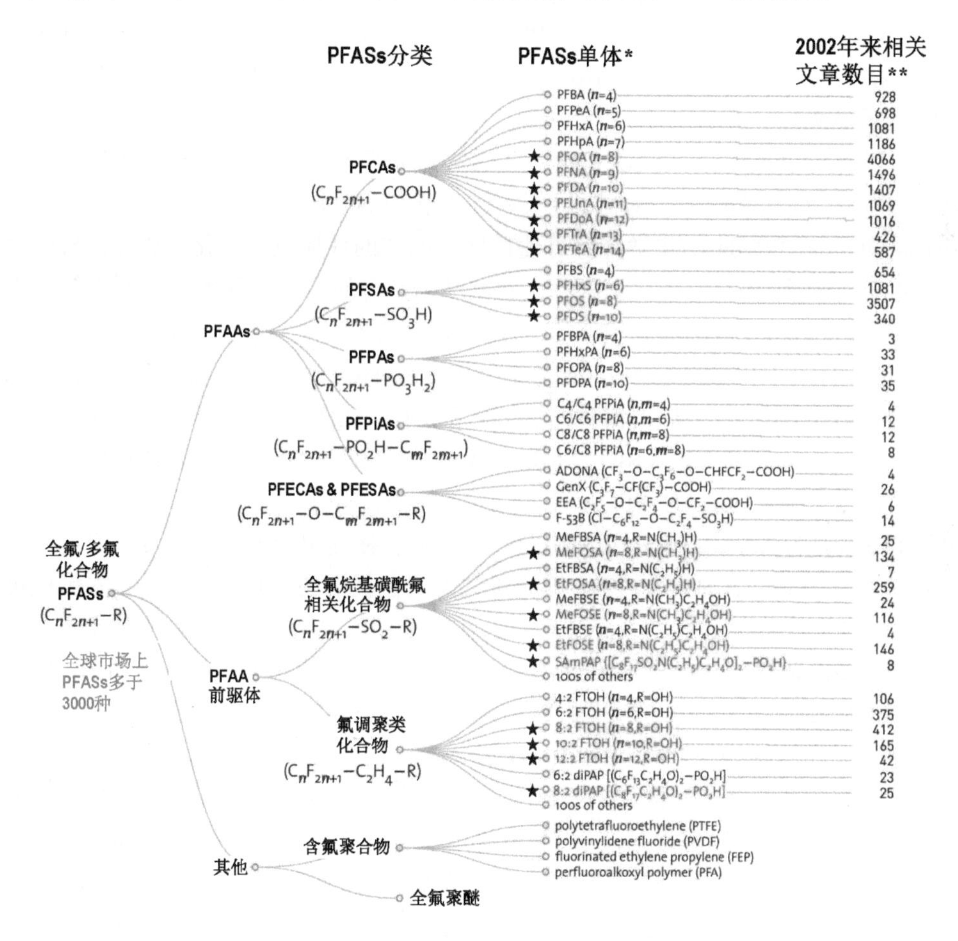

*★ 标识的红色字体的化合物受到国家/地区/全球条款限制（有或者没有特定豁免）
**文章数量检索自Scifinder，截止至2016年11月1日

图 3.9　PFASs 分类（Wang et al.，2017）

3.7 PFASs 污染控制技术与限制条款

3.7.1 PFASs 污染控制技术

PFOS 和 PFOA 是环境中多种 PFASs 的最终降解产物，C—F 键的高键能使其分子的性质非常稳定，到目前为止还未发现其在正常环境条件下有任何水解、光解或生物降解的迹象。常规的高级氧化技术［如 O_3、O_3/UV、O_3/H_2O_2 和 H_2O_2/Fe^{2+}（Fenton 试剂）］也不能使 PFOS 和 PFOA 有效降解。因此寻求有效的方法以应对 PFOA 和 PFOS 在全球范围内的污染成为必然，目前相关的研究报道主要有分离去除和化学降解。

目前针对 PFOA 和 PFOS 的分离去除技术主要有反渗透和吸附。研究表明，对于 PFOS 的分离去除，颗粒活性炭表现出优异的吸附性能（Ochoa-Herrera and Sierra-Alvarez，2008a）。化学降解可使目标污染物的性质发生变化。从降解机理上可以将 PFOS 和 PFOA 的化学降解大致归纳为热分解、氧化降解、还原降解和直接光解。PFOS 和 PFOA 的热分解包括直接高温热解和超声降解（Moriwaki et al.，2005；Cheng et al.，2008；Vecitis et al.，2008）。Hori 等研究发现在 220～460 nm 紫外光辐射下，使反应体系保持一定的氧气压力，催化剂-杂多酸（磷钨酸）氧分子的作用、氧化剂过硫酸（$S_2O_2^{8-}$）光解或热解（80℃）产生的具有强氧化性的硫酸根自由基（SO_4^-）可以使 PFOA 发生有效的降解（Hori et al.，2004；2005；2008）。由于 C—F 键的键能大，氟原子的电负性强，具有接受电子的倾向，可以通过还原的方式降解 PFOA 和 PFOS。Hori 等的研究表明在极端的亚临界条件下，零价铁可以使 PFOS 发生还原降解，其降解产物为氟离子和少量的 CHF_3，而没有检测到全氟羧酸（Hori et al.，2006）。Ochoa-Herrera 等研究了厌氧条件下以维他命 B_{12} 作为催化剂，柠檬酸钛为还原剂时 PFOS 的有效降解和脱氟，并发现支链结构 PFOS 的还原快于直链结构的 PFOS（Ochoa-Herrera et al.，2008b）。此外，溶液中的水合电子具有强还原活性，能使 PFOA 发生还原降解。Yamamoto 等研究了紫外光辐照下，水溶液和碱性异丙醇水溶液中 PFOS 的光降解。在两种溶液中，40 μmol/L PFOS 经过 32 W（254 nm）低压汞灯辐照 10 d，降解率分别为 68%和 98%，PFOS 降解的同时，有氟离子和硫酸根离子生成。根据对降解产物的分析，他们推断 PFOS 分别通过生成 C_8HF_{17} 和 $C_8F_{17}OH$ 两种不同的途径，形成 C_7HF_{15} 和 $C_7F_{15}OH$，并逐步形成 CF_4、C_2F_6 和 C_3F_8 等碳氟烷烃化合物（Yamamoto et al.，2007）。

3.7.2 国际上的控制与监管

2000 年，3M 公司宣布停止 PFOSF 的生产。经济合作与发展组织（OECD）

在 2002 年的危险评估报告中指出，PFOS 属 PBT（persistent，bioaccumulative，toxic）性化学物质，并提出将其作为 POPs 候选者列入《斯德哥尔摩公约》附件中。2005 年，美国环境保护署（EPA）发布了推进自主削减 PFOA 的“2010/2015 PFOA Stewardship Program”，提出了把 PFOA 的工厂排放及产品含量以 2000 年为基准，到 2010 年削减 95%，到 2015 年底削减 100%。欧盟议会于 2006 年 12 月 12 日发布限制 PFOS 销售和使用的法令，该法令于 2007 年 12 月 27 日前成为各成员国的国家法律，并于 2008 年 6 月 27 日起正式实施。2009 年，PFOS 和 PFOSF 被列入了《斯德哥尔摩公约》附件 B 以限制其生产和使用；2015 年和 2017 年，PFOA 和 PFHxS 分别被列入《斯德哥尔摩公约》的候选名单（UNEP，2009；UNEP，2017）。鉴于 PFASs 可能存在的环境危害与健康风险，许多国家和地区都对 PFASs 的生产和使用进行了一定的限制（OECD，2015），目前已有限制条款的 PFASs 种类见图 3.9（带星标的红色字体的化合物为目前已有限制条款的 PFASs）（Wang et al.，2017）。

3.8　总结与展望

PFASs 因其环境和健康风险，生产和使用受到了一定限制，在环境科学领域引起了广泛的关注。目前，PFASs 的分析方法、污染水平、环境行为、毒性效应、环境与健康风险等方面都有了一定的研究，而目前的研究仍存在一定的问题，例如，由于 PFASs 在环境中广泛存在，PFASs 分析过程存在一定的空白污染；由于 PFASs 异构体的存在，而异构体标准品并不完善，会影响定量的准确性，不同实验室之间的分析结果存在一定的差异性；PFASs 种类繁多，目前研究的化合物只占其中的一小部分；环境污染水平的数据较多，而环境界面行为等其他研究相对较少；PFASs 前驱体、替代品及其他相关化合物的毒性效应数据相对较少；PFASs 对人体的健康效应影响等方面的研究相对缺乏。在目前的研究基础上，未来对于 PFASs 的研究还包括以下方面：分析方法方面，要保证严格的质量保证与质量控制体系，进行 PFASs 及其典型异构体相关标准品和标准物质的研制；进行环境中新型和未知 PFASs 的识别与鉴定；在继续进行 PFASs 污染水平、迁移转化行为等研究的基础上，采用环境数据、实验模拟及数据模型等方式相结合进行 PFASs 的环境行为研究；健全 PFASs 毒性效应数据，包括前驱体、短链及其他 PFASs 替代品的毒性效应与风险研究；健全外暴露模型，在外暴露和内暴露水平研究的基础上，采用组学的方法，进行健康效应研究等。

参 考 文 献

郭睿，蔡亚岐，江桂斌，等. 2006a. 全氟辛烷磺酰基化合物(PFOS)的污染现状与研究趋势[J]. 化学进展. 18: 808-813.
郭睿，蔡亚岐，江桂斌. 2006b. 高效液相/四极杆-飞行时间串联质谱法分析活性污泥中的全氟辛烷磺酸及全氟辛酸[J]. 环境化学, 25: 674-677.
金一和，汤先伟，曹秀娟，等. 2002. 全球性全氟辛烷磺酰基化合物环境污染及其生物效应[J]. 自然杂志. 24: 34-48.
李莹，金一和. 2004. 辛磺酸对大鼠中枢神经系统谷氨酸含量的影响[J]. 毒理学杂志，18: 232-234.
刘冰，于麒麟，金一和，等. 2005. 全氟辛烷磺酸对大鼠海马神经细胞内钙离子浓度的影响[J]. 毒理学杂志, 19(3): 225-226.
史亚利，潘媛媛，王杰明，等. 2009. 全氟化合物的环境问题[J]. 化学进展, 21: 371-376.
王亚韡，蔡亚岐，江桂斌. 2010. 斯德哥尔摩公约新增持久性有机污染物的一些研究进展[J]. 中国科学：化学, 99-123.
张义峰，赵丽霞，单国强，等. 2012. 全氟化合物同分异构体的环境行为及毒性效应研究进展[J]. 生态毒理学报, 7: 464-476.
张颖花，范轶欧，麻懿馨，等. 2005. 全氟辛烷磺酸对大鼠血清 T3、T4 和 TSH 的影响[J]. 中国公共卫生, 21: 707.
Aas C B, Fuglei E, Herzke D, et al. 2014. Effect of body condition on tissue distribution of perfluoroalkyl substances (PFASs) in arctic fox (*Vulpes lagopus*)[J]. Environmental Science & Technology, 48: 11654-11661.
Ahrens L, Yamashita N, Yeung L, et al. 2009a. Partitioning behavior of per- and polyfluoroalkyl compounds between pore water and sediment in two sediment cores from Tokyo Bay, Japan[J]. Environmental Science & Technology, 43: 6969-6975.
Ahrens L, Barber J, Xie Z, et al. 2009b. Longitudinal and latitudinal distribution of perfluoroalkyl compounds in the surface water of the Atlantic Ocean[J]. Environmental Science & Technology, 43: 3122-3127.
Ahrens L, Shoeib M, Harner T, et al. 2011. Wastewater treatment plant and landfills as sources of polyfluoroalkyl compounds to the atmosphere[J]. Environmental Science & Technology, 45: 8098-8105.
Alexander B, Olsen G, Burris J M, et al. 2003. Mortality of employees of a perfluorooctanesulphonyl fluoride manufacturing facility[J]. Occupational and Environmental Medicine, 60: 722-729.
Alexander B, Olsen G. 2007. Bladder cancer in perfluorooctanesulfonyl fluoride manufacturing workers[J]. Annals of Epidemiology, 17: 471-478.
Alzaga R, Bayona J. 2004. Determination of perfluorocarboxylic acids in aqueous matrices by ion-pair solid-phase microextraction-in-port derivatization-gas chromatography-negative ion chemical ionization mass spectrometry[J]. Journal of Chromatography A, 1042: 155-162.
Arsenault G, Chittim B, Mcalees A, et al. 2008. Some issues relating to the use of perfluorooctane sulfonate (PFOS) samples as reference standards[J]. Chemosphere, 70: 616-625.
Austin M, Kasturi B, Barber M, et al. 2003. Neuroendocrine effects of perfluorooctane sulfonate in rats[J]. Environmental Health Perspectives, 111: 1485-1489.
Bao J, Jin Y, Liu W, et al. 2009. Perfluorinated compounds in sediments from the Daliao River system of northeast China[J]. Chemosphere, 77: 652-657.
Bao J, Liu W, Liu L, et al. 2010. Perfluorinated compounds in urban river sediments from Guangzhou

and Shanghai of China[J]. Chemosphere, 80: 123-130.
Barber J, Berger U, Chaemfa C, et al. 2007. Analysis of per- and polyfluorinated alkyl substances in air samples from Northwest Europe[J]. Journal of Environmental Monitoring, 9: 530-541.
Bastos J, Freitas L, Pagliarussi R, et al. 2001. A rapid quantitative method for the analysis of sulfluramid and its isomers in ant bait by capillary column gas chromatography[J]. Journal of Separation Science, 24: 406-410.
Becker A, Gerstmann S, Frank H. 2008. Perfluorooctane surfactants in waste waters, the major source of river pollution[J]. Chemosphere, 72: 115-121.
Beesoon S, Martin J. 2015. Isomer-specific binding affinity of perfluorooctanesulfonate (PFOS) and perfluorooctanoate (PFOA) to serum proteins[J]. Environmental Science & Technology, 49: 5722-5731.
Benford D, Boer J, Carere A, et al. 2008. Opinion of the scientific panel on contaminants in the food chain on perfluorooctane sulfonate (PFOS), perfluorooctanoic acid (PFOA) and their salts[J]. EFSA Journal, 653: 1-131.
Benskin J, Bataineh M, Martin J. 2007. Simultaneous characterization of perfluoroalkyl carboxylate, sulfonate, and sulfonamide isomers by liquid chromatography-tandem mass spectrometry[J]. Analytical Chemistry, 79: 6455-6464.
Benskin J, De Silva A, Martin J. 2010. Isomer profiling of perfluorinated substances as a tool for source tracking: A review of early findings and future applications[J]. Reviews of Environmental Contamination and Toxicology, 208: 111-160.
Benskin J, Phillips V, St Louis V, et al. 2011. Source elucidation of perfluorinated carboxylic acids in remote alpine lake sediment cores[J]. Environmental Science & Technology, 45: 7188-7194.
Benskin J, Li B, Ikonomou M, et al. 2012a. Per- and polyfluoroalkyl substances in landfill leachate: Patterns, time trends, and sources[J]. Environmental Science & Technology, 46: 11532-11540.
Benskin J, Ahrens L, Muir D, et al. 2012b. Manufacturing origin of perfluorooctanoate (PFOA) in atlantic and Canadian Arctic seawater[J]. Environmental Science & Technology, 46: 677-685.
Berg V, Nøst T, Huber S, et al. 2014. Maternal serum concentrations of per-and polyfluoroalkyl substances and their predictors in years with reduced production and use[J]. Environment International, 69: 58-66.
Boulanger B, Vargo J, Schnoor J, et al. 2005. Evaluation of perfluorooctane surfactants in a wastewater treatment system and in a commercial surface protection product[J]. Environmental Science & Technology, 39: 5524-5530.
Brooke D, Footitt A, Nwaogu T. 2004. Environmental risk evaluation report: Perfluorooctane-sulphonate (PFOS)[R]. Environment Agency UK.
Butt C, Berger U, Bossi R, et al. 2010. Levels and trends of poly- and perfluorinated compounds in the arctic environment[J]. Science of the Total Environment, 2010, 408: 2936-2965.
Cai M, Zhao Z, Yin Z, et al. 2012. Occurrence of perfluoroalkyl compounds in surface waters from the North Pacific to the Arctic Ocean[J]. Environmental Science & Technology, 46: 661-668.
Chaemfa C, Barber J, Huber S, et al. 2010. Screening for PFOS and PFOA in European air using passive samplers[J]. Journal of Environmental Monitoring, 12: 1100-1109.
Chen X, Zhu L, Pan X, et al. 2015. Isomeric specific partitioning behaviors of perfluoroalkyl substances in water dissolved phase, suspended particulate matters and sediments in Liao River Basin and Taihu Lake, China[J]. Water Research, 80: 235-244.
Cheng J, Vecitis C D, Park H, et al. 2008. Sonochemica degradation of perfluorooctane sulfonate

(PFOS) and perfluorooctanoate (PFOA) in landfill groundwater: Environmental matrix effects[J]. Environmental Science & Technology, 42: 8057- 8063.

Chu S, Letcher R J. 2009. Linear and branched perfluorooctane sulfonate isomers in technical product and environmental samples by in-port derivatization-gas chromatography-mass spectrometry[J]. Analytical Chemistry, 81: 4256-4262.

Chu S, Wang J, Leong G, et al. 2015. Perfluoroalkyl sulfonates and carboxylic acids in liver, muscle and adipose tissues of black-footed albatross (*Phoebastria nigripes*) from Midway Island, North Pacific Ocean[J]. Chemosphere, 138: 60-66.

Colombo I, Wolf W, Thompson R S, et al. 2008. Acute and chronic aquatic toxicity of ammonium perfluorooctanoate (APFO) to freshwater organisms[J]. Ecotoxicology and environmental safety, 71: 749-756.

Cui L, Zhou Q, Liao C, et al. 2009. Studies on the toxicological effects of PFOA and PFOS on rats using histological observation and chemical analysis[J]. Archives of Environmental Contamination and Toxicology, 56: 338-349.

Cui L, Liao C, Zhou Q, et al. 2010. Excretion of PFOA and PFOS in male rats during a subchronic exposure[J]. Archives of Environmental Contamination and Toxicology, 58: 205-213.

Cui Y, Liu W, Xie W, et al. 2015. Investigation of the effects of perfluorooctanoic acid (PFOA) and perfluorooctane sulfonate (PFOS) on apoptosis and cell cycle in a zebrafish (*Danio rerio*) liver cell line[J]. International Journal of Environmental Research and Public Health, 12: 15673-15682.

Dallaire R, Ayotte P, Pereg D, et al. 2009. Determinants of plasma concentrations of perfluorooctane sulfonate and brominated organic compounds in Nunavik Inuit adults (Canada)[J]. Environmental Science & Technology, 43: 5130-5136.

Das K, Grey B, Zehr R, et al. 2008. Effects of perfluorobutyrate exposure during pregnancy in the mouse[J]. Toxicological Sciences, 105: 173-181.

De Silva A O, Mabury S A. 2004. Isolating isomers of perfluorocarboxylates in polar bears (*Ursus maritimus*) from two geographical locations[J]. Environmental Science & Technology, 38: 6538-6545.

De Silva A O, Mabury S A. 2006. Isomer distribution of perfluorocarboxylates in human blood: Potential correlation to source[J]. Environmental Science & Technology, 40: 2903-2909.

De Silva A O, Benskin J P, Martin L J, et al.2009a. Dispositon of perfluorinated acid isomers in Sprague-Dawley rats；Part 2: Subchronic dose[J]. Environmental Toxicology and Chemistry, 28: 555-567.

De Silva A O, Muir D C G, Mabury S A. 2009b. Distribution of perfluorocarboxylate isomers in selected samples from the North American environment[J]. Environmental Toxicology and Chemistry, 28: 1801-1814.

De Silva A O, Tseng P J, Mabury S A. 2009c. Toxicokinetics of perfluorocarboxylate isomers in rainbow trout[J]. Environmental Toxicology and Chemistry, 28: 330-337.

Del Vento S, Halsall C, Gioia R, et al. 2012. Volatile per- and polyfluoroalkyl compounds in the remote atmosphere of the western Antarctic Peninsula: an indirect source of perfluoroalkyl acids to Antarctic waters?[J]. Atmospheric Pollution Research, 3: 450-455.

D'eon J, Crozier P, Furdui V, et al. 2009. Observation of a commercial fluorinated material, the polyfluoroalkyl phosphoric acid diesters, in human sera, wastewater treatment plant sludge, and paper fibers[J]. Environmental Science & Technology, 43: 4589-4594.

Ding H, Peng H, Yang M, et al. 2012. Simultaneous determination of mono and disubstituted polyfluoroalkyl phosphates in drinking water by liquid chromatography-electrospray tandem mass spectrometry[J]. Journal of Chromatography A, 1227: 245-252.

Dreyer A, Ebinghaus R. 2009. Polyfluorinated compounds in ambient air from ship- and land-based measurements in northern Germany[J]. Atmospheric Environment, 43: 1527-1535.

Du Y, Shi X, Liu C, et al. 2009. Chronic effects of water-borne PFOS exposure on growth, survival and hepatotoxicity in zebrafish: A partial life-cycle test[J]. Chemosphere, 74: 723-729.

Dolman S, Pelzing M. 2011. An optimized method for the determination of perfluorooctanoic acid, perfluorooctane sulfonate and other perfluorochemicals in different matrices using liquid chromatography/ion-trap mass spectrometry[J]. Journal of Chromatography B, 879: 2043-2050.

Emmett E A, Zhang H, Shofer F S, et al. 2006. Community exposure to perfluorooctanoate: Relationships between serum levels and certain health parameters[J]. Journal of occupational and environmental medicine/American College of Occupational and Environmental Medicine, 48: 771-779.

Falk S, Brunn H, Schroeter-Kermani C, et al. 2012. Temporal and spatial trends of perfluoroalkyl substances in liver of roe deer (*Capreolus capreolus*)[J]. Environmental Pollution, 171: 1-8.

Fang S, Zhao S, Zhang Y, et al.2014a. Distribution of perfluoroalkyl substances (PFASs) with isomer analysis among the tissues of aquatic organisms in Taihu Lake, China[J]. Environmental Pollution, 193: 224-232.

Fang S, Chen X, Zhao S, et al. 2014b. Trophic magnification and isomer fractionation of perfluoroalkyl substances in the food web of Taihu Lake, China[J]. Environmental Science & Technology, 48: 2173-2182.

Fraser A, Webster T, Watkins D, et al. 2012. Polyfluorinated compounds in serum linked to indoor air in office environments[J]. Environmental Science & Technology, 46: 1209-1215.

Fromme H, Nitschke L, Kiranoglu M, et al. 2008. Perfluorinated substances in house dust in Bavaria, Germany[J].Organohalogen Compounds, 70: 1048-1050.

Goosey E, Harrad S. 2011. Perfluoroalkyl compounds in dust from Asian, Australian, European, and North American homes and UK cars, classrooms, and offices[J]. Environment International, 37: 86-92.

Goosey E, Harrad S. 2012. Perfluoroalkyl substances in UK indoor and outdoor air: Spatial and seasonal variation, and implications for human exposure[J]. Environment International, 45: 86-90.

Gao Y, Fu J, Zeng L, et al. 2014. Occurrence and fate of perfluoroalkyl substances in marine sediments from the Chinese Bohai Sea, Yellow Sea, and East China Sea[J]. Environmental Pollution, 194: 60-68.

Gao Y, Fu J, Meng M, et al. 2015a. Spatial distribution and fate of perfluoroalkyl substances in sediments from the Pearl River Estuary, South China[J]. Marine Pollution Bulletin, 96: 226-234.

Gao Y, Fu J, Cao H, et al. 2015b. Differential accumulation and elimination behavior of perfluoroalkyl acid Isomers in occupational workers in a manufactory in china[J]. Environmental Science & Technology, 49: 6953-6962.

Gebbink W, Letcher R. 2010. Linear and branched perfluorooctane sulfonate isomer patterns in herring gull eggs from colonial sites across the Laurentian Great Lakes[J]. Environmental Science & Technology, 44: 3739-3745.

Gebbink W, Letcher R. 2012. Comparative tissue and body compartment accumulation and maternal transfer to eggs of perfluoroalkyl sulfonates and carboxylates in Great Lakes herring gulls[J]. Environmental Pollution, 162: 40-47.

Giesy J, Kannan K. 2002. Perfluorochemical surfactants in the environment[J]. Environmental Science & Technology, , 36(7): 146A.

Gonzalez-Barreiro C, Martinez-Carballo E, Sitka A, et al.2006. Method optimization for determination of selected perfluorinated alkylated substances in water samples[J]. Analytical and Bioanalytical Chemistry, 386: 2123-2132.

Gosetti F, Chiuminatto U, Zampieri D, et al. 2010. Determination of perfluorochemicals in biological, environmental and food samples by an automated on-line solid phase extraction ultra high performance liquid chromatography tandem mass spectrometry method[J]. Journal of Chromatography A, 1217: 7864-7872.

Greaves A, Letcher R, Sonne C, et al. 2012. Tissue-specific concentrations and patterns of perfluoroalkyl carboxylates and sulfonates in East Greenland polar bears[J]. Environmental Science & Technology, 46: 11575-11583.

Greaves A, Letcher R. 2013. Linear and branched perfluorooctane sulfonate (PFOS) isomer patterns differ among several tissues and blood of polar bears[J]. Chemosphere, 93: 574-580.

Gulkowska A, Jiang Q, So M, et al. 2006. Persistent perfluorinated acids in seafood collected from two cities of China[J]. Environmental Science & Technology, 40: 3736-3741.

Guruge K, Taniyasu S, Yamashita N, et al. 2005. Perfluorinated organic compounds in human blood serum and seminal plasma: a study of urban and rural tea worker populations in Sri Lanka[J]. Journal of Environmental Monitoring, 7: 371-377.

Hagenaars A, Stinckens E, Vergauwen L, et al.2014. PFOS affects posterior swim bladder chamber inflation and swimming performance of zebrafish larvae[J]. Aquatic Toxicology, 157: 225-235.

Han X, Nabb D, Russell M, et al. 2012. Renal elimination of perfluorocarboxylates (PFCAs)[J]. Chemical Research in Toxicology, 25: 35-46.

Harada K, Hashida S, Kaneko T, et al. 2007. Biliary excretion and cerebrospinal fluid partition of perfluorooctanoate and perfluorooctane sulfonate in humans[J]. Environmental Toxicology and Pharmacology, 24: 134-139.

Harada K, Inoue K, Morikawa A, et al. 2005a. Renal clearance of perfluorooctane sulfonate and perfluorooctanoate in humans and their species-specific excretion[J]. Environmental Research, 99: 253-261.

Harada K, Xu F, Ono K, et al. 2005b. Effects of PFOS and PFOA on L-type Ca^{2+} currents in guinea-pig ventricular myocytes[J]. Biochemical & Biophysical Research Communications, 329: 487-494.

Haug L, Thomsen C, Becher G. 2009. Time trends and the influence of age and gender on serum concentrations of perfluorinated compounds in archived human samples[J]. Environmental Science & Technology, 43: 2131-2136.

Hori H, Hayakawa E, Einaga H, et al. 2004. Decomposition of environmentally persistent perfluorooctanoic acid in water by photochemical approaches[J]. Environmental Science & Technology, 238: 6118-6124.

Hori H, Yamamoto A, Hayakawa E, et al. 2005. Efficient decomposition of environmentally persistent perfluorocarboxylic acids by use of persulfate as a photochemical oxidant[J]. Environmental Science & Technology, 39: 2383-2388.

Hori H, Nagaoka Y, Yamamoto A, et al. 2006. Efficient decomposition of environmentally persistent perfluorooctanesulfonate and related fluorochemicals using zerovalent iron in subcritical water[J]. Environmental Science & Technology, 40: 1049-1054.

Hori H, Nagaoka Y, Murayama M, et al. 2008. Efficient decomposition of perfluorocarboxylic acids and alternative fluorochemical surfactants in hot water[J]. Environmental Science & Technology, 42: 7438- 7443.

Houde M, Czub G, Small J M, et al. 2008. Fractionation and bioaccumulation of perfluorooctane sulfonate (PFOS) isomers in a Lake Ontario food web[J]. Environmental Science & Technology, 42: 9397-9403..

Jahnke A, Berger U, Ebinghaus R, et al. 2007. Latitudinal gradient of airborne polyfluorinated alkyl substances in the marine atmosphere between Germany and South Africa (53 degrees N-33 degrees S)[J]. Environmental Science & Technology, 41: 3055-3061.

Jernbro S, Rocha P, Keiter S, et al. 2007. Perfluorooctane sulfonate increases the genotoxicity of cyclophosphamide in the micronucleus assay with V79 cells - Further proof of alterations in cell membrane properties caused by PFOS[J]. Environmental Science and Pollution Research, 14: 85-87.

Jiang W, Zhang Y, Zhu L, et al. 2014. Serum levels of perfluoroalkyl acids (PFAAs) with isomer analysis and their associations with medical parameters in Chinese pregnant women[J]. Environment International, 64: 40-47.

Jin H, Zhang Y, Zhu L, et al. 2015. Isomer profiles of perfluoroalkyl substances in water and soil surrounding a chinese fluorochemical manufacturing park[J]. Environmental Science & Technology, 49: 4946-4954.

Johansson N, Fredriksson A, Eriksson P. 2008. Neonatal exposure to perfluorooctane sulfonate (PFOS) and perfluorooctanoic acid (PFOA) causes neurobehavioural defects in adult mice[J]. Neurotoxicology, 29: 160-169.

Johansson N, Eriksson P, Viberg H. 2009. Neonatal exposure to PFOS and PFOA in mice results in changes in proteins which are important for neuronal growth and synaptogenesis in the developing brain[J]. Toxicological Sciences, 108: 412-418.

Jackson D, Mabury S. 2012. Enzymatic kinetic parameters for polyfluorinated alkyl phosphate hydrolysis by alkaline phosphatase[J]. Environmental Toxicology and Chemistry. 31: 1966-1971.

Kannan K, Corsolini S, Falandysz J, et al. 2004. Perfluorooctanesulfonate and related fluorochemicals in human blood from several countries[J]. Environmental Science & Technology, 38: 4489-4495.

Kärrman A, Mueller J F, Van Bavel B, et al. 2006. Levels of 12 perfluorinated chemicals in pooled Australian serum, collected 2002-2003, in relation to age, gender, and region[J]. Environmental Science & Technology, 40: 3742-3748.

Kärrman A, Ericson I, Van Bavel B, et al. 2007. Exposure of perfluorinated chemicals through lactation: Levels of matched human milk and serum and a temporal trend, 1996—2004, in Sweden[J]. Environmental Health Perspectives, 115: 226-230.

Kärrman A, Elgh-Dalgren K, Lafossas C, et al. 2011. Environmental levels and distribution of structural isomers of perfluoroalkyl acids after aqueous fire-fighting foam (AFFF) contamination[J]. Environmental Chemistry, 8: 372-380.

Kato K, Calafat A, Wong L, et al. 2009. Polyfluoroalkyl compounds in pooled sera from children participating in the national health and nutrition examination survey 2001—2002[J]. Environmental Science & Technology, 43: 2641-2647.

Kato K, Wong L, Jia L, et al. 2011. Trends in exposure to polyfluoroalkyl chemicals in the US Population: 1999–2008[J]. Environmental Science & Technology, 45: 8037-8045.

Keiter S, Burkhardt-Medicke K, Wellner P, et al. 2016. Does perfluorooctane sulfonate (PFOS) act as chemosensitizer in zebrafish embryos?[J]. Science of the Total Environment, 548: 317-324.

Kelly B, Ikonomou M. Blair J D, et al. 2009. Perfluoroalkyl contaminants in an Arctic marine food web: Trophic magnification and wildlife exposure[J]. Environmental Science & Technology, 43: 4037-4043.

Kennedy G, Butenhoff J, Olsen G W, et al. 2004. The toxicology of perfluorooctanoate[J]. Critical Reviews in Toxicology, 34: 351-384.

Kim S, Shoeib M, Kim K, et al. 2012. Indoor and outdoor poly- and perfluoroalkyl substances (PFASs) in Korea determined by passive air sampler[J]. Environmental Pollution, 162: 144-150.

Kishi R, Nakajima T, Goudarzi H, et al. 2015. The association of prenatal exposure to perfluorinated chemicals with maternal essential and long-chain polyunsaturated fatty acids during pregnancy and the birth weight of their offspring: The hokkaido study[J]. Environmental Health Perspectives, 123: 1038-1045.

Kubwabo C, Stewart B, Zhu J, et al. 2005. Occurrence of perfluorosulfonates and other perfluorochemicals in dust from selected homes in the city of Ottawa, Canada[J]. Journal of Environmental Monitoring Jem, 7: 1074-1078.

Kuklenyik Z, Reich J, Tully J, et al. 2004. Automated solid-phase extraction and measurement of perfluorinated organic acids and amides in human serum and milk[J]. Environmental Science & Technology, 38: 3698-3704.

Latala A, Nedzi M, Stepnowski P. 2009. Acute toxicity assessment of perfluorinated carboxylic acids towards the Baltic microalgae[J]. Environmental Toxicology and Pharmacology, 28: 167-171.

Lau C, Thibodeaux J, Hanson R, et al. 2003. Exposure to perfluorooctane sulfonate during pregnancy in rat and mouse. II: Postnatal evaluation[J]. Toxicological Sciences, 74: 382-392.

Lau C, Thibodeaux J, Hanson R, et al. 2006. Effects of perfluorooctanoic acid exposure during pregnancy in the mouse[J]. Toxicological Sciences, 90: 510-518.

Lescord G, Kidd K, De Silva A O, et al. 2015. Perfluorinated and polyfluorinated compounds in lake food webs from the Canadian high arctic[J]. Environmental Science & Technology, 49: 2694-2702.

Li J, Del Vento S, Schuster J, et al. 2011. Perfluorinated compounds in the Asian atmosphere[J]. Environmental Science & Technology, 45: 7241-7248.

Li J, Guo F, Wang Y, et al. 2013. Can nail, hair and urine be used for biomonitoring of human exposure to perfluorooctane sulfonate and perfluorooctanoic acid?[J]. Environment International, 53: 47-52.

Lindstrom A B, Strynar M J, Libelo E L. 2011. Polyfluorinated compounds: Past, present, and future[J]. Environmental Science & Technology, 45: 7954-7961.

Liu C, Du Y, Zhou B. 2007. Evaluation of estrogenic activities and mechanism of action of perfluorinated chemicals determined by vitellogenin induction in primary cultured tilapia hepatocytes[J]. Aquatic Toxicology, 85: 267-277.

Liu W, Chen S, Quan X, et al. 2008. Toxic effect of serial perfluorosulfonic and perfluorocarboxylic acids on the membrane system of a freshwater alga measured by flow cytometry[J]. Environmental Toxicology and Chemistry, 27: 1597-1604.

Liu W, Zhang Y, Quan X, et al. 2009a. Effect of perfluorooctane sulfonate on toxicity and cell uptake of other compounds with different hydrophobicity in green alga[J]. Chemosphere, 75: 405-409.

Liu J, Li J, Luan Y, et al. 2009b. Geographical distribution of perfluorinated compounds in human blood from Liaoning Province, China[J]. Environmental Science & Technology, 43: 4044-4048.

Liu S, Lu Y, Xie S, et al. 2015. Exploring the fate, transport and risk of perfluorooctane sulfonate

(PFOS) in a coastal region of China using a multimedia model[J]. Environment International, 85: 15-26.

Llorca M, Farré M, Tavano M S, et al. 2012. Fate of a broad spectrum of perfluorinated compounds in soils and biota from Tierra del Fuego and Antarctica[J]. Environmental Pollution, 163: 158-166.

Loewen M, Halldorson T, Wang F, et al. 2005. Fluorotelomer carboxylic acids and PFOS in rainwater from an urban center in Canada[J]. Environmental Science & Technology, 39: 2944-2951.

Loi E I, Yeung L W, Taniyasu S, et al. 2011. Trophic magnification of poly- and perfluorinated compounds in a subtropical food web[J]. Environmental Science & Technology, 45: 5506-5513.

Loi E, Yeung L, Mabury S, et al. 2013. Detections of commercial fluorosurfactants in Hong Kong marine environment and human blood: A pilot study[J]. Environmental Science & Technology, 47, (9): 4677-4685.

Lorber M, Egeghy P. 2011. Simple intake and pharmacokinetic modeling to characterize exposure of americans to perfluorooctanoic acid, PFOA[J]. Environmental Science & Technology, 45: 8006-8014.

Loveless S, Finlay C, Everds N E, et al. 2006. Comparative responses of rats and mice exposed to linear/branched, linear, or branched ammonium perfluorooctanoate (APFO)[J]. Toxicology, 220: 203-217.

Lundin J, Alexander B, Olsen G, et al. 2009. Ammonium perfluorooctanoate production and occupational mortality[J]. Epidemiology, 20: 921-928.

Langlois I, Oehme M. 2006. Structural identification of isomers present in technical perfluorooctane sulfonate by tandem mass spectrometry[J]. Rapid Communications in Mass Spectrometry, 20: 844-850.

Lee H, Mabury S. 2011. A pilot survey of legacy and current commercial fluorinated chemicals in human sera from United States donors in 2009[J]. Environmental science & technology, 45: 8067-8074.

Mirailes-Marco A, Harrad S. 2015. Perfluorooctane sulfonate: A review of human exposure, biomonitoring and the environmental forensics utility of its chirality and isomer distribution[J]. Environment International, 77: 148-159.

Mak Y, Taniyasu S, Yeung L, et al. 2009. Perfluorinated compounds in tap water from china and several other countries[J]. Environmental Science & Technology, 43: 4824-4829.

Martin J, Kannan K, Berger U, et al. 2004. Analytical challenges hamper perfluoroalky research[J]. Environmental Science & Technology, 2004, 38: 248A-255A.

Moriwaki H, Takatah Y, Arakawa R. 2003. Concentrations of perfluorooctane sulfonate (PFOS) and perfluorooctanoic acid (PFOA) in vacuum cleaner dust collected in Japanese homes.[J]. Journal of Environmental Monitoring Jem, 5: 753-757.

Moriwaki H, Takagi Y, Tanaka M, et al. 2005. Sonochemical decomposition of perfluorooctane sulfonate and perfluorooctanoic acid[J]. Environmental Science & Technology, 39: 3388-3392.

Mueller C, De Silva A, Small J, et al. 2011. Biomagnification of perfluorinated compounds in a remote terrestrial food chain: lichen-caribou-wolf[J]. Environmental Science & Technology, 45: 8665-8673.

Murakami M, Kuroda K, Sato N, et al. 2009. Groundwater pollution by perfluorinated surfactants in Tokyo[J]. Environmental Science & Technology, 43: 3480-3486.

Naile J, Khim J, Wang T, et al. 2010. Perfluorinated compounds in water, sediment, soil and biota from estuarine and coastal areas of Korea[J]. Environmental Pollution, 158: 1237-1244.

O'brien J, Kennedy S, Chu S, et al. 2011a. Isomer-specific accumulation of perfluorooctane sulfonate in the liver of chicken embryos exposed *in ovo* to a technical mixture[J]. Environmental Toxicology and Chemistry, 30: 226-231.

O'brien J, Austin A, Williams A, et al. 2011b. Technical-grade perfluorooctane sulfonate alters the expression of more transcripts in cultured chicken embryonic hepatocytes than linear perfluorooctane sulfonate[J]. Environmental Toxicology and Chemistry, 30: 2846-2859.

Ochoa-Herrera V, Sierra-Alvarez R. 2008a. Removal of perfluorinated surfactants by sorption onto granular activated carbon, zeolite and sludge[J]. Chemosphere, 72: 1588-1593.

Ochoa-Herrera V, Sierra-Alvarez R, Somogyi A, et al. 2008b. Reductive defluorination of perfluorooctane sulfonate[J]. Environmental Science & Technology, 42: 3260-3264.

OECD. 2002. Hazard assessment of perfluorooctanesulfonate(PFOS)and its salts. Unclassified ENV/JM/RD(2002)17/Final. Document No. JT00135607.

OECD. 2015. Risk Reduction Approaches for PFASs; Publications Series on Risk Management No. 29.[EB/OL] OECD Environment, Health and Safety. https://www.oecd.org/chemicalsafety/risk-management/Risk_ Reduction_Approaches%20for%20PFASS.pdf.

Olsen G, Burris J, Mandel J, et al. 1999. Serum perfluorooctane sulfonate and hepatic and lipid clinical chemistry tests in fluorochemical production employees[J]. Journal of Occupational and Environmental Medicine, 41: 799-806.

Olsen G, Church T, Miller J, et al. 2003a. Perfluorooctanesulfonate and other fluorochemicals in the serum of American Red Cross adult blood donors[J]. Environmental Health Perspectives, 111: 1892-1901.

Olsen G, Burris J, Burlew M, et al. 2003b. Epidemiologic assessment of worker serum perfluorooctanesulfonate (PFOS) and perfluorooctanoate (PFOA) concentrations and medical surveillance examinations[J]. Journal of Occupational and Environmental Medicine, 45: 260-270.

Olsen G, Burris J, Ehresman D, et al. 2007. Half-life of serum elimination of perfluorooctanesulfonate, perfluorohexanesulfonate, and perfluorooctanoate in retired fluorochemical production workers[J]. Environmental Health Perspectives, 115: 1298-1305.

Olsen G, Zobel L. 2007. Assessment of lipid, hepatic, and thyroid parameters with serum perfluorooctanoate (PFOA) concentrations in fluorochemical production workers[J]. International Archives of Occupational and Environmental Health, 81: 231-246.

Olsen G, Mair D, Church T, et al. 2008. Decline in perfluorooctanesulfonate and other polyfluoroalkyl chemicals in American Red Cross adult blood donors, 2000—2006[J]. Environmental Science & Technology, 42: 4989-4995.

Olsen G, Chang S, Noker P, et al. 2009. A comparison of the pharmacokinetics of perfluorobutanesulfonate (PFBS)in rats, monkeys, and humans[J]. Toxicology, 256: 65-74.

Pan Y, Shi Y, Wang Y, et al.2010. Investigation of perfluorinated compounds (PFCs) in mollusks from coastal waters in the Bohai Sea of China[J]. Journal of Environmental Monitoring, 12: 508-513.

Pan Y, Shi Y, Wang J, et al. 2011. Pilot investigation of perfluorinated compounds in river water, sediment, soil and fish in Tianjin, China[J]. Bulletin of Environmental Contamination and Toxicology, 87: 152-157.

Paul A, Jones K, Sweetman A. 2009. A first global production, emission, and environmental inventory for perfluorooctane sulfonate[J]. Environmental Science & Technology, 43: 386-392.

Peng H, Zhang S, Sun J, et al. 2014. Isomer-specific accumulation of perfluorooctanesulfonate from (*n*-ethyl perfluorooctanesulfonamido) ethanol-based phosphate diester in Japanese Medaka

(*Oryzias latipes*)[J]. Environmental Science & Technology, 48: 1058-1066.

Plassmann M, Berger U. 2013. Perfluoroalkyl carboxylic acids with up to 22 carbon atoms in snow and soil samples from a ski area[J]. Chemosphere, 91: 832-837.

Post G, Louis J, Cooper K, et al. 2009. Occurrence and potential significance of perfluorooctanoic acid (PFOA) detected in New Jersey public drinking water systems[J]. Environmental Science & Technology, 43: 4547-4554.

Prevedouros K, Cousins I, Buck R, et al. 2006. Sources, fate and transport of perfluorocarboxylates[J]. Environmental Science & Technology, 2006, 40: 32-44.

Rosen M, Thibodeaux J, Wood C, et al. 2007. Gene expression profiling in the lung and liver of PFOA-exposed mouse fetuses[J]. Toxicology, 239: 15-33.

Ruan T, Wang Y, Wang T, et al. 2010. Presence and partitioning behavior of polyfluorinated iodine alkanes in environmental matrices around a fluorochemical manufacturing plant: another possible source for perfluorinated carboxylic acids?[J] Environmental Science & Technology, 44: 5755-5761.

Ruan T, Szostek B, Folsom P W, et al. 2013. Aerobic soil biotransformation of 6∶2 fluorotelomer iodide[J]. Environmental Science & Technology, 47(20): 11504-11511.

Ruan T, Lin Y, Wang T, et al. 2015. Identification of novel polyfluorinated ether sulfonates as PFOS alternatives in municipal sewage sludge in China[J]. Environmental Science & Technology, 49: 6519-6527.

Rylander C, Brustad M, Falk H, et al. 2009. Dietary predictors and plasma concentrations of perfluorinated compounds in a coastal population from northern Norway[J]. Journal of Environmental and Public Health, 268219.

Saito N, Harada K, Inoue K, et al. 2004. Perfluorooctanoate and perfluorooctane sulfonate concentrations in surface water in Japan[J]. Journal of Occupational Health, 46: 49-59.

Sakr C, Leonard R, Kreckmann K, et al. 2005. Longitudinal study of serum lipids and liver enzymes in workers with occupational exposure to ammonium perfluorooctanoate[J]. Journal of Occupational and Environmental Medicine, 49: 872-879.

San-Segundo L, Guimaraes L, Fernandez Torija C, et al. 2016. Alterations in gene expression levels provide early indicators of chemical stress during *Xenopus laevis* embryo development: A case study with perfluorooctane sulfonate (PFOS)[J]. Ecotoxicology and Environmental Safety, 127: 51-60.

Schlummer M, Gruber L, Fiedler D, et al. 2013. Detection of fluorotelomer alcohols in indoor environments and their relevance for human exposure[J]. Environment International, 57-58: 42-49.

Scott B, Spencer C, Mabury S, et al. 2006. Poly and perfluorinated carboxylates in North American precipitation[J]. Environmental Science & Technology, 40: 7167-7174.

Seals R, Bartell S, Steenland K. 2011. Accumulation and clearance of perfluorooctanoic acid (PFOA) in current and former residents of an exposed community[J]. Environmental Health Perspectives, 119: 119-124.

Shi X, Du Y, Lam P, et al. 2008. Developmental toxicity and alteration of gene expression in zebrafish embryos exposed to PFOS[J]. Toxicology and Applied Pharmacology, 230: 23-32.

Shi Y, Pan Y, Yang R, et al. 2010. Occurrence of perfluorinated compounds in fish from Qinghai-Tibetan Plateau[J]. Environment International, 36: 46-50.

Shi Y, Pan Y, Wang J, et al. 2012a. Distribution of perfluorinated compounds in water, sediment, biota and floating plants in Baiyangdian Lake, China[J]. Journal of Environmental Monitoring, 14: 636-642.

Shi Y, Wang J, Pan Y, et al. 2012b. Tissue distribution of perfluorinated compounds in farmed freshwater fish and human exposure by consumption[J]. Environmental Toxicology and Chemistry, 31: 717-723.

Shi Y, Vestergren R, Zhou Z, et al. 2015. Tissue distribution and whole body burden of the chlorinated polyfluoroalkyl ether sulfonic acid F-53B in crucian carp (*Carassius carassius*): Evidence for a highly bioaccumulative contaminant of emerging concern[J]. Environmental Science & Technology, 49(24): 14156-14165.

Shin H, Vieira V, Ryan P, et al. 2011. Retrospective exposure estimation and predicted versus observed serum perfluorooctanoic acid concentrations for participants in the C_8 Health Project[J]. Environmental Health Perspectives, 119: 1760-1765.

Shoeib M, Harner T, Wilford B H, et al. 2005. Perfluorinated sulfonamides in indoor and outdoor air and indoor dust: occurrence, partitioning, and human exposure[J]. Environmental Science & Technology, 39: 6599-6606.

Sinclair E, Kannan K. 2006. Mass loading and fate of perfluoroalkyl surfactants in wastewater treatment plants[J]. Environmental Science & Technology, 40: 1408-1414.

So M K, Taniyasu S, Yamashita N, et al. 2004. Perfluorinated compounds in coastal waters of Hong Kong, South China, and Korea[J]. Environmental Science & Technology, 38: 4056-4063.

So M K, Taniyasu S, Lam P K S, et al. 2006a. Alkaline digestion and solid phase extraction method for perfluorinated compounds in mussels and oysters from South China and Japan[J]. Archives of Environmental Contamination and Toxicology, 50: 240-248.

So M, Yamashita N, Taniyasu S, et al. 2006b. Health risks in infants associated with exposure to perfluorinated compounds in human breast milk from Zhoushan, China[J]. Environmental Science & Technology, 40: 2924-2929.

So M, Miyake Y, Yeung L, et al. 2007. Perfluorinated compounds in the Pearl River and Yangtze River of China[J]. Chemosphere, 68: 2085-2095.

Steenland K, Tinker S, Shankar A, et al. 2010. Association of perfluorooctanoic acid (PFOA) and perfluorooctane sulfonate (PFOS) with uric acid among adults with elevated community exposure to PFOA[J]. Environmental Health Perspectives, 118: 229-233.

Stevenson L. 2002. US Environmental Protection Agency Public Docket AR-2261150: Comparative analysis of fluorochemicals in human serum samples obtained commercially[M]. Washington DC: US Environmental Protection Agency, Office of Pollution Prevention and Toxic Substances.

Strynar M J, Lindstrom A B. 2008. Perfluorinated compounds in house dust from Ohio and North Carolina, USA[J]. Environmental Science & Technology, 42: 3751-3756.

Strynar M J, Lindstrom A B, Nakayama S F, et al. 2012. Pilot scale application of a method for the analysis of perfluorinated compounds in surface soils[J]. Chemosphere, 86: 252-257.

Szostek B, Prickett K B. 2004. Determination of 8∶2 fluorotelomer alcohol in animal plasma and tissues by gas chromatography-mass spectrometry[J]. Journal of Chromatography B, 813: 313-321.

Tao L, Kannan K, Wong C M, et al. 2008. Perfluorinated compounds in human milk from Massachusetts, USA[J]. Environmental Science & Technology, 42: 3096-3101.

Taniyasu S, Kannan K, Horii Y Hanari N, et al. 2003. A survey of perfluorooctane sulfonate and related perfluorinated organic compounds in water, fish, birds, and humans from Japan[J].

Environmental Science & Technology, 37: 2634-2639.
Toms L-M L, Calafat A, Kato K, et al. 2009. Polyfluoroalkyl chemicals in pooled blood serum from infants, children, and adults in australia[J]. Environmental Science & Technology, 43: 4194-4199.
Tomy G, Budakowski W, Halldorson T, et al. 2004. Fluorinated organic compounds in an eastern Arctic marine food web[J]. Environmental Science & Technology, 38: 6475-6481.
Tomy G, Pleskach K, Ferguson S H, et al. 2009. Trophodynamics of some PFCs and BFRs in a Western Canadian Arctic marine food web[J]. Environmental Science & Technology, 43: 4076-4081.
Trudel D, Horowitz L, Wormuth M, et al. 2008. Estimating consumer exposure to PFOS and PFOA[J]. Risk Analysis, 28: 251-269.
UNEP. 2009. The new POPs under the Stockholm Convention[EB/OL]. http://chm.pops.int/TheConvention/ ThePOPs/TheNewPOPs/tabid/2511/Default.aspx.
UNEP. 2017. POPRC Recommendations for listing Chemicals[EB/OL]. http://chm.pops.int/Convention/POPsReviewCommittee/Chemicals/tabid/243/Default.aspx.
USEPA. 2003. Preliminary risk assessment of the developmental toxicity associated with exposure to perfluorooctanoic acid and its salts[EB/OL]. https://www.epa.gov/.
Vecitis C, Park H, Cheng J, et al. 2008. Kinetics and mechanism of the sonolytic conversion of the aqueous perfluorinated surfactants, perfluorooctanoate (PFOA), and perfluorooctane sulfonate (PFOS) into inorganic products[J]. The Journal of Physical Chemistry A, 112: 4261- 4270.
Vestergren R, Cousins I, Trudel D, et al. 2008. Estimating the contribution of precursor compounds in consumer exposure to PFOS and PFOA[J]. Chemosphere, 73: 1617-1624.
Vestergren R, Cousins I. 2009. Tracking the pathways of human exposure to perfluorocarboxylates[J]. Environmental Science & Technology, 43: 5565-5575.
Wang C, Wang T, Liu W, et al. 2012a. The *in vitro* estrogenic activities of polyfluorinated iodine alkanes. Environmental Health Perspective, 120: 119-125.
Wang J, Zhang Y, Zhang W, et al. 2012b. Association of perfluorooctanoic acid with HDL cholesterol and circulating miR-26b and miR-199-3p in workers of a fluorochemical plant and nearby residents[J]. Environmental Science & Technology, 46: 9274-9281.
Wang J, Zhang Y, Zhang F, et al. 2013a. Age-and gender-related accumulation of perfluoroalkyl substances in captive Chinese alligators[J]. Environmental Pollution, 179: 61-67.
Wang L, Sun H, Yang L, et al. 2010a. Liquid chromatography/mass spectrometry analysis of perfluoroalkyl carboxylic acids and perfluorooctanesulfonate in bivalve shells: Extraction method optimization[J]. Journal of Chromatography A, 1217: 436-442.
Wang N, Szostek B, Buck R, et al. 2005. Fluorotelomer alcohol biodegradation-direct evidence that perfluorinated carbon chains breakdown[J]. Environmental Science & Technology, 39: 7516-7528.
Wang P, Wang T, Giesy J, et al. 2013b. Perfluorinated compounds in soils from Liaodong Bay with concentrated fluorine industry parks in China[J]. Chemosphere, 91: 751-757.
Wang S, Huang J, Yang Y, et al. 2013c. First report of a Chinese PFOS alternative overlooked for 30 years: its toxicity, persistence, and presence in the environment[J]. Environmental Science & Technology, 47: 10163-10170.
Wang T, Wang Y, Liao C, et al. 2009. Perspectives on the inclusion of perfluorooctane sulfonate into the stockholm convention on persistent organic pollutants[J]. Environmental Science & Technology, 43: 5171-5175.
Wang T, Lu Y, Chen C, et al. 2011. Perfluorinated compounds in estuarine and coastal areas of north

Bohai Sea, China[J]. Marine Pollution Bulletin, 62: 1905-1914.

Wang T, Lu Y, Chen C, et al. 2012c. Perfluorinated compounds in a coastal industrial area of Tianjin, China[J]. Environmental Geochemistry and Health, 34: 301-311.

Wang Y, Yeung L, Taniyasu S, et al. 2008. Perfluorooctane sulfonate and other fluorochemicals in waterbird eggs from South China[J]. Environmental Science & Technology, 42: 8146-8151.

Wang Y, Fu J, Wang T, et al. 2010b. Distribution of perfluorooctane sulfonate and other perfluorochemicals in the ambient environment around a manufacturing facility in China[J]. Environmental Science & Technology, 44: 8062-8067.

Wang X, Halsall C, Codling G, et al. 2014. Accumulation of perfluoroalkyl compounds in Tibetan mountain snow: Temporal patterns from 1980 to 2010[J]. Environmental Science & Technology, 48: 173-181.

Wang Z, DeWitt J, Higgins C, et al. 2017. A never-ending story of per- and polyfluoroalkyl substances (PFASs)?[J]. Environmental Science & Technology, 51: 2508-2518.

Wei S, Chen L, Taniyasu S, et al. 2008. Distribution of perfluorinated compounds in surface seawaters between Asia and Antarctica[J]. Marine Pollution Bulletin, 2008: 1813-1838.

White S, Stanko J, Kato K, et al. 2011. Gestational and chronic low-dose PFOA exposures and mammary gland growth and differentiation in three generations of CD-1 mice[J]. Environmental Health Perspectives, 119: 1070-1076.

Winquist A, Steenland K. 2014. Modeled PFOA exposure and coronary artery disease, hypertension, and high cholesterol in community and worker cohorts[J]. Environmental Health Perspectives, 122: 1299-1305.

Wong F, Macleod M, Mueller J, et al. 2014. Enhanced elimination of perfluorooctane sulfonic acid by menstruating women: Evidence from population-based pharmacokinetic modeling[J]. Environmental Science & Technology, 48: 8807-8814.

Xie S, Wang T, Liu S, et al. 2013. Industrial source identification and emission estimation of perfluorooctane sulfonate in China[J]. Environment International, 52: 1-8.

Yahia D, Tsukuba C, Yoshida M, et al. 2008. Neonatal death of mice treated with perfluorooctane sulfonate[J]. Journal of Toxicological Sciences, 33: 219-226.

Yahia D, El-Nasser M A, Abedel-Latif M, et al. 2010. Effects of perfluorooctanoic acid (PFOA) exposure to pregnant mice on reproduction[J]. Journal of Toxicological Sciences, 35: 527-533.

Yamamoto T, Noma Y, Sakai S, et al. 2007. Photodegradation of perfluorooctane sulfonate by UV irradiation in water and alkaline 2-propanol[J]. Environmental Science & Technology, 41: 5660-5665.

Yang Q, Abedi-Valugerdi M, Xie Y, et al. 2002. Potent suppression of the adaptive immune response in mice upon dietary exposure to the potent peroxisome proliferator, perfluorooctanoic acid[J]. International Immunopharmacology, 2: 389.

Yang Q, Xie Y, Depierre J W. 2000. Effects of peroxisome proliferators on the thymus and spleen of mice[J]. Clinical & Experimental Immunology, 122: 219-226.

Yang Q, Xie Y, Eriksson A M, et al. 2001. Further evidence for the involvement of inhibition of cell proliferation and development in thymic and splenic atrophy induced by the peroxisome proliferator perfluoroctanoic acid in mice[J]. Biochemical Pharmacology, 62: 1133-1140.

Yeung L W, So M, Jiang G, et al. 2006. Perfluorooctanesulfonate and related fluorochemicals in human blood samples from China[J]. Environmental Science & Technology, 40: 715-720.

Yeung L, Miyake Y, Taniyasu S, et al. 2008. Perfluorinated compounds and total and extractable organic fluorine in human blood samples from China[J]. Environmental Science & Technology,

42: 8140-8145.

Yeung L, De Silva A, Loi E, et al. 2013. Perfluoroalkyl substances and extractable organic fluorine in surface sediments and cores from Lake Ontario[J]. Environment International, 59: 389-397.

Yeung L, Mabury S A. 2016. Are humans exposed to increasing amounts of unidentified organofluorine?[J]. Environmental Chemistry, 13: 102-110.

Yoo H, Washington J, Jenkins T, et al. 2009. Analysis of perfluorinated chemicals in sludge: Method development and initial results[J]. Journal of Chromatography A, 1216: 7831-7839.

Yu N, Shi W, Zhang B, et al. 2013. Occurrence of perfluoroalkyl acids including perfluorooctane sulfonate isomers in Huai River Basin and Taihu Lake in Jiangsu Province, China[J]. Environmental Science & Technology, 47: 710-717.

Young C, Mabury S. 2010. Atmospheric perfluorinated acid precursors: Chemistry, occurrence, and impacts[J]. Reviews of Environmental Contamination and Toxicology, 208: 1-109.

Zareitalabad P, Siemens J, Hamer M, et al. 2013. Perfluorooctanoic acid (PFOA) and perfluorooctanesulfonic acid (PFOS) in surface waters, sediments, soils and wastewater—A review on concentrations and distribution coefficients[J]. Chemosphere, 91: 725-732.

Zhang R, Zhang H, Chen Q, et al. 2017. Composition, distribution and risk of total fluorine, extractable organofluorine and perfluorinated compounds in Chinese teas[J]. Food Chemistry, 219: 496-502.

Zhang W, Zhang Y, Taniyasu S, et al. 2013a. Distribution and fate of perfluoroalkyl substances in municipal wastewater treatment plants in economically developed areas of China[J]. Environmental Pollution, 176: 10-17.

Zhang Y, Beesoon S, Zhu L, et al. 2013b. Isomers of perfluorooctanesulfonate and perfluorooctanoate and total perfluoroalkyl acids in human serum from two cities in North China[J]. Environment International, 53: 9-17.

Zhang Y, Beesoon S, Zhu L, et al. 2013c. Biomonitoring of perfluoroalkyl acids in human urine and estimates of biological half-life[J]. Environmental Science & Technology, 47: 10619-10627.

Zhang Y, Jiang W, Fang S, et al. 2014. Perfluoroalkyl acids and the isomers of perfluorooctanesulfonate and perfluorooctanoate in the sera of 50 new couples in Tianjin, China[J]. Environment International, 68: 185-191.

Zhang Z, Peng H, Wan Y, et al. 2015. Isomer-specific trophic transfer of perfluorocarboxylic acids in the marine food web of Liaodong Bay, North China[J]. Environmental Science & Technology, 49: 1453-1461.

Zhao Z, Tang J, Xie Z, et al. 2013. Perfluoroalkyl acids (PFAAs) in riverine and coastal sediments of Laizhou Bay, North China[J]. Science of the Total Environment, 447: 415-423.

Zhou Z, Liang Y, Shi Y, et al. 2013 Occurrence and transport of perfluoroalkyl acids (PFAAs), including short-chain PFAAs in Tangxun Lake, China[J]. Environmental Science & Technology, 47: 9249-9257.

Zhou Z, Shi Y, Vestergren R, et al. 2014. Highly elevated serum concentrations of perfluoroalkyl substances in fishery employees from Tangxun Lake, China[J]. Environmental Science & Technology, 48: 3864-3874.

Zhu Z, Wang T, Wang P, et al. 2014. Perfluoroalkyl and polyfluoroalkyl substances in sediments from South Bohai coastal watersheds, China[J]. Marine Pollution Bulletin, 85: 619-627.

3M. 1999. Perfluorooctane sulfonate: Current summary of human sera, health and toxicology data [EB/OL]. http://www.chemicalindustryarchives.org/dirtysecrets/scotchgard/pdfs/226-0548.pdf.

第 4 章 短链氯化石蜡（SCCPs）研究进展

本章导读

- 概述 SCCPs 的基本物化特性，包括结构、同系物组成、辛醇/水分配系数以及分析方法等方面的研究进展。
- 从环境水平及污染现状角度出发，集中介绍 SCCPs 在不同环境介质中的归宿。
- 针对目前研究现状，进一步展望未来 SCCPs 的研究方向及热点。

氯化石蜡（chlorinated paraffins，CPs），即多氯代正构烷烃（polychlorinated *n*-alkanes，PCAs），是石蜡烷烃氯化所得到的产品（Bayen et al.，2006）。按照碳链的长度，可以分为短链氯化石蜡（碳链长度为 10～13，short-chain chlorinated paraffins，SCCPs）、中链氯化石蜡（碳链长度为 14～17，medium-chain chlorinated paraffins，MCCPs）和长链氯化石蜡（碳链长度为 18～30，long-chain chlorinated paraffins，LCCPs）（Feo et al.，2009）。SCCPs 的分子式为 $C_xH_{(2x-y+2)}Cl_y$，其中 x=10～13，y=1～13。工业产品常以其含氯量进行命名，氯化度通常为 30%～75%（按质量计算）（de Boer，2010）。因其挥发性低、阻燃、电绝缘性好及价廉等优点，广泛用于金属加工润滑剂、密封剂、橡胶、油漆、塑料添加剂和纺织品的阻燃剂、皮革加工以及涂料涂层等，是生产中不可缺少的大吨位精细化工产品（Feo et al.，2009；Bayen et al.，2006；UNEP，2012）。目前，SCCPs 被学术界定义为持久性、生物富集性且有毒性的有机物，已引起国际社会的广泛关注。2016 年，《斯德哥尔摩公约》POPs 审查委员会通过了 SCCPs 关于其附件 F 的科学审查，并在 2017 年 5 月《斯德哥尔摩公约》第八次缔约方大会通过了将 SCCPs 增列入公约附件 A 的决议。北美以及欧盟等地区从 20 世纪 90 年代开始便制定了一系列措施，旨在限制 SCCPs 的使用。日本和加拿大已经制定了关于 SCCPs 的限制条例。而美国环境保护署也把 SCCPs 列入了优先控制的污染物目录（UNEP，2012； Tomy，1998；Zitko，2010）。2000 年，《欧盟水框架指令》中便把 SCCPs 列为了有毒有害化学品排放目录（WFD 2000/60/EC）。

4.1　物理化学性质

现有的各类 SCCPs 同族体和混合物的物理/化学性质方面的信息仍然有限。估算和测得的蒸气压力（V_P）为 0.028～2.8×10^{-7} Pa（Drouillard et al.，1998b）。在 40℃时，氯化度为 50%的 SCCPs 的蒸气压为 0.021 Pa。根据预测，在 25℃时氯含量 50%～60%的 SCCPs 产品主要成分的过冷液体蒸气压为 1.4×10^{-5}～0.066 Pa（Tomy et al.，1998a）。SCCPs 的亨利定律常数范围为 0.7～18 $Pa\cdot m^3\cdot mol^{-1}$（Drouillard et al.，1998b），表明其可以由于环境分隔等原因从水中挥发到空气中。测得的单体 $C_{10\sim12}$ 的溶解度为 400～960 μg/L，而估计的 C_{10} 和 C_{13} 混合物的溶解度为 6.4～2370 μg/L，其中氯原子的个数对于其水溶性有很明显的影响，这与氯代芳香族化合物相反。在 5 个氯原子以内，随氯原子的个数增多，水溶性增强（Drouillard et al.，1998a）。在 20℃时，氯含量 59%的 SCCPs 的溶解度为 0.15～0.47 mg/L。正辛醇/水分配系数的对数（$\log K_{OW}$）通常大于 5，介于 4.48～8.69（Sijm and Sinnige，1995）。氯化程度介于 49%～71%的 SCCPs 的 $\log K_{OW}$ 在 4.39～5.37 之间。正辛醇/空气分配系数的对数（$\log K_{OA}$）是通过已知的 K_{OW} 和亨利定律常数值估算。这种方法只适用于有限数量的同族体，其数值介于 8.2～9.8（Hilger et al.，2011）。

4.2　来源、使用和释放

过去的很长一段时间，SCCPs 在欧洲的主要释放源为金属加工过程。1994 年，欧盟在金属加工过程中，SCCPs 的使用量达到 9380 t，而在 1998 年出现大幅下滑（2018 t/a）。SCCPs 的其他用途包括油漆、黏合剂和密封剂、阻燃剂以及纺织和聚合材料。1994～1998 年，欧盟范围内所有用途的 SCCPs 使用量从 13 208 t/a 降至 4075 t/a。从 2002 年起，欧盟范围内开始限制所有用于金属加工和皮革加脂剂的 SCCPs 的使用。

我国从 20 世纪 50 年代末开始生产 SCCPs，其产量仅次于邻苯二甲酸二辛酯（dioctyl phthalate，DOP）和邻苯二甲酸二丁酯（dibutyl phthalate，DBP）。石蜡来自于石油，氯化石蜡是氯碱厂用于平衡氯气的重要产品，同时由于我国是氯资源丰富的国家，所以伴随着国内塑料制品工业的迅速发展，氯化石蜡行业发展迅速。我国在 2009 年已成为世界上最大的 CPs 生产国和出口国，年产量已达到 60～100 万 t/a，企业主要集中于江苏、浙江、山东、广东、上海、河南、辽宁等地（Wang et al.，2010；Chen et al.，2011），而部分产品中 SCCPs 含量占总量的 80%以上（仝宣昌等，2009），由此推测我国 2011 年 SCCPs 排放总量为 1788.67 t，且大多数是由使用金属切削液引起的（徐淳等，2014）。1994 年，瑞士境内的 SCCPs 使用量为 70 t，而现在使用量已下降了 80%，其主要用途是制造接头密封剂。在巴西，主要用于橡胶、汽车地垫和附件中阻燃剂的 SCCPs 使用量为 300 t/a。2006 年，韩国境内 SCCPs 主要用于制造润滑剂和添加剂①。从 20 世纪 30 年代起，国外开始生产氯化石蜡。随着 SCCPs 在各类环境介质及偏远地区生物中不断被检出，引起了世界环境保护工作者和世界卫生组织的关注。从 20 世纪 90 年代起，欧盟很多国家签订了旨在保护东北大西洋的《奥斯陆-巴黎公约》，开始减少 SCCPs 的使用，其中，在 1994～1997 年期间使用量减少了 70%，而到 2000 年左右，每年生产量和使用量仅约为 15 000 t。

目前尚无证据表明存在氯化石蜡的主要自然来源。人为原因造成的 SCCPs 向环境中的释放可能发生在生产、存储、运输、工业和消费者使用的包含 SCCPs 产品、废物的丢弃和燃烧，以及产品的填埋过程中。SCCPs 向水中释放的来源可能出现在制造过程中，其中包括外溢、设施冲洗以及暴雨造成的雨水冲刷。金属加工/金属切削液中的 SCCPs 也可能由于液桶丢弃、黏附和废液进入水环境。这些释放会汇集到下水道系统中，并最终转到污水处理厂处理的排出物中。但是，目前还没有其向废水处理厂释放的百分比或去除系数方面的资料。其他源包括齿轮油、坚硬岩石采矿液和其他类型采矿设备、石油和天然气钻探所使用的液体和设备、无缝管材的制造、金属加工和船舶上涡轮机的运转过程中的释放。

在加拿大和其他一些国家，填埋是处置聚合物的一条主要途径。氯化石蜡有可能在这些产物中保持稳定状态，但还有很小一部分会通过渗透水冲刷的形式流失。填埋地点中氯化石蜡的浸出可忽略不计，因为土壤对氯化石蜡有很强的固定作用。在这些产品被丢弃几个世纪之后，氯化石蜡才有可能产生轻微的排放，大部分都已有效地溶入了聚合物。氯化石蜡聚合物可能在塑料再生期间被释放，释放的过程可能包括切割、粉碎和清洗等步骤。如果在这些操作过程中以粉尘形式释放，则可能因为较强的吸附作用和正辛醇/空气分配系数而被微粒吸附。

总体而言，在欧洲和北美，多数 SCCPs 的释放都与金属加工操作有关。然而，在其他产品（如油漆、纺织品、橡胶）的使用过程中也有可能产生分布很广的少量释放。

4.3 分析方法

由于氯原子的位置、氯化比例、碳原子的手性不同使得正构烷烃在氯化过程中产生各种同系物、位置异构体、对映及非对映异构体。目前已知 SCCPs 混合物

① 参考 UNEP/POPS/POPRC.4/10。

中包含了超过 10 000 种以上的化合物，因此使用标准的分析方法进行逐个分离、识别和测定几乎是不可能的（Santos et al.，2006）。这就必然导致在测定 SCCPs 时样品前处理、分离鉴定技术存在很大的难度。另外，也缺乏统一的标准品用于定量分析。目前国际上大多数实验室主要以商业化的工业产品混合物为标准，然而释放到环境中的 SCCPs 大多经过了选择性的环境迁移和生物代谢转化，其组成与商业混合物可能存在较大的差异。其次，选择的标准品的氯化度不同，对质谱响应因子也不一致，从而将对定量的结果产生较大的偏差。此外，毒杀芬（toxaphene）、有机氯农药（OCPs）、多氯联苯（PCBs）、氯丹（chlordane）等其他多氯化合物及自身的干扰也是阻碍对 SCCPs 分析方法发展的重要因素。

4.3.1　样品前处理

有机污染物在环境样品中的分析主要分为采样、样品前处理和仪器分析 3 个步骤。常见的环境基质包括大气、水、土壤和沉积物、生物样品等。不同环境基质中的样品前处理步骤和其他亲脂性 POPs 类似，一般包括提取和净化两步（Bayen et al.，2006）。前处理的主要作用是浓缩目标化合物、提高灵敏度、降低检测限并尽可能去除干扰物。不同的环境基质有不同的前处理方法，通常包括加速溶剂萃取（accelerated solvent extraction，ASE）、索氏提取（Soxhlet extraction）、液液萃取（liquid-liquid extraction，LLE）、固相萃取（solid-phase extraction，SPE）和固相微萃取（solid-phase micro-extraction，SPME）等。表 4.1 列出了 2005 年以来已发表的有关 SCCPs 的分析方法（van Mourik et al.，2015）。

4.3.1.1　提取

大气中 SCCPs 的采集一般用聚氨酯泡沫（polyurethane foam，PUF），其提取方法一般为索氏提取。所用溶剂一般为正己烷/二氯甲烷 1∶1（*v/v*）（Peters et al.，2000）、二氯甲烷（DCM）（Li et al.，2012；Wang et al.，2013b；Chaemfa et al.，2014）或二乙醚/正己烷 9∶1（*v/v*）（Stevenson et al.，2011）。Ma 等和 Fridén 等则分别用正己烷/二氯甲烷 1∶1（*v/v*）、二氯甲烷，利用 USBE 法提取（30 min）空气中的 SCCPs，回收率分别是 69.5%～92.4%和 90%±7%（Ma et al.，2014c；Fridén et al.，2011）。

水样中 SCCPs 的提取方法主要有 SPE 和 LLE 两种。LLE 的缺点是耗费溶剂较多，而 Geiß 等对 LLE 进行了改良，仅需 10 mL 正己烷，用搅拌装置搅拌 2 h，便可提取 1 L 水样中的 SCCPs，且回收率可达 95.5%（Geiß et al.，2015）。Nicholls 等将 SPE 应用于水样中 SCCPs 的提取。SPE 填料为 2 g C_{18}，并用 10 mL 甲醇与 10 mL 二氯甲烷依次洗脱，但回收率仅为 58%（Nicholls et al.，2001）。Castells 等探究了四种不同品牌的商品化 C_{18} 固相萃取柱的提取效果，并对一些参数进行了优化，将回收率提升到了 90%以上（Castells et al.，2004）。除 LLE 和 SPE 外，SPME 也是一种常见的前处理方法。Castells 等建立了利用 SPME 提取水样中 SCCPs 的前处理方法（Castells et al.，2003）。另外，Gandolf 等建立了顶空固相微萃取（headspace solid phase micro-extraction，HS-SPME）提取水中 SCCPs 的前处理方法。该方法具有自动化程度高、简便快捷的优点，其回收率为 89%～117%（Gandolfi et al.，2015）。

索氏提取和 ASE 常被用于土壤和沉积物等环境样品的前处理。一般来说，土壤和沉积物需先经冷干处理。索氏提取一般使用二氯甲烷、正己烷/二氯甲烷 1∶1（*v/v*）或正己烷/丙酮 1∶1（*v/v*）作为提取溶剂，提取时间从几个小时到 24 h 不等（Wang et al.，2013b；Geiß et al.，2015；Hüttig and Oehme，2005；Iino et al.，2005b；Castells et al.，2008；Gao et al.，2011；Gao et al.，2012；Chen et al.，2013）。Bogdal 等用甲苯作为溶剂，提取了沉积物中的 SCCPs（Bogdal et al.，2015）。ASE 和索氏提取相比具有耗时短、耗费溶剂少等优点，近年来得到了广泛的应用。Zeng 等（2011b；2012a；2011a；2013c；2013b；2012b）用正己烷/二氯甲烷 1∶1（*v/v*）在 1500 psi、150℃下提取了土壤、沉积物、活性污泥等环境样品中的 SCCPs，回收率为 75%～120%。Hussy 等将提取和净化两步结合在一起，在 ASE 萃取池中分层充填氢氧化铝、硫酸钠等净化剂和底泥样品，大大提高了效率，回收率为 69%～121%（Hussy et al.，2012）。微波辅助萃取（microwave-assisted extraction，MAE）同样是一种 SCCPs 环境样品的前处理方法。Parera 等使用 MAE 对河水沉积物进行提取，与 ASE 相比，该方法所消耗溶剂较少且更节省时间，回收率可达 90%，与 ASE 相当（Parera et al.，2004）。

表 4.1　环境介质中 SCCPs 前处理方法汇总

介质	提取方法	净化方法	测定方法	参考文献
大气	索氏提取	Florisil（1.2% H_2O）	GC/ECNI-HRMS	Barber et al.，2005b
大气	索氏提取	层析柱：Al_2O_3（3% H_2O），SiO_2（3% H_2O）	GC/ECNI-LRMS	Chaemfa et al.，2014
大气	索氏提取	活性 SiO_2	GC/ECNI-LRMS	Stevenson et al.，2011
大气	索氏提取	H_2SO_4∶活性 SiO_2	GC/ECNI-HRMS	Stevenson et al.，2011
大气	USBE	净化柱：SiO_2∶H_2SO_4（50% *W/W*）	GC/EI-MS^2	Fridén et al.，2011
大气	索氏提取	分别过小柱Ⅰ. SiO_2∶H_2SO_4（50% *W/W*），无水 Na_2SO_4；Ⅱ. Al_2O_3（3% H_2O）&SiO_2（3% H_2O）	GC/ECNI-LRMS	Li et al.，2012
大气	USBE	层析柱：活性 Al_2O_3，SiO_2∶NaOH，活性 SiO_2，SiO_2∶H_2SO_4（30% *W/W*）	GC/ECNI-QQQMS	Ma et al.，2014c
大气	索氏提取	分别过小柱Ⅰ. SiO_2∶H_2SO_4（50% *W/W*）；Ⅱ. Al_2O_3（3% H_2O）&SiO_2（3% H_2O）& Florisil（2% H_2O）	GC/ECNI-LRMS	Wang et al.，2013b
大气	索氏提取	Ⅰ. SiO_2∶H_2SO_4；Ⅱ. Florisil（N.R.）	APCI-qTOF-HRMS & GC/ECNI-HRMS	Bogdal et al.，2015
水	LLE	Florisil（N.R.）	HRGC/ECNI-HRMS	Iino et al.，2005b

续表

介质	提取方法	净化方法	测定方法	参考文献
水	XAD-2 树脂	活性 SiO_2	HRGC/ECNI-HRMS	Houde et al.，2008
水	LLE	层析柱：活性 Florisil，活性 SiO_2 & SiO_2：H_2SO_4（30% *W*/*W*）	GC/ECNI-LRMS	Zeng et al.，2011b
水	LLE	层析柱：Florisil（1.5% H_2O），SiO_2，SiO_2：H_2SO_4（44% *W*/*W*）	GC/ECNI-LRMS	Zeng et al.，2013a
水	SPE	SiO_2：H_2SO_4（40%），SiO_2：NaOH（10%），SiO_2（3% H_2O）	SCGC/ECNI-LRMS & GC/EI-MS	Coelhan，2010
水	LLE	活性 Florisil	GC/ECNI-LRMS	Geiss et al.，2010
水	HS-SPME	N.R.	GC/ECNI-LRMS	Gandolfi et al.，2015
水	SPE	层析柱：活性 Al_2O_3，SiO_2：NaOH，活性 SiO_2，SiO_2：H_2SO_4（30% *W*/*W*）	GC/ECNI-QQQMS	Ma et al.，2014b
底泥	索氏提取	Florisil（N.R.）	HRGC/ECNI-HRMS	Iino et al.，2005b
底泥	索氏提取	Florisil（N.R.）	GC/ECNI-MS	Castells et al.，2008
底泥	索氏提取	H_2SO_4、活性铜粉、硅胶	GC/ECNI-MS	Pribylova et al.，2006
底泥	ASE	活性 Al_2O_3、活性铜粉、硅胶	GC/ECNI-MS	Geiß et al.，2015
底泥	索氏提取	活性铜粉、层析柱：Na_2SO_4，Florisil（1.5% H_2O），Na_2SO_4	HRGC/ECNI-LRMS	Hüttig and Oehme，2005
底泥、土壤	ASE	活性铜粉、层析柱：活性 Al_2O_3，SiO_2：NaOH，活性 SiO_2，SiO_2：H_2SO_4（30% *W*/*W*）	GC/ECNI-QQQMS	Ma et al.，2014b；Ma et al.，2014a
底泥、土壤	索氏提取	分别过小柱Ⅰ. GPC；Ⅱ. SiO_2，SiO_2：H_2SO_4（28% *W*/*W*）；Ⅲ. Al_2O_3：NaOH	GC/ECNI-LRMS	Gao et al.，2011；Gao et al.，2012
底泥、土壤	索氏提取	活性铜粉、层析柱：Florisil（3% H_2O），SiO_2（3% H_2O），SiO_2：H_2SO_4（44% *W*/*W*）	GC/ECNI-QQQMS	Chen et al.，2011
土壤	索氏提取	活性铜粉、层析柱：Florisil（3% H_2O），SiO_2（3% H_2O），SiO_2：H_2SO_4（44% *W*/*W*）	GC/ECNI-LRMS	Chen et al.，2013
底泥	ASE	活性铜粉、层析柱：Florisil（1.5% H_2O），SiO_2，SiO_2：H_2SO_4（44% *W*/*W*）	GC/ECNI-LRMS	Zeng et al.，2013c；Zeng et al.，2012b
底泥、土壤	ASE	活性铜粉、层析柱：活性 Florisil，活性 SiO_2&SiO_2：H_2SO_4（30% *W*/*W*）	GC/ECNI-LRMS	Zeng et al.，2011b；Zeng et al.，2011a
土壤	索氏提取	SiO_2：H_2SO_4（50% *W*/*W*）、层析柱：Al_2O_3（3% H_2O），SiO_2（3% H_2O），Florisil（2% H_2O）	GC/ECNI-LRMS	Wang et al.，2013b
土壤	索氏提取	层析柱：Al_2O_3（6% H_2O），SiO_2：H_2SO_4（30% *W*/*W*）	GC/ECNI-LRMS	Wang et al.，2013a
土壤	索氏提取	层析柱：Al_2O_3（6% H_2O），SiO_2：H_2SO_4（30% *W*/*W*）	GC/ECNI-LRMS	Wang et al.，2014
土壤	ASE	H_2SO_4，SiO_2	GC/ECNI-HRMS	Halse et al.，2015
底泥	ASE	活性铜粉、层析柱：活性 Florisil，SiO_2，SiO_2：H_2SO_4（30% *W*/*W*）	GC/ECNI-QQQMS	Zhao et al.，2013
底泥	ASE	Florisil（1.5% H_2O）	GC/ECNI-LRMS & GC-FID	Hussy et al.，2012
污泥	ASE	活性铜粉、层析柱：活性 Florisil，SiO_2，SiO_2：H_2SO_4（44% *W*/*W*）	GC/ECNI-LRMS	Zeng et al.，2013b

续表

介质	提取方法	净化方法	测定方法	参考文献
底泥	ASE	硅胶柱、铜粉	GC×GC-ECD	Muscalu et al.，2017
污泥	索氏提取	中性/碱性/酸性硅胶、活性铜粉	APCI-qTOF-HRMS & GC/ECNI-HRMS	Bogdal et al.，2015
污泥	ASE	活性铜粉、层析柱：活性 Florisil，活性 SiO_2&SiO_2：H_2SO_4（30% *W/W*）	GC/ECNI-LRMS	Zeng et al.，2012a
鱼类	索氏提取	活性 SiO_2	HRGC/ECNI-HRMS	Houde et al.，2008
海豚	ASE	层析柱：Florisil（1.5% H_2O），SiO_2，SiO_2：H_2SO_4（44% *W/W*），无水 Na_2SO_4	GC/ECNI-LRMS	Zeng et al.，2015
双壳贝、鱼类、海底无脊椎动物	ASE	层析柱：活性 Al_2O_3，SiO_2：NaOH，SiO_2，SiO_2：H_2SO_4（30% *W/W*）	GC/ECNI-QQQMS	Ma et al.，2014b；Ma et al.，2014a
海鸥蛋	ASE	活性 Florisil	GC/ECNI-LRMS	Morales et al.，2012
软件动物	ASE	Ⅰ. SiO_2：H_2SO_4（44% *W/W*） Ⅱ. 层析柱：活性 Florisil，活性硅胶 SiO_2，SiO_2：H_2SO_4（30% *W/W*）	GC/ECNI-QQQMS	Yuan et al.，2012
鱼类	索氏提取	活性 Florisil	GC/ECNI-LRMS	Rusina et al.，2011
鲨鱼肝脏	CSE	Ⅰ. H_2SO_4 Ⅱ. SiO_2：H_2SO_4（50% *W/W*）	GC/ECNI-HRMS	Strid et al.，2013
鱼类和无脊椎动物	索氏提取	Ⅰ. H_2SO_4 Ⅱ. 层析柱：活性 Florisil，活性硅胶 SiO_2，无水硫酸钠	GC/ECNI-LRMS	Sun et al.，2016
鱼类	索氏提取	Ⅰ. SiO_2：H_2SO_4（44% *W/W*） Ⅱ. SiO_2，Al_2O_3 & PX-21 Carbon	GC/ECNI-LRMS	Parera et al.，2013
鱼类	ASE	层析柱：活性 Al_2O_3，SiO_2：NaOH，SiO_2，SiO_2：H_2SO_4（30% *W/W*）	GC×GC-μECD	Xia et al.，2014
厨房油烟过滤器表面和油脂残留	MAE & LLE	Ⅰ. H_2SO_4；Ⅱ. SiO_2（30% H_2O *W/W*）	GC/ECNI-QQQLRMS	Bendig et al.，2013
食物	CSE	活性 Florisil	GC/ECNI-HRMS	Harada et al.，2011
灰尘	USBE	层析柱：SiO_2：H_2SO_4（40% *W/W*），SiO_2：NaOH（10%），SiO_2（3% H_2O）	GC/ECNI-LRMS	Hilger et al.，2013
灰尘	USBE	SiO_2：H_2SO_4（50% *W/W*）	GC/EI-LRMS^2& GC/ECNI–MS	Friden et al.，2011
生活垃圾	Soxtec & Soxhlet	Ⅰ. H_2SO_4；Ⅱ. 尺寸排阻色谱法；Ⅲ. 硝基苯–SiO_2 或 SiO_2	GC-μECD	Nilsson et al.，2012
母乳	索氏提取	硅胶柱、碱性氧化铝柱	GC/ECNI-LRMS	Shi et al. 2017
果酱	H_2SO_4	Ⅰ. 尺寸排阻色谱法； Ⅱ. 硝基苯–SiO_2	GC-μECD	Nilsson et al.，2012
松针和松树皮	ASE	Ⅰ. SiO_2：H_2SO_4（40% *W/W*） Ⅱ. 层析柱：活性 Florisil，活性硅胶 SiO_2，SiO_2：H_2SO_4（30% *W/W*）	GC/ECNI-QQQMS	Wang et al.，2015
窗户表面有机膜	ASE	层析柱：活性 Florisil，活性 SiO_2 & SiO_2：H_2SO_4（30% *W/W*）	GC/ECNI-LRMS	Gao et al.，2016a
人血	LLE	无水硫酸钠、活性 Al_2O_3	UPLC-QTOFMS	Li et al.，2017

注：N.R.表示无报道。

SCCPs 在生物样品中的提取方法和土壤、底泥相似，均为 ASE 和索氏提取。Yuan 等和 Zeng 等利用 ASE 提取了生物样品中的 SCCPs，回收率分别为 88%～101% 和 83%～115%（Yuan et al.，2012；Zeng et al.，2015）。和 ASE 相比，索氏提取耗费时间长、溶剂较多，应用较少。Parera 等以正己烷/二氯甲烷 1∶1（*v/v*）采用索氏提取法提取了鱼类组织中的 SCCPs，耗时 24 h（Parera et al.，2013）。Jensen 等提出了三步溶剂提取法，其优点是简便不需加热，但耗时较长（Jensen et al.，2003）。Strid 等成功用该方法从鲨鱼肝脏中提取出了 SCCPs（Strid et al.，2013）。

除以上环境基质外，也有相关研究分析了松针、果酱、灰尘等非传统基质中的 SCCPs。Bendig 等使用集中开放容器微波提取法（FOV-MAE）提取了厨房油烟过滤器（纺织类）中的 SCCPs，使用的溶剂为环己烷/乙酸乙酯 1∶1（*v/v*），其优点是不需对样品进行冷干处理（Bendig et al.，2013）。文献报道表明，ASE 同样可用于松针、树皮和玻璃表面有机膜甚至母乳中 SCCPs 的提取（Wang et al.，2015；Gao et al.，2016a；Xia et al.，2017）。

4.3.1.2　净化

提取完成后的样品中会含有很多干扰物，比如有机氯农药、多氯联苯等，它们的保留时间和质荷比均与 SCCPs 相似，且含硫物质、色素、脂肪等也会干扰测定结果，因此提取后的样品须经净化处理。净化方法需按不同的干扰物作出调整，主要包括层析柱色谱法和凝胶渗透色谱法（GPC）等。GPC 可除去氯代有机化合物，如毒杀芬、硫丹、DDT、氯丹等干扰物，还可实现除硫作用，其大多用于生物样品净化。层析柱色谱法主要利用硅胶、弗罗里土和氧化铝等，主要用于去除 DDT、PCBs、氯苯等。

层析柱并不能使干扰物和 SCCPs 完全分离。Coelhan 发现硅胶柱并不能完全去除 DDT、毒杀芬和氯丹等干扰物，而又经过 GPC 柱后，达到了较好的效果（Coelhan，1999）。Ballschmiter 和 Rieger 认为氧化铝能够使 SCCPs 脱氯化氢（Rieger and Ballschmiter，1995）。碱性氧化铝和硅胶联用比单独使用中性氧化铝能更有效去除有机氯农药和 PCBs，其原因是二氯甲烷较难洗脱吸附在中性氧化铝上的 SCCPs，但该方法的缺点是不能完全去除毒杀芬和 DDT 等干扰物（Gao et al.，2011）。Chen 等优化了硅胶–弗罗里土复合层析柱和硅胶柱，最后可以有效分离 23 种有机氯农药、22 种 PCBs 和 3 种毒杀芬，但是并不能完全去除所有的毒杀芬和 DDT 的干扰（Chen et al.，2013）。

4.3.2 仪器与定量分析

4.3.2.1 色谱分离

分析 POPs 所使用的仪器主要是与质谱等检测器相连的气相色谱或液相色谱。液相色谱分离非极性化合物的能力较低，无法获得 SCCPs 不同的组分信息，故而近年来使用液相色谱对 SCCPs 进行定量的报道较少。最近的一篇文章报道了利用超高效液相色谱连接四极杆飞行时间质谱（UPLC-QTOF-MS），采用氯增强 ESI 源实现了对 291 种 CPs 同步测定，检测限为＜1 ng/g，且该法具有高灵敏度、共流出的干扰物较少等优点。但是从其得到的单体分布图来看，该方法对低碳链长度 SCCPs 的响应有待提高（Li et al.，2017）。

SCCPs 成分复杂，其单体在气相色谱中的保留时间等特性相似，因此在气相色谱中呈现驼峰状而无法基线分离。Coelhan 发现，分离链长 11、60%氯化度的 SCCPs 时，使用长柱（30 m）和短柱（65 cm）的效果相似，且 65 cm 的短柱具有更低的检测限（Coelhan，1999）。但是 Štejnarová 等发现，短柱在低分辨率质谱中使用时会增加其他卤代化合物的干扰（Štejnarová et al.，2005）。目前常用的色谱柱为非极性固定相色谱柱 DB-5MS（15 m×0.25 mm×0.25 μm），同时保证了检测灵敏度和较短的分离时间。

研究证明，使用全二维气相色谱（GC×GC）可以提高 SCCPs 的分离度进而改进分离效果。同时，007-65 HT 色谱柱和 DB-1 色谱柱连用效果最佳（Korytár et al.，2005）。全二维气相色谱优点是能部分分离 SCCPs、MCCPs 和 LCCPs，缺点是分析时间较长，且所用高分辨率 TOF-MS 价格昂贵。Xia 等优化了全二维气相色谱测定 SCCPs 的仪器条件，所得方法能按氯取代数进行分离 SCCPs，且有较高灵敏度（Xia et al.，2014；Xia et al.，2016）。

4.3.2.2 检测技术

^{63}Ni 电子捕获检测器（electron capture detector，ECD）常应用于金属切削液等工业品中 SCCPs 的测定，其对氯代化合物灵敏度较好，且价格低廉（Randegger-Vollrath，1998）。但缺乏选择性和易受其他化合物干扰等缺点使得其一般不能用于复杂环境样品中 SCCPs 的检测。Fridén 等为了降低 ECD 检测器分析 SCCPs 的干扰，利用紫外线降解了样品中的 PCBs 和 DDT（Fridén et al.，2004）。当 ECD 和全二维气相色谱结合时，能把 SCCPs 按氯取代数分开，且有较高灵敏度（Xia et al.，2014）。

电子捕获负化学源低分辨率质谱/高分辨率质谱（ECNI-LRMS/HRMS）是 SCCPs 在环境介质中最常用的检测手段。SCCPs 在 ECNI 模式下主要产生$[M+Cl]^-$、$[M-Cl]^-$、$[M-HCl]^-$以及$[HCl_2]^-$和$[Cl_2]^-$等特征离子。各离子丰度比受氯化度、进样量、离子源温度以及碳链长度等条件影响（Tomy et al.，1998b；Zencak and Oehme，2006）。Tomy 等利用 SCCPs 产生的特征离子[M–Cl]⁻建立了 GC-ECNI-HRMS 检测 SCCPs 的方法。高昂的成本使得他们将所建 HRMS 方法延伸到了 LRMS 上，并得到广泛认同和应用（Tomy et al.，1997b）。然而利用 LRMS 进行检测时，SCCPs 除易受中链和长链 CPs 干扰外，[M+Cl]⁻也会影响[M–Cl]⁻的检测（Reth and Oehme，2004）。

氯化度以及氯原子在碳链上的取代位置会对 ECNI 源检测 SCCPs 产生较大影响。氯化度较高的 SCCPs 产生的特征离子亲电性较强，响应因子较高，而低氯化度则相反，特别是氯原子数小于 5 时，基本没有响应。因此，其测量结果偏差较大（Eljarrat and Barceló，2006）。然而即使使用 HRMS，测量结果在一定程度上依然受中链和长链 CPs 以及氯代有机化合物的干扰（Tomy et al.，1997b）。Zencak 等为了检测低氯代 CPs，利用混入二氯甲烷的载气来改变 CPs 的电离方式。这种方法虽然有效降低了 CPs 之间的干扰，但二氯甲烷容易污染离子源导致其不能应用于批量环境样品的分析检测（Zencak and Oehme，2004）。

电子轰击（electron impact，EI）质谱可以检测 CPs 低氯代单体，但过高的轰击能量使 CPs 碎裂成碎片离子，没有特征离子，无法得出单体含量和分布特征（Zencak and Oehme，2004）。Zencak 等利用了串接质谱分析 SCCPs，虽然该方法的选择性和灵敏度较好，但仍然不能区分 SCCPs 单体（Zencak and Oehme，2004）。

此外，近几年来高分辨率飞行时间质谱（TOF-MS）越来越多地应用于 SCCPs 的检测。Bogdal 等使用大气压化学电离源四极杆飞行时间高分辨率质谱（APCI-qTOF-HRMS）建立了简捷高效的 SCCPs 分析方法，且分析 MCCPs 和 LCCPs 的灵敏度较好，因此能够应用于 SCCPs 高通量分析中（Bogdal et al.，2015）。中国科学院生态环境研究中心环境化学与生态毒理学国家重点实验室同样建立了 GC-qTOF-HRMS 分析 SCCPs 的方法，与上述所不同的是，该方法使用电子捕获负化学源（NCI）作为离子源，不仅能区分并定量 SCCPs 和 MCCPs，同时能够尽可能地去除一些氯代有机化合物对 CPs 定量的干扰（Gao et al.，2016b）。除上面所提到的方法外，碳原子骨架色谱连接 FID 检测器（Moore et al.，2004）和高分辨率色谱串接亚原子轰击（MAB）高分辨率质谱（Koh et al.，2002）同样可用于检测分析 SCCPs，不过应用较少。

4.3.2.3　定性和定量分析方法

Tomy 等和 Reth 等所建立的定量分析方法是应用最广泛的一种（Tomy et al.，1997b；Reth et al.，2005b）。Tomy 等利用 PCA-60（氯化度 60%）和 PCA-70（氯化度 70%）为标准品，采用 GC-ECNI-HRMS，建立了 SCCPs 的分析方法，但因 HRMS 价格昂贵无法广泛推广（Tomy et al.，1997b）。Reth 等利用氯化度和仪器响应之间的线性关系建立了 GC-ECNI-LRMS 的 SCCPs 分析方法，可消除标准品和实际环境样品之间氯化度不同而导致的偏差。但是氯取代数较低的 SCCPs 在 LRMS 上响应很低，检测困难，且 LRMS 无法去除 MCCPs、LCCPs 和氯代有机化合物的干扰（Reth et al.，2005b）。

Zeng 和 Yuan 等将数学计算和同步检测结合在一起，以 Tomy 等（1997b）和 Reth 等（2005b）的方法为基础，建立了一种定量计算方法。选取两种丰度最高的 $[M–Cl]^-$特征离子，并划分保留时间窗口。SCCPs 和 MCCPs 被分为对应的四组：C_{10}～C_{15}、C_{11}～C_{16}、C_{12}～C_{17}、C_{13}～C_{18}，利用保留时间差异性和计算同位素比例来削弱 MCCPs 的干扰。该方法的优点是能够在不同时间窗口将 SCCPs 和 MCCPs 区分开来，但是每个样品需 4 次进样，每次 25 min，耗时较长（Zeng et al.，2011a）。Gao 等在此方法的基础上建立了利用 GC-qTOF-HRMS 检测 SCCPs 的方法，其最大的不同是由于 GC-qTOF-HRMS 具有高分辨率，因此不需对 SCCPs 进行 MCCPs 干扰校正（Gao et al.，2016b）。（上述两种方法的详细定量步骤见 4.3.2.5 小节。）Geiss 等利用多重线性回归建立了 SCCPs 的定量方法，可依据碳数分布和氯化度，采集四种碎片离子即可定量 SCCPs 总量（Geiss et al.，2010；Donald et al.，1998），但其缺点同样是不能进行单体分析。该方法目前为 SCCPs 的 ISO 定量方法。

Bogdal 等利用 APCI-qTOF-HRMS 建立了新的 CPs 定量方法。其首先在样品和 CPs 标准品之间构造线性方程，然后用外标法定量。该方法快速简捷，能在 1 min 内定量出各 SCCPs 含量，且对 MCCPs 和 LCCPs 均有较高的灵敏度（Bogdal et al.，2015）。

Gao 等以氘代铝锂（$LiAlD_4$）为中间体，把 SCCPs 上的氯原子替换成氘，产生的氘代烷烃利用 HRGC-EI/HRMS 定量，成功地对低氯代（氯取代数 1～4）SCCPs 进行了定量。但其缺点是比较费时，仅氘代反应就需 72 h（Gao et al.，2016c）。

全二维气相色谱电子捕获负化学源高分辨率飞行时间质谱（GC×GC-ECNI-HRTOF-MS）可以方便地建立 SCCPs 的定量新方法（Xia et al.，2016）。该方法利用全二维气相色谱的正交特性，单次进样即可分离 SCCPs 和 MCCPs，且能够去除氯代有机化合物的干扰。该工作还发现了两种新的 CPs，分别为 $C_9H_{14}Cl_6$ 和 $C_9H_{13}Cl_7$。

由于缺乏合适的 SCCPs 标准品和内标，给其定量带来了巨大挑战。通常来说，^{13}C-灭蚁灵、^{13}C-氯丹和 ^{13}C-PCBs 是较为常见的内标。近年来，同位素标记的 SCCPs 单体常被用作定量内标（Gao et al.，2016a；Bogdal et al.，2015）。

4.3.2.4 质量控制与质量保证

环境中几乎无处不在的 SCCPs 很容易在样品前处理过程中被引入而造成背景

干扰，所以实验用材料和玻璃器皿均需进行严格处理。Reth 等发现，270℃的烘烤温度不能完全去除玻璃容器上的干扰物质（Reth et al.，2005a），因此玻璃器皿需要加热到 400～600℃并保持 8 h 以上。各种填料的烘烤温度在 140～650℃不等（Bayen et al.，2006）。Chen 等在填料使用前先放在 ASE 中进行空白萃取，以达到清洗填料的目的（Chen et al.，2011）。而有的实验室为避免空白干扰，在超净实验室中进行样品前处理（Ma et al.，2014a）。

4.3.2.5 SCCPs 定量方法实例

本小节对中国科学院生态环境研究中心环境化学与生态毒理学国家重点实验室所建立的两种定量方法进行了详细介绍，以供参考（Zeng et al.，2011a; Gao et al.，2016b）。

1. GC-ECNI-LRMS 分析 SCCPs 的定量方法

色谱条件：进样口温度 280℃，不分流模式，进样体积 1 μL。采用 DB-5MS（30 m×0.25 mm，0.25 μm，Agilent，CA）色谱柱。氦气（99.999%）作为载气，恒流模式，流速为 1.2 mL/min。柱温箱升温梯度为：初始温度 100℃（保持 1min），然后以 30℃/min 升至 160℃（保持 5 min），最后以 30℃/min 升至 310℃（保持 12 min）。

质谱条件：反应气为甲烷，流速为 0.4 mL/min，溶剂延迟 4 min，传输线温度为 280℃，离子源温度为 200℃。

选取丰度最高的两种$[M-Cl]^-$离子定性和定量离子，并对保留时间窗口进行划分。SCCPs 和 MCCPs 被分为对应的四组：C_{10}～C_{15}、C_{11}～C_{16}、C_{12}～C_{17}、C_{13}～C_{18}，分四针进样，扫描各种单体的特征离子，具体见表 4.2。通过峰形、保留时间及定量离子与定性离子的同位素丰度比来鉴别 SCCPs。替代性内标（$^{13}C_{10}$-1,5,5,6,6,10-六氯癸烷）的定量离子的 *m/z* 为 323.0，进样内标（ε-HCH）定量离子的 *m/z* 为 255.0。

表 4.2 GC-ECNI-LRMS 测定 SCCPs 积分离子

进样	SCCPs	定量离子		定性离子	
	同族体（*n*, *z*）	*m/z*	积分*	*m/z*	积分
1st	$C_{10}H_{17}Cl_5$	279	•	277	
	$C_{10}H_{16}Cl_6$	313	•	315	
	$C_{10}H_{15}Cl_7$	347	•	349	•
	$C_{10}H_{14}Cl_8$	381	•	383	•
	$C_{10}H_{13}Cl_9$	417	•	415	•
	$C_{10}H_{12}Cl_{10}$	451	•	449	•

续表

进样	SCCPs 同族体（n, z）	定量离子 m/z	定量离子 积分*	定性离子 m/z	定性离子 积分
2nd	$C_{11}H_{19}Cl_5$	293	●	291	
	$C_{11}H_{18}Cl_6$	327	●	329	
	$C_{11}H_{17}Cl_7$	361	●	363	●
	$C_{11}H_{16}Cl_8$	395	●	397	●
	$C_{11}H_{15}Cl_9$	431	●	429	●
	$C_{11}H_{14}Cl_{10}$	465	●	463	●
3rd	$C_{12}H_{21}Cl_5$	307	●	305	
	$C_{12}H_{20}Cl_6$	341	●	343	
	$C_{12}H_{19}Cl_7$	375	●	377	●
	$C_{12}H_{18}Cl_8$	409	●	411	●
	$C_{12}H_{17}Cl_9$	445	●	443	●
	$C_{12}H_{16}Cl_{10}$	479	●	477	●
4th	$C_{13}H_{23}Cl_5$	321	●	319	
	$C_{13}H_{22}Cl_6$	355	●	357	
	$C_{13}H_{21}Cl_7$	389	●	391	●
	$C_{13}H_{20}Cl_8$	423	●	425	●
	$C_{13}H_{19}Cl_9$	459	●	457	●
	$C_{13}H_{18}Cl_{10}$	493	●	491	●

* 需对●相应的碎片离子积分。

1）MCCPs 干扰校正

首先计算每个单体定量离子（quantification ion）和定性离子（qualification ion）的丰度比：

$$\mathrm{Ratio}(n,z)=\frac{\mathrm{SIM(Quantification\ Ion)}}{\mathrm{SIM(Qualification\ Ion)}}\times 100\% \tag{4-1}$$

然后通过该比例和标准品中 SCCPs 和 MCCPs 的比值［Ratio_SP(n, z)，Ratio_MP(n, z)］相比较，计算 SCCPs 所占积分信号的比例［SCCP(n, z)%］，进而计算其实际积分面积。

（1）如果 Ratio_SP(n, z)> Ratio_MP(n, z)且 Ratio(n, z)≥Ratio_SP(n, z)，

［SCCP(n, z)%］=100%

（2）如果 Ratio_SP(n, z)>Ratio_MP(n, z)，Ratio_SP(n, z)>Ratio(n, z)>Ratio_MP(n, z)

$$［\mathrm{SCCP}(n,z)\%］=\frac{\mathrm{Ratio}(n,z)-\mathrm{Ratio\_MP}(n,z)}{\mathrm{Ratio\_SP}(n,z)-\mathrm{Ratio\_MP}(n,z)}\times 100\%$$

（3）如果 Ratio_SP(n, z)> Ratio_MP(n, z)且 Ratio(n, z)≤Ratio_MP(n, z)

［SCCP(n, z)%］=0

（4）如果 Ratio_SP(n, z)< Ratio_MP(n, z)且 Ratio(n, z)≤Ratio-SP(n, z)

［SCCP(n, z)%］=100%

（5）如果 Ratio_SP(n, z)<Ratio_MP(n, z)且 Ratio_SP(n, z)<Ratio(n, z)<Ratio_MP(n, z)

$$[\text{SCCP}(n,z)\%]=\frac{\text{Ratio\_MP}(n,z)-\text{Ratio}(n,z)}{\text{Ratio\_MP}(n,z)-\text{Ratio\_SP}(n,z)}\times 100\%$$

（6）如果 Ratio_SP(n, z)< Ratio_MP(n, z)且 Ratio(n, z)≥Ratio_MP(n, z)

$$[\text{SCCP}(n,z)\%]=0 \tag{4-2}$$

2）定量过程

各单体响应 $R(n, z)$可用下面公式计算

$$R(n,z)=\frac{\text{SIM}(\text{C}_n\text{H}_{2n}+2-z\text{Cl}_z)}{\text{SIM(Chlordane)}-\text{Abundance}(\text{C}_n\text{H}_{2n}+2-z\text{Cl}_z)}\times \text{SCCP}(n,z)\% \tag{4-3}$$

总响应 ΣR 为各单体响应的总和，于是各单体百分含量

$$\text{Percentage}(n,z)=\frac{R(n,z)}{\sum R}\times 100\% \tag{4-4}$$

氯元素含量

$$\text{Cl}\%=\sum[\text{Percentage}(n,z)\times \text{Cl}\%(n,z)] \tag{4-5}$$

下一步为利用标准品，建立总响应因子（RF）与氯元素含量 Cl%的线性关系

$$\text{RF}=k\times \text{Cl}\%-b \tag{4-6}$$

而浓度和总响应因子（RF）以及总响应 ΣR 的关系式如下

$$\text{Concentration}=\frac{\sum R}{\text{RF}} \tag{4-7}$$

2. GC-QTOF-HRMS 分析 SCCPs 的定量方法

色谱条件：除进样体积为 2μL 外，其余条件同上 GC-ECNI-LRMS 的色谱条件。

质谱条件：反应气为甲烷，流速为 0.4 mL/min，溶剂延迟 4 min，传输线温度为 280℃，离子源温度为 150℃。SCCPs 和 MCCPs 48 种单体在全扫描（scan）模式下通过一针进样同时被分析，通过精确质量数（小数点后 4 位）、保留时间和峰形来鉴别目标物。替代内标（$^{13}C_{10}$-1,5,5,6,6,10-六氯癸烷）的定量离子的 m/z 为 323.0，进样内标（ε-HCH）的定量离子的 m/z 为 255.0。

SCCPs 在 GC-QTOF-HRMS 中的定量过程和在 GC-ECNI-LRMS 中的相似，只不过由于其为高分辨率质谱，不需要对 MCCPs 进行校正，其他计算公式和上述的

定量过程相同。其定量离子如表4.3。

表4.3 GC-QTOF-HRMS测定SCCPs积分离子

SCCPs 同族体（n, z）	定量离子		定性离子	
	m/z	积分*	m/z	积分
$C_{10}H_{17}Cl_5$	279.0006	●	277.0009	
$C_{10}H_{16}Cl_6$	312.9671	●	314.9641	
$C_{10}H_{15}Cl_7$	346.9281	●	348.9251	
$C_{10}H_{14}Cl_8$	380.8891	●	382.8862	
$C_{10}H_{13}Cl_9$	416.8472	●	414.8501	
$C_{10}H_{12}Cl_{10}$	450.8082	●	448.8112	
$C_{11}H_{19}Cl_5$	293.0217	●	291.0246	
$C_{11}H_{18}Cl_6$	326.9437	●	328.9798	
$C_{11}H_{17}Cl_7$	360.9437	●	362.9408	
$C_{11}H_{16}Cl_8$	394.9048	●	396.9018	
$C_{11}H_{15}Cl_9$	430.8628	●	428.8658	
$C_{11}H_{14}Cl_{10}$	464.8239	●	462.8268	
$C_{12}H_{21}Cl_5$	307.0373	●	305.0403	
$C_{12}H_{20}Cl_6$	340.9984	●	342.9954	
$C_{12}H_{19}Cl_7$	374.9594	●	376.9564	
$C_{12}H_{18}Cl_8$	408.9204	●	410.9175	
$C_{12}H_{17}Cl_9$	444.8785	●	442.8814	
$C_{12}H_{16}Cl_{10}$	478.8395	●	476.8425	
$C_{13}H_{23}Cl_5$	321.0530	●	319.0059	
$C_{13}H_{22}Cl_6$	355.0123	●	357.0111	
$C_{13}H_{21}Cl_7$	388.9750	●	390.9721	
$C_{13}H_{20}Cl_8$	422.9361	●	424.9331	
$C_{13}H_{19}Cl_9$	458.8941	●	456.8971	
$C_{13}H_{18}Cl_{10}$	492.8552	●	490.8581	

* 需对●相应的碎片离子积分。

定量过程

各单体响应 $R(n,z)$ 可用下面公式计算

$$R(n,z)=\frac{\mathrm{SIM}(\mathrm{C}_n\mathrm{H}_{2n}+2-z\mathrm{Cl}_z)}{\mathrm{SIM(Chlordane)}-\mathrm{Abundance}(\mathrm{C}_n\mathrm{H}_{2n}+2-z\mathrm{Cl}_z)\times \mathrm{z}} \qquad (4\text{-}8)$$

总响应 ΣR 为各单体响应的总和，于是各单体百分含量

$$\mathrm{Percentage}(n,\ z)=\frac{R(n,z)}{\sum R}\times 100\% \qquad (4\text{-}9)$$

氯元素含量

$$Cl\% = \sum\sum[\text{Percentage}(n,z) \times Cl\%(n,z)] \tag{4-10}$$

下一步为利用标准品，建立总响应因子（RF）与氯元素含量 Cl%的线性关系

$$RF=k\times Cl\%-b \tag{4-11}$$

而浓度和总响应因子（RF）以及总响应 ΣR 的关系式如下

$$\text{Concentration}=\frac{\sum R}{RF} \tag{4-12}$$

4.4　环境水平及污染现状

当前相对于其他 POPs，如多氯联苯（PCBs）、二噁英（dioxins）、有机氯农药（OCPs）等，关于 SCCPs 的环境水平报道还相当有限。其主要原因是 SCCPs 组成的复杂性及分析方法的困难性。然而，近五年来关于 SCCPs 在空气、水、沉积物、活性污泥和生物体等环境介质中的浓度水平报道呈现逐步上升趋势（Feo et al.，2009）。

4.4.1　空气

在加拿大、英国和挪威等多个国家的空气中均测出了 SCCPs。在北极高纬度地区埃尔斯米尔岛北端的 Alert 采集到的四份空气样本中也测出了 SCCPs，其中 SCCPs 的浓度范围为<1～8.5 pg/m^3（Bidleman et al.，2001）。Borgen 等于 1999 年在挪威斯瓦尔巴德群岛齐伯林山采集的北极空气样本中也测得了 SCCPs，其检测浓度介于 9.0～57 pg/m^3（Borgen et al.，2000）。南极的 Georgia King 岛上空气样品中 SCCPs 浓度为 9.6～20.8 pg/m^3（Ma et al.，2014c）。Borgen 等在斯瓦尔巴德群岛与挪威本土之间的熊岛采集到的空气样本中测到了高含量的 SCCPs，总的 SCCPs 浓度范围为 1800～10 600 pg/m^3（Borgen et al.，2002）。

1990 年在加拿大安大略省 Egbert 采集的空气样本中测得的 SCCPs 浓度为 65～924 pg/m^3（Tomy et al.，1998a）。Peters 等报道在英国兰开斯特的半乡村地区所采集空气样本中的 SCCPs 浓度为 99 pg/m^3（Peters et al.，2000）。Barber 等发现 2003 年英国大气中 SCCPs 的浓度为<185～3430 pg/m^3，高于同一地点 1997 年的浓度（5.4～1085 pg/m^3）（Barber et al.，2005a）。他们还计算出英国大气中 SCCPs 的平均浓度为 600 pg/m^3。在我国工业比较发达的珠江三角洲的大气中 SCCPs 的浓度为 17.69 ng/m^3（Wang et al.，2013b）。Gillett 等发现墨尔本夏季和冬季 SCCPs 的浓度分别为 28.4 ng/m^3 和 1.8 ng/m^3，分别为全年的最高值和最低值（Gillett et al.，2017）。

目前为止，所发现的空气中 SCCPs 的最高浓度在中国的中部地区，为

517 ng/m^3，其原因是该地大量生产 CPs 产品（Wang et al.，2013b；Li et al.，2012）。从日本、韩国、中国和印度等地区的 SCCPs 环境水平来看，不管是工业区、非工业区还是农村和城市，近年来 SCCPs 的浓度水平均呈现降低的趋势（Wang et al.，2013b；Li et al.，2012；Chaemfa et al.，2014）。

4.4.2 表层水、河水和湖水

在加拿大安大略省和马尼托巴省的地表水中均检出 SCCPs。1999 年和 2000 年，在安大略湖西部测得的 SCCPs（$C_{10\sim13}$）浓度水平较低，分别为 0.168～1.75 ng/L 和 0.074～0.77 ng/L（Muir et al.，2001b）。2000～2004 年，安大略湖（4 m 深）中 SCCPs 的平均浓度为 1.194 ng/L。2000 年、2002 年和 2004 年，其浓度分别为 0.770～1.935 ng/L、1.039～1.488 ng/L 和 0.606～1.711 ng/L（Houde et al.，2008）。1995 年，在为期 6 个月的测量期间，在马尼托巴省 Selkirk 的红河中测得的 SCCPs 浓度为 30 ng/L±14 ng/L（Tomy et al.，1997a）。Tomy 等将 SCCPs 的来源归咎于 Selkirk 镇的金属机加工/再循环厂，因为这些 SCCPs 的化学式组成的丰度分布与该工厂使用的产品 PCA-60 非常相似（Tomy et al.，1999）。日本环境省对该国六份地表水样本中的 SCCPs 进行了监测，并没有发现任何高于检测限的浓度（根据链长的不同而有所变化，具体数值为 0.0055～0.023 μg/L）。2002 年，针对日本的四条不同的河流采集了地表水样本，其 SCCPs 的浓度为 7.6～31 ng/L（Iino et al.，2005a）。

据报道，西班牙河流中 SCCPs 的浓度为 300（LOD）～1100 ng/L（Castells et al.，2003；Castells et al.，2004）、加拿大圣劳伦斯河为 15.74～59.57 ng/L（Moore et al.，2004）、英格兰和威尔士为 100～1 700 ng/L（Nicholls et al.，2001）、日本为 7.6～220 ng/L（Iino et al.，2005a；Takasuga et al.，2003）。

4.4.3 污水处理厂污水

Reiger 和 Ballschmiter 等（1995）报道在德国一家废水处理厂的上游水中含氯 62%的 SCCPs（$C_{10\sim13}$）浓度为（80±12）ng/L，下游水中的为（73±10）ng/L，出水中的为 115 ng/L。

2002 年，Iino 等（2005a）对日本 3 个城市污水厂的进水和出水进行了检测。进水和出水中 SCCPs 的浓度分别为 220～360 ng/L 和 16～35 ng/L。3 个进水样本均含有 $C_{10\sim13}$，每一同族体有 5～8 个氯原子。针对 3 个出水样本的检测结果显示，其中未含有 C_{12} 和 C_{13} 同族体，这说明，污水处理厂处理可去除 C_{12} 和 C_{13} 同族体。

Zeng 等测得北京市污水厂的进水和出水的 SCCPs 水平分别为（184±19）ng/L 和（27±6）ng/L，且发现长链和氯化度较高的 SCCPs 随着处理过程的进行，所占比例越来越小，说明其更易被去除（Zeng et al.，2013b）。

4.4.4　土壤、底泥以及沉积物

和其他环境介质类似，SCCPs 在土壤、底泥和沉积物中的环境分布也是随着距离城市、海岸以及点源距离的增加而逐渐降低（Gao et al.，2012；Ma et al.，2014b；Zeng et al.，2013c）。最近一项研究选取英国、挪威等地的森林、牧场的表层土壤，发现其 SCCPs 平均水平为（35±100）ng/g，且随着纬度的升高，距离 SCCPs 的生产源越远，SCCPs 水平呈现下降趋势（Halse et al.，2015）。上海市区土壤 SCCPs 均值为 15.7 ng/g，且绿地土壤的 CPs 平均浓度比路边更高，其可能原因是污水灌溉了绿地（Wang et al.，2014）。广州和成都土壤中 SCCPs 的含量分别为 10.3 ng/g 和 1.43 ng/g，且发现氯含量较少的 SCCPs 更容易迁移到深层土壤中（Huang et al.，2017）。

Tomy 等测得的伊利湖的底特律河口和伊利湖西部 Middle Sister 岛附近沉积物中的 SCCPs 干重浓度为 245 μg/kg。在安大略湖港口地区的所有地表水和沉积物样本中也都检出了 SCCPs，浓度范围为 5.9～290 ng/g dw，所发现的最高浓度出现在工业化水平最高的地点（温德米尔盆地、汉米尔顿港）（Tomy et al.，1997a）。与之类似的是，Marvin 等也报道在安大略湖一处工业化地区附近的沉积物中发现了浓度为 410 ng/g dw 的 SCCPs（Marvin et al.，2003）。在加拿大的北极地区，三个偏远湖泊沉积物中的 SCCPs 浓度为 1.6～17.6 ng/g dw（Tomy et al.，1998a）。

对图恩湖 1899～2004 年期间，陈年沉积物芯进行分析，获得了关于氯化石蜡历史趋势的概览（Iozza et al.，2008）。发现远离中心、未工业化的沉积物部分的浓度为 5 ng/g dw。20 世纪 50～70 年代，SCCPs 在底泥中的浓度缓慢上升，80 年代开始增长，90 年代至今基本保持平衡。2000 年检测的浓度最高为 58 ng/g。氯化石蜡的浓度与全球的生产状况保持一致。针对全部氯化石蜡、SCCPs 和 MCCPs 时间状况进行的对比表明，20 世纪 80 年代全部氯化石蜡浓度的快速上升主要是由 SCCPs 造成的。1986 年，沉积物中 SCCPs 的浓度达到最高 33 ng/g（Iozza et al.，2008）。

西班牙巴塞罗那海岸地区和坐落于贝索斯河入口处废水处理厂的海底排出物附近收集的海洋沉积物样本中，SCCPs 的浓度为 1250～2090 ng/g dw（Castells et al.，2008）。在西班牙的贝索斯河（250～3040 ng/g）（Parera et al.，2004），以及德国、法国、挪威的不同河流中均检出了 SCCPs。我国环渤海沿岸的底泥中 SCCPs 的浓度为 97.4～1 756.7 ng/g dw（Ma et al.，2014a）。其他相关研究发现也证明底泥中 SCCPs 的浓度水平和总有机碳（TOC）的含量有显著相关性（Zeng et al.，2013c；Zeng et al.，2012a；Zhao et al.，2013；Ma et al.，2014b）。但是对于泥芯的研究发现，虽然 Zeng 等发现土壤中的 TOC 含量和 SCCPs 的浓度在垂直方向上呈正相关

(Zeng et al., 2011a)，但是其他报道中却并没发现这种趋势（Gao et al., 2012；Wang et al., 2013b；Wang et al., 2014）。

在捷克工业地区附近的11条河流和5个排水口采集的36份沉积物样本中均检测到SCCPs，这些浓度介于无检测值至347.4 ng/g dw之间（Pribylova et al., 2006）。2001～2002年，针对捷克拥有不同工业排放物的三个地方的沉积物样本进行了SCCPs方面的分析。科谢季采地区（参考地区）、兹利地区（橡胶、制革和纺织业）和贝龙地区（水泥和机械业）沉积物中的SCCPs浓度分别为24～45.78 ng/g dw、16.30～180.75 ng/g dw、4.58～21.57 ng/g dw（Stejnarova et al., 2005）。

2003年，在日本的两条河流采集的6个沉积物样本中SCCPs的浓度为4.9～484.4 ng/g dw，其中5个样本的浓度超过了196.6 ng/g（Iino et al., 2005a）。2013年，Zeng等测得的北京市高碑店污水厂脱水污泥的SCCPs水平为（15.6±1.4）μg/g（Zeng et al., 2013a）。2016年的一篇报道显示，黄河中游底泥中的SCCPs环境水平在11.6～90 760 ng/g dw，然而没有发现TOC和SCCPs含量之间的相关性（Qiao et al., 2016）。

4.4.5 生物体

SCCPs在生物体中的检测数据主要来自于鱼类和海洋哺乳动物，而在陆地野生动物体内的浓度信息非常有限。Muir等对安大略湖中采集到的鱼类体内的SCCPs进行了研究。这些SCCPs的湿重浓度为7.01～2630 ng/g，测得的最高浓度出现在汉米尔顿港采集到的鲤鱼体内。C_{12}同族体是湖鳟体内的主要SCCPs，而C_{11}是杜父鱼和胡瓜鱼体内主要的SCCPs（Muir et al., 2001a）。在五大湖的鱼类和无脊椎生物中也检出了SCCPs，其平均值为130～500 ng/g ww（Muir et al., 2003）。在安大略湖，鲤鱼和湖鳟体中SCCPs的浓度分别为118～1250 ng/g ww和447～5 333 ng/g ww（Bennie et al., 2000）。

Houde等检测了安大略湖和密歇根湖中湖鳟、鲤鱼和食物网样本中（1999～2004年）SCCPs的浓度。结果发现，密歇根湖和安大略湖中整个食物网的SCCPs浓度较高，SCCPs的浓度分别为7.5～123 ng/g ww和1.02～34 ng/g ww。此外，密歇根湖和安大略湖中糠虾体内SCCPs浓度的平均值最低（7.5～2.1 ng/g ww）（Houde et al., 2008）。Reth等在北海和波罗的海的鱼类（北海比目鱼、鳕鱼和比目鱼）肝脏中测得的SCCPs浓度为19～286 ng/g ww（Reth et al., 2005a）。

Tomy等在海洋哺乳动物的脂肪中发现的SCCPs浓度为95～626 ng/g ww，这些海洋哺乳动物包括北极多个地点的白鲸、环斑海豹和海象。在1987～1991年期间收集的白鲸样本中，其脂肪中SCCPs的浓度为6620～85 600 ng/g ww，肝脏中的浓度为544～38 500 ng/g ww。从圣劳伦斯海中的白鲸体内测得的SCCPs平均浓度为 785 ng/g ww，其单体分布表明，SCCPs 在向低挥发性组分的方向转变，即中碳链长度较大的成分所占的比重越来越大。低挥发性组分在浓度分布中所占的比重越来越高表明，SCCPs 的本地来源可能来自大湖区或圣劳伦斯河下游的工业地区，该地区是最重要的 SCCPs 导入来源（Tomy et al.，2000）。

在环渤海 9 个城市的软体动物中，SCCPs 平均浓度为 1410 ng/g dw，且在采样城市中，人口最多的天津地区的软体动物中 SCCPs 浓度最高，为 2830 ng/g。SCCPs 富集浓度与脂肪含量呈正相关，与营养级呈负相关（Yuan et al.，2012）。而在该地区双壳类无脊椎动物中，SCCPs 浓度为 476.4～3269.5 ng/g（Ma et al.，2014a）。Strid 等测定了丹麦格陵兰岛附近海域鲨鱼肝脏中的 SCCPs，其浓度平均值为 430 ng/g（Strid et al.，2013）。Zeng 等调查了 2004～2014 年期间，中华白海豚和江豚脂肪中 SCCPs 的含量为 280～3900 ng/g 不等，且随着时间的推移，SCCPs 含量逐渐增加。在近海岸栖息的豚类样品中，其 SCCPs 浓度要比远离海岸的高出 2～3 倍（Zeng et al.，2015）。

4.4.6 人体母乳、食品、灰尘等其他环境介质

Thomas 和 Jones 等在英国的人体母乳样本中也检出了 SCCPs。在兰开斯特地区的 8 个样本中，有 5 个样本中发现了 SCCPs，其脂重浓度为 4.6～110 μg/kg。来自伦敦地区的 14 个样本中有 7 个样本发现了 SCCPs，其脂重浓度为 4.5～43 μg/kg。SCCPs 的估计平均水平为（20±30）μg/kg lw 或（12±23）μg/kg lw。在后续的研究中，Thomas 等发现这两个城市的 SCCPs 的脂重浓度为 49～820 μg/kg（平均值为 180 μg /kg），同时对 25 个人体母乳脂肪样本进行了分析，经检测，除 4 个样本以外，其他均含有 SCCPs（Thomas et al.，2006）。最近，有报道对 2007 年中国的 8 个省份和 2011 年 16 个省份的母乳样品进行了研究，发现 2007 年和 2011 年母乳中 SCCPs 浓度分别为 303 ng/g lw 和 360 ng/g lw，且没有发现对婴儿有健康危害（Xia et al.，2017）。

在日本，谷类作物（2.5 μg/kg）、种子和马铃薯（1.4 μg/kg）、糖类、糖果和快餐、调料和饮料（2.4 μg/kg）、脂肪（例如人造黄油、油类等，140 μg/kg）、豆类、绿色蔬菜、其他蔬菜、蘑菇和海藻（1.7 μg/kg）、水果（1.5 μg/kg）、鱼类（16 μg/kg）、贝类（18 μg/kg）、肉类（7 μg/kg）、蛋类（2 μg/kg）和牛奶（0.75 μg/kg）中均检出了 SCCPs。根据食物消费量分配情况和身体体重调查数据，计算出了日本不同年龄组人口的日摄入总量。未成年人由于体重较轻，单位体重日摄入量要高于成人。1 岁女孩儿每天摄入总量的 95th 为 0.68 μg/kg。研究结果表明食物可能是人类接触 SCCPs 的主要途径，但按照目前的摄入量不会引起任何健康风险（Reth et al.，2005b）。

此外，东南亚以及中国、韩国、日本的食品中均含有不同水平的 SCCPs。日本京都、冲绳、北海道 3 个地方，2009 年的食品中 SCCPs 含量为<200～1100 pg/g；韩国首尔，2007 年的食品中 SCCPs 含量为<50～56 pg/g；而中国北京，2009 年的食品中 SCCPs 含量为 8500～28 000 pg/g，高出日本和韩国两个数量级。初步证据还表明，北京 SCCPs 的饮食暴露风险在逐年增加（Harada et al.，2011）。

Hilger 等对德国室内灰尘中 SCCPs 进行了调查，发现家居室内的浓度为 4～27 μg/g，而公共场所室内灰尘浓度则明显升高，为 2050 μg/g（Hilger et al.，2013）。Shi 等对中国一个建材商场内的室内灰尘进行检测，表明 SCCPs 的浓度为 6.0～361.4 μg/g。而在一家新开商场的空调滤网上，SCCPs 浓度可达 114.7～707.0 μg/g。以此对灰尘摄入和皮肤暴露计算，SCCPs 暴露量为 0.394 μg/(kg·d)（Shi et al.，2017）。对北京市室内和室外 PM_{10}、$PM_{2.5}$、$PM_{1.0}$ 中的 SCCPs 的研究表明，室内和室外 PM_{10} 中 SCCPs 浓度分别为 23.9 ng/m^3 和 61.1 ng/m^3，室内浓度要高于室外，其原因是室内用品如油画、油漆、皮革中含有 SCCPs（Huang et al.，2017）。

进一步对城市玻璃表面有机膜中的 SCCPs 进行了检测，发现其浓度为 337 ng/m^2～114 $μg/m^2$，和上述 PM_{10} 结果类似，室内有机膜浓度要明显高于室外玻璃膜，说明和室外相比，在室内环境中人们暴露在相对较高的 SCCPs 浓度中（Gao et al.，2016a）。

4.5 环 境 影 响

SCCPs 在土壤、沉积物、水体、生物体以及大气中广泛存在。现有的有限数据分析表明，SCCPs 具有持久性、生物富集性、远距离环境迁移潜力以及对生物体具有低毒性等化学性质，对环境及整个生态系统均有一定的影响（Bayen et al.，2006）。

4.5.1 持久性

根据自由基反应模型，SCCPs 在空气中的理论半衰期为 1.2～1.8 d，并且与碳链长度呈反比（Wang et al.，2010）。它们在空气中具有较强的持久性，因此具备远距离迁移的可能性。在高纬度低温度条件下，大气颗粒对氯化石蜡具有较强的吸附作用，这也可能是限制 SCCPs 在大气中的氧化途径。SCCPs 通过水解等非生物过程中降解的可能性较小，在有适应性微生物的环境中，氯含量较低（氯含量低于 50%）的 SCCPs 可能会发生缓慢的生物降解，然而大多数 SCCPs 无法发生降解。

欧洲联盟风险评估报告中指出，SCCPs 在沉积物中的半衰期超过 1 年。WHO

在一份报告中指出，将 $C_{10\sim12}$ 的 SCCPs（氯含量 58%）在活性污泥中进行降解，有氧条件下经过 28 d 或在无氧条件下经过 51 d 都不能使其降解。英国环境署研究发现在有氧环境下，SCCPs 在淡水和海洋沉积物中的半衰期为 1 630 d 或 450 d（Wang et al.，2010）。而在对湖泊沉积物演变趋势的研究中发现，在 20 世纪 60 年代存在一定浓度的 SCCPs，这说明在深海底泥厌氧条件下，SCCPs 的持久性可能超过 50 年（Tomy et al.，1999）。

4.5.2　生物富集能力

Sijm 和 Sinnige 计算出所有可能的 SCCPs 同源物的正辛醇/水分配系数（$\log K_{OW}$）为 4.8～7.6（Sijm and Sinnige，1995）。Fisk 等确定了含氯 55.9% $C_{12}H_{20.1}Cl_{5.9}$ 和含氯 68.5% $C_{12}H_{16.2}Cl_{9.8}$ 的正辛醇/水分配系数（Fisk et al.，1998a）。含氯 55.9%的正辛醇/水分配系数的平均值估计为 6.2（$\log K_{OW}$ 为 5～7.1），而含氯 68.5%的为 6.6（$\log K_{OW}$ 为 5.0～7.4）。如使用实验 K_{OW} 数据假定无代谢发生，则鱼类的 Gobas BAF 模型估计出的所有 SCCPs 的 BAF 值超过 5000，表明具有较大的潜在生物富集性。

SCCPs 的生物浓缩系数（bio-concentration factor，BCF）在不同的物种之间会出现巨大的差异，在虹鳟鱼体内测得的 BCF 值最高达 7816（湿重），而在紫贻贝体内的数值为 5785～138 000（湿重）（Renberg et al.，1986）。SCCPs 可在鱼类的摄食过程积累，暴露实验表明，食物积累会受到碳链长度和氯含量的影响（Fisk et al.，1996；1998a；1998b；2000）。氯含量超过 60%的 SCCPs 的生物放大因子（bio-magnification factor，BMF）大于 1，表示水生食物链中存在生物放大的潜力。幼年虹鳟鱼的鱼类净化半衰期介于 7～53 d（Fisk et al.，1998a），而在另一项研究中，Fisk 等估计 SCCPs 在虹鳟鱼体内的净化半衰期为 7.1～86.6 d。其他研究人员观察到，氯化程度较低的 SCCPs 可由鱼类代谢，但两种氯化程度较高 SCCPs（$C_{12}H_{16}Cl_{10}$ 和 $C_{12}H_{20}Cl_6$）的半衰期与难降解有机氯的情况类似，其生物转化半衰期大于 1000 d。Fisk 等发现一些 $C_{10\sim12}$ SCCPs，尤其是氯化癸烷的净化和生物转化半衰期都非常相似，表明净化主要是通过生物转化完成的。该研究还显示，35 种氯代正构烷烃（SCCPs 和 MCCPs 的混合数据）的 BMF 与每种化合物的碳原子和氯原子总数以及正辛醇/水分配系数存在很大的正相关性（Fisk et al.，2000）。Li 等发现，在北极的原始腹足目和新腹足目生物体内，链长较短的 SCCPs 的 BMF 要高于碳链较长的 SCCPs，说明其更易于生物富集（Li et al.，2016）。

Houde 等对在安大略湖水和生物样本中检测出的 SCCPs 异构体进行了生物富集和生物放大的研究。结果表明，安大略湖中湖鳟对各异构体的生物富集因子平均值各不相同：C_{10} 介于 5.3×10^5～9.3×10^6 之间；C_{11} 介于 1.7×10^5～2.6×10^6 之间；

C_{12}介于9.7×10^4～1.5×10^5之间；C_{13}介于2.5×10^5～6.3×10^5之间。全部SCCPs的生物浓缩因子为2.7×10^5～4.1×10^6。观察结果表明，安大略湖和密歇根湖中生物放大因子最高的是黏杜父鱼（Diporeia），为3.6。两个湖中，湖鳟、胡瓜鱼和黏杜父鱼的生物放大系数超过了1，而在安大略湖中，湖鳟、灰背西鲱则超过了1。据报道，安大略湖和密歇根湖的营养放大因子分别为0.97和1.2。营养放大因子高于1表明，某些SCCPs异构体在水生食物网中具有生物放大的潜力（Houde et al.，2008）。

现有的实验（实验室和自然界）及模型数据都表明，SCCPs可以在生物群中富集。对SCCPs的同族体而言，Ma等测得的各水生生物的log BAF为4.1～6.7，同样大于log BAF的标准3.7（Ma et al.，2014b）。根据所测物种和同源物的不同，实验室中测得的BCF为1900～138 000。现场测得的湖鳟生物浓缩因子为16 440～26 650（湿重），模型测得的所有SCCPs的生物浓缩因子大于5000。对食物网而言，生物放大因子大于1，表明存在生物放大的情况。

4.5.3 远距离环境迁移潜力

SCCPs中氯化度低、碳链短的组分具有较大挥发性，常温下就能挥发进入大气或附着在大气中的颗粒物质上。由于其具有持久性，可在大气环境中进行远距离迁移。在环境介质及其他因素影响下，会在一定条件下沉降进入各种环境介质，然后经过重复多次的挥发沉降，最终迁移到各个区域，甚至包括极地地区。

目前在北极的空气、沉积物和哺乳动物体内都测得了SCCPs。Tomy和Bidleman等在高纬度北极地区（埃尔斯米尔岛的Alert）收集到的空气样品中发现了SCCPs的存在（Bidleman et al.，2001）。而1999年，Borgen等在挪威斯瓦尔巴德群岛齐伯林山也测得了SCCPs（Borgen et al.，2000）。在距离污染源非常遥远的北极几处湖泊的沉积物中也测得了SCCPs（Tomy et al.，1999）。Li等在南极的偏远地区发现了SCCPs的存在，同时发现C_{10}的SCCPs占到了56.1%，说明短链的SCCPs更易于长距离迁移（Li et al.，2016）。

另外，在北极生物群，如环斑海豹、白鲸和海象，以及红点鲑和海鸟体内也测得了SCCPs（Tomy et al.，2000；Reth et al.，2006）。SCCPs在北极海洋哺乳动物体内的分布表明，链长较短的同源物是最主要的SCCPs，如C_{10}和C_{11}分子式组，还有部分挥发能力较强的SCCPs混合物（Tomy et al.，2000）。研究表明这些混合物更容易发生远距离迁移。这一现象与Reth等的结果吻合（Reth et al.，2005a；Reth et al.，2006）。他们发现北海生物群中的C_{10} SCCPs比波罗的海丰富，而且北极生物群中的也比波罗的海要丰富（Reth et al.，2005a）。模型数据表明，北美五大湖和北极空气、生物群的环境样本中观察到的SCCPs同族体（$C_{10}H_{17}Cl_5$、

$C_{10}H_{16}Cl_6$、$C_{10}H_{15}Cl_7$、$C_{11}H_{18}Cl_6$、$C_{11}H_{17}Cl_7$、$C_{12}H_{20}Cl_6$、$C_{12}H_{19}Cl_7$）在大气中的半衰期超过 2 d，从而也为上述发现提供了佐证。

蒸气压（V_P）和亨利定律常数（HLC）的对比表明，SCCPs 的蒸气压为 2.8×10^{-7}～0.028 Pa，$C_{10\sim12}$ 同源物的 HLC 为 0.68～18 $Pa\cdot m^3/mol$。这与某些已知可通过大气远距离迁移的持久性有机污染物（如林丹、七氯、灭蚁灵）的蒸气压和亨利定律常数范围相当。根据多种 SCCPs 的 K_{OA} 和 K_{AW} 值，对它们的北极污染潜力（ACP）进行了估计。结果表明，SCCPs 的北极污染潜力与四氯至七氯联苯的北极污染潜力类似（Wania，2003）。

4.5.4　毒性效应

在毒性研究中发现，SCCPs 的毒性变化规律是碳链越短毒性越强。目前对 SCCPs 的毒性效应研究还比较少。根据现有资料，SCCPs 对哺乳动物的毒性较低，对兔、鼠都有致癌的潜力，而对于 MCCPs 和 LCCPs 则没发现致癌的现象（Warnasuriya et al.，2010）。SCCPs 对鱼类的急性毒性阈值超过其在水中的溶解度，现有资料表明，其对水生鱼类和陆生鸟类没有明显的生态毒性（Wang et al.，2010）。

Fisk 等还研究了 SCCPs 对日本青鳉（*Oryzias latipes*）胚胎的毒理效应，在其研究中 9600 ng/mL 的 $C_{10}H_{15.5}Cl_{6.5}$ 和 7700 ng/mL 的 $C_{10}H_{15.3}Cl_{6.7}$ 导致了青鳉鱼卵 100%的死亡，但是在高浓度的 $C_{11}H_{18.4}Cl_{5.6}$，$C_{12}H_{19.5}Cl_{6.5}$ 暴露下，没有观察到显著的死亡率和其他损伤。从高浓度暴露的鱼卵中出来的幼鱼虽然存活，但是反应极度缓慢。在该研究中，他们还用二噁英（TCDD）和这几种 SCCPs 的急性毒性作了比较，表明 SCCPs 的急性毒性（以 LC_{50} 衡量）大约为 TCDD 的 0.0001～0.000001 倍（Fisk et al.，1999）。另外，Fisk 等研究了多种以 ^{14}C 标记的 SCCPs（氯含量 56%～69%）在 40 天的暴露期内在幼年虹鳟鱼体内的积累情况，实验中并未发现任何同族体对幼年虹鳟鱼的生长或肝体指数产生消极影响（Fisk et al.，1996; 2000; Cooley et al.，2001）。

细胞实验表明，在 1 μg/L 的浓度水平下，SCCPs 对于细胞活性具有明显的抑制作用。SCCPs 暴露能改变细胞内氧化还原的状态，因此干扰细胞新陈代谢。同时，SCCPs 还会刺激不饱和脂肪酸和长链脂肪酸的过氧化酶 β-内酰胺酶氧化，且干扰氨基酸代谢和糖酵解（Geng et al.，2015）。

由于 SCCPs 对哺乳动物的毒性较小，同时环境水平报告也比其最低无效应浓度相差甚远，故当前一些国家对食品的风险评价也未能发现对人类健康所造成的直接风险，但其对人类健康和环境的影响需做进一步的评价。目前尚没有揭示原位生态系统负面效应的报道（Wang et al.，2009）。

4.6 研究案例

本节选择“短链氯化石蜡在污水处理厂下游水生生态系统中的水平分布及营养迁移研究”作为研究案例进行详细描述，以供参考。本部分研究工作分析了污水处理厂的进水、出水、活性污泥以及下游湖泊中湖水、沉积物、沉积芯、浮游生物、鱼类及龟类等样品。通过这些浓度数据详细地分析了 SCCPs 在周围环境中的迁移和分布以及在水生食物链中的生物富集/生物放大效应。

4.6.1 材料和方法

4.6.1.1 试剂、标样和仪器

农残级环己烷、二氯甲烷、正己烷、甲苯和丙酮购自 Fisher（Hampton，NH）。硫酸、盐酸（光谱纯）。氮气、氦气、甲烷（均为高纯）。

3 种氯含量分别为 51.5%、55.5%和 63.0%的短链氯化石蜡标准溶液（$C_{10\sim13}$，100 ng/μL, 溶剂为环己烷）、3 种氯含量分别为 42.0%、52.0%和 57.0%的中链氯化石蜡标准溶液（$C_{10\sim13}$，100 ng/μL，溶剂为环己烷）和 *ε*-六氯环己烷（*ε*-HCH，100 ng/μL，溶剂为环己烷）购买于德国 Ehrenstorfer GmbH 公司，99%的 $^{13}C_{10}$ 反式氯丹（试剂为壬烷）购买于美国剑桥同位素实验室（Cambridge Isotope Laboratories，USA）。

铜粉（63 μm）使用前盐酸清洗 20 min，然后用去离子水和丙酮洗净，阴干待用。硅胶、弗罗里土（60～100 目）购自 Merck 公司，550℃烘制 12 h 备用。酸性硅胶用 100 g 硅胶中加入 40 g 硫酸配制，以去除干扰物。无水硫酸钠为分析纯。实验室用水为二次蒸馏水。

仪器包括 7000A 三重四极杆 EI 离子源质谱和 7890A 气相色谱连接，样品由 7683B 自动进样器以 splitless 模式精确进样 1 μL。色谱柱使用 DB-5MS（30 m length，0.25 mm i.d.，膜厚 0.25 μm）毛细管柱（以上均为 Agilent Technologies）。加速溶剂萃取（accelerated solvent extraction，ASE）仪 Dionex ASE 350（Dionex Canada Ltd.，Oakville，ON，Canada），旋转蒸发仪。

4.6.1.2 样品收集

高碑店污水处理厂是北京市最大的污水处理厂，目前其日处理量达到 1 000 000 t/d。该污水处理厂 80%的污水源来自于市政的生活污水。每天约 30%的处理过的污水排入北边约 1 km 的高碑店湖。高碑店湖的主要水源来自于高碑店污水处理厂的排水。

2010年6月和9月分两次分别采集了高碑店污水处理厂的进水、出水和活性污泥。两次不同时间的采样是为了研究SCCPs的浓度是否存在季节性的变化。图4.1显示的是高碑店湖采样区域的分布图。7个表层沉积物（S1～S7），2个沉积芯（C1，C2）、3个湖水样品（W1，W2，W3）及鲫鱼等鱼样分别从污水处理厂的排水口、上游和下游收集。部分水生食物链样品，包括鲤鱼（$n=4$）、鲫鱼（$n=5$）、鲶鱼（$n=4$）、罗非鱼（$n=3$）和软壳龟（$n=3$）采集于2006年9月。

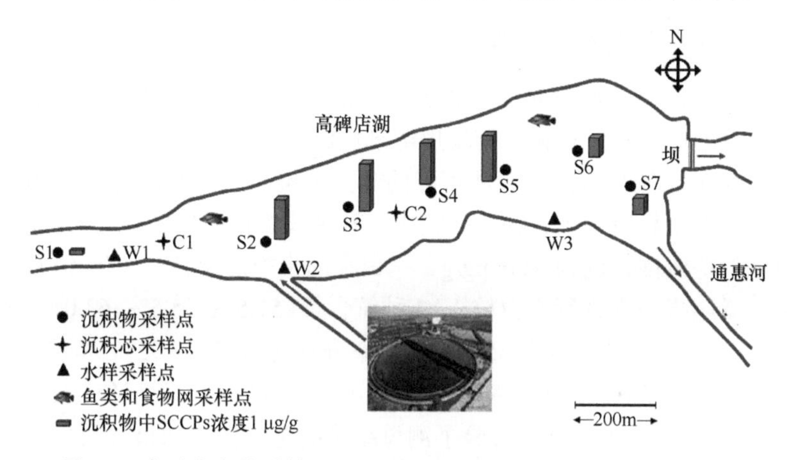

图4.1 高碑店湖的采样图及表层沉积物中SCCPs的浓度空间分布

4.6.1.3 样品前处理及仪器分析

污泥、沉积物及生物样品的萃取采取加速溶剂法提取。样品采集后进行冷冻干燥，污泥和沉积物样品需研碎过80目筛，萃取前称取4 g沉积物样品或者2 g生物样品，以及15 g无水硫酸钠混匀，然后加入1 ng ^{13}C-氯丹作为回收率内标，二氯甲烷/正己烷（1∶1，*v/v*）做萃取溶剂，萃取温度150℃，系统压力1500 psi，加热时间7 min，静态时间10 min，循环3次，冲洗体积60%，吹扫时间120 s。萃取结束后，污泥样品需要往萃取液中加入活化铜除去含硫物质，生物样品加入37.5%浓度的酸性硅胶去除脂肪和蛋白质等杂质。过约5 g无水硫酸钠填充的小柱进行过滤。滤液旋转蒸发至约2 mL，用复合硅胶柱（内径1cm）进行净化，从下到上依次填充3 g弗罗里土、2 g硅胶、5 g酸性硅胶和4 g无水硫酸钠。样品加入前用50 mL正己烷预淋洗柱子。加样后先用40mL正己烷进行预淋洗，然后用100 mL二氯甲烷∶正己烷（1∶1，*v/v*）继续淋洗并接取洗脱液。洗脱液旋蒸至约2 mL，然后进行氮吹浓缩至200 μL，转溶剂为环己烷并转移至进样小瓶。在进行仪器分析前加入10 ng ε-HCH作为进样内标，涡轮振荡混匀。水样中目标化合物的提取采用液-液萃取的方法。1 L的水样中加入10 ng $^{13}C_{10}$-氯丹作为回收标，然后加入150 mL的二氯甲烷作萃取溶剂，3 次萃取后旋蒸浓缩，再进行下一步与上述样品相同的纯化步骤。

环境样品中短链/中链氯化石蜡同族体的鉴定仍通过对比标准样品的保留时间、信号形状和同位数丰度比辨析。每一个定量或定性离子实际的积分信号通过氯原子数及同位数丰度进行校正。SCCPs 总浓度的定量仍基于 Reth 等发展的总响应因子与氯化度关系曲线，以减少环境样品与参考标准由于氯化度不同导致的质谱上信号的响应差异。运用该方法得到的测量结果与实际结果的偏差较小。

4.6.1.4 质量控制和质量保证

严格的质量控制和质量保证（QA/QC）确保了所有分析物正确的鉴定和准确的定量。所有的玻璃器皿在使用前均用溶剂洗涤并在 450℃高温下烘烤 4 h。每 10 个样品中包含 1 个空白程序以检测可能的交叉污染。方法的检测限（MDL）定义为平均空白加 3 倍标准偏差，在该研究中，利用仪器信噪比（S/N）为 3 时对应的浓度为方法的检测限，约为 100 ng/g。空白样品未检测出任何 CPs 信号，因此实际样品的定量结果没有进行空白校正。3 种氯含量（51.5%、55.5%、63.0%）的 SCCPs 标准和 $^{13}C_{10}$-反式氯丹在加标样品中的回收率分别为 78.5%～92% 和 85%～106%，$^{13}C_{10}$-反式氯丹指示的样品回收率为 75%～108%。方法的精确性通过加标样品进行控制，其实际偏差小于 10%。检验了测量结果的重复性，结果表明相对标准偏差小于 6%（$n = 8$）。

4.6.2 结果与讨论

污泥和沉积物中报道的 SCCPs 浓度数据均基于样品干重，并利用总有机碳含量对浓度进行归一化。水生物种中 SCCPs 的浓度数据也均基于样品干重，并进一步归化成脂肪含量浓度。具体的数据可详见表 4.4。这项研究中，在不同介质中的样品中均检出 SCCPs，但 MCCPs（主要的关键同族体为 $C_{14}Cl_{6\sim8}$）仅在少量样品中检出且处于较低的浓度水平。

4.6.2.1 污水处理厂进水、出水、污泥和湖水中 SCCPs 水平及同族体分布

污水处理厂进水和出水中 SCCPs 的浓度分别介于 4.2～4.7 g/L 和 364～416 ng/L 之间。活性污泥中 SCCPs 浓度介于 16.9～18.2 g/L dw，进行总有机碳（TOC）归一化后的浓度则为 69.6～73.7 g/g OC。对比 SCCPs 在污水处理厂的进水和出水中的浓度，表明进水中绝大部分的 SCCPs 在污水处理过程中产生了降解分解或吸附/分配到活性污泥中，约 1/10 的 SCCPs 随最终的出水进入到周围受体水中。对比其他研究，高碑店污水处理厂出水中 SCCPs 浓度显著高于日本 Iino 等（2005）报道的水平。

表 4.4 沉积物和活性污泥中 SCCPs 的总浓度（μg/g dw），TOC 含量（%）和 TOC 归一化的浓度

采样点	表层沉积物			上游沉积芯				下游沉积芯			
	μg/g dw	TOC（%）	μg/g OC	深度（cm）	μg/g dw	TOC（%）	μg/g OC	深度（cm）	μg/g dw	TOC（%）	μg/g OC
S1	1.06	7.16	14.80	1～3	4.37	8.70	50.23	1～3	8.43	11.50	73.30
S2	7.37	9.17	80.37	4～6	4.67	9.11	51.26	4～6	9.12	10.54	86.53
S3	8.67	9.94	87.22	7～9	1.07	5.94	18.01	7～9	8.45	10.46	80.78
S4	7.60	10.27	74.00	10～12	1.10	6.93	15.87	10～12	6.70	10.47	63.99
S5	8.43	9.72	86.73	13～15	0.87	7.76	11.21	13～15	5.22	9.25	56.43
S6	3.91	8.38	46.66	16～18	0.69	4.75	14.53	16～18	2.44	8.29	29.43
S7	3.34	9.92	33.67	19～21	1.10	6.08	18.09	19～21	2.05	6.28	32.64
污泥（7 月）	16.90	24.29	69.58	22～24	0.79	7.68	10.29	22～24	1.64	7.96	20.60
污泥（11 月）	18.21	24.69	73.75	25～27	1.08	9.38	11.51	25～27	0.73	7.16	10.20
				28～30	1.27	9.44	13.45	28～30	1.10	7.74	14.21
								31～33	1.29	7.34	17.57
								34～36	1.13	7.99	14.14

图 4.2 显示了污水处理厂进水、出水和活性污泥中 SCCPs 同族体分布模式。从图中可以看出，在这些样品中均检出氯原子 5～10 的 $C_{10\sim13}$ 各类同族体，其中 $C_{11\sim12}Cl_{6\sim8}$ 为主要的关键性同族体。这种分布和商业上的 SCCPs 参考标准及我国 SCCPs 的工业混合物的组成基本一致。

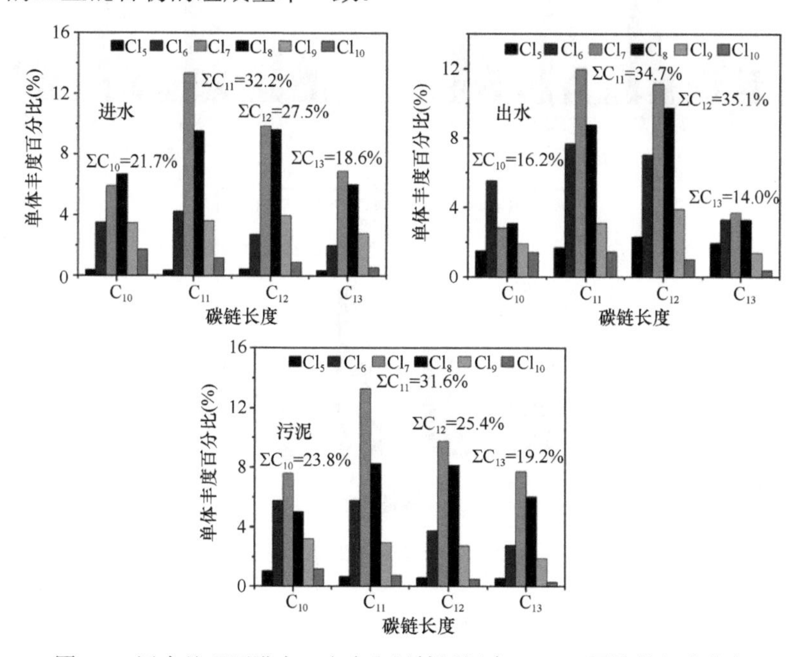

图 4.2 污水处理厂进水、出水和活性污泥中 SCCPs 同族体组成分布

高碑店湖进水口、上游及下游湖水中SCCPs显示出相似的浓度水平，其范围介于162～176 ng/g之间，比高碑店污水处理厂的排水中SCCPs的浓度略低。湖水中高浓度的SCCPs含量可解释为主要来自于污水处理厂出水的排放。该检测水平明显高于Iino等（2005）报道的日本Tamagawa河水中SCCPs的含量（该河接收来自附近污水处理厂的流出物），但与Nicholls等（2001）报道的英国工业区河水中的浓度相当或稍低。图4.3显示了三个不同采样点的湖水中SCCPs的同族体丰度分布。从图中我们可以发现，湖水中SCCPs的同族体分布与污水处理厂出水中SCCPs的同族体分布十分类似，进一步证明了污水处理厂的排入是湖水中 SCCPs的主要来源。湖水样品中C_{10}，C_{11}，C_{12}，C_{13}的平均相对含量分别为15.2%±0.6%，35.0%±0.3%，35.0%±0.6%，14.8%±0.3%。对比上述样品中同族体组分布（图4.4）可以发现，污水处理厂出水及湖水中$Cl_{5\sim6}$同族体组的相对含量比进水和活性污泥样品高，表明低氯代同族体可能不容易在污水处理过程中吸附在活性污泥中，而是随出水排放到环境。

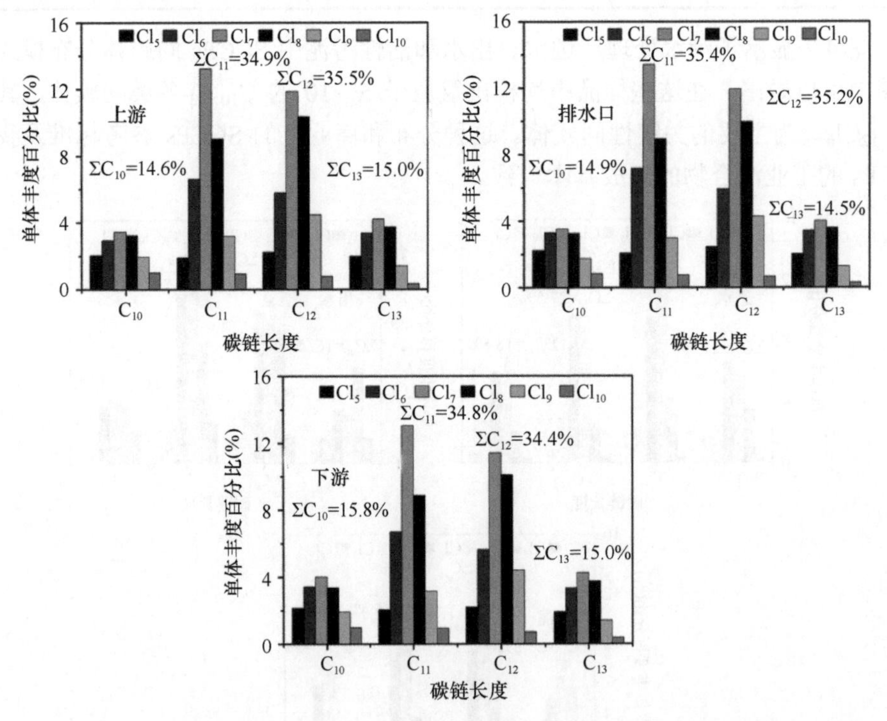

图4.3 污水处理厂排水口、上游及下游湖水中SCCPs同族体组成分布

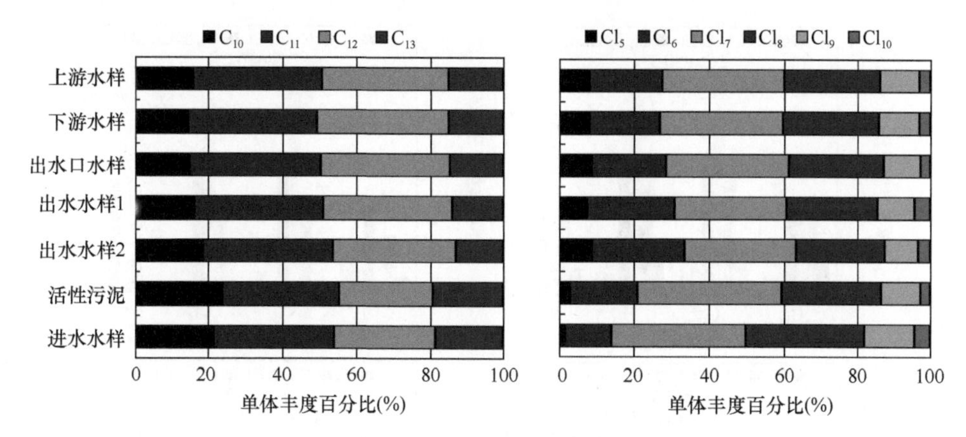

图 4.4　污水处理厂进水、出水、污泥及湖水中不同氯原子和碳原子 SCCPs 同族体组分布

4.6.2.2　表层沉积物中 SCCPs 水平及同族体分布

表层沉积物中 SCCPs 的空间浓度分布为 1.1～8.7 μg/g dw，TOC 归一化的浓度为 14.8～87.3 μg/g OC。污水处理厂排水口 S2 及邻近下游的 3 个相邻采样点 S3～S5（平均 8.0 μg/g）相对于下游较远处的采样点 S6～S7 样品（3.3～3.9 μg/g）显示出明显较高的 SCCPs 含量。此外，上游采样点 S1 显示出了明显更低的浓度，约为 1.1 μg/g。这种从上游至下游采样点所表现出的 SCCPs 浓度空间变化趋势进一步证实了污水处理厂出水是高碑店湖 SCCPs 污染的一个主要源。然而，表层沉积物中 SCCPs 浓度和 TOC 含量并无显著相关性，可能表明沉积物中 SCCPs 和有机碳之间还未达到吸附平衡。

图 4.5 和图 4.6 分别显示了表层沉积物 SCCPs 同族体的组成分布及浓度随采样点（距离）变化的趋势。从图中可以看出，所有的沉积物中均表现出比较相似的同族体分布模式。$C_{11\sim13}$ 是主要的优势同族体组，7 个样品中其平均相对含量约为 79.1%。相对于湖水中 SCCPs 同族体的组成分布，沉积物中长链同族体 C_{13} 相对含量明显增加，这可能是由于这类长链同族体具有较高的辛醇/水分配系数（K_{OW}）使得它们更易从水中重新分配到表层沉积物中。

4.6.2.3　沉积物芯中 SCCPs 水平和同族体分布及可能的原位微生物降解

对污水处理厂排水口上游（C1）和下游（C2）处采集的两个沉积物芯进行了分析，以研究 SCCPs 的沉积趋势及可能的原位生物降解行为。图 4.7 显示了沉积物芯中不同深度沉积层中 SCCPs 总浓度的垂直变化剖面。从图中可以看出，上游和下游沉积物芯中 SCCPs 的浓度范围分别介于 0.69～4.67 μg/g 和 0.73～9.1 μg/g 之间。在较深的沉积层中（24～30 cm），两个沉积芯均表现几乎相当的浓度，然

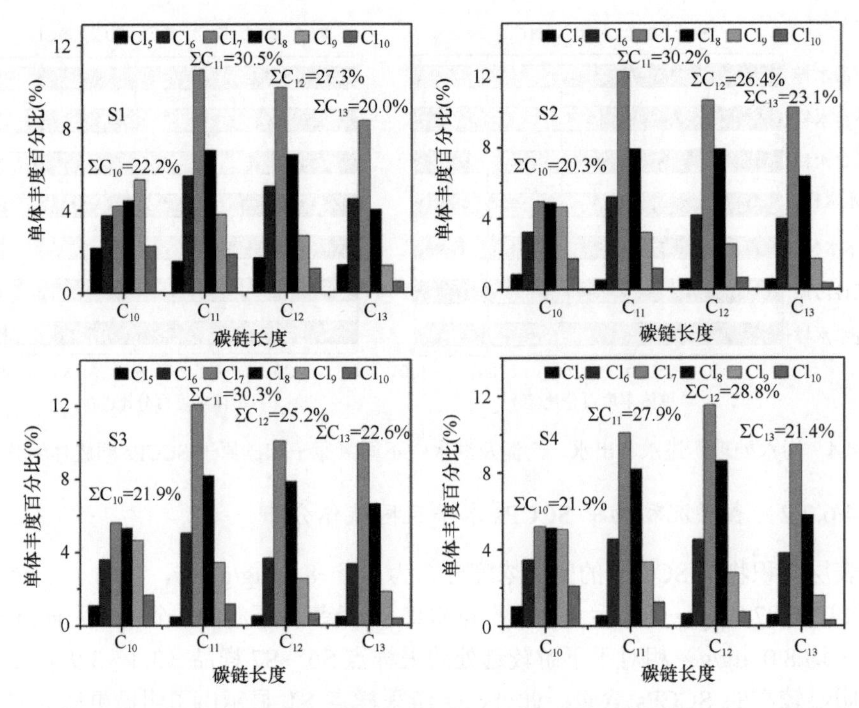

图 4.5 表层沉积物 S1～S4 中 SCCPs 同族体组成分布

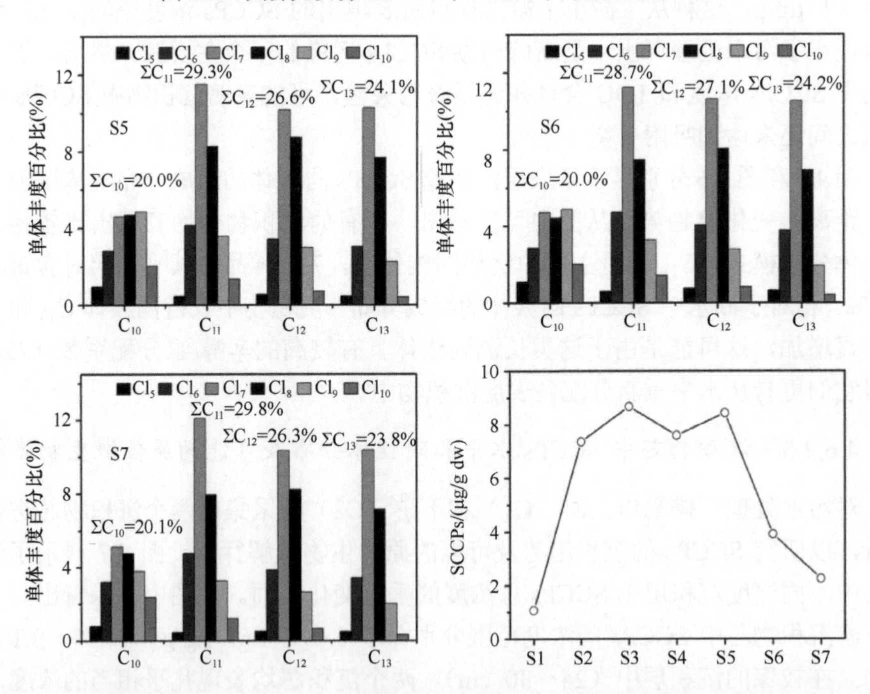

图 4.6 表层沉积物 S5～S7 中 SCCPs 同族体组成分布及 SCCPs 浓度水平随位点的变化

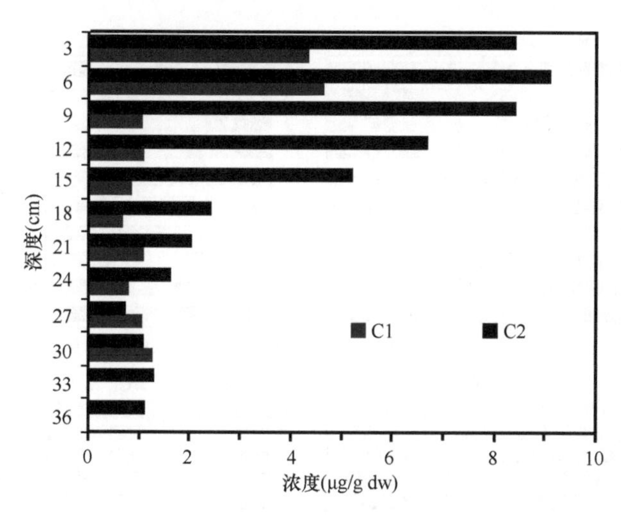

图 4.7 SCCPs 总浓度在上游（C1）和下游（C2）沉积物芯中的垂直浓度分布剖面

而到中上层，下游 C2 沉积芯中 SCCPs 的浓度明显高于 C1 中的浓度。在上层的沉积物中 SCCPs 的总浓度呈现指数增加的趋势可能与我国近年来工业 CPs 产品产量的快速增长和使用有关。类似于表层沉积物，在两个沉积物芯中，也没有发现总 SCCPs 浓度与总有机碳含量之间的显著相关性。

进一步对沉积物芯中以碳原子和氯原子数分类的同族体组垂直分布进行了分析。如图 4.8 所示，两个沉积物芯中，随着沉积层深度的增加，C_{10} 同族体的相对百分比例增加，而 C_{11} 和 C_{12} 同族体则相应减少。此外，观察到上游沉积芯中 C_{13} 同族体的相对含量随深度增加几乎没有太大变化，而在下游沉积芯的较深沉积层中可发现 C_{13} 同族体的相对含量略有增加。从不同氯原子数同族体的垂直分布来看（图 4.8），低氯代 $\Sigma Cl_{5\sim6}$ 和高氯代 $\Sigma Cl_{9\sim10}$ 的百分含量表现出随深度递增的趋势，而中等氯代 $\Sigma Cl_{7\sim8}$ 则表现出迅速降低的趋势。例如，在下游沉积芯中，6 种不同氯原子同族体在最上层的平均分布分别为 ΣCl_5=2.4%、ΣCl_6=13.5%、ΣCl_7=36.5%、ΣCl_8=29.4%、ΣCl_9=13.7%、ΣCl_{10}=4.5%，而在底层中，ΣCl_5、ΣCl_6、ΣCl_9、ΣCl_{10} 分别增加到 5.9%、16.4%、18.6%、5.9%，ΣCl_7 和 ΣCl_8 分别减少至 23.4%和 26.5%。此外，4 种碳链组（ΣC_{10}，ΣC_{11}，ΣC_{12}，ΣC_{13}）的相对含量在最上层的百分数分别为 20.0%、29.3%、26.6%、24.1%，而在最底的沉积层中，ΣC_{10} 增加至 26.3%，ΣC_{11} 和 ΣC_{12} 分别减少至 24.7%和 23.2%。

Tomy 等报道的北美 Fox 湖采集的沉积物芯中碳链同族体分布也有类似的现象，即随沉积深度的增加，C_{10} 相对浓度逐渐增加，C_{12} 相对浓度依次减少（Tomy et al.，1999）。Marvin 等对来自 Ontario 湖沉积芯的研究也发现长链同族体在底层沉积芯中的相对贡献有所减少。他们推断这种同族体随深度的特异性变化可能与表

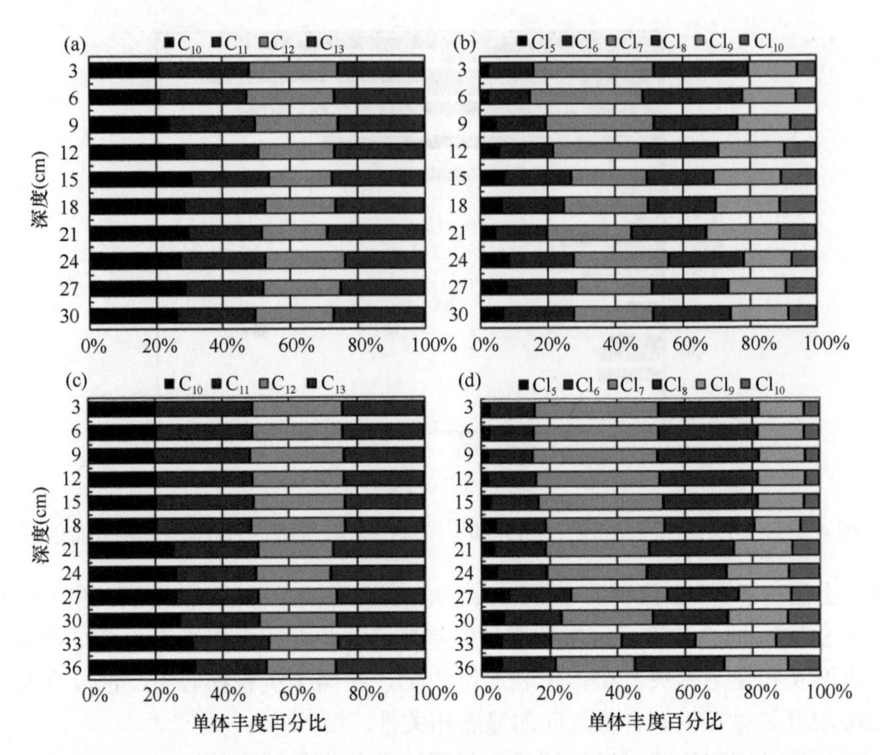

图 4.8 上游 C1（a，b）和下游 C2（c，d）沉积物芯中 $C_{10\sim13}$ 和 $Cl_{5\sim10}$ 同族体组的垂直组成分布

层沉积物中快速的好氧微生物降解有关（Marvin et al.，2003）。此外，其他的工作也研究了氯化石蜡 CPs 在沉积物中的降解情况，大体上，这些化合物对微生物降解的耐受力随氯化度和碳链长度的增大而减少（Fisk et al.，1998b）。我们认为，长链同族体可能是由于具有较大的疏水性和更多未取代的氯位点，增加了这类化合物的好氧降解的难度。因此，短链的 C_{10} 相对于长链的 $C_{11\sim12}$ 具有更高的生物降解潜力。另一方面，低氯代同族体 $Cl_{5\sim6}$ 相对水平随深度增加和中氯代同族体 $Cl_{7\sim8}$ 相对水平随深度减少可能归咎于一个复杂的脱氯机制。此外，高碑店湖不寻常的水温也可能促进了微生物活性的增加，从而增强了 SCCPs 的降解程度。总体上，沉积物芯中同族体这种特异性的垂直分布进一步支持了微生物介导的 SCCPs 降解的可能性。

4.6.2.4 水生生物中 SCCPs 浓度水平及同族体分布

高碑店湖是一个低流速的近似封闭性水体，其水源主要受控于高碑店污水处理厂的排水。以前的研究表明，有机氯化物（PCBs，OCPs）在水生生物体中具有较高的富集水平。在本研究中，也发现 SCCPs 在采集的生物体内也表现出相当高的浓度。浮游植物和甲壳虫中 SCCPs 的总浓度分别达到了 4.7 μg/g dw 和 3.6 μg/g dw。鲶鱼、鲤鱼、鲫鱼、软壳龟及罗非鱼肌肉中 SCCPs 的平均浓度分别为 1.7 μg/g dw、1.4 μg/g dw、3.5 μg/g dw、1.3 μg/g dw 和 1.0 μg/g dw，其脂肪归一化浓度分别为 11.0 μg/g lw、12.7 μg/g lw、25.2 μg/g lw、19.4 μg/g lw 和 20.1 μg/g lw。鱼肌肉中的脂肪含量与 SCCPs 浓度呈现明显线性相关，表明 SCCPs 在生物体内的富集程度明显依赖于水生生物的脂肪含量。此外，2010 年采集的麦穗鱼和鲫鱼样品中 SCCPs 的含量与 2006 年的样品相比呈现出相当或略高的水平。

图 4.9 显示了鲶鱼、鲤鱼、软壳龟及罗非鱼肌肉中 SCCPs 同族体组成分布组成。从图中可以看出，这些鱼类肌肉中表现出与湖水非常类似的同族体分配模式。但是，鲫鱼样品中则显示出与表层沉积物更为相似的分布组成（图 4.10）。在采集的鱼类中，个体最小、寿命最长的鲫鱼不仅含有较高的 SCCPs 浓度，而且含有较高比例的 C_{13} 长链同族体，表明鲫鱼体内 SCCPs 的富集可能主要来源于表层沉积物而不是湖水，这可能与它们在湖中下水层的生活习惯有关。类似于其他非生物样品，氯原子数为 6～8 的 $C_{11\sim12}$ 在所有的鱼类肌肉中是主要的关键性同族体。此

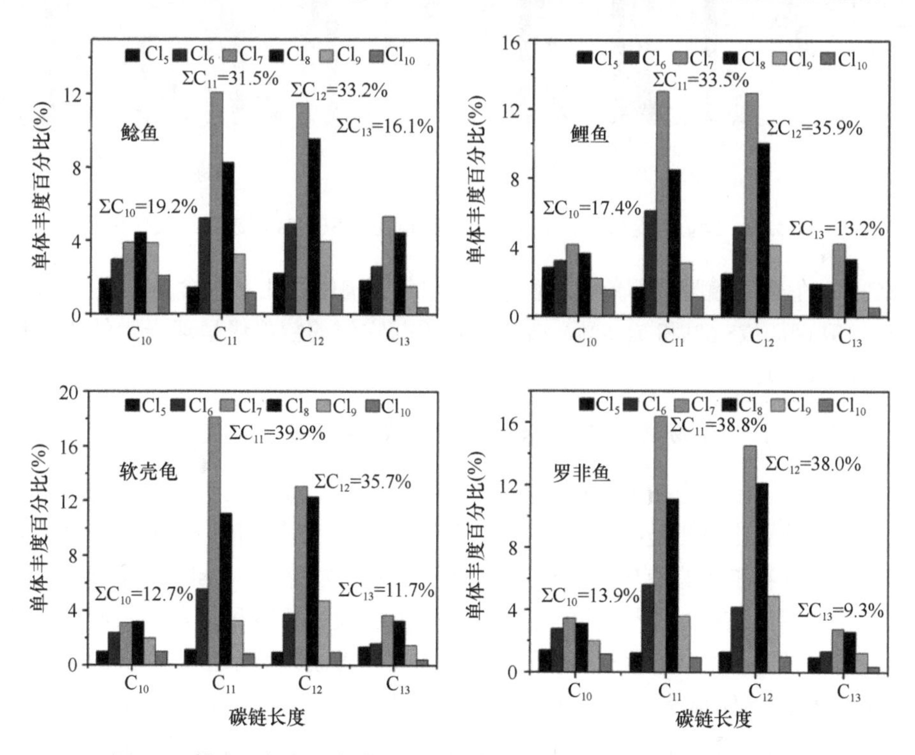

图 4.9　鲶鱼、鲤鱼、软壳龟及罗非鱼肌肉中 SCCPs 同族体组成分布

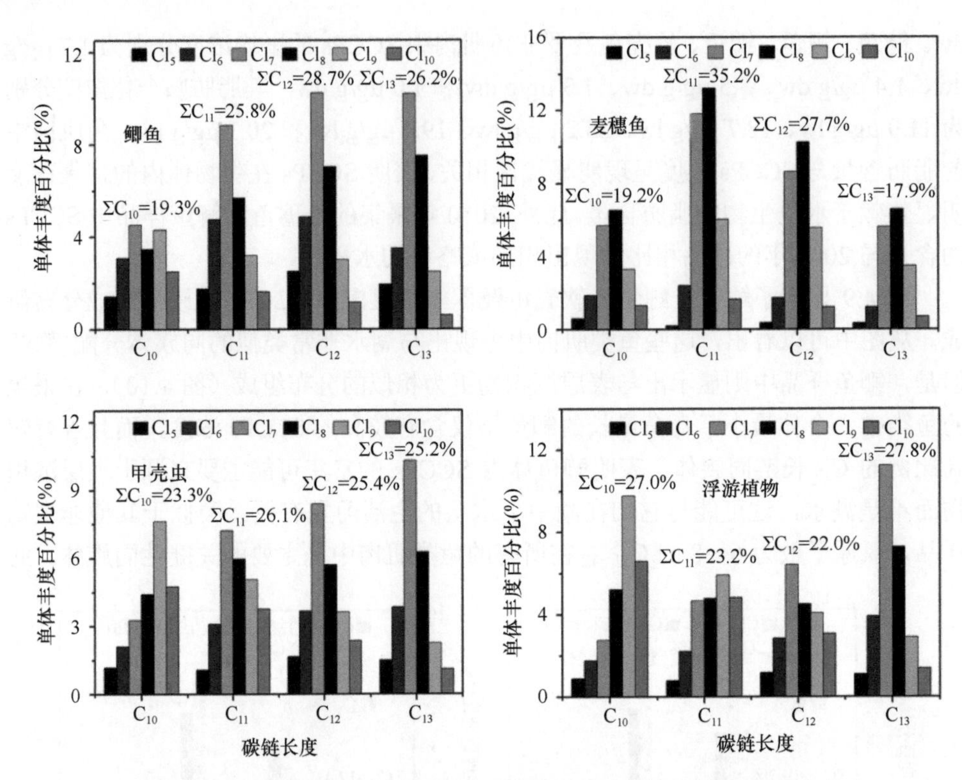

图 4.10 鲫鱼、麦穗鱼、甲壳虫及浮游植物中 SCCPs 同族体组成分布

外，$\Sigma C_{11\sim12}$在鲶鱼、鲤鱼、鲫鱼、软壳龟及罗非鱼肌肉中的相对总含量分别为64.7%、69.4%、54.6%、75.6%和76.8%，该相对水平与它们的营养级呈现一定的正向相关性（鲫鱼除外）。

4.6.2.5 水生食物链中 SCCPs 的生物富集/生物放大研究

一般而言，化合物在生物体内的富集因子超过5000即表明该化合物有生物富集能力。短链氯化石蜡是疏水性很强的有机化合物，其较高的 $\log K_{OW}$（4.8～8.1）表明它们在食物链上具有较高的生物富集和生物放大潜力。Fisk 等通过对鱼类的暴露实验表明，SCCPs 同族体的生物富集潜力随碳链长度和氯含量的增大而增加（Fisk et al.，1998a）。Houde 等对安大略湖和墨西哥湖天然水生食物链的研究发现某些 SCCPs 同族体容易通过摄食富集和营养级放大（Houde et al.，2008）。根据鱼类肌肉中 SCCPs 同族体的脂肪归一化浓度（2006年）及湖水浓度（2010年）计算了各类同族体的生物富集因子（BAF）。如表4.5所示，在采集的鱼类样品中，主要的 SCCPs 同族体 BAF 数据介于53 033～280 200之间。其中最高的 BAF 出现在鲫鱼肌肉中，这也可能反映了 SCCPs 对鲫鱼的暴露主要来源于表层沉积物。

表 4.5　脂肪归一化后的 SCCPs 同族体的生物富集因子

	鲶鱼	鲤鱼	鲫鱼	软壳龟	罗非鱼
ΣCl_5	56 160	76 828	109 918	64 003	67 711
ΣCl_6	53 033	63 168	103 531	85 018	85 271
ΣCl_7	66 685	80 029	130 089	146 282	136 946
ΣCl_8	69 338	75 837	116 627	146 835	136 213
ΣCl_9	82 029	80 371	160 409	141 101	138 516
ΣCl_{10}	121 283	129 814	280 200	157 123	162 802
ΣC_{10}	67 299	63 171	173 964	86 118	70 400
ΣC_{11}	71 408	69 292	106 270	126 327	127 096
ΣC_{12}	72 646	74 996	119 442	113 984	125 537
ΣC_{13}	75 922	79 214	249 855	87 902	99 973

基于上述计算的 BAF，进一步研究了分子组成不同的同族体的生物富集规律。图 4.11 表示了脂肪归一化浓度基础上的同族体生物富集因子与分子中碳原子和氯原子数的关系。从图中可以看出，BAF 随分子式中氯原子数的增加而增大，其相关系数为 R^2 = 0.43（p<0.05）。这可能与高氯代同族体具有较高的 log K_{OW} 使得它们更易在生物体内富集有关。虽然也可以观察到随着碳原子数的增加，BAF 有略微上升的趋势，但是统计结果表明 BAF 与同族体中碳原子数并没有显著的线性相关性（p>0.05）。Houde 等曾报道过类似的现象，他们发现在 C_{10} 和 C_{11} 同族体中随着氯原子数增多，其 BAF 有共同上升的趋势（Houde et al.，2008）。这些结果均表明，由于 SCCPs 同族体的 K_{OW} 值一般随分子中碳原子和氯原子总数的增加而增大，因此可以推断，K_{OW} 值可能是导致 SCCPs 不同同族体具有差异性生物富集能力的重要因素。然而不可忽视的是，鱼类对不同 SCCPs 同族体的生物转化和生物降解能力可能也是导致该现象的另一个因素，但该推论需要进一步用实验来论证。

基于稳定的氮同位素比，测量了不同鱼类的营养级（TL）水平以研究高碑店湖水生食物链中是否存在 SCCPs 的生物放大效应。结果表明采集的这些水生鱼类和龟类的营养级介于 2.00～3.97 之间，其中罗非鱼具有最高的营养级水平，平均达到了 3.94，而鲫鱼具有最宽的营养级水平，其范围在 2.00～2.96 之间。图 4.12（a）表明了在采集的食物链中，脂肪归一化基础上的 SCCPs 总浓度与水生生物营养级水平呈现明显的正向相关性（R^2=0.65，p<0.05）。考虑到 $C_{11\sim12}$ 同族体无论在湖水还是鱼类肌肉中都是主要的优势同族体，进一步分析了脂重基础上的$\Sigma C_{11\sim12}$ SCCPs 与营养级的关系，结果发现了更强的线性相关性（R^2=0.96，p<0.05）[图 4.12（b）]。这些结果表明，SCCPs 可以通过营养水平在食物中放大。

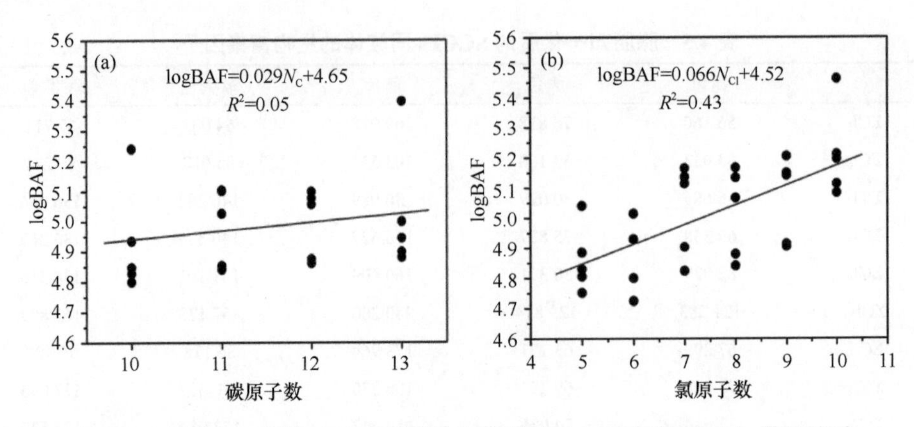

图 4.11 脂肪归一化的 BAF 与同族体中碳原子（a）和氯原子（b）数的关系

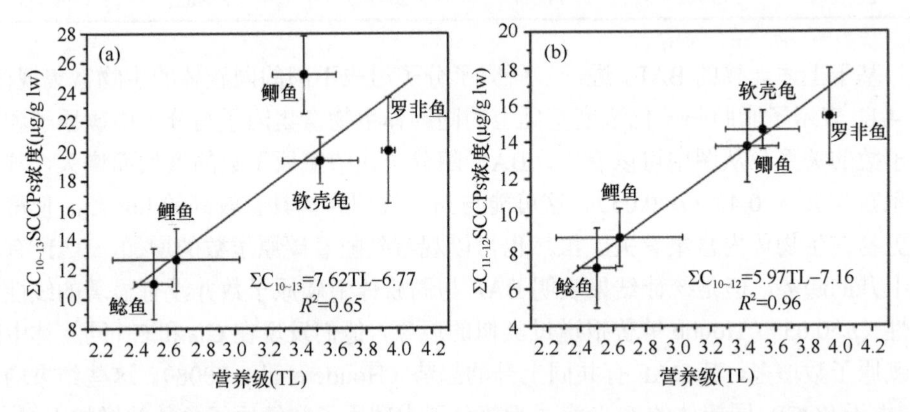

图 4.12 脂归一后的 SCCPs 浓度（a）$\Sigma C_{10\sim13}$ SCCPs 和（b）$\Sigma C_{11\sim12}$ SCCPs 与营养级的关系

为进一步研究 SCCPs 同族体生物放大的程度，根据 Fisk 等发展的方法，利用线性回归计算了营养放大因子（TMF）：log SCCPsconc（脂重）= a +（b × TL）；TMF=10^b。结果显示 $\Sigma C_{10\sim13}$ 和 $\Sigma C_{11\sim12}$ 的平均营养放大因子分别为 1.61 和 1.72（Fisk et al.，2001）。对于主要的碳链同族体 C_{11} 和 C_{12} 的 TMF 分别 1.66 和 1.79，而主要的氯原子同族体组 Cl_7 和 Cl_8 的 TMF 则分别为 1.75 和 1.78。对于其他同族体组，由于较弱的线性相关性（p>0.05），它们的 TMF 没有进行评估。在本研究中，得到的总 SCCPs 和同族体组的营养放大因子明显高于 Houde 等报道的数据，这可能是由于他们在安大略湖和北墨西哥湖的研究区域没有受到明显的 SCCPs 污染源影响（Houde et al.，2008）。高碑店湖水生食物链中 TMF 大于 1 进一步证实了大部分 SCCPs 同族体尤其是湖水中相对含量较大的优势同族体，在污水处理厂下游的局域水生系统中能进行生物放大。

4.6.3 小结

本项工作研究了短链氯化石蜡在污水处理厂下游水生生态系统的环境介质，如水、沉积物、浮游植物及鱼类等基质中的分布，表明了污水处理厂的出水是笔者课题组目前的研究环境中 SCCPs 的一个重要来源。沉积芯中特异性的同族体垂直分布表明存在可能的微生物降解。对水生食物链的研究表明，SCCPs 具有较大的生物富集和生物放大的潜力。然而进一步的工作需要详细地研究 SCCPs 对水生鱼类和沉积物中的生物是否存在潜在的毒性，以评估 SCCPs 可能造成的生态风险，从而采取相应的措施来减少可能的负面影响。

4.7 总　　结

2017 年 5 月，SCCPs 最终被列入《斯德哥尔摩公约》附件 A 受控 POPs 清单中，意味着其健康风险和环境效应已经引起了广泛的关注。虽然在过去的近二十年中，已经有大量关于 SCCPs 的环境水平、分布以及分析方法等文章发表，但是其各类数据，特别是毒性效应，并不完善。

同时，由于 SCCPs 含有数以万计的同系物、对映体和非对映体、异构体的混合物，同时由于在环境中存在着其他含氯化合物的干扰，以及在样品检测全过程中存在现场空白、运输空白、过程空白等干扰，因此不同实验室之间的分析方法存在差异，国际比对实验也表明对于同一个样品不同实验室的结果可能存在 300% 的误差。因此，未来对于 SCCPs 的准确定量仍然面临巨大挑战。解决 SCCPs 定量的发展方向可能会有以下 3 点：

（1）寻找新的能够和 SCCPs 定量相关联的参数（如已应用的氯化度）、数学算法（如解卷积）等对其进行定量。

（2）按照分子量、氯取代数、碳链长度等基础信息，寻找更加高效便捷的方法，以便能够准确分离鉴定 SCCPs 的同族体。

（3）在样品前处理部分或者仪器分析中，将 SCCPs 转化为其他容易定量物质，比如已有的碳原子骨架法和氘代法，然后再进行定量。

仪器分离分析方面，GC×GC-ECD、GC×GC-ECNI-TOF-HRMS 已经为检测氯取代数低于 5 的 SCCPs 提供了可能。同时，APCI-qTOF-HRMS 和 GC-ECNI-qTOF-HRMS 以及 HPLC-qTOF-HRMS 的应用也为以后 SCCPs 的检测提供了选择。

参考文献

仝宜昌, 胡建值, 刘建国, 等. 2009. 我国短链氯化石蜡的环境暴露与风险分析[J]. 环境科学与技术, 02: 438-44.

徐淳, 徐建华, 张剑波. 2014. 中国短链氯化石蜡排放清单和预测[J]. 北京大学学报(自然科学版), 02: 369-378.

Barber J, Sweetman A, Thomas G, et al. 2005a. Spatial and temporal variability in air concentrations of short-chain (C_{10}~C_{13}) and medium-chain (C_{14}~C_{17}) chlorinated *n*-alkanes measured in the UK atmosphere[J]. Environmental Science & Technology, 39: 4407-4415.

Bayen S, Obbard J, Thomas G. 2006. Chlorinated paraffins: A review of analysis and environmental occurrence[J]. Environment International, 32: 915-929.

Bendig P, Hagele F, Vetter W 2013. Widespread occurrence of polyhalogenated compounds in fat from kitchen hoods[J]. Analytical and Bioanalytical Chemistry, 405: 7485-7496.

Bennie D, Sullivan C, Maguire R. 2000. Occurrence of chlorinated paraffins in beluga whales (*Delphinapterus leucas*) from the St. Lawrence River and rainbow trout (*Oncorhynchus mykiss*) and carp (*Cyprinus carpio*) from Lake Ontario[J]. Water Quality Research Journal of Canada, 35: 263-281.

Bidleman T, Alaee M, Stern G. 2001. New persistent chemicals in the Arctic environment. *In*: Kalhok S(ed.). Synopsis of research conducted under the 1999-Contaminants Program[M]. Department of Indian Affairs and Northern Development, Ottawa, Ontario. 93-104.

Bogdal C, Alsberg T, Diefenbacher P S, et al. 2015. Fast Quantification of chlorinated paraffins in environmental samples by direct injection high-resolution mass spectrometry with pattern deconvolution[J]. Analytical Chemistry, 87: 2852-2860.

Borgen A R, Schlabach M, Gundersen H. 2000. Polychlorinated alkanes in arctic air[J]. Organohalogen compounds, 47: 272-274.

Borgen A, Schlabach M, Kallenborn, et al. 2002. Polychlorinated alkanes in ambient air from Bear Island[J]. Organohalogen compounds, 59: 303-306.

Castells P, Parera J, Santos F, et al. 2008. Occurrence of polychlorinated naphthalenes, polychlorinated biphenyls and short-chain chlorinated paraffins in marine sediments from Barcelona (Spain)[J]. Chemosphere, 70: 1552-1562.

Castells P, Santos F, Galceran M. 2003. Solid-phase microextraction for the analysis of short-chain chlorinated paraffins in water samples[J]. Journal of Chromatography A, 984: 1-8.

Castells P, Santos F, Galceran M. 2004. Solid-phase extraction versus solid-phase microextraction for the determination of chlorinated paraffins in water using gas chromatography - negative chemical ionisation mass spectrometry[J]. Journal of Chromatography A, 1025: 157-162.

Chaemfa C, Xu Y, Li J, et al. 2014. Screening of atmospheric short- and medium-chain chlorinated paraffins in India and pakistan using polyurethane foam based passive air sampler[J]. Environmental Science & Technology, 48: 4799-4808.

Chen L, Huang Y, Han S, et al. 2013. Sample pretreatment optimization for the analysis of short chain chlorinated paraffins in soil with gas chromatography-electron capture negative ion-mass spectrometry[J]. Journal of Chromatography A, 1274: 36-43.

Chen M, Luo X, Zhang X, et al. 2011. Chlorinated paraffins in sediments from the Pearl River Delta,

South China: Spatial and temporal distributions and implication for processes[J]. Environmental Science & Technology, 45: 9936-9943.

Coelhan M. 1999. Determination of short chain polychlorinated paraffins in fish samples by short column GC/ECNI-MS[J]. Analytical Chemistry, 71: 4498-4505.

Coelhan M. 2010. Levels of chlorinated paraffins in water[J]. Clean-Soil Air Water, 38: 452-456.

Cooley H, Fisk A, Wiens S, et al. 2001. Examination of the behavior and liver and thyroid histology of juvenile rainbow trout (*Oncorhynchus mykiss*) exposed to high dietary concentrations of C_{10}-, C_{11}-, C_{12}- and C_{14}-polychlorinated n-alkanes[M]. Aquatic Toxicology, 54: 81-99.

De Boer J, Fiedler H, Legler J, et al. 2010. The handbook of environment Chemistry 10: Chlorinated Paraffins[M]. Berlin: Springer-Verlag.

Donald D, Stern G, Muir D, et al. 1998. Chlorobornanes in water, sediment and fish from toxaphene treated and untreated lakes in western Canada[J]. Environmental Science & Technology, 32: 1391-1397.

Drouillard K, Hiebert T, Tran P, et al. 1998a. Estimating the aqueous solubilities of individual chlorinated *n*-alkanes(C_{10}～C_{12})from measurements of chlorinated alkane mixtures[J]. Environmental Toxicology and Chemistry, 17: 1261-1267.

Drouillard K, Tomy G, Muir D, et al. 1998b. Volatility of chlorinated *n*-alkanes (C_{10}～C_{12}): Vapor pressures and Henry's law constants[J]. Environmental Toxicology and Chemistry, 17: 1252-1260.

Eljarrat E, Barceló D. 2006. Quantitative analysis of polychlorinated *n*-alkanes in environmental samples[J]. Trac Trends in Analytical Chemistry, 25: 421-434.

Feo M, Eljarrat E, Barcelo D. 2009. Occurrence, fate and analysis of polychlorinated *n*-alkanes in the environment[J]. Trac-Trends in Analytical Chemistry, 28: 778-791.

Fisk A, Cymbalisty C, Bergman A, et al. 1996. Dietary accumulation of C_{12}- and C_{16}-chlorinated alkanes by juvenile rainbow trout (*Oncorhynchus mykiss*)[J]. Environmental Toxicology and Chemistry, 15: 1775-1782.

Fisk A, Cymbalisty C, Tomy G, et al. 1998a. Dietary accumulation and depuration of individual C_{10}-, C_{11}- and C_{14}-polychlorinated alkanes by juvenile rainbow trout (*Oncorhynchus mykiss*)[J]. Aquatic Toxicology, 43: 209-221.

Fisk A, Hobson K, Norstrom R. 2001. Influence of chemical and biological factors on trophic transfer of persistent organic pollutants in the northwater polynya marine food web[J]. Environmental Science & Technology, 35: 732-738.

Fisk A, Tomy G, Cymbalisty C, et al. 2000. Dietary accumulation and quantitative structure-activity relationships for depuration and biotransformation of short (C_{10}), medium (C_{14}), and long (C_{18}) carbon-chain polychlorinated alkanes by juvenile rainbow trout (*Oncorhynchus mykiss*)[J]. Environmental Toxicology and Chemistry, 19: 1508-1516.

Fisk A, Tomy G, Muir D. 1999. Toxicity of C_{10}-, C_{11}-, C_{12}-, and C_{14}-polychlorinated alkanes to Japanese medaka (*Oryzias latipes*) embryos[J]. Environmental Toxicology and Chemistry, 18: 2894-2902.

Fisk A, Wiens S, Webster G, et al. 1998b. Accumulation and depuration of sediment-sorbed C_{12}- and C_{16}-polychlorinated alkanes by oligochaetes (*Lumbriculus variegatus*)[J]. Environmental Toxicology and Chemistry, 17: 2019-2026.

Fridén U, Jansson B, Parlar H. 2004. Photolytic clean-up of biological samples for gas chromatographic analysis of chlorinated paraffins[J]. Chemosphere, 54: 1079-1083.

Fridén U, Mclachlan M, Berger U. 2011. Chlorinated paraffins in indoor air and dust: Concentrations, congener patterns, and human exposure[J]. Environment International, 37: 1169-1174.

Gandolfi F, Malleret L, Sergent M, et al. 2015. Parameters optimization using experimental design for headspace solid phase micro-extraction analysis of short-chain chlorinated paraffins in waters under the European water framework directive[J]. Journal of Chromatography A, 1406: 59-67.

Gao W, Wu J, Wang Y W, et al. 2016a. Distribution and congener profiles of short-chain chlorinated paraffins in indoor/outdoor glass window surface films and their film-air partitioning in Beijing, China[J]. Chemosphere, 144: 1327-1333.

Gao W, Wu J, Wang Y, et al. 2016b. Quantification of short- and medium-chain chlorinated paraffins in environmental samples by gas chromatography quadrupole time-of-flight mass spectrometry[J]. Journal of Chromatography A, 1452: 98-106.

Gao Y, Zhang H J, Chen J P, et al. 2011. Optimized cleanup method for the determination of short chain polychlorinated *n*-alkanes in sediments by high resolution gas chromatography/electron capture negative ion-low resolution mass spectrometry[J]. Analytica Chimica Acta, 703: 187-193.

Gao Y, Zhang H, Su F, et al. 2012. Environmental occurrence and distribution of short chain chlorinated paraffins in sediments and soils from the Liaohe River Basin, P. R. China[J]. Environmental Science & Technology, 46: 3771-3778.

Gao Y, Zhang H, Zou L, et al. 2016c. Quantification of short-chain chlorinated paraffins by deuterodechlorination combined with gas chromatography-mass spectrometry[J]. Environmental Science & Technology, 50: 3746-3753.

Geiss S, Einax J, Scott S. 2010. Determination of the sum of short chain polychlorinated *n*-alkanes with a chlorine content of between 49% and 67% in water by GC-ECNI-MS and quantification by multiple linear regression[J]. Clean-Soil Air Water, 38: 57-76.

Geiß S, Löffler D, Körner B, et al. 2015. Determination of the sum of short chain chlorinated *n*-alkanes with a chlorine content between 50% and 67% in sediment samples by GC-ECNI-MS and quantification by multiple linear regression[J]. Microchemical Journal, 119: 30-39.

Geng N, Zhang H, Zhang B, et al. 2015. Effects of short-chain chlorinated paraffins exposure on the viability and metabolism of human hepatoma HepG2 cells[J]. Environmental Science & Technology, 49: 3076-3083.

Gillett R, Galbally I, Keywood M, et al. 2017. Atmospheric short-chain-chlorinated paraffins in Melbourne, Australia - first extensive Southern Hemisphere observations[J]. Environmental Chemistry, 14: 106-114.

Halse A, Schlabach M, Schuster J, et al. 2015. Endosulfan, pentachlorobenzene and short-chain chlorinated paraffins in background soils from Western Europe[J]. Environmental Pollution, 196: 21-28.

Harada K, Takasuga T, Hitomi T, et al. 2011. Dietary exposure to short-chain chlorinated paraffins has increased in Beijing, China[J]. Environmental Science & Technology, 45: 7019-7027.

Hilger B, Fromme H, Volkel W, et al. 2011. Effects of chain length, chlorination degree, and structure on the octanol-water partition coefficients of polychlorinated *n*-alkanes[J]. Environmental Science & Technology, 45: 2842-2849.

Hilger B, Fromme H, Volkel W, et al. 2013. Occurrence of chlorinated paraffins in house dust samples from Bavaria, Germany[J]. Environmental Pollution, 175: 16-21.

Houde M, Muir D, Tomy G T, et al. 2008. Bioaccumulation and trophic magnification of short- and medium-chain chlorinated paraffins in food webs from Lake Ontario and Lake Michigan[J].

Environmental Science & Technology, 42: 3893-3899.

Huang H, Gao L, Xia D, et al. 2017. Characterization of short- and medium-chain chlorinated paraffins in outdoor/indoor PM_{10}/$PM_{2.5}$/$PM_{1.0}$ in Beijing, China[J]. Environmental Pollution, 225: 674-680.

Hussy I, Webster L, Russell M, et al. 2012. Determination of chlorinated paraffins in sediments from the Firth of Clyde by gas chromatography with electron capture negative ionisation mass spectrometry and carbon skeleton analysis by gas chromatography with flame ionisation detection[J]. Chemosphere, 88: 292-299.

Hüttig J, Oehme M. 2005. Presence of chlorinated paraffins in sediments from the North and Baltic Seas[J]. Archives of Environmental Contamination and Toxicology, 49: 449-456.

Iino F, Takasuga T, Senthilkumar K, et al. 2005. Risk assessment of short-chain chlorinated paraffins in Japan based on the first market basket study and species sensitivity distributions[J]. Environmental Science & Technology, 39: 859-866.

Iozza S, Muller C, Schmid P, et al. 2008. Historical profiles of chlorinated paraffins and polychlorinated biphenyls in a dated sediment core from Lake Thun (Switzerland)[J]. Environmental Science & Technology, 42: 1045-1050.

Jensen S, Häggberg L, Jörundsdóttir H, et al. 2003. A quantitative lipid extraction method for residue analysis of fish involving nonhalogenated solvents[J]. Journal of Agricultural and Food Chemistry, 51: 5607-5611.

Koh I-O, Rotard W, Thiemann W. 2002. Analysis of chlorinated paraffins in cutting fluids and sealing materials by carbon skeleton reaction gas chromatography[J]. Chemosphere, 47: 219-227.

Korytár P, Leonards P, De Boer J, et al. 2005. Group separation of organohalogenated compounds by means of comprehensive two-dimensional gas chromatography[J]. Journal of Chromatography A, 1086: 29-44.

Li H, Fu J, Zhang A, et al. 2016. Occurrence, bioaccumulation and long-range transport of short-chain chlorinated paraffins on the Fildes Peninsula at King George Island, Antarctica[J]. Environment International, 94: 408-414.

Li Q L, Li J, Wang Y, et al. 2012. Atmospheric short-chain chlorinated paraffins in China, Japan, and South Korea[J]. Environmental Science & Technology, 46: 11948-11954.

Li T, Wan Y, Gao S, et al. 2017. High-throughput determination and characterization of short-, medium-, and long-chain chlorinated paraffins in human blood[J]. Environmental Science & Technology, 51: 3346-3354.

Ma X, Chen C, Zhang H, et al. 2014a. Congener-specific distribution and bioaccumulation of short-chain chlorinated paraffins in sediments and bivalves of the Bohai Sea, China[J]. Marine Pollution Bulletin, 79: 299-304.

Ma X, Zhang H, Wang Z, et al. 2014b. Bioaccumulation and trophic transfer of short chain chlorinated paraffins in a marine food web from Liaodong Bay, North China[J]. Environmental Science & Technology, 48: 5964-5971.

Ma X D, Zhang H, Zhou H, et al. 2014c. Occurrence and gas/particle partitioning of short- and medium-chain chlorinated paraffins in the atmosphere of Fildes Peninsula of Antarctica[J]. Atmospheric Environment, 90: 10-15.

Marvin C, Painter S, Tomy G, et al. 2003. Spatial and temporal trends in short-chain chlorinated paraffins in Lake Ontario sediments[J]. Environmental Science & Technology, 37: 4561-4568.

Moore S, Vromet L, Rondeau B. 2004. Comparison of metastable atom bombardment and electron capture negative ionization for the analysis of polychloroalkanes[J]. Chemosphere, 54: 453-459.

Morales L, Martrat M, Olmos J, et al. 2012. Persistent organic pollutants in gull eggs of two species (*Larus michahellis* and *Larus audouinii*) from the Ebro delta Natural Park[J]. Chemosphere, 88: 1306-1316.

Muir D, Bennie D, Teixeira C, et al. 2001. Short chain chlorinated paraffins: Are they persistent and bioaccumulative? *In*: Lipnick R, Jansson B, Mackay D, Patreas M(eds.). Persistent, bioaccumulative and toxic substances[M]. ol. 2. Washington, D.C: CS Books, 184-202.

Muir D, Teixeira C, Braekevelt E, et al. 2003. Medium chain chlorinated paraffins in Great Lakes food webs[J]. Organohalogen Compdounds, 64: 166-169.

Muscalu A, Morse D, Reiner E, et al. 2017. The quantification of short-chain chlorinated paraffins in sediment samples using comprehensive two-dimensional gas chromatography with mu ECD detection[J]. Analytical and Bioanalytical Chemistry, 409: 2065-2074.

Nicholls C, Allchin C, Law R. 2001. Levels of short and medium chain length polychlorinated n-alkanes in environmental samples from selected industrial areas in England and Wales[J]. Environmental Pollution, 114: 415-430.

Nilsson M, Bengtsson S, Kylin H. 2012. Identification and determination of chlorinated paraffins using multivariate evaluation of gas chromatographic data[J]. Environmental Pollution, 163: 142-148.

Parera J, Abalos M, Santos F, et al. 2013. Polychlorinated dibenzo-*p*-dioxins, dibenzofurans, biphenyls, paraffins and polybrominated diphenyl ethers in marine fish species from Ebro River Delta(Spain)[J]. Chemosphere, 93: 499-505.

Parera J, Santos F, Galceran M. 2004. Microwave-assisted extraction versus Soxhlet extraction for the analysis of short-chain chlorinated alkanes in sediments[J]. Journal of Chromatography A, 1046: 19-26.

Peters A, Tomy G, Jones K, et al. 2000. Occurrence of C_{10}～C_{13} polychlorinated n-alkanes in the atmosphere of the United Kingdom[J]. Atmospheric Environment, 34: 3085-3090.

Pribylova P, Klanova J, Holoubek I. 2006. Screening of short- and medium-chain chlorinated paraffins in selected riverine sediments and sludge from the Czech Republic[J]. Environmental Pollution, 144: 248-254.

Qiao L, Xia D, Gao L, et al. 2016. Occurrences, sources and risk assessment of short- and medium-chain chlorinated paraffins in sediments from the middle reaches of the Yellow River, China[J]. Environmental Pollution, 219: 483-489.

Randegger-Vollrath A. 1998. Determination of chlorinated paraffins in cutting fluids and lubricants[J]. Fresenius' Journal of Analytical Chemistry, 360: 62-68.

Reiger R, Ballschmiter K. 1995. Semivolatile organic compounds polychlorinated dibenzo-*p*-dioxins (PCDD), dibenzofurans (PCDF), biphenyls (PCBs), hexachlorobenzene (HCB), 4, 4'-DDE and chlorinated paraffins (CP) as markers in sewer films[J]. Fresenius Journal of Analytical Chemistry, 352: 715-724.

Renberg L, Tarkpea M, Sundstrom G. 1986. The use of the bivalve *Mytilus edulis* as a test organism for bioconcentration studies[J]. Ecotoxicology and Environmental Safety, 11: 361-372.

Reth M, Ciric A, Christensen G, et al. 2006. Short- and medium-chain chlorinated paraffins in biota from the European Arctic - differences in homologue group patterns[J]. Science of the Total Environment, 367: 252-260.

Reth M, Oehme M. 2004. Limitations of low resolution mass spectrometry in the electron capture negative ionization mode for the analysis of short- and medium-chain chlorinated paraffins[J]. Analytical and Bioanalytical Chemistry, 378: 1741-1747.

Reth M, Zencak Z, Oehme M. 2005a. First study of congener group patterns and concentrations of short- and medium-chain chlorinated paraffins in fish from the North and Baltic Sea[J]. Chemosphere, 58: 847-854.

Reth M, Zencak Z, Oehme M. 2005b. New quantification procedure for the analysis of chlorinated paraffins using electron capture negative ionization mass spectrometry[J]. Journal of Chromatography A, 1081: 225-231.

Rieger R, Ballschmiter K. 1995. Semivolatile organic compounds— polychlorinated dibenzo-*p*-dioxins (PCDD), dibenzofurans (PCDF), biphenyls (PCB), hexachlorobenzene (HCB), 4, 4'-DDE and chlorinated paraffins (CP)— As markers in sewer films[J]. Fresenius' Journal of Analytical Chemistry, 352: 715-724.

Rusina T P, Korytár P, De Boer J. 2011. Comparison of quantification methods for the analysis of polychlorinated alkanes using electron capture negative ionisation mass spectrometry[J]. International Journal of Environmental Analytical Chemistry, 91: 319-332.

Santos F, Parera J, Galceran M. 2006. Analysis of polychlorinated *n*-alkanes in environmental samples[J]. Analytical and Bioanalytical Chemistry, 386: 837-857.

Shi L, Gao Y, Zhang H, et al. 2017. Concentrations of short- and medium-chain chlorinated paraffins in indoor dusts from malls in China: Implications for human exposure[J]. Chemosphere, 172: 103-110.

Sijm D, Sinnige T. 1995. Experimental octanol/water partition coefficients of chlorinated paraffins[J]. Chemosphere, 31: 4427-4435.

Štejnarová P, Coelhan M, Kostrhounová R, et al. 2005. Analysis of short chain chlorinated paraffins in sediment samples from the Czech Republic by short-column GC/ECNI-MS[J]. Chemosphere, 58: 253-262.

Stevenson G, Yates A, Gillett R, et al. 2011. Pesticide multi-residue analysis in tea using d-SPE sample cleanup with graphene mixed with primary secondary amine and graphitized carbon black prior to LC-MS/MS[J]. Australia Organohalogen Compounds, 73: 1367-1369.

Strid A, Bruhn C, Sverko E, et al. 2013. Brominated and chlorinated flame retardants in liver of Greenland shark (*Somniosus microcephalus*)[J]. Chemosphere, 91: 222-228.

Sun R, Luo X, Tang B, et al. 2016. Short-chain chlorinated paraffins in marine organisms from the Pearl River Estuary in South China: Residue levels and interspecies differences[J]. Science of the Total Environment, 553: 196-203.

Takasuga T, Hayashi A, Yamashita M, et al. 2003. Preliminary study of polychlorinated n-alkanes in standard mixtures, river water samples from Japan by HRGC-HRMS with negative ion chemical ionization[J]. Organohalogen Compounds, 60: 424-427.

Thomas G, Farrar D, Braekevelt E, et al. 2006. Short and medium chain length chlorinated paraffins in UK human milk fat[J]. Environment International, 32: 34-40.

Tomy G, Fisk A, Westmore J, et al. 1998a. Environmental chemistry and toxicology of polychlorinated *n*-alkanes[J]. Reviews of Environmental Contamination and Toxicology, 158: 53-128.

Tomy G, Muir D, Stern G, et al. 2000. Levels of C_{10}～C_{13} polychloro-*n*-alkanes in marine mammals from the Arctic and the St. Lawrence River estuary[J]. Environmental Science & Technology, 34: 1615-1619.

Tomy G, Stern G, Lockhart W, et al. 1999. Occurrence of C_{10}～C_{13} polychlorinated n-alkanes in Canadian midlatitude and arctic lake sediments[J]. Environmental Science & Technology, 33: 2858-2863.

Tomy G, Stern G, Muir D, et al. 1997. Quantifying C_{10}～C_{13} polychloroalkanes in environmental samples by high-resolution gas chromatography electron capture negative ion high resolution mass spectrometry[J]. Analytical Chemistry, 69: 2762-2771.

Tomy G, Tittlemier S, Stern G, et al. 1998b. Effects of temperature and sample amount on the electron capture negative ion mass spectra of polychloro-*n*-alkanes[J]. Chemosphere, 37: 1395-1410.

Tomy G, Westmore J, Muir D. 1998. Reviews of environmental contamination and toxicology [M]. New York: Springer.

UNEP. 2012. Short-chained chlorinated paraffins: revised draft risk profile UNEP/POP/PORC.8/6[R]. United Nations Environmental Programme Stockholm Convention on Persistent Organic Pollutants, Geneva.

van Mourik L, Leonards P, Gaus C, et al. 2015. Recent developments in capabilities for analysing chlorinated paraffins in environmental matrices: A review[J]. Chemosphere, 136: 259-272.

Wang T, Yu J, Han S, et al. 2015. Levels of short chain chlorinated paraffins in pine needles and bark and their vegetation-air partitioning in urban areas[J]. Environmental Pollution, 196: 309-312.

Wang X, Wang X, Zhang Y, et al. 2014. Short- and medium-chain chlorinated paraffins in urban soils of Shanghai: Spatial distribution, homologue group patterns and ecological risk assessment[J]. Science of the Total Environment, 490: 144-152.

Wang X, Zhang Y, Miao Y, et al. 2013a. Short-chain chlorinated paraffins (SCCPs) in surface soil from a background area in China: Occurrence, distribution, and congener profiles[J]. Environmental Science and Pollution Research, 20: 4742-4749.

Wang Y, Cai Y, Jiang G. 2010. Research processes of persistent organic pollutants (POPs) newly listed and candidate POPs in Stockholm Convention[J]. Science in China Series B Chemistry, 40: 99-123.

Wang Y, Fu J, Jiang G. 2009. The research of environmental pollutions and toxic effect of short chain chlorinated paraffins[J]. Environmental Chemistry, 28: 1-7.

Wang Y, Li J, Cheng Z, et al. 2013b. Short- and medium-chain chlorinated paraffins in air and soil of subtropical terrestrial environment in the Pearl River Delta, South China: Distribution, composition, atmospheric deposition fluxes, and environmental fate[J]. Environmental Science & Technology, 47: 2679-2687.

Wania F. 2003. Assessing the potential of persistent organic chemicals for long-range transport and accumulation in polar regions[J]. Environmental Science & Technology, 37: 1344-1351.

Warnasuriya G D, Elcombe B M, Foster J R, et al. 2010. A mechanism for the induction of renal tumours in male Fischer 344 rats by short-chain chlorinated paraffins[J]. Archives of Toxicology, 84: 233-243.

WFD. 2000. Directive 2000/60/EC of the European Parliament and of the Council of 23 October 2000 establishing a framework for Community action in the field of water policy, Off. J. Eur. Commun[R].(2000)L. 327/1–L. 327/72. http://ec.europa.eu/environment/water/water-framework/.

Xia D, Gao L, Zheng M, et al. 2016. A novel method for profiling and quantifying short- and medium-chain chlorinated paraffins in environmental samples using comprehensive two-dimensional gas chromatography-electron capture negative ionization high-resolution time-of-flight mass spectrometry[J]. Environmental Science & Technology, 50: 7601-7609.

Xia D, Gao L, Zheng M, et al. 2017. Health risks posed to infants in rural China by exposure to short- and medium-chain chlorinated paraffins in breast milk[J]. Environment International, 103: 1-7.

Xia D, Gao L, Zhu S, et al. 2014. Separation and screening of short-chain chlorinated paraffins in environmental samples using comprehensive two-dimensional gas chromatography with micro electron capture detection[J]. Analytical and Bioanalytical Chemistry, 406: 7561-7570.

Yuan B, Wang T, Zhu N, et al. 2012. Short chain chlorinated paraffins in mollusks from coastal waters in the Chinese Bohai Sea[J]. Environmental Science & Technology, 46: 6489-6496.

Zencak Z, Oehme M. 2004. Chloride-enhanced atmospheric pressure chemical ionization mass spectrometry of polychlorinated *n*-alkanes[J]. Rapid Communications in Mass Spectrometry, 18: 2235-2240.

Zencak Z, Oehme M. 2006. Recent developments in the analysis of chlorinated paraffins[J]. Trac Trends in Analytical Chemistry, 25: 310-317.

Zeng L, Chen R, Zhao Z, et al. 2013b. Spatial distributions and deposition chronology of short chain chlorinated paraffins in marine sediments across the Chinese Bohai and Yellow Seas[J]. Environmental Science & Technology, 47: 11449-11456.

Zeng L, Lam J, Wang Y, et al. 2015. Temporal trends and pattern changes of short- and medium-chain chlorinated paraffins in marine mammals from the South China Sea over the past decade[J]. Environmental Science & Technology, 49: 11348-11355.

Zeng L, Li H, Wang T, et al. 2013a. Behavior, fate, and mass loading of short chain chlorinated paraffins in an advanced municipal sewage treatment plant[J]. Environmental Science & Technology, 47: 732-740.

Zeng L, Wang T, Han W Y, et al. 2011a. Spatial and vertical distribution of short chain chlorinated paraffins in soils from wastewater irrigated farmlands[J]. Environmental Science & Technology, 45: 2100-2106.

Zeng L, Wang T, Ruan T, et al. 2012a. Levels and distribution patterns of short chain chlorinated paraffins in sewage sludge of wastewater treatment plants in China[J]. Environmental Pollution, 160: 88-94.

Zeng L, Wang T, Wang P, et al. 2011b. Distribution and trophic transfer of short-chain chlorinated paraffins in an Aquatic ecosystem receiving effluents from a sewage treatment plant[J]. Environmental Science & Technology, 45: 5529-5535.

Zeng L, Zhao Z, Li H, et al. 2012b. Distribution of short chain chlorinated paraffins in marine sediments of the east China Sea: Influencing factors, transport and implications[J]. Environmental Science & Technology, 46: 9898-9906.

Zhao Z, Li H, Wang Y, et al. 2013. Source and migration of short-chain chlorinated paraffins in the coastal East China Sea using multiproxies of marine organic geochemistry[J]. Environmental Science & Technology, 47: 5013-5022.

Zitko V. 2010. Chlorinated paraffins[M]. Heidelberg; London: Springer.

第5章 硫丹研究进展

本章导读

- 阐述硫丹的基本物化特性，包括结构，国内外生产、使用及管控情况，排放清单以及分析方法等方面的研究进展。
- 从环境水平及污染现状集中介绍硫丹在不同环境介质中的归宿。
- 系统总结硫丹的毒理及毒性效应。

5.1 硫丹概述

硫丹（endosulfan）是一种环戊二烯类有机氯化合物，广泛用于农业杀虫剂和杀螨剂，于1956年由德国赫斯特公司（Hoechst）与美国FMC公司（Food Machinery Corporation）首次合成并开发应用。硫丹的化学名称为1,2,3,4,7,7-六氯双环[2.2.1]庚-2-烯-5,6-双羟甲基亚硫酸酯，商品名有塞丹、硕丹、安杀丹、韩丹等，英文商品名有Thiodan，Thionex，Thiomul，Endox，Endocell，Benzoepin，Insecto，Cyclodan和Malix等（Weber et al.，2006）。硫丹分子式为$C_9H_6Cl_6O_3S$，摩尔质量为406.9 g/mol，熔点为70～100℃，不溶于水，易溶于氯仿、丙酮、正己烷、二氯甲烷以及异辛烷等有机溶剂。

工业硫丹是由两种同分异构体*α*-硫丹和*β*-硫丹组成的混合物，其含量比从2∶1到7∶3（Wang et al.，2014）。*α*异构体是非对称结构，以两种扭折椅式的形式存在，而*β*异构体是对称结构，两种异构体具有相同的杀虫效果。纯品硫丹为白色晶体，工业粗制品为棕色无定形粉末，有二氧化硫气味，商品是可湿性粉剂或乳状液体。相比于其他有机氯农药，硫丹在环境中易发生生物和非生物降解，硫丹硫酸盐是主要的降解产物（Tiwari and Guha，2013a）。硫丹异构体及其降解产物的结构式如图5.1所示。表5.1列出了它们的部分理化性质参数，可以看出这两种异构体的物理化学性质不同，如*β*-硫丹与*α*-硫丹相比，有较强的水溶性和较低的亨利常数，硫丹硫酸盐的溶解度和*β*-硫丹相似，但蒸气压和亨利常数明显较低。

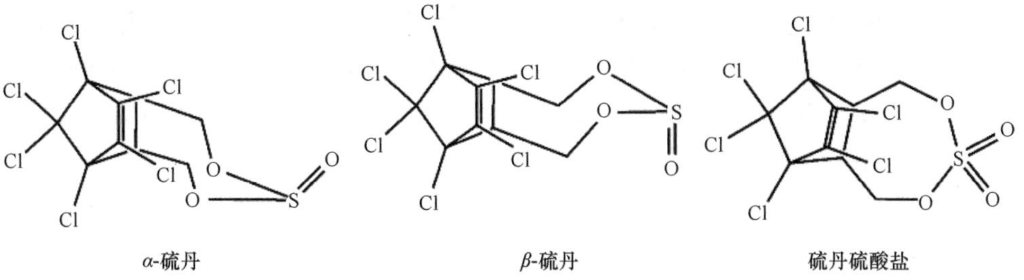

α-硫丹　　β-硫丹　　硫丹硫酸盐

图 5.1　硫丹及其代谢物的化学结构式

表 5.1　硫丹及其代谢物的部分物理化学性质

（Shen and Wania，2005；Peterson and Batley，1993；Weber et al.，2010；Hinckley et al.，1990）

物理化学性质	α-硫丹	β-硫丹	硫丹硫酸盐
摩尔质量（g/mol）	406.9	406.9	422.9
熔点（℃）	109.2	213.3	181～201
水溶解度（mol/m^3）	0.063	0.089	0.089
蒸气压（Pa）	0.0044	0.0040	0.0013
亨利常数（$Pa \cdot m^3 \cdot mol^{-1}$）	0.70	0.045	0.015
$\log K_{OW}$	4.94	4.78	3.64
$\log K_{OC}$	3.6	4.3	3.18
$\log K_{OA}$	8.49	9.53	—

硫丹是一种广谱杀虫剂，具有良好的生物活性，并且价格低廉，因此在世界范围内广泛使用。硫丹具有胃毒和触杀作用，兼具熏蒸作用，应用的农作物主要有棉花、烟草、茶树、果树等，能够防治棉铃虫、红铃虫、棉卷叶蛾、金刚钻、金龟子、梨小食心虫、桃小食心虫、黏虫、蓟马和叶蝉等害虫。在部分国家和地区，硫丹也用于木材防腐和家庭花园中的害虫防治（Jia et al.，2009）。

据统计，20 世纪 80 年代，硫丹的全球年使用量估计为 10 500 t，20 世纪 90 年代，年均使用量大约为 12 800 t（Li and Macdonald，2005）。目前印度是主要的硫丹生产国，硫丹年产量约 5400 t，占全球的一半。印度总使用量在 1958～2000 年期间达到 113 000 t，位居全球第一位；其次是美国，总使用量在 1954～2000 年期间为 26 000 t。全球在 1950～2000 年农业上的累计使用量为 308 000 t（Li and Macdonald，2005）。表 5.2 给出了部分国家的硫丹使用量。

我国从 1994 年才开始生产硫丹，到 2001 年，已有 14 个省市的 34 个企业生产硫丹原药和制剂，并有一定数量用于出口；到了 2005 年，硫丹及相关产品的厂家达到 46 个，其中原药生产厂家 3 个，基本分布在我国东南沿海，其中江苏和山东最多（Jia et al.，2009）。1994～2004 年间，我国共使用硫丹 25 700 t，其中硫丹在棉花上的使用量超过 14 000 t，远远高于其他作物。从 1998 年起，硫丹才施用于小麦、茶树、烟草和果树等非棉花物种，截至 2004 年，使用量分别为 4000 t、3000 t、2000 t、2000 t。从各省使用量分布来看，农业大省河南的使用量最大，为 4000 t，新疆维吾尔自治区次之，为 3200 t（Jia et al.，2009）。

表 5.2 部分国家硫丹的使用量

国家	年份	使用量（t）	参考文献
印度	1958～2002	113 000	Weber et al.，2010
美国	1954～2002	26 000	Weber et al.，2010
巴西	1958～2002	23 000	Li and Macdonald，2005
澳大利亚	1958～2002	21 000	Li and Macdonald，2005
苏丹	1958～2002	19 000	Li and Macdonald，2005
苏联	1958～1991	13 000	Li and Macdonald，2005
中国	1994～2004	25 700	Jia et al.，2009

硫丹的大量使用导致了严重的环境污染。硫丹在环境中的来源分为两个方面：一方面是在农药喷洒使用过程中硫丹挥发进入大气，此外喷洒吸附在农作物表面的硫丹在雨水冲刷、地表径流及淋溶作用下进入土壤和水体；另一方面是硫丹在生产过程中直接挥发、废弃物的排放导致其进入水体和土壤环境中。大量证据表明硫丹具有持久性有机污染物的特性，在环境中具有较强的迁移能力，在偏远的南北极、高山地区都能检测到它们的存在，对人类健康和生态环境造成了严重威胁。

鉴于硫丹的环境危害，2011 年 4 月在瑞士日内瓦召开的《斯德哥尔摩公约》第五次缔约方大会（COP5）上，最终将硫丹列入了公约附件 A，而发展中国家要淘汰硫丹还面临着诸多挑战，因此该公约同时对硫丹规定了特别豁免，我国也在豁免的名单中。经过国内相关程序的审批，我国决定于 2014 年 3 月 26 日起，除特定豁免于防治棉花棉铃虫、烟草烟青虫的生产和使用之外，禁止其他的生产、流通和进出口。

5.2 环境样品前处理及分析技术

硫丹属于半挥发性有机污染物，气相色谱法以其快速、灵敏的特点成为分析的主要手段。一般情况下，环境样品中硫丹及其代谢物含量属于痕量或超痕量水平（一般为 ppb 级或 ppt 级），而且样品中通常含有其他干扰物质。因此，样品必须经过相应的前处理净化过程，以除去大量的干扰物质和基质成分，同时仪器分析必须满足高灵敏度、高选择性和低检测限等要求。样品前处理过程主要包括提取与净化浓缩等步骤。

5.2.1　样品前处理

5.2.1.1　萃取

硫丹属于弱极性化合物，和其他有机氯农药化合物分析方法类似，一般选用弱极性或不同极性的混合溶剂来萃取。常用的萃取剂为二氯甲烷、正己烷–二氯甲烷、正己烷–丙酮或二氯甲烷–丙酮的混合溶剂。有机氯农药的分析对溶剂的纯度要求很高，通常使用农残级有机溶剂，以消除溶剂带来的空白干扰。

环境水样等液态样品一般采用液–液萃取法进行富集。近年来，许多新近发展起来的萃取技术已用于硫丹的环境分析中，其中固相萃取（solid phase extraction，SPE）技术是 20 世纪 70 年代发展起来的一种样品富集技术。一般水样中的硫丹浓度较低，SPE 技术特别适用于水样的前处理，将萃取富集与净化集于一体，具有节约有机溶剂和富集倍数高的特点（Lopez-Blanco et al.，2002）。固相微萃取（solid phase micro-extraction，SPME）技术集萃取、富集和解吸于一体，操作更加简便快捷、灵敏度高，克服了固相萃取回收率相对较低、吸附剂孔道易堵塞等缺点，在环境水体分析中有一定的优势。Deger 等利用 SPME 技术成功分析了水体中 ng/L 级浓度水平的硫丹及其代谢物，其色谱图如图 5.2 所示（Deger et al.，2003）。

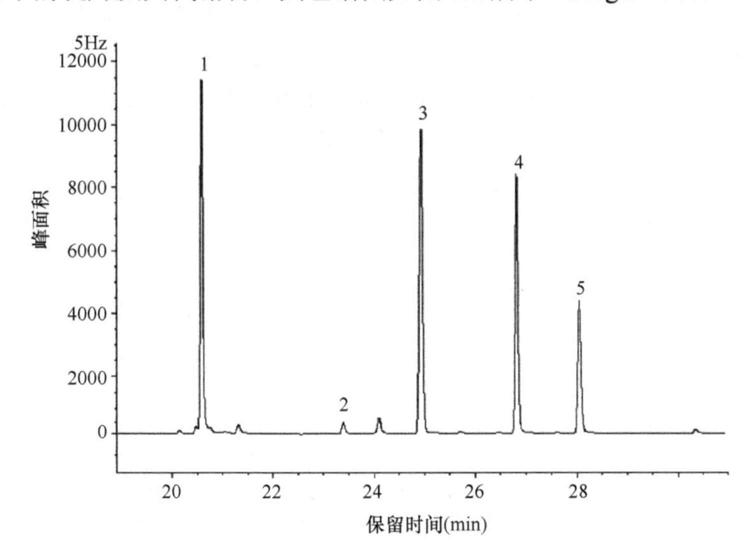

图 5.2　SPME 分离富集水体硫丹及主要代谢物的 GC-ECD 色谱图（Deger et al.，2003）

1. 硫丹醚；2. 硫丹内酯；3. α-硫丹；4. β-硫丹；5. 硫丹硫酸盐

固体样品常采用索氏提取（Jia et al.，2010），其优点是具有较高的萃取效率和良好的重现性，但耗时较长，且耗费大量有机溶剂。而超声萃取具有快速、高效的特点，常用作索氏提取的替代方法。加速溶剂萃取（accelerated solvent extraction，ASE）技术适用于固体或半固体样品的残留分析，具有快速、高效、自动化程度高的特点。近年来得到广泛的应用（Chan and Mohd，2005），其他萃取方法如基质分散萃取（Albero et al.，2003）、超临界流体萃取（Lehotay et al.，2002）也在硫丹样品的萃取中得到应用。

5.2.1.2 净化

净化过程的目的是将萃取出来的目标物质与其他杂质分离，以除去脂肪、色素和大分子化合物等杂质对目标化合物的分析干扰。对于一个复杂基质的环境样品，一般需要一个或多个净化过程才能进行仪器分析。硫丹及其代谢物分析的净化方法主要有填充吸附柱净化法、固相萃取柱净化法和凝胶渗透色谱法（gel-permeation cleanup，GPC）等。

填充柱层析净化法是应用最普遍的传统净化方法。层析柱净化常用的填料有氧化铝、弗罗里硅土和硅胶，其净化的原理是利用物质在吸附剂上不同的吸附性能而进行洗脱，从而将目标化合物和杂质分离。对于特定的吸附剂，净化效果也取决于填料比表面的大小、活度和用量的多少。吸附剂在使用前要高温活化，其活性受活化温度和活化时间的影响，若活度太高，可能导致目标化合物难以被洗脱，此种情况可通过添加适量蒸馏水去活。有研究者将土壤样品萃取液通过旋转蒸发仪浓缩为 1 mL，在 10 g 硅胶填充玻璃柱上样，然后用 80 mL 正己烷–二氯甲烷的混合溶剂（1∶1，*v/v*）进行洗脱，最后将洗脱液浓缩，溶剂交换为异辛烷，定容至 1 mL，待仪器分析（Jia et al.，2010）。

近年来商品化的固相萃取柱净化法得到广泛应用，该方法自动化程度较高，为分析者节省大量时间，并且溶剂消耗量也大大减少。常见的柱填料有 C_{18}、氧化铝、弗罗里硅土和硅胶等，已广泛应用于蔬菜（Lal et al.，2008）、食用油（Lentza-Rizos et al.，2001）、土壤（Rashid et al.，2010）、水产品（Hong et al.，2004）和血液（Dmitrovic et al.，2002）等多种环境样品的净化过程。

凝胶渗透色谱法，其分离净化原理是利用物质分子大小的不同将大分子量、高沸点的杂质和目标物分离。在净化洗脱过程中，小分子目标化合物进入凝胶中，而大分子不能进入凝胶孔中优先被洗脱下来，从而达到分离的目的。和其他有机氯农药分析类似，一般选用交联聚苯乙烯凝胶（Bio-Beads S-X）为净化填料，洗脱溶剂一般是二氯甲烷–正己烷（1∶1，*v/v*）或者二氯甲烷，洗脱溶剂用量通过预实验进行优化确定（缪建军等，2012）。

5.2.2 仪器分析技术

硫丹具有半挥发性和热稳定性，目前最常用的仪器检测方法是气相色谱–电子捕获检测器（GC-ECD）和气相色谱–质谱联用（GC-MS）方法。近年来又出现了气相色谱–串联质谱联用（GC-MS/MS）技术，使分析灵敏度和准确性得到进一步的提高。

5.2.2.1 气相色谱–电子捕获检测器

气相色谱–电子捕获检测器（gas chromatography-electron capture detector，GC-ECD）对含卤素等电负性较大的化合物具有较强的响应，是测定有机氯农药最灵敏的检测器之一，仪器配置要求较低，应用非常普遍。但其定性受基质干扰影响较大，对样品的净化程度要求很高。由于 ECD 的检测原理使其对各种卤素化合物如多氯联苯（PCBs）和多溴二苯醚（PBDEs）等化合物都具有较强的响应，因而缺乏一定的选择性。GC-ECD 测定目标化合物是根据保留时间来判定待测组分的，而对色谱柱的共流出物无法分辨。分析中，干扰物与待测物在同一根色谱柱具有相同保留时间的现象也会经常发生，特别是对污染物不明的样品更容易造成假阳性。

5.2.2.2 气相色谱–质谱联用技术

GC-MS 分析技术在一定程度上排除了干扰物的影响，使得定性定量的准确性大大提高。电子撞击（EI）和电子捕获负离子（ECNI）都可作为低分辨 GC-MS 检测硫丹及其代谢物的离子化方式。比较而言，EI 更具有选择性，而 ECNI 有更高的灵敏度（Cao et al.，2013）。贾宏亮等用 GC-ECNI-MS 技术分析了我国土壤中硫丹的浓度分布状况，方法的检出限分别达到 0.61 pg/g（α-硫丹）和 3.2 pg/g（β-硫丹和硫丹硫酸盐）(Jia et al.，2010)。质谱离子源温度为 200℃，反应气为高纯甲烷，流速为 1.0 mL/min，质谱分析中的定性和定量离子如表 5.3 所示，土壤样品分析的色谱图如图 5.3 所示。气相色谱条件：进样口温度为 250℃，不分流进样模式，载气为高纯氦气，流速为 1.0 mL/min，传输线温度为 280℃。化合物分离采用 30 m 长的 DB-5MS 毛细管柱（内膜厚度 0.25 μm，内径 0.25 mm）；升温程序：初始温度为 80℃（2 min），然后以 10℃/min 升至 160℃（1 min），再以 1.5℃/min 升至 230℃（15 min），最后以 20℃/min 升至 280℃（10 min）（贾宏亮，2010）。

表 5.3 GC-ECNI-MS 分析硫丹及其代谢物的定性和定量离子

化合物	定性离子	定量离子
α-硫丹	242	270 405
β-硫丹	234	334 405
硫丹硫酸盐	335	300 443

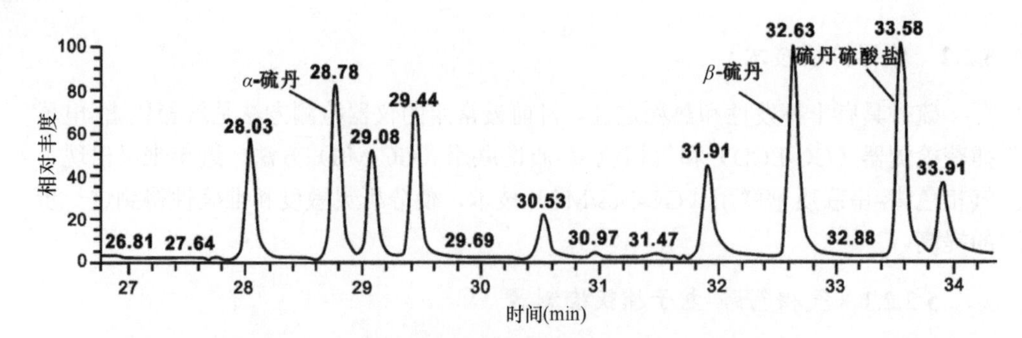

图 5.3 硫丹及代谢物的气相色谱图（贾宏亮，2010）

近年来，气相色谱–串联质谱联用技术（GC-MS/MS）在环境分析、食品分析等方面逐步得到广泛的应用。该技术不仅适用于复杂基体混合物的定性分析，而且可以利用得到的二级质谱结果进行定量分析，在检测的灵敏度和定性准确性方面得到大大提高。通常 GC-MS 使用选择离子模式（SIM），对每组化合物仅监测 2～3 个离子，而 MS/MS 方法中母离子与其子离子的关系具有特异性，它首先从分析物质产生的碎片中分离出母离子，然后用一定的共振电压轰击母离子碎片，产生若干子离子碎片，这样在很大程度上减少了杂质组分在二级质谱中对目标物的干扰，提高了仪器分析的信噪比（S/N），使分析灵敏度得到进一步改善（Tiwari and Guha，2013b）

5.3 硫丹的环境浓度及归趋行为

5.3.1 我国硫丹的使用和排放清单

5.3.1.1 硫丹的使用清单

污染物清单的研究在其环境行为研究方面具有重要的意义。一方面清单能够量化污染物质的环境来源与归趋；另一方面，清单也是评估污染物在环境中存在、迁移转化，以及对人类健康和环境影响的基础。作为一种杀虫剂，硫丹在中国仅限于农业上使用。根据中国农药登记信息，硫丹主要使用于 6 种农作物上，包括棉花、茶树、烟草、小麦、苹果树和梨树（参见《中国农药电子手册》）。贾宏亮等在大量统计硫丹相关使用数据的基础上，建立了我国硫丹的网格化使用清单，该清单既具有时间序列，又具有高分辨率空间分布特征（贾宏亮，2010）。

5.3.1.2 硫丹在我国使用的时间趋势

硫丹虽然早在 20 世纪 50 年代就被开发使用，但在我国的使用时间较短，仅从

1994 年才开始推广使用。硫丹在我国的使用量可分为两个阶段（图 5.4），第一阶段为 1994～1997 年，仅在棉花上使用，每年的使用量约 1400 t；第二阶段为 1998～2004 年，年均使用量约 3000 t，应用的作物有棉花、小麦、茶树、烟草和苹果树。在 1994～2004 年期间，我国使用硫丹总量达到 25 700 t。硫丹在不同作物上的使用量差别较大（图 5.5），在棉花上的使用量要远远高于其他作物，估计有 15 000 t，其次是小麦，估计有 4000 t，茶树为 3000 t，烟草和苹果树为 2000 t（贾宏亮，2010）。

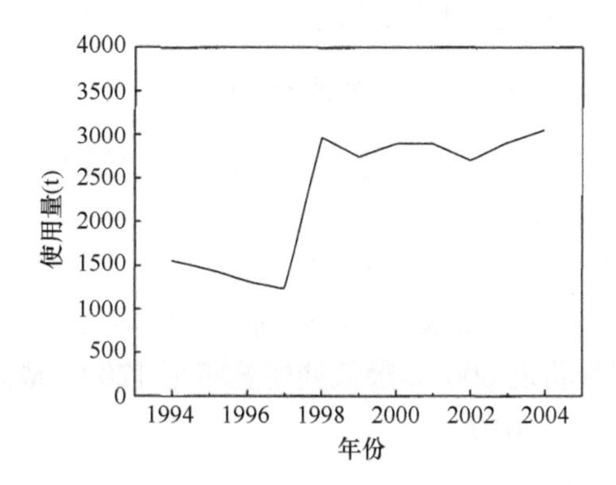

图 5.4　1994～2004 年间中国硫丹的年使用量（贾宏亮，2010）

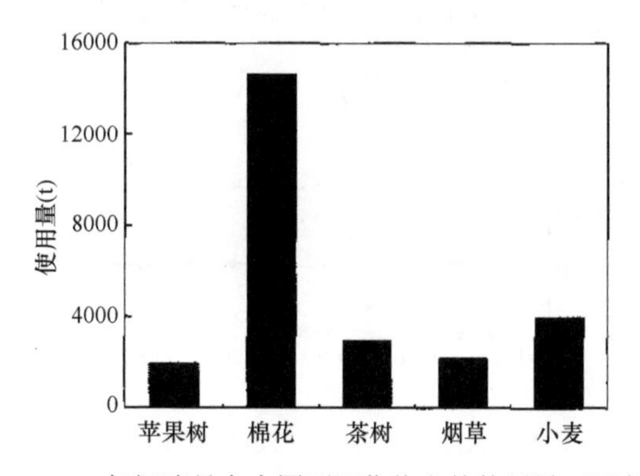

图 5.5　1994～2004 年间硫丹在中国不同作物上的使用量（贾宏亮，2010）

5.3.1.3　网格化的硫丹使用清单

为了量化硫丹在我国环境中的来源，贾宏亮等利用地理信息系统和 Access 数据库系统，建立了 1/4°经度×1/6°纬度分辨率的网格化的硫丹使用清单（贾宏亮，2010）。我国硫丹使用量较高的区域主要分布在江苏省东部，河南省东部、南部和北部，山东省西部和北部，河北省南部，安徽省北部以及新疆、陕西、山西和云南等省（区）的部分地区，在这些地区硫丹的单个网格使用量超过了 10 t。另外，我国新疆东部、南部和北部，青藏高原大部分地区，甘肃北部和内蒙古北部，没有硫丹使用量分布。

5.3.2 硫丹的排放与残留清单

硫丹使用后，除了通过挥发直接进入大气，也会通过干湿沉降等方式进入土壤而长期残留。贾宏亮等在建立中国硫丹使用清单的基础上，根据硫丹的环境排放因子数据进一步利用 SGPERM 模型建立了中国硫丹的排放/残留清单，为量化硫丹在我国环境中的归趋行为提供重要信息（贾宏亮，2010）。

5.3.2.1 硫丹使用/排放/残留的时间趋势

1994～2004 年我国硫丹的使用量、排放量以及土壤中残留量的时间趋势如图 5.6 所示。在这期间，我国硫丹的总排放量为 10 800 t，其中 α-硫丹为 7400 t，β-硫丹为 3400 t。从 1997 年开始，硫丹的排放量和在土壤中的最高残留量都显著增加，之后硫丹的年排放量和年土壤中最高残留量变化不大，年排放量大约在 1200 t，每年土壤中最高残留量将近 600 t，最低残留量将近 120 t，最高残留量大概为最低残留量的 5 倍（贾宏亮，2010）。

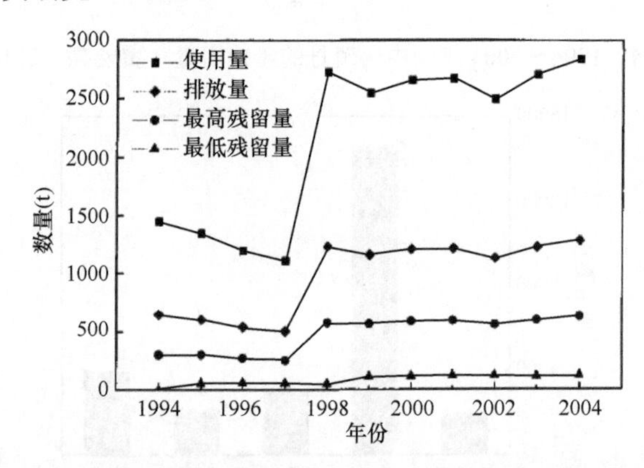

图 5.6 1994～2004 年我国硫丹的使用量、排放量和土壤残留量（贾宏亮，2010）

5.3.2.2 硫丹排放/残留的空间分布

在 2004 年，我国 α-硫丹的排放总量为 900 t，高排放区主要分布在我国中部地区、东部地区和新疆部分地区。β-硫丹的排放总量为 410 t，主要集中在江苏省东部，河北省南部，山东省西部、北部，河南省东部、南部，安徽省北部和陕西省南部等地区（贾宏亮，2010）。土壤中硫丹残留量较高的地区主要分布在我国的中部和东部地区，包括河南省、山东省、安徽省、河北省和江苏省。2004 年，我国土壤中 α-硫丹的年最低残留量为 0.7 t，年最高残留量为 140 t；β-硫丹的年最低残留量为 170 t，年最高残留量为 390 t（贾宏亮，2010）。

5.3.3　我国大气和土壤中硫丹浓度水平和分布

5.3.3.1 大气

农药喷洒、硫丹工厂的生产活动及土壤、表层水体的挥发过程都成为大气中硫丹的重要来源。硫丹属于半挥发性有机污染物，大气传输是硫丹迁移扩散的重要途径，其已经成为无处不在的污染物质。目前国内外对大气硫丹的研究有全球尺度（Pozo et al.，2006；2009）、国家与地区尺度（Pozo et al.，2004；Shen et al.，2005；Zhang et al.，2008；Liu et al.，2009）以及区域性的研究，以揭示硫丹在大气中的污染状况、来源和长距离传输行为。

2005 年，有研究者利用聚氨酯泡沫大气被动采样技术（PUF-PAS）对我国 92 个采样点的大气硫丹进行为期 3 个月的监测。结果表明，大气硫丹浓度（α-硫丹+β-硫丹）为<BDL（低于检测限）～9100 pg/m^3（几何均值 92 pg/m^3），其中 α-硫丹的几何均值为 82 pg/m^3，远远高于 β-硫丹（5.1 pg/m^3）（贾宏亮，2010）。硫丹大气浓度最高值出现在河南省的农村点位，其浓度值达到 9100 pg/m^3，远远高于其他位点，表明在采样期内，硫丹正在该地区大量使用。其他采样点高浓度也均处于硫丹大量使用地区，如位于安徽省的农村点位（1600 pg/m^3）和河南省的农村点位（1400 pg/m^3）。而对太湖地区大气的研究发现，硫丹浓度在夏季最高，其浓度受太湖北部棉花种植区使用硫丹农药的影响（Qiu et al.，2008）。我国城市地区硫丹浓度低于我国农村区域（Liu et al.，2009）。以上研究表明，当地农业区硫丹农药的大量使用是该地区大气中硫丹的主要来源。表 5.4 总结了我国大气中硫丹的浓度并与世界其他国家与地区进行了比较。

表 5.4　我国大气硫丹浓度与世界其他国家与地区的比较（pg/m^3）

地区	采样时间	采样点	采样方法	α-硫丹	β-硫丹	参考文献
中国	2005 年 7～10 月	农村，城市，背景	PUF	BDL～8 300	BDL～820	贾宏亮，2010
中国	2005 年 2～11 月	城市	PUF	BDL～1 190	BDL～422	Liu et al.，2009
太湖	2004 年 3 月～2005 年 1 月	城市	XAD	BDL～320	—	Qiu et al.，2008
西藏	2010 年 7 月～2011 年 5 月	背景	XAD	34～126	0.5～5	Zhu et al.，2014
全球	2004 年 12 月～2005 年 3 月	农村，城市，背景	PUF	BDL～14 600	BDL～4 100	Pozo et al.，2006
印度	2006 年 6～9 月	农村，城市，湿地	PUF	3～992	—	Zhang et al.，2008
北美	2001 年～2002 年	—	XAD	3.1～685	0.03～119	Shen et al.，2005
智利	2002 年 12 月～2003 年 2 月	城市，背景	PUF	3.5～99	0.46～3.1	Pozo et al.，2004

BDL：低于检测限

从全球尺度来看，大气中硫丹浓度较高的地区主要集中在热带地区和南半球国家，阿根廷和加那利群岛浓度最高。一方面由于硫丹在该地区的大量使用，农耕时节会在周围大气中形成较高浓度；另一方面由于气温较高，土壤残留硫丹挥发进入到大气（Pozo et al.，2006）。就大气硫丹组成来看，α-硫丹是主要的单体，而 β-硫丹和硫丹硫酸盐的浓度显著较低。印度和中国硫丹使用量较大，因此其污染处于较高的浓度水平（表 5.4）。在这些研究中硫丹属于当时使用的农药，其大气浓度显著受到使用时间、喷洒地点的影响，因此硫丹的大气浓度范围在不同地点和季节变化较大。

硫丹属于半挥发性有机物，且具有持久性，可以挥发进入大气进行长距离传输，并在低温地区冷凝沉降。人类活动较少的偏远地区如北极（Hung et al.，2002）和青藏高原（Zhu et al.，2014）地区的大气中也检测到了硫丹的存在。加拿大北极地区 Alert 监测站监测数据表明，和其他禁用的有机氯农药如六六六和滴滴涕随时间推移的显著下降趋势不同，硫丹在 1987～1997 年期间大气中浓度保持稳定或略微增加（Su et al.，2008）。

5.3.3.2　土壤

土壤中的硫丹主要来源于农业生产活动、工厂生产、大气沉降过程。对我国全国范围 141 个表层土壤中的硫丹及其代谢物的研究表明（Jia et al.，2010），α-硫丹、β-硫丹和硫丹硫酸盐的检出率分别为 83%、96%和 91% 这三种单体的干重浓度分别为<BDL～2300 pg/g（几何平均值 6.6 pg/g），<BDL～4700 pg/g（几何平均值 49 pg/g）和<BDL～16 000 pg/g（几何平均值 47 pg/g）。硫丹总浓度的范围为<BDL～19 000 pg/g（几何平均值 120 pg/g）。农村土壤浓度（几何平均值 160 pg/g）大约是城市土壤浓度（83 pg/g）的 2 倍，背景区土壤浓度最低（几何平均值 38 pg/g）。浓度最高点出现在江苏省农村，为 19 000 pg/g，此点处于硫丹高度使用区。此外，其他一些农村点位也具有较高的浓度，超过了 4000 pg/g，表明土壤中硫丹的浓度与农业活动密切相关。和世界其他国家土壤硫丹浓度相比（表 5.5），整体上我国土壤中硫丹浓度水平较低，但局部地区仍处于较高水平。

和工业硫丹组成（α-硫丹∶β-硫丹=7∶3）不同的是，土壤中 β-硫丹浓度普遍远高于 α-硫丹。另外，土壤中这两种异构体的半衰期不同，和 α-硫丹相比，β-硫丹较难降解（Antonious and Byers，1997）。我国土壤中硫丹硫酸盐的浓度较高，接近 β-硫丹浓度，而硫丹硫酸盐来源于母体硫丹的降解，因此较高的硫丹硫酸盐浓度反映了我国有较长的硫丹使用历史（贾宏亮，2010），在乌干达森林土壤中高浓度的硫丹化合物以及相对较低的硫丹硫酸盐浓度则反映了近期硫丹在当地的使用（Ssebugere et al.，2010）。

表 5.5　我国土壤硫丹均值浓度与世界其他国家比较（pg/g dw）

地区	采样时间	采样点	α-硫丹	β-硫丹	硫丹硫酸盐	参考文献
中国	2005 年	城市	7.2	32	25	Jia et al.，2010
中国	2005 年	农村	6.5	65	66	Jia et al.，2010
中国	2005 年	背景	4.9	9.1	16	Jia et al.，2010
上海	2007 年	农田	130	190	—	Jiang et al.，2009
挪威	2008 年	背景	10	50	3000	Halse et al.，2015
英国	2008 年	背景	7	9	1000	Halse et al.，2015
土耳其	2004 年	工业区	120	70	80	Bozlaker et al.，2009
土耳其	2005 年	工业区	77	34	170	Bozlaker et al.，2009
塔吉克斯坦	—	高山区	110	270	2020	Zhao et al.，2013
韩国	1996 年	农田	89	93	120	Kim and Smith，2001
巴西	2005 年	森林	260	640	650	Rissato et al.，2006
乌干达	—	森林	7200	9200	2600	Ssebugere et al.，2010

5.3.4　硫丹的环境归趋行为

5.3.4.1　分配行为

1. 大气–土壤

有机氯农药的大气–土壤交换是控制其在区域和全球尺度上迁移传输的重要环境过程，主要包括大气污染物经过干沉降、湿沉降进入土壤；土壤中的污染物经过挥发进入大气的动态交换分配过程（Weber et al.，2010）。其中，气态化合物的扩散交换是决定污染物“源和汇”的关键过程。气态化合物在气–土界面的交换过程由大气和土壤之间的浓度梯度驱动。当净通量从大气沉降到土壤时，土壤是污染物的汇；当净通量表现为挥发通量时，土壤是污染物的源；当土壤–大气交换通量为零时，表明二者达到动态平衡（Harner et al.，2001）。因此，土壤既是大气中硫丹的受体，又是大气中硫丹的源，影响硫丹土–气交换的主要因素是温度、土壤有机质以及化合物的辛醇/空气分配系数（K_{OA}），二者交换分配过程直接影响硫丹在环境中的归趋。

有机氯农药土–气交换研究一般通过采集土样以及土样点位附近上空大气样来测定土样和大气样中污染物浓度，并利用相关参数和模型评判污染物在土壤和相应大气中的分布以及环境归趋。目前研究较多的是有机污染物土–气交换，对于交换通量的研究相对较少。有研究者利用逸度模型计算了硫丹在我国 92 个监测点的土壤–大气交换的逸度比（ff）（图 5.7）（贾宏亮，2010）。图中虚线 ff = 0.3 和 0.7，通常认为位于虚线范围内就接近于平衡状态（Harner et al.，2001）。结果表明 α-

硫丹由大气沉降到土壤的净通量明显（算术平均值为 0.007），而 β-硫丹也表现为由大气进入土壤通量（算术平均值为 0.33），但是趋势并不明显，已接近平衡状态。从统计分析结果来看，对于 α-硫丹，在 92 个监测点中，有 92%表现为沉降通量 *ff* < 0.3，8%表现为接近平衡状态（0.3< *ff* < 0.7）；对于 β-硫丹，56%表现为沉降通量 *ff* <0.3，28%表现为接近平衡状态（0.3 < *ff* < 0.7），16%表现为挥发通量 *ff* > 0.7（贾宏亮，2010）。通常土–气交换具有明显的季节性，以上结果表明研究期间（2005 年 7～10 月）正值农药使用季节，农药的使用是大气硫丹的主要来源，而土壤是硫丹的汇。由于 α-硫丹易于挥发到大气中，而 β-硫丹则易于被土壤有机质等吸附而残留于土壤中，因此硫丹的两种同分异构体在土–气交换中往往表现出不同通量趋势（贾宏亮，2010）。

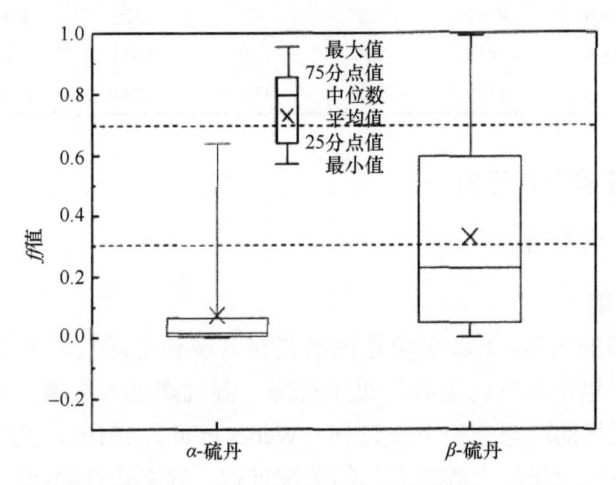

图 5.7 我国 92 个监测点土壤–大气界面硫丹的逸度比（贾宏亮，2010）

2. 大气–水体

硫丹在表层水体和大气之间处于动态平衡。对我国太湖地区大气–水体中硫丹的交换通量计算结果表明，发现在夏秋两季，该地区硫丹由大气进入水体的趋势明显，净通量分别为 20 ng/（m^2·d）和 8.5 ng/（m^2·d），说明周围硫丹的使用是我国太湖湖水中硫丹的主要输入源（Qiu et al.，2008）。北极地区（Weber et al.，2006）以及地中海区域（Odabasi et al.，2008）的大气–海水交换通量研究表明，硫丹由大气进入水体的净通量与硫丹的当前使用有关。硫丹水–气通量在不同区域差别很大，与温带和北极地区不同，尽管在南非 Malawi 湖地区有硫丹的使用，然而硫丹的净沉降通量仅为 0.89 ng/（m^2·d），其原因可能是该区域气温较高，加速了硫丹的挥发和在水体中的降解转化，导致水体中的浓度变低（1～13 pg/L）（Karlsson et al.，2000）。

3. 水体–沉积物

硫丹具有疏水性，进入水体后易被吸附在悬浮颗粒物上，并最终在沉积物中富集，同时也会通过沉积物的解吸和再悬浮作用重新进入水体，造成水体的二次污染。因此硫丹能够在水体和沉积物之间不断进行分配。相对于水体中低比例的颗粒物，水体中有较高比例的粗粒子将更有利于硫丹从水体向底部沉积物的转移（Leonard et al.，2001）。Peterson 和 Batley（1993）的研究表明，水体中的硫丹会富集在沉积物中，并且 *β*-硫丹具有更高的富集因子，这也符合 *β*-硫丹具有较高有机碳分配系数的特性。

亓学奎等（2014）研究了我国太湖水体–沉积物界面交换通量，结果表明 *α*-硫丹的净交换通量为 30 ng/（$m^2 \cdot d$），交换方向由水体沉降到沉积物。由于水体中 *α*-硫丹的浓度很高，而沉积物中 *α*-硫丹的浓度较低，净交换通量为沉降通量，水体中的 *α*-硫丹不是来源于沉积物的释放，进一步说明水体中高浓度的 *α*-硫丹可能存在新的来源，这与太湖流域有机氯农药研究的结果一致（Qiu et al.，2008）。

5.3.4.2 生物累积

在水生、陆生生态系统中，硫丹具有生物富集作用。硫丹在水生生物体内的浓度水平可直接反映水体中硫丹的污染情况，进而可以评价其对生态系统的潜在危害。*α*-硫丹、*β*-硫丹和硫丹硫酸盐的 $\log K_{OW}$ 分别为 4.94、4.78 和 3.64，尽管这些值低于《斯德哥尔摩公约》设定的筛选阈值 5，但也显示了硫丹在水生生物体内具有一定的生物浓缩潜力。

水生生物体内普遍能够检测出硫丹的存在（武焕阳等，2015）。我国华南沿海牡蛎（*Crassostrea rivularis*）组织中硫丹总浓度（*α*-硫丹+*β*-硫丹浓度之和）为 0.76～2.13 ng/g ww（甘居利等，2014）。Kelly 等研究发现，*α*-硫丹和 *β*-硫丹在北极红点鲑（*Salvelinus alpinus*）肌肉组织含量分别为（0.12±0.09）ng/g ww 和（0.46± 0.55）ng/g ww；在环斑海豹（*Phoca hispida*）肌肉组织中的含量分别为（2.0±3.2）ng/g ww 和（1.7±2.1）ng/g ww；在白鲸（*Delphinapterus leucas*）肌肉组织中的含量分别为（4.0±5.9）ng/g ww 和（6.5±2.8）ng/g ww（Kelly et al.，2003）。印度市售海水鱼中硫丹浓度为 5～22 ng/g ww（Muralidharan et al.，2009）。Johansen 等研究发现硫丹及其降解产物主要富集在动物的肝脏、皮肤、脂肪及肌肉中（Johansen et al.，2004）。

加拿大北极群岛白鲸体内硫丹硫酸盐含量范围为 3.7～94 ng/g ww，其中在 Lancaster 海峡和 Jones 海峡白鲸体内发现更高浓度（28～94 ng/g）的硫丹硫酸盐，而 Baffin 岛、Cumberland 海峡和 Frobisher 湾的白鲸体内硫丹硫酸盐的含量为 8.1～23 ng/g（Ramaneswari and Rao，2000）。通常认为依据所有硫丹产物的浓度来评价 BCF 值更加适当，因为在这些生物中，有些体内累积量可能是由于硫丹生物转化为硫丹硫酸盐。Weber 等报道北极红点鲑、鳕鱼和鲑鱼体内全部硫丹产物的湿重BCF值为1690～7280，在3种鱼类中，所有硫丹产物的平均湿重BCF值（4080）没有超过5000的标准，但根据白鲸和环斑海豹脂肪体内的浓度测出的所有硫丹产物的平均BCF值达到3.95×10^5（Weber et al.，2010）。

α-硫丹生物富集能力略强于*β*-硫丹（Zhang et al.，2003）。浮游动物比浮游植物更易富集硫丹，淡水绿藻（*Pseudokirchneriella subcapitatum*）和淡水大型溞（*Daphnia magna*）对硫丹的BCF值分别为2682和3678（Delorenzo et al.，2002）。而鱼类对硫丹富集能力明显大于浮游生物，研究表明，黄脂鲤鱼（*Hyphessobrycon bifasciatus*）对硫丹的BCF值高达11 000（Jonsson and Toledo，1993），而野鲮（*Labeo rohita*）对硫丹的BCF值不到50，因此不同生物对硫丹富集能力存在较大差别。即使同种生物，由于硫丹产物在水中的浓度可能随空间和时间变化而变化，BCF的变化幅度也较大。

硫丹在陆生哺乳动物、海洋哺乳动物以及人类的食物链中具有很高的生物放大潜力，这与硫丹的高辛醇/空气分配系数（K_{OA}）有关。*α*-硫丹和*β*-硫丹的log K_{OA}为10.29，而硫丹硫酸盐的log K_{OA}为5.18，尽管没有针对K_{OA}的具体筛选阈值，但模型模拟研究表明化学品的log K_{OW}若高于2、log K_{OA}高于6，且只要其代谢转化率并不很快，该化学品就会在陆生动物、海洋哺乳动物和人类的食物链中呼吸空气的生物体内，具有生物放大潜力。硫丹的*α*和*β*异构体明显属于这一类化学品，其主要代谢物硫丹硫酸盐也非常接近（Kelly et al.，2007）。以上研究表明硫丹能进入食物链，发生生物累积，并且有可能在陆生食物网中产生生物放大作用。

捕食北极鳕鱼和鲑鱼的白鲸体内的所有硫丹产物的生物放大因子值明显大于1，从而导致鱼类到海洋哺乳动物的生物放大因子值的总体中值为1.5，表明硫丹通过食物链具有生物放大的特点（Kelly et al.，2007）。在北极陆生地衣—驯鹿—狼的食物链中，根据模型预测出*β*-硫丹具有生物放大性。对于年龄为1.5～13.1岁的狼，生物放大因子值为5.3～39.8（Kelly and Gobas，2003）。在加拿大北极地区的冰藻、浮游植物、浮游动物、海洋鱼类和环斑海豹的食物链研究中发现，硫丹的生物放大因子值小于1，表明在环斑海豹的食物链中没有发生生物放大。然而，针对南波弗特海和阿蒙森海湾食物网，计算出营养放大因子值大于1（Weber et al.，2010）。

硫丹可以通过皮肤、呼吸道和消化道等途径进入人体。此外，硫丹可经母体进入子代生物体内。研究发现，硫丹具有较强的亲脂性，在硫丹暴露地区的孕妇和婴儿的脂肪组织、脐带血和母乳中均可检测到硫丹，并且在胎盘组织液中可检测到硫丹的代谢物硫丹硫酸盐和硫丹二醇（Cerrillo et al.，2005）。

5.3.4.3 环境持久性

硫丹在正常使用后，实地消散速率很快，这主要是因为挥发作用，且不同地区差异很大。在温带地区，两种硫丹异构体的实地消散半衰期为 7.4～92 d；在热带地区，硫丹消散速率则更快，挥发作用被认为是热带环境中硫丹消散的主要原因（Ciglasch et al.，2006；Chowdhury et al.，2007）。在印度进行的实地研究中，α-硫丹和 β-硫丹的消散半衰期分别为 3～100 d 以及 3～150 d（Jayashree and Vasudevan，2007）。

硫丹的两种异构体在环境中能够发生转化。在挥发过程（Schmidt et al.，2001；Schmidt et al.，2014）、固–水界面（Walse et al.，2002）都能发生 β-硫丹向 α-硫丹的转化。Rice 等研究发现 β-硫丹向 α-硫丹的转化与温度具有相关性（Rice et al.，1997）。尽管也有报道表明在农田土壤中发现 α-硫丹向 β-硫丹的转化，但转化量非常有限（大约 1%）（Mukherjee and Gopal，1994），此结果有待进一步证实。

除了异构体转化，硫丹能够在环境中发生降解。水体中的硫丹在微生物的作用下可以降解为硫丹硫酸盐；蓝藻大量存在于水体，虽然它不能有效地将硫丹降解为硫丹硫酸盐，但是它的存在可以提高水体的 pH（Shivaramaiah et al.，2005），从而影响其降解过程。水体自身也对硫丹具有降解作用，在碱性条件下，硫丹在水体中可降解为硫丹二醇，硫丹二醇再降解成一系列相关的代谢物，包括硫丹醚、硫丹羟基醚、硫丹羧酸和硫丹内酯（Shivaramaiah et al.，2005），其降解途径如图 5.8 所示。不同形态的硫丹在环境中的降解速率不同，在水/沉积物体系中 α-硫丹较 β-硫丹更易降解为硫丹硫酸盐，α-硫丹半衰期为 7～75 d，而 β-硫丹半衰期为 33～376 d（中国农药电子手册，2006）。硫丹及其代谢物的总体持久性（半衰期 430 d）比单独母体异构体要高得多（α-硫丹为 33 d，β-硫丹为 65 d）（Becker et al.，2011）。

大气中硫丹 95%以上以气态形式存在（Van Drooge et al.，2004），且降解速率呈现出很高的不确定性。根据预测模型计算，硫丹在大气中的半衰期为 1.3～3.5 d，也就是说虽然硫丹可以通过光化学从大气中除去，但仍然相对稳定具有持久性，大气中的干湿沉降为硫丹从空气中消除的主要方式（Weber et al.，2010）。研究表明紫外线可以降解大气中的硫丹化合物，但降解过程受到甲醇、天然有机质和无机阴离子等的抑制（Shah et al.，2013）。γ 射线在反应始发物的催化下也能降解硫丹，降解量和硫丹对 γ 射线的吸收量呈正相关（Shah et al.，2014）。

在土壤环境中也有同样发现，硫丹降解速率受土壤水分、温度、含氧量、pH 等环境因素的影响。温度较低、含水量较小、含氧量低、pH 较低情况下，硫丹的降解速率较慢（Pozo et al.，2009）。刘济宁等（2011）在实验室条件下研究了 α-硫丹、β-硫丹及硫丹硫酸盐在东北黑壤土、江苏水稻土、江西红壤土和河南二合 4

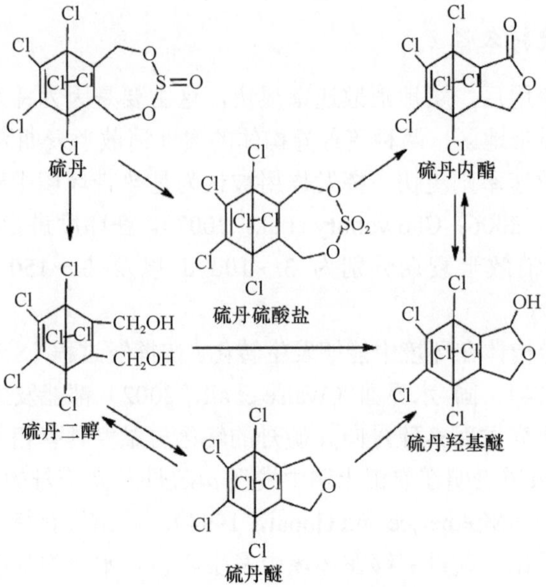

图 5.8 硫丹在环境中的降解途径

种土壤中的降解特性。结果表明，硫丹及硫丹硫酸盐降解过程可用一级动力学方程描述。4 种土壤中，*β*-硫丹的降解半衰期分别为 39 d、10 d、14 d 和 13 d；*α*-硫丹的半衰期分别为 72 d、56 d、105 d 和 42 d；硫丹硫酸盐的半衰期分别为 39 d、41 d、53 d 和 34 d。由于硫丹硫酸盐具有同等的毒性，因此硫丹硫酸盐在土壤中的持久性值得关注。*α*-硫丹在有机质含量丰富的土壤中降解较慢，*β*-硫丹在碱性土壤中降解较快。用一级动力学模拟的硫丹（*α*-硫丹+*β*-硫丹）和总硫丹（*α*-硫丹+*β*-硫丹+硫丹硫酸盐）降解过程的计算结果表明，硫丹的半衰期为 18～47 d，总硫丹的降解半衰期为 48～77 d，硫丹的降解产物依次为硫丹硫酸盐、硫丹内酯、硫丹二醇、硫丹醚和硫丹羟基醚（刘济宁等，2010）。

土壤中微生物对硫丹的降解具有重要作用。土壤是众多植物和微生物的营养来源地，同时这些植物和微生物的存在将降低土壤中硫丹的含量。菌株 *Klebsiella* sp. M3 可以有效地降解土壤中的硫丹，其降解过程受到 pH 和氯离子浓度的影响（Singh and Singh，2014）。活性污泥中的菌株 *Alcaligenes faecalis* JBW4 以硫丹为碳源和能量来源，通过非氧化的方式降解硫丹，降解产物主要是硫丹二醇和硫丹内酯。该菌株可以在 5 天之内降解 87.5%的 *α*-硫丹和 83.9%的 *β*-硫丹（Kong et al.，2013）。土壤的理化性质、质地、有机质以及利用方式等条件将影响土壤中硫丹及其代谢产物的迁移和降解（Quinete et al.，2013）。硫丹（*α* 和 *β* 异构体及硫丹硫酸盐）在土壤中的估计综合半衰期一般为 28～391 d，但在特定的条件下，会出现更高或更低的数值。

5.3.4.4　长距离传输潜力

硫丹的长距离传输潜力可以从三个方面来评估：硫丹特性的分析、长距离传输潜力模型的应用及偏远地区环境监测的数据支撑。

硫丹的较高挥发性表明其具有在大气中长距离传输的潜力。此外，在大气中进行长距离传输需要在大气中具有持久性。硫丹在大气中的实际降解速率还不确定，但模型计算结果显示已经超过 2 天的半衰期阈值。考虑到对流层的温度要低得多，硫丹在实际情况下的环境半衰期甚至可能更为长久。硫丹的这两个特性表明硫丹具有显著的传输潜力。

有机污染物的长距离传输潜力常常利用模型进行评估，其中应用在全球尺度迁移的环境多介质分异模型有 CliMoChem、Global-POP、MPACT 2002、MSCE-POP 等（Scheringer et al.，2000）。而 CliMoChem 模型能够同时计算母体化合物在环境中的扩散，以及转化产物的形成和扩散，因此在评价硫丹及代谢物的长距离迁移时更加准确。CliMoChem 模型结果显示，硫丹（包括 *α*-硫丹、*β*-硫丹和硫丹硫酸盐）的长距离传输潜力与艾氏剂、滴滴涕和七氯等已经认可的 POPs 的长距离传输潜力类似。Scheringer 等（2000）利用 CliMoChem 模型发现，南半球所有纬度地带的硫丹排放都对北极的硫丹浓度有不同程度的影响。热带区域（0～20° N）的影响贡献约占 2%，而在 2000 年，该区域的硫丹排放量占总排放量的 12%。北温带（40～70° N）排放的硫丹对北极硫丹的贡献约占 60%，但排放量仅占总排放量的 16%，而北亚热带区域（20～40° N）的排放量在总排放量中所占比例和对北极硫丹的影响比例相同（35%）（Scheringer et al.，2000）。Brown 和 Wania 报道了一种基于两种类似的筛选方法的模型：一种方法是根据物质的属性筛选化学品，另一种则是根据已知北极污染物的结构性特点筛选化学品。该模型发现，硫丹具有在北极地区造成污染和生物累积的巨大潜力，并且与北极地区已知污染物的结构简介相匹配（Brown，2008），这与 Muir 等报道的有关硫丹在北极地区的长距离传输潜力的实验估计值相一致（Muir et al.，2004）。

在偏远地区检测的结果也证实了硫丹具有长距离传输特性。这些偏远地区通常包括没有硫丹使用历史的高山及极地地区。由中低纬度到高纬度地区，温度逐渐降低，中低纬度地区排放的半挥发性有机物质经过全球蒸馏效应到达偏远的极地地区。化合物在温度较低的地区降解作用相对较小，因此有机污染物会更稳定，更持久地存在于较冷环境中。首先，挥发性强的污染物在大气中迁移的时间长，迁移距离远，因此最可能出现浓度“逆反”现象，即高纬度地区的浓度要高于离污染源近的中低纬度地区；其次，挥发性不同的化合物在长距离迁移过程中沉降速率出现差异，因此从污染源排放的污染物在迁移过程中的组分会发生变化，类似“蒸馏过程”，导致不同成分被分离开来（Wania and Mackay，1993）。

在偏远欧洲山区（比利牛斯山中部和高塔特拉斯山）的大气中检测到硫丹的存在，其浓度呈显著的季节性变化，反映了硫丹的季节性使用模式（Van Drooge et al.，2004）。在加拿大西部山脉的不同纬度的积雪中发现了硫丹和其他持久性有机污染物，其中 α-硫丹的浓度水平为 0.06～0.5 ng/L，积雪中污染物的浓度水平随纬度的上升而增加，表现为海拔上升 2300 m，积雪中污染物的净沉降通量增加 60～100 倍（Blais et al.，1998）。硫丹在空气中的传输还导致了加利福尼亚州塞拉内华达山脉的降雪污染和水污染，其中 α-硫丹的浓度为<0.0035～6.5 ng/L，β-硫丹的浓度为< 0.012～1.4 ng/L，由于该区域毗邻加利福尼亚州的中央谷，是美国使用农药最多的地区之一（Mcconnell et al.，1998）。Lenoir 等（1999）报道，内华达山脉红杉国家公园的偏远湖泊中硫丹（α 和 β 异构体）的浓度水平为 1.3～120.3 ng/L，其最高水平（120 ng/L）超出了淡水鱼的慢性无毒性反应浓度值，即 56 ng/L。在喜马拉雅山大气中，α-硫丹浓度为 71.1 pg/m^3，反向轨迹分析表明，硫丹可能来自于印度次大陆（Li et al.，2006）。

硫丹在极地的大气、积雪、水体、沉积物和生物体中能够被广泛检出（Bidleman et al.，1992；Halsall et al.，1998；Hobbs et al.，2003），进一步证实了硫丹的长距离传输能力。硫丹是一种在北极大气中分布广泛的农药。其他有机氯化合物农药的浓度在 20 世纪 90 年代末已经降低，与之不同的是，北极空气监测站的 α-硫丹浓度值从 1993 年年初至 1997 年年底都保持在约 4.2～4.7 pg/m^3，没有观测到明确的时间变化趋势（Hung et al.，2010）。在 1993～1997 年期间，加拿大北极空气硫丹的年平均浓度为 3～6 pg/m^3，其浓度变化反映了源区硫丹的季节性使用。1977 年夏季，加拿大北极纽芬岛空气中硫丹浓度值为 20 pg/m^3（Bidleman et al.，1981）。俄罗斯北极区域（Amerma）空气中硫丹的浓度值为 1～10 pg/m^3，一般认为其他有机氯化合物浓度的季节性升高是由二次挥发造成的，与之不同的是，硫丹的浓度（平均值）在冬季为 3.6 pg/m^3，而在夏季为 5.8 pg/m^3，因此通常认为这是由于硫丹的使用增加而引起的。从空间分布上看，硫丹在极地不同区域年度浓度没有明显的差异，表明了北极的大气污染具有一定的均一性（Weber et al.，2010）。

加拿大北极康沃利斯岛的 Amituk 湖水中硫丹浓度水平为 0.095～0.734 ng/L，冰雪融水对硫丹浓度在夏季的峰值也有较大贡献（Weber et al.，2010）。北极海水中常常能检测到硫丹的存在，其平均浓度与氯丹的浓度类似，为 2～10 pg/L。季节性变化趋势表明，在无冰期，空气交换和径流带来新的硫丹，硫丹的浓度会不断上升。这一趋势与在北极空气和 Amituk 湖观察到的季节趋势类似（Weber et al.，2010）。1993 年夏季，在白令海和楚科齐海对雾、海水和表层微层中的几种农药进行了检测，α-硫丹在次表层海水中的浓度水平大约为 2 pg/L，在消融的冰中约为 9 pg/L，在海水表层微层中约为 40 pg/L（Chernyak et al.，1996）。白令海、楚科齐海、斯匹次卑尔根岛北部和格陵兰海海水（40～60 m）的硫丹浓度值类似（Jantunen and Bidleman，1998）。在 20 世纪 90 年代至 2000 年期间，北冰洋的不同区域表层海水中 α-和 β-硫丹的浓度分别为<0.1～8.8 pg/L 和 0.1～7.8 pg/L（Weber et al.，2006）。α-硫丹和硫丹硫酸盐在巴罗海峡 2 m 水深处的平均浓度分别为 1.4 pg/L 和 4.6 pg/L。α-硫丹的区域分布显示，其浓度水平在北极西部，特别是在白令海和楚科齐海最高，而在北冰洋中部最低。空气–水的逸度系数表明，自 20 世纪 90 年代以来，α-硫丹一直在北冰洋所有区域的表层海水中发生净沉降，特别是在无冰时期内，这可能是 α-硫丹进入北冰洋的主要路径（Weber et al.，2010）。1986 年和 1987 年在加拿大埃尔斯米尔岛的阿格赛兹冰盖降雪中，α-硫丹的浓度为 0.10～1.34 ng/L（Gregor and Gummer，1989）。

硫丹能够在南极和北极生物体内积累。调查发现 40%的南极磷虾样本中 α-硫丹浓度几何平均值为 418 pg/g ww，最大值为 451 pg/g ww（Nash et al.，2008）。北极格陵兰岛的许多不同物种中都发现了硫丹（浓度表示为 pg/g ww），其中陆生物种：松鸡（肝脏中的中间值 1.9、最大值 3.0），野兔（肝脏中的中间值 0.55、最大值 0.64），羔羊（肝脏中的中间值为未检出、最大值 0.65），北美驯鹿（肌肉中的中间值 0.17、最大值 0.39），麝牛（鲸脂中的中间值 0.016、最大值 1.8）；淡水鱼类：北极红点鲑（肌肉组织中的中间值 21、最大值 92）；海洋生物体：虾（肌肉中的中间值 3、最大值 5.2），雪蟹（肌肉组织中的中间值 19、最大值 95），冰岛扇贝（肌肉中的中间值 0.36、最大值 1.6）；海鸟类：普通棉凫（肝脏中的中间值 4.9、最大值 8.6），王绒鸭（肝脏中的中间值 3.7，肌肉中的最大值 10），三趾鸥（肌肉中的中间值 62、最大值 130），厚嘴海鸦（肝脏中的中间值 8.8、最大值 15）；海洋哺乳动物：环斑海豹（肝脏中的中间值 5.6，最大值 25），格陵兰海豹（鲸脂中的中间值 12、最大值 45），白鲸（皮肤中的中间值 45、最大值 83）以及独角鲸（皮肤中的中间值 81、最大值 120）（Vorkamp et al.，2004c；2004b；2004a）。

挪威斯瓦尔巴群岛北极熊的脂肪组织和血液中均检测到了硫丹，其中 α-硫丹的平均浓度为 3.8±2.2 ng/g ww（范围 1.3～7.8 ng/g ww），β-硫丹的平均浓度为 2.9±0.8 ng/g ww（范围 2.2～4.6 ng/g ww）。虽然所有样本（15/15）中都检测到了 α-硫丹，但 15 个样本中仅有 5 个发现了 β-硫丹。阿拉斯加波弗特海地区北极熊脂肪组织中 α-硫丹的浓度值为<0.1～21 ng/g lw（Bentzen et al.，2008）。

因此，有充足的证据表明，硫丹经过长距离传输，在偏远地区的生物群形成生物累积，这很可能会对人类健康和环境产生重大不利影响，因此需要采取全球行动来减小硫丹带来的危害。

5.4 硫丹的毒理效应研究

硫丹对人类和大多数动物类群具有很强的生物毒性，较低水平的接触就能造成急性或慢性的影响。按照中国农药毒性分级标准，硫丹属高毒性物质。在杀灭害虫、提高农产品产量的同时，硫丹也对非目标生物产生一定的毒性危害。硫丹具有高亲脂性，可经过呼吸道、消化道和皮肤吸收，分布在动物肝脏、脂肪等组织器官中，引起急性、慢性毒理效应。

近年来，多项研究表明硫丹对许多水生和陆生生物、鸟类及哺乳类动物均具有生物毒性，主要体现在对生物神经系统、生殖和遗传、免疫功能和代谢功能等方面的影响。

5.4.1 对生物的危害影响

α-硫丹、*β*-硫丹和硫丹硫酸盐会对水生无脊椎动物及鱼类产生剧毒。通过急性毒性试验评价硫丹短期暴露的毒性效应。首先暴露的时间不同，对水生甲壳动物的半数致死浓度（LC_{50}）有差异（表 5.6）。大型溞（*Daphnia magna*）幼体 48 h 的半数致死浓度（48 h LC_{50}）为 950 μg/L（Barata et al.，2005），桃红对虾（*Penaeus duorarum*）、马氏沼虾（*Macrobrachium malcolmsonii*）96 h LC_{50} 分别为 0.004 μg/L 和 0.16 μg/L（Kumar et al.，2011）。此外，不同的环境条件也可能影响水生生物的半数致死浓度。当暴露环境中有底泥存在时，硫丹对褐虾（*Penaeus aztecus*）的 96 h LC_{50} 从无底泥存在时的 0.2 μg/L 提高到 6.9 μg/L，对淡水钩虾（*Gammarus lacustris*）的 24 h LC_{50} 和 48 h LC_{50} 分别为 9.2 μg/L 和 6.4 μg/L（McLeese and Metcalfe，1980）。

表 5.6 硫丹对甲壳类动物的毒性

水生生物	24 h LC_{50}	48 h LC_{50}	96 h LC_{50}	24 h EC_{50}	文献
大型溞（*Daphnia magna*）	—	950 μg/L	—	336 μg/L	Barata et al.，2005
马氏沼虾（*Macrobrachium malcolmsonii*）	—	—	0.16 μg/L	—	Kumar et al.，2011
斑节对虾（*Penaeus monodon*）	—	—	0.61 μg/L	—	Kumar et al.，2011
桃红对虾（*Penaeus duorarum*）	—	—	0.004 μg/L	—	Kumar et al.，2011
短刀小长臂虾（*Palaemonetes pugio*）	—	—	0.62 μg/L	—	Wirth et al.，2001
淡水钩虾（*Gammarus lacustris*）	9.2 μg/L	6.4 μg/L	5.8 μg/L	—	武焕阳等，2015
石蝇（*Pteronarcys* sp.）	—	—	3.3 μg/L	—	武焕阳等，2015
中华绒螯蟹（*Eriocheir sinensis*）	1.66 mg/L	0.9 mg/L	—		陈尚朝等，2014

硫丹对鱼类也具有较强的急性毒性。研究显示，硫丹对淡水鱼类和海水鱼类 96 h LC_{50} 的范围分别为 0.17～4.4 μg/L 和 0.09～3.45 μg/L（胡国成等，2007）。在

水族箱静态环境条件下，对虹鳟（*Oncorhynchus mykiss*）幼鱼 24 h、48 h、72 h 和 96 h 的 LC_{50} 分别为 19.8 μg/L、8.9 μg/L、5.3 μg/L 和 1.8 μg/L（Capkin et al.，2006）；在流水动态环境条件下，对翠鳢（*Channa punctatus*）幼鱼 24 h、48 h、72 h 和 96 h 的 LC_{50} 分别为 19.7 μg/L、13.0 μg/L、10.2 μg/L 和 7.8 μg/L（Pandey et al.，2006）。不同形式硫丹的毒性也不尽相同。*α*-硫丹、*β*-硫丹、工业级硫丹对乌鳢（*Channa argus*）的毒性研究结果显示：*α*-硫丹毒性最强，其次是工业级硫丹，毒性最低的是 *β*-硫丹（Devi et al.，1981）。

急性接触高剂量的硫丹会导致多动症、肌肉震颤、共济失调和痉挛。由于给药途径、溶剂、动物种属和性别的不同，硫丹的急性毒性半数致死剂量（LD_{50}）差异很大。对大鼠进行的急性毒性试验表明，硫丹经口给药 LD_{50} 为 18 mg/kg；经皮染毒 LD_{50} 为 34 mg/kg；经腹腔染毒 LD_{50} 为 8 mg/kg。对小鼠进行的急性经口染毒 LD_{50} 为 7.36 mg/kg，对家兔进行的急性经皮染毒 LD_{50} 为 359 mg/kg（Gupta et al.，1981；Ozdem et al.，2011）。

硫丹急性暴露可以导致生物大脑神经传递素的合成、分解及释放、吸收发生改变，抑制神经传递素与受体结合（Svartz et al.，2014）。硫丹的神经毒性作用是通过与中枢神经系统抑制性神经递质 *γ*-氨基丁酸（gamma amino butyric acid，GABA）拮抗，阻断了氯离子通道而发挥类似 *γ*-氨基丁酸拮抗物作用（Silva and Carr，2010）。此外，硫丹还可影响 5-羟色胺能系统及胆碱能系统，并使 Na^{+}-K^{+}-ATP 酶和 Ca^{2+}-Mg^{2+}-ATP 酶活性抑制，致使细胞内 Ca^{2+}蓄积，导致中枢神经系统处于持续兴奋状态（Silva and Carr，2010）。胆碱能神经是以乙酰胆碱（ACh）为神经传递物质。研究显示，3.3～5 μg/L 硫丹暴露 96 h，可显著抑制橙色莫桑比克罗非鱼（*Oreochromis mossambicus*）脑乙酰胆碱酯酶（AChE）活性（Kumar et al.，2011）。同样发现，0.072～1.4μg/L 硫丹暴露，可显著抑制四眼青鳉（*Jenynsia multidentata*）肌肉 AChE 活性，并发现随着硫丹暴露浓度升高或时间延长，其活动能力明显下降（Ballesteros et al.，2009）。

除了急性暴露效应，引起特别关注的是硫丹对生物体的亚致死效应，包括遗传毒性和内分泌干扰效应。有相当多的证据表明，硫丹及其代谢产物可能具有遗传毒性。牡蛎在硫丹的暴露下，能够观测到遗传毒性和胚胎毒性效应（Wessel et al.，2007）。对中国仓鼠卵巢 CHO 细胞的彗星试验结果显示，虽然硫丹及其代谢产物均可引起浓度依赖性的 DNA 损伤，但硫丹代谢物硫丹内酯对 DNA 的损伤程度较硫丹同分异构体混合物产生的损伤更大。此外，动物试验研究发现，硫丹对睾丸组织的脂质过氧化和 DNA 氧化损伤作用可能导致大鼠的生精功能障碍，提示氧化应激损伤可能参与了硫丹生殖毒性的发生（朱心强等，2000）。但也在许多体内和体外试验中并没有发现遗传毒性（表 5.7）。

表 5.7 硫丹遗传毒性试验结果（McGregor，1998）

终点	测试物	剂量（LED 或 HID）[a]	结果	文献
差分毒性（体外）	枯草芽孢杆菌重组菌株 H17 与 M45	2 000 μg/mL	阴性[a]	Shirasu，1978
逆向突变（体外）	鼠伤寒沙门氏菌：TA100，TA155，TA1537，TA1538，TA98；大肠杆菌：WP2 uvrA	5 000 μg/mL	阴性[b]	Shirasu，1978
基因转换（体外）	酿酒酵母菌，D4	5 000 μg/mL	阴性[b]	Mellano and Milone，1984b
正向突变（体外）	裂殖性酵母菌	500 μg/mL	阴性[b]	Mellano and Milone，1984a
程序外 DNA 合成（体外）	雄性 F344 大鼠原代肝细胞	51 μg/mL	阴性[a]	Cifone and Myhr，1984a
基因突变（体外）	小鼠淋巴瘤 L5178Y 细胞；tk 基因座	75 μg/mL	阴性[b]	Cifone and Myhr，1984b
染色体畸变（体外）	人淋巴细胞	200 μg/mL	阴性[b]	Asquith and Baillie，1989
染色体畸变（体外）	人淋巴细胞	200 μg/mL	阴性	Pirovano and Milone，1986
微核形成（体内）	核磁共振成像小鼠骨髓细胞	10 μg/kg 体重，po×1	阴性	Müller，1988
染色体畸变（体内）	白化鼠骨髓细胞	55 μg/kg，po×5	阴性	Dikshith and Datta，1978
显性致死突变（体内）	雄性 Swiss 小鼠	16.6 μg/kg 体重，ip×5	不明确	Pandey et al.，1990
显性致死突变（体内）	雄性 BALB/c 小鼠	0.64 μg/kg 体重，ip×1 和 ip×5	阴性	Dzwonkowska and Hubner，1991
精子形态（体内）	小鼠	16.6 μg/kg 体重，ip×5	阳性	Pandey et al.，1990
精子形态（体内）	小鼠体内	3 μg/kg 体重，ip×35	阳性	Khan and Sinha，1996

注：LED：最小有效剂量；HID：最大无效剂量；po：口服；ip：腹腔内给药。

a 无外源性代谢激活，不在有外源性代谢激活下测试。

b 有/无外源性代谢激活

硫丹具有内分泌干扰作用，能够干扰生物体内源激素的合成、释放、转运、结合和代谢，从而影响机体的内环境稳定、生殖和发育。对于暴露于硫丹的生物，已观察到的结果包括两栖类发育受损或者发育迟缓等（Devi and Gupta，2013）、鱼类皮质醇分泌减少、鸟类泄殖腔发育受损以及激素水平降低。硫丹对于雄性哺乳动物具有更高的毒性作用（Lafuente and Pereiro，2013），可使雄性动物睾丸萎缩和精子生成减少（Rastogi et al.，2014）。许安等（Du et al.，2015b；Du et al.，2015a）研究发现，硫丹及硫丹硫酸盐均对线虫生殖系统及其子代产生影响，但 *α*-硫丹的生殖毒性远强于 *β*-硫丹和硫丹硫酸盐，*α*-硫丹对线虫生殖系统的毒性作用与基因毒性应答基因 *hus-1*，*cep-1* 和 *egl-1* 相关，特别是 DNA 损伤检验点基因 *hus-1* 发挥了极为重要的作用；通过检测线粒体膜电位的变化，进一步证明了氧化应激也是硫丹对生物个体造成损伤的机制之一。

硫丹具有强烈的雌激素活性，可以刺激雌激素受体产生，而雌激素受体能够调节细胞增殖，导致核心组蛋白的高效表达（Zhu et al.，2009）。硫丹硫酸盐已被证实能够推迟大型溞蜕皮过程，是一种抗蜕皮类固醇化合物，甲壳类动物及其他节肢动物将蜕皮类固醇系统作为主要的内分泌信号分子，可以调节蜕皮和胚胎发育等过程（Palma et al.，2009）。硫丹暴露能引起无尾类动物东方铃蟾的胚胎发育异常（Kang et al.，2008），也能引起蝌蚪的神经毒性（Brunelli et al.，2009）以及罗非鱼的免疫毒性（Giron-Perez et al.，2008）。

硫丹能够影响生物体免疫功能，对鱼类头肾细胞的吞噬作用有显著影响。当硫丹质量分数高于 10 mg/kg 时，可抑制弗氏虹银汉鱼（*Melanotaenia fredericki*）头肾细胞的吞噬作用，诱导圆尾麦氏鲈（*Macquaria ambigua*）和虫纹鳕鲈（*Murray cod*）头肾细胞的吞噬作用，硫丹还可以调节这 3 种鱼粒细胞的活性。不同浓度硫丹暴露导致翠鳢肾脏和鳃细胞 DNA 损伤，而且鳃细胞对硫丹的毒性更加敏感。当饲料中硫丹的添加量分别为 5 μg/kg、50 μg/kg、500 μg/kg 时，大西洋鲑（*Salmo salar*）血液学指标、血液生物化学指标及生长指标与对照组相比变化显著。35 天后摄食 500 μg/kg 剂量组与对照组相比，血红蛋白含量和血球体积显著升高。

硫丹还具有影响生物体的代谢功能。研究表明硫丹能够对鱼类碳水化合物的代谢产生影响（胡国成，2007），对攀鲈（*Anabas scandens*）进行硫丹暴露，发现其组织中糖原、乳酸和丙酮酸的含量发生显著变化，组织中乳酸盐的含量升高，而丙酮酸盐和糖原的含量降低（Yasmeen et al.，1991）。通过诱导或抑制不同功能的酶类，硫丹对蛋白质的代谢也产生影响。硫丹及其代谢产物能够与生物体内的酶分子发生非共价性结合，从而导致酶活性发生变化。硫丹对大型溞超氧化物歧化酶（SOD）、谷胱甘肽转移酶（GST）、谷胱甘肽超氧化物酶（GPX）的活性有显著影响，而对过氧化氢酶（CAT）的活性没有显著影响。在一定浓度范围内，随着硫丹浓度的增加，SOD 的活性逐渐降低，而 GST、GPX 的活性逐渐增强（Barata et al.，2005）。另外，暴露于硫丹中的马氏沼虾（*Macrobrachium malcolmsonii*）组织中的谷胱甘肽转移酶（GST）、酸性磷酸酶（ACP）、碱性磷酸酶（ALP）、乳酸脱氢酶（LDH）活性显著提高，而乙酰胆碱酯酶（AChE）含量降低（Bhavan and Geraldine，2001），最终影响生物体的代谢功能。

5.4.2　对人类健康的影响

通过口服、皮肤及吸入接触硫丹后，其会产生严重的急性毒性。非洲、亚洲和拉丁美洲等发展中国家的农场工人和村民先天身体机能失调、智力迟钝及死亡，与其在某种条件（比如缺乏保护性设备）下接触硫丹，以及被动接触硫丹存在关联。2001 年，泛非在马里开展了一项针对 Kita、Fana 及 Koutiala 的 21 个地区的村庄的调查，其中硫丹是被确定的农药中最主要的一种，在报告最多的中毒事件中都发现了硫丹，这无疑为证明硫丹对人类产生极高的毒性提供了进一步的证据

（Durukan et al.，2009；Jergentz et al.，2004）。

通过口服和皮肤接触硫丹后，发现其主要对中枢神经系统产生影响，特别是会出现痉挛现象。可能导致神经中毒的机制包括：①影响合成和降解，和/或影响释放及再吸收的速度，改变大脑区域中的神经传导素的水平；②干扰神经传导素与其受体之间的连接。长期接触硫丹还会对肝脏、肾脏、血管和血液的各项参数产生影响（Durukan et al.，2009）。

世界卫生组织规定，硫丹对人的每日允许摄入量（ADI）为 0.006 mg/kg，急性参考剂量为 0.02 mg/kg（Gupta and Ali，2008）。亚急性和慢性毒性的研究结果显示了硫丹暴露可以影响体重、引起毒性反应以及组织病理学上的变化和血液学指标的异常（Silva and Gammon，2009）。

在人体淋巴细胞的研究中发现，硫丹的同分异构体混合物对 DNA 损伤作用最大（Bajpayee et al.，2006）。而且，值得注意的是，硫丹同分异构体的遗传毒性也不尽相同。在 CHO 细胞和人淋巴细胞中，α-硫丹引起的 DNA 链断裂程度均要稍重于 β-硫丹（Bajpayee et al.，2006）。而在人肝癌细胞株 HepG2 细胞中，α-硫丹和 β-硫丹均可诱导姐妹染色单体交换及 DNA 链断裂，β-硫丹的毒性比 α-硫丹的毒性强（Lu et al.，2000）。在动物细胞的研究中，硫丹可诱导大鼠的肝细胞产生细胞色素，这些诱导作用可能促进硫丹代谢为活化代谢产物并引起 DNA 损伤（Li et al.，2011）。

5.5 硫丹使用的限制公约

硫丹是一种已被使用超过半个世纪的有机氯杀虫剂。在大气、水体、土壤、沉积物及生物体中都存在较高浓度的硫丹及其代谢产物硫丹硫酸盐。由于其在环境中具有较强的持久性、生物富集性和远距离环境迁移能力，硫丹对生态环境和人类健康的影响一直是人们关注的焦点，其已被多个国家限制或禁止使用。

2005 年 12 月，欧盟立法禁止使用硫丹；2006 年 5 月，日本为了加强食品中农业化学品残留的管理，规定水产品中硫丹的最大残留限量（MRL）为 0.004 mg/kg；世界卫生组织（WHO）和联合国粮食及农业组织（FAO）规定硫丹的每日允许摄入量为 0.006 mg/kg。中国《食品中农药最大残留限量》（GB 2763—2005）规定，硫丹在农产品中的最大残留限量为 0.5～1.0 mg/kg，而在水产品中的残留限量并未做出具体规定（胡国成等，2007）。

目前采取的控制措施涵盖了多个方面。一些仍在使用硫丹的国家已经将其使用限制在特定的批准用途，而且通常也确立了特定使用条件和限制因素，以便控制各种健康和环境风险。多数国家已禁止使用硫丹，表明这些国家都具备了经济上可行的替代品。虽然大多数国家似乎已经根除含有硫丹的农药，或只残留少量含有过期硫丹的农药库存。然而，仍然生产硫丹的国家还需要管理大量的库存，并需要清理受到污染的场地。

2007 年 3 月，《关于在国际贸易中对某些危险化学品和农药采用事先知情同意程序的鹿特丹公约》（以下简称《鹿特丹公约》）化学品审查委员会决定向该公约的缔约方大会转交一份关于将硫丹列入附件三的建议。附件三中载列了必须遵循事先知情同意程序的化学品。将硫丹列入附件三的建议依据了由不同区域提供的、符合《鹿特丹公约》附件二所载标准的两份通知，这些区域为保护健康和环境而采取了监管行动，禁止或严格限制使用硫丹。

在 2010 年召开的《斯德哥尔摩公约》持久性有机污染物审查委员会第六次会议通过了硫丹的风险管理评价草案，建议将硫丹列入公约附件 A，并享有特定豁免。2011 年 4 月在瑞士日内瓦召开的《斯德哥尔摩公约》第五次缔约方大会（COP5）上，硫丹及其相关异构体被列入持久性有机污染物（POPs）附件 A（消除类）。发展中国家要淘汰硫丹还面临着诸多挑战，如替代品、污染场地的修复和库存产品的处理等。《斯德哥尔摩公约》同时规定了特定豁免，而我国也在豁免的名单中。

2011 年，考虑到硫丹农药的高毒性，农业部发布第 1586 公告，撤销了硫丹在苹果树和茶树农药用途上的登记。2013 年 8 月，全国人民代表大会批准了《〈关于持久性有机污染物的斯德哥尔摩公约〉新增列硫丹修正案》的决定，硫丹作为有机氯农药将要在全国范围内禁止生产和使用。经过国内相关程序的审批，我国决定于 2014 年 3 月 26 日起，禁止硫丹除特定豁免于防治棉花棉铃虫、烟草烟青虫的生产和使用外的生产、流通和进出口。

参 考 文 献

陈尚朝, 陈敏东, 宋玉芝, 等. 2014. 2 种有机杀虫剂对中华绒螯蟹毒性研究[J]. 环境科学与技术, 9: 5-9.

甘居利, 柯常亮, 陈洁文, 等. 2014. 华南沿海近江牡蛎体中硫丹残留特征研究[J]. 农业环境科学学报, 33(2): 271-275.

胡国成, 许木启, 戴家银, 等. 2007. 硫丹对水生生物毒理效应的研究进展[J]. 中国水产科学, 14: 1042-1047.

贾宏亮. 2010. 硫丹在中国土壤大气中空间分布及传播的研究[D]. 大连: 大连海事大学博士学位论文.

刘济宁, 周林军, 石利利, 等. 2010. 硫丹及硫丹硫酸酯的土壤降解特性[J]. 环境科学学报, 30: 2484-2490.

缪建军, 王延广. 2012. 气相色谱/负离子化学电离质谱法测定土壤中的硫丹及其代谢物[J]. 分析测试技术与仪器, 18: 111-113.

亓学奎, 马召辉, 王英, 等. 2014. 有机氯农药在太湖水体–沉积物中的交换特征[J]. 生态环境学报, 23: 1958-1963.

武焕阳, 丁诗华, 2015. 硫丹的环境行为及水生态毒理效应研究进展[J]. 生态毒理学报, 10: 113-122.

朱心强, 郑一凡, 祝红红, 等. 2000. 大鼠孕期和哺乳期接触硫丹对仔代雄性生殖系统发育的影响[J]. 中国药理学和毒理学杂志, 14: 352-356.

Albero B, Sanchez-Brunete C, Tadeo J L. 2003. Determination of endosulfan isomers and endosulfan sulfate in tomato juice by matrix solid-phase dispersion and gas chromatography[J]. Journal of Chromatography A, 1007: 137-143.

Antonious G, Byers M. 1997. Fate and movement of endosulfan under field conditions[J]. Environmental Toxicology and Chemistry, 16: 644-649.

Asquith J, Baillie J. 1989. Endosulfan substance technical(code Hoe 002671 0I ZD95 0005). Metaphase analysis of human lymphocytes [M]. United Kingdom: Toxicol Laboratories.

Bajpayee M, Pandey A, Zaidi S, et al. 2006. DNA damage and mutagenicity induced by endosulfan and its metabolites[J]. Environmental and Molecular Mutagenesis, 47: 682-692.

Ballesteros M, Durando P, Nores M, et al. 2009. Endosulfan induces changes in spontaneous swimming activity and acetylcholinesterase activity of *Jenynsia multidentata* (Anablepidae, Cyprinodontiformes)[J]. Environmental Pollution, 157: 1573-1580.

Barata C, Varo I, Navarro J, et al. 2005. Antioxidant enzyme activities and lipid peroxidation in the freshwater cladoceran Daphnia magna exposed to redox cycling compounds[J]. Comparative Biochemistry and Physiology C-Toxicology & Pharmacology, 140: 175-186.

Becker L, Scheringer M, Schenker U, et al. 2011. Assessment of the environmental persistence and long-range transport of endosulfan[J]. Environmental Pollution, 159: 1737-1743.

Bentzen T, Muir D, Amstrup S, et al. 2008. Organohalogen concentrations in blood and adipose tissue of Southern Beaufort Sea polar bears[J]. Science of the Total Environment, 406: 352-367.

Bhavan P, Geraldine P 2001. Biochemical stress responses in tissues of the prawn *Macrobrachium malcolmsonii* on exposure to endosulfan[J]. Pesticide Biochemistry and Physiology, 70: 27-41.

Bidleman T, Christensen E, Billings W, et al. 1981. Atmospheric transport of organochlorines in the North-Atlantic Gyre[J]. Journal of Marine Research, 39: 443-464.

Bidleman T, Cotham W, Addison R, et al. 1992. Organic contaminants in the Northwest Atlantic atmosphere at Sable Island, Nova-Scotia, 1988-89[J]. Chemosphere, 24: 1389-1412.

Blais J, Schindler D, Muir D, et al. 1998. Accumulation of persistent organochlorine compounds in mountains of western Canada[J]. Nature, 395: 585-588.

Bozlaker A, Muezzinoglu A, Odabasi M. 2009. Processes affecting the movement of organochlorine pesticides (OCPs) between soil and air in an industrial site in Turkey[J]. Chemosphere, 77: 1168-1176.

Brown Tn W F. 2008. Screening chemicals for the potential to be persistent organic pollutants: A case study of Arctic contaminants[J]. Environmental Science & Technology, 42: 5202-5209.

Brunelli E, Bernabo I, Berg C, et al. 2009. Environmentally relevant concentrations of endosulfan impair development, metamorphosis and behaviour in *Bufo bufo* tadpoles[J]. Aquatic Toxicology, 91: 135-142.

Cao X, Shen W, Zhu J, et al. 2013. A comparative study of the ionization modes in GC-MS multi-residue method for the determination of organochlorine pesticides and polychlorinated biphenyls in crayfish[J]. Food Analytical Methods, 6: 445-456.

Capkin E, Altinok I, Karahan S. 2006. Water quality and fish size affect toxicity of endosulfan, an organochlorine pesticide, to rainbow trout[J]. Chemosphere, 64: 1793-1800.

Cerrillo I, Granada A, Lopez-Espinosa M J, et al. 2005. Endosulfan and its metabolites in fertile women, placenta, cord blood, and human milk[J]. Environmental Research, 98: 233-239.

Chan M, Mohd M. 2005. Analysis of endosulfan and its metabolites in rat plasma and selected tissue samples by gas chromatography-mass spectrometry[J]. Environmental Toxicology, 20: 45-52.

Chernyak S, Rice C, Mcconnell L L. 1996. Evidence of currently used pesticides in air, ice, fog, seawater and surface microlayer in the Bering and Chukchi seas[J]. Marine Pollution Bulletin, 32: 410-419.

Chowdhury A, Das C, Kole R, et al. 2007. Residual fate and persistence of endosulfan (50 WDG) in bengal gram(*Cicer arietinum*)[J]. Environmental Monitoring and Assessment, 132: 467-473.

Cifone M A, Myhr B C. 1984a. Evaluation of HOE 002671-Substance Technical in the Rat Primary Hepatocyte Unscheduled DNA Synthesis Assay [M]. Litton Bionetics, Inc. 5516 Nicholson Lane, Kensington, MD 20895. Sponsor: Hoechst Aktiengesellschaft, Postfach 80 03 20, 6230 Frankfurt AM Main 80, West Germany.

Cifone M, Myhr B. 1984b. Mutagenicity evaluation of Hoe 002671 - substance Technical in the Mouse Lymphoma Forward Mutation Assay [M]. Litton Bionetics, Inc. 5516 Nicholson Lane, Kensington, MD 20895. Sponsor: Hoechst Aktiengesellschaft, Postfach 80 03 20, 6230 Frankfurt AM Main 80, West Germany.

Ciglasch H, Busche J, Amelung W, et al. 2006. Insecticide dissipation after repeated field application to a northern Thailand ultisol[J]. Journal of Agricultural and Food Chemistry, 54: 8551-8559.

Deger A, Gremm T, Frimmel F, et al. 2003. Optimization and application of SPME for the gas chromatographic determination of endosulfan and its major metabolites in the ng L^{-1} range in aqueous solutions[J]. Analytical and Bioanalytical Chemistry, 376: 61-68.

Delorenzo M E, Taylor L A, Lund S A, et al. 2002. Toxicity and bioconcentration potential of the agricultural pesticide endosulfan in phytoplankton and zooplankton[J]. Archives of Environmental Contamination and Toxicology, 42: 173-181.

Devi A, Rato D, Tilak K S, et al. 1981. Relative Toxicity of the technical grade material, isomers, and formulations of endosulfan to the fish *Channa punctata*[J]. Bulletin of Environmental Contamination and Toxicology, 27: 239-243.

Devi N, Gupta A. 2013. Toxicity of endosulfan to tadpoles of *Fejervarya* spp.(Anura: Dicroglossidae): mortality and morphological deformities[J]. Ecotoxicology, 22: 1395-1402.

Dikshith T, Datta K. 1978. Endosulfan: Lack of cytogenetic effects in male rats[M]. Industrial Toxicology Research Centre.

Dmitrovic J, Chan S C, Chan S H Y. 2002. Analysis of pesticides and PCB congeners in serum by GC/MS with SPE sample cleanup[J]. Toxicology Letters, 134: 253-258.

Du H, Wang M, Dai H, et al. 2015a. Endosulfan isomers and sulfate metabolite induced reproductive toxicity in *Caenorhabditis elegans* involves genotoxic response genes[J]. Environmental Science & Technology, 49: 2460-2468.

Du H, Wang M, Wang L, et al. 2015b. Reproductive toxicity of endosulfan: Implication from germ cell apoptosis modulated by mitochondrial dysfunction and genotoxic response genes in *Caenorhabditis elegans*[J]. Toxicological Sciences, 145: 118-127.

Durukan P, Ozdemir C, Coskun R, et al. 2009. Experiences with endosulfan mass poisoning in rural areas[J]. European Journal of Emergency Medicine, 16: 53-56.

Dzwonkowska A, Hubner H. 1991. Studies on commercial insecticides with the dominant lethal mutations test[J]. Polish Journal of Occupational Medicine & Environmental Health, 4: 43-53.

Giron-Perez M, Montes-Lopez M, Garcia-Ramirez L, et al. 2008. Effect of sub-lethal concentrations of endosulfan on phagocytic and hematological parameters in *Nile tilapia* (*Oreochromis niloticus*)[J]. Bulletin of Environmental Contamination and Toxicology, 80: 266-269.

Gregor D, Gummer W. 1989. Evidence of atmospheric transport and deposition of organochlorine pesticides and polychlorinated-biphenyls in Canadian Arctic snow[J]. Environmental Science & Technology, 23: 561-565.

Gupta P, Murthy R, Chandra S. 1981. Toxicity of endosulfan and manganese chloride - cumulative toxicity rating[J]. Toxicology Letters, 7: 221-227.

Gupta V K, Ali I. 2008. Removal of endosulfan and methoxychlor from water on carbon slurry[J]. Environmental Science & Technology, 42: 766-770.

Halsall C, Bailey R, Stern G, et al. 1998. Multi-year observations of organohalogen pesticides in the Arctic atmosphere[J]. Environmental Pollution, 102: 51-62.

Halse A, Schlabach M, Schuster J, et al. 2015. Endosulfan, pentachlorobenzene and short-chain chlorinated paraffins in background soils from Western Europe[J]. Environmental Pollution, 196: 21-28.

Harner T, Bidleman T F, Jantunen L M M, et al. 2001. Soil-air exchange model of persistent pesticides in the United States cotton belt[J]. Environmental Toxicology and Chemistry, 20: 1612-1621.

Hinckley D, Bidleman T, Foreman W, et al. 1990. Determination of vapor-pressures for nonpolar and semipolar organic-compounds from gas-chromatographic retention data[J]. Journal of Chemical and Engineering Data, 35: 232-237.

Hobbs K, Muir D, Born E, et al. 2003. Levels and patterns of persistent organochlorines in minke whale (*Balaenoptera acutorostrata*) stocks from the North Atlantic and European Arctic[J]. Environmental Pollution, 121: 239-252.

Hong J, Kim H, Kim D, et al. 2004. Rapid determination of chlorinated pesticides in fish by freezing-lipid filtration, solid-phase extraction and gas chromatography-mass spectrometry[J]. Journal of Chromatography A, 1038: 27-35.

Hung H, Halsall C, Blanchard P, et al. 2002. Temporal trends of organochlorine pesticides in the Canadian Arctic atmosphere[J]. Environmental Science & Technology, 36: 862-868.

Hung H, Kallenborn R, Breivik K, et al. 2010. Atmospheric monitoring of organic pollutants in the Arctic under the Arctic Monitoring and Assessment Programme (AMAP): 1993-2006[J]. Science of the Total Environment, 408: 2854-2873.

Jantunen L, Bidleman T F. 1998. Organochlorine pesticides and enantiomers of chiral pesticides in Arctic Ocean water[J]. Archives of Environmental Contamination and Toxicology, 35: 218-228.

Jayashree R, Vasudevan N. 2007. Persistence and distribution of endosulfan under field condition[J]. Environmental Monitoring and Assessment, 131: 475-487.

Jergentz S, Mugni H, Bonetto C, et al. 2004. Runoff-related endosulfan contamination and aquatic macroinvertebrate response in rural basins near Buenos Aires, Argentina[J]. Archives of Environmental Contamination and Toxicology, 46: 345-352.

Jia H, Li Y, Wang D, et al. 2009. Endosulfan in China 1-gridded usage inventories[J]. Environmental Science and Pollution Research, 16: 295-301.

Jia H, Liu L, Sun Y, et al. 2010. Monitoring and modeling endosulfan in Chinese surface soil[J]. Environmental Science & Technology, 44: 9279-9284.

Jiang Y, Wang X, Jia Y, et al. 2009. Occurrence, distribution and possible sources of organochlorine pesticides in agricultural soil of Shanghai, China[J]. Journal of Hazardous Materials, 170: 989-997.

Johansen P, Muir D, Asmund G, et al. 2004. Human exposure to contaminants in the traditional Greenland diet[J]. Science of the Total Environment, 331: 189-206.

Jonsson C, Toledo M. 1993. Bioaccumulation and elimination of endosulfan in the fish yellow tetra (*Hyphessobrycon bifasciatus*)[J]. Bulletin of Environmental Contamination and Toxicology, 50: 572-577.

Kang H, Gye M, Kim M. 2008. Effects of endosulfan on survival and development of *Bombina orientalis* (Boulenger) embryos[J]. Bulletin of Environmental Contamination and Toxicology, 81: 262-265.

Karlsson H, Muir D, Teixiera C F, et al. 2000. Persistent chlorinated pesticides in air, water, and precipitation from the Lake Malawi area, southern Africa[J]. Environmental Science & Technology, 34: 4490-4495.

Kelly B, Gobas F. 2003. An arctic terrestrial food-chain bioaccumulation model for persistent organic pollutants[J]. Environmental Science & Technology, 37: 2966-2974.

Kelly B, Ikonomou M, Blair J, et al. 2007. Food web-specific biomagnification of persistent organic pollutants[J]. Science, 317: 236-239.

Khan P, Sinha S. 1996. Ameliorating effect of vitamin C on murine sperm toxicity induced by three pesticides (endosulfan, phosphamidon and mancozeb)[J]. Mutagenesis, 11: 33-36.

Kim J, Smith A. 2001. Distribution of organochlorine pesticides in soils from South Korea[J]. Chemosphere, 43: 137-140.

Kong L, Zhu S, Zhu L, et al. 2013. Biodegradation of organochlorine pesticide endosulfan by bacterial strain Alcaligenes faecalis JBW4[J]. Journal of Environmental Sciences-China, 25: 2257-2264.

Kumar N, Prabhu P, Pal A, et al. 2011. Anti-oxidative and immuno-hematological status of Tilapia (*Oreochromis mossambicus*) during acute toxicity test of endosulfan[J]. Pesticide Biochemistry and Physiology, 99: 45-52.

Lafuente A, Pereiro N. 2013. Neurotoxic effects induced by endosulfan exposure during pregnancy and lactation in female and male rat striatum[J]. Toxicology, 311: 35-40.

Lal A, Tan G, Chai M. 2008. Multiresidue analysis of pesticides in fruits and vegetables using solid-phase extraction and gas chromatographic methods[J]. Analytical Sciences, 24: 231-236.

Lehotay S, Schaner A, Nemoto S, et al. 2002. Determination of pesticide residues in nonfatty foods by supercritical fluid extraction and gas chromatography/mass spectrometry: Collaborative study[J]. Journal of Aoac International, 85: 1148-1166.

Lenoir J, Mcconnell L, Fellers G M, et al. 1999. Summertime transport of current-use pesticides from California's Central Valley to the Sierra Nevada Mountain Range, USA[J]. Environmental Toxicology and Chemistry, 18: 2715-2722.

Lentza-Rizos C, Avramides E J, Visi E. 2001. Determination of residues of endosulfan and five pyrethroid insecticides in virgin olive oil using gas chromatography with electron-capture detection[J]. Journal of Chromatography A, 921: 297-304.

Leonard A W, Hyne R V, Lim R P, et al. 2001. Fate and toxicity of endosulfan in Namoi River water and bottom sediment[J]. Journal of Environmental Quality, 30: 750-759.

Li D, Liu J, Li J. 2011. Genotoxic evaluation of the insecticide endosulfan based on the induced GADD153-GFP reporter gene expression[J]. Environmental Monitoring and Assessment, 176:

251-258.

Li J, Zhu T, Wang F, et al. 2006. Observation of organochlorine pesticides in the air of the Mt. Everest region[J]. Ecotoxicology and Environmental Safety, 63: 33-41.

Li Y, Macdonald R W. 2005. Sources and pathways of selected organochlorine pesticides to the Arctic and the effect of pathway divergence on HCH trends in biota: A review[J]. Science of the Total Environment, 342: 87-106.

Liu X, Zhang G, Li J, et al. 2009. Seasonal patterns and current sources of DDTs, chlordanes, hexachlorobenzene, and endosulfan in the atmosphere of 37 Chinese cities[J]. Environmental Science & Technology, 43: 1316-1321.

Lopez-Blanco M C, Reboreda-Rodriguez B, Cancho-Grande B, et al. 2002. Optimization of solid-phase extraction and solid-phase microextraction for the determination of alpha- and beta-endosulfan in water by gas chromatography-electron-capture detection[J]. Journal of Chromatography A, 976: 293-299.

Lu Y, Morimoto K, Takeshita T, et al. 2000. Genotoxic effects of alpha-endosulfan and beta-endosulfan on human HepG2 cells[J]. Environmental Health Perspectives, 108: 559-561.

Mcconnell L, Lenoir J, Datta S, et al. 1998. Wet deposition of current-use pesticides in the Sierra Nevada mountain range, California, USA[J]. Environmental Toxicology and Chemistry, 17: 1908-1916.

Mcgregor D. 1998. Endosulfan (JMPR Evaluations 1998 Part II Toxicological)[M]. Joint Meeting on Pesticide Residues (JMPR).

Mcleese D, Metcalfe C. 1980. Toxicities of eight organochlorine compounds in sediment and seawater to *Crangon septemspinosa*[J]. Bull Environ Contam Toxicol, 25: 921-928.

Mellano D, Milone M. 1984a. Study of the mutagenic activity *in vitro* of the compound endosulfan-technical (Code Hoe 002671) with *Schizosaccharomyces pombe* [M]. Instituto di Recherche Biomediche.

Mellano D, Milone M. 1984b. Study of the mutagenic activity of the compound endosulfan-technical (Code Hoe 002671) with *saccharomyces cerevisiae* - Gene conversion DNA Repair test [M]. Instituto di Recherche Biomediche.

Muir D, Teixeira C, Wania F. 2004. Empirical and modeling evidence of regional atmospheric transport of current-use pesticides[J]. Environmental Toxicology and Chemistry, 23: 2421-2432.

Mukherjee I, Gopal M. 1994. Interconversion of stereoisomers of endosulfan on chickpea crop under field conditions[J]. Pesticide Science, 40: 103-106.

Müller W 1988. Endosulfan-substance technical (code: Hoe 002671 0I ZD95 0005). Micronucleus test in male and female NMRI mice after oral administration[M]. Pharma Research Toxicology and Pathology.

Muralidharan S, Dhananjayan V, Jayanthi P. 2009. Organochlorine pesticides in commercial marine fishes of Coimbatore, India and their suitability for human consumption[J]. Environmental Research, 109: 15-21.

Nash S, Poulsen A, Kawaguchi S, et al. 2008. Persistent organohalogen contaminant burdens in Antarctic krill (*Euphausia superba*) from the eastern Antarctic sector: A baseline study[J]. Science of the Total Environment, 407: 304-314.

Odabasi M, Cetin B, Demircioglu E, et al. 2008. Air-water exchange of polychlorinated biphenyls (PCBs) and organochlorine pesticides (OCPs) at a coastal site in Izmir Bay, Turkey[J]. Marine Chemistry, 109: 115-129.

Ozdem S, Nacitarhan C, Gulay M, et al. 2011. The effect of ascorbic acid supplementation on endosulfan toxicity in rabbits[J]. Toxicology and Industrial Health, 27: 437-446.

Palma P, Palma V, Matos C, et al. 2009. Effects of atrazine and endosulfan sulphate on the ecdysteroid system of *Daphnia magna*[J]. Chemosphere, 74: 676-681.

Pandey N, Gundevia F, Prem A, et al. 1990. Studies on the genotoxicity of endosulfan, an organochlorine insecticide, in mammalian germ cells[J]. Mutation Research, 242: 1-7.

Pandey S, Nagpure N, Kumar R, et al. 2006. Genotoxicity evaluation of acute doses of endosulfan to freshwater teleost *Channa punctatus* (Bloch) by alkaline single-cell gel electrophoresis[J]. Ecotoxicology and Environmental Safety, 65: 56-61.

Peterson S, Batley G. 1993. The Fate of Endosulfan in Aquatic Ecosystems[J]. Environmental Pollution, 82: 143-152.

Pirovano R, Milone M. 1986. Study of the capacity of the test article endosulfan, substance technical to induce chromosome aberrations in human lymphocytes cultured *in vitro* [M]. RBM.

Pozo K, Harner T, Lee S, et al. 2009. Seasonally resolved concentrations of persistent organic pollutants in the global atmosphere from the first year of the GAPS study[J]. Environmental Science & Technology, 43: 796-803.

Pozo K, Harner T, Shoeib M, et al. 2004. Passive-sampler derived air concentrations of persistent organic pollutants on a north-south transect in Chile[J]. Environmental Science & Technology, 38: 6529-6537.

Pozo K, Harner T, Wania F, et al. 2006. Toward a global network for persistent organic pollutants in air: Results from the GAPS study[J]. Environmental Science & Technology, 40: 4867-4873.

Qiu X, Zhu T, Wang F, et al. 2008. Air-water gas exchange of organochlorine pesticides in Taihu Lake, China[J]. Environmental Science & Technology, 42: 1928-1932.

Quinete N, Castro J, Fernandez A, et al. 2013. Occurrence and distribution of endosulfan in water, sediment, and fish tissue: An ecological assessment of protected lands in South Florida[J]. Journal of Agricultural and Food Chemistry, 61: 11881-11892.

Ramaneswari K, Rao L. 2000. Bioconcentration of endosulfan and monocrotophos by *Labeo rohita* and *Channa punctata*[J]. Bulletin of Environmental Contamination and Toxicology, 65: 618-622.

Rashid A, Nawaz S, Barker H, et al. 2010. Development of a simple extraction and clean-up procedure for determination of organochlorine pesticides in soil using gas chromatography-tandem mass spectrometry[J]. Journal of Chromatography A, 1217: 2933-2939.

Rastogi D, Narayan R, Saxena D, et al. 2014. Endosulfan induced cell death in Sertoli-germ cells of male Wistar rat follows intrinsic mode of cell death[J]. Chemosphere, 94: 104-115.

Rice C, Chernyak S, Hapeman C, et al. 1997. Air-water distribution of the endosulfan isomers[J]. Journal of Environmental Quality, 26: 1101-1106.

Rissato S, Galhiane M, Ximenes V, et al. 2006. Organochlorine pesticides and polychlorinated biphenyls in soil and water samples in the northeastern part of Sao Paulo State, Brazil[J]. Chemosphere, 65: 1949-1958.

Scheringer M, Wegmann F, Fenner K, et al. 2000. Investigation of the cold condensation of persistent organic pollutants with a global multimedia fate model[J]. Environmental Science & Technology, 34: 1842-1850.

Schmidt W, Bilboulian S, Rice C, et al. 2001. Thermodynamic, spectroscopic, and computational evidence for the irreversible conversion of beta- to alpha-endosulfan[J]. Journal of Agricultural and Food Chemistry, 49: 5372-5376.

Schmidt W, Hapeman C, Mcconnell L, et al. 2014. Temperature-dependent raman spectroscopic evidence of and molecular mechanism for irreversible isomerization of beta-endosulfan to alpha-endosulfan[J]. Journal of Agricultural and Food Chemistry, 62: 2023-2030.

Shah N, He X, Khan H, et al. 2013. Efficient removal of endosulfan from aqueous solution by UV-C/peroxides: A comparative study[J]. Journal of Hazardous Materials, 263: 584-592.

Shah N, Khan J, Nawaz S, et al. 2014. Role of aqueous electron and hydroxyl radical in the removal of endosulfan from aqueous solution using gamma irradiation[J]. Journal of Hazardous Materials, 278: 40-48.

Shen L, Wania F, Lei Y, et al. 2005. Atmospheric distribution and long-range transport behavior of organochlorine pesticides in north America[J]. Environmental Science & Technology, 39: 409-420.

Shen L, Wania F. 2005. Compilation, evaluation, and selection of physical-chemical property data for organochlorine pesticides[J]. Journal of Chemical and Engineering Data, 50: 742-768.

Shirasu Y, Moriya M, Ohta T. 1978. Microbial mutagenicity testing on endosulfan [M]. Japan: Institute of Environmental Toxicology.

Shivaramaiah H, Sanchez-Bayo F, Al-Rifai J, et al. 2005. The fate of endosulfan in water[J]. Journal of Environmental Science and Health Part B-Pesticides Food Contaminants and Agricultural Wastes, 40: 711-720.

Silva M, Carr W. 2010. Human health risk assessment of endosulfan: II. Dietary exposure assessment[J]. Regulatory Toxicology and Pharmacology, 56: 18-27.

Silva M, Gammon D. 2009. An assessment of the developmental, reproductive, and neurotoxicity of endosulfan[J]. Birth Defects Research Part B-Developmental and Reproductive Toxicology, 86: 1-28.

Singh M, Singh D. 2014. Biodegradation of endosulfan in broth medium and in soil microcosm by *Klebsiella* sp. M3[J]. Bulletin of Environmental Contamination and Toxicology, 92: 237-242.

Ssebugere P, Wasswa J, Mbabazi J, et al. 2010. Organochlorine pesticides in soils from south-western Uganda[J]. Chemosphere, 78: 1250-1255.

Su Y, Hung H, Blanchard P, et al. 2008. A circumpolar perspective of atmospheric organochlorine pesticides (OCPs): Results from six Arctic monitoring stations in 2000-2003[J]. Atmospheric Environment, 42: 4682-4698.

Svartz G, Wolkowicz I, Coll C. 2014. Toxicity of endosulfan on embryo-larval development of the South American toad Rhinella arenarum[J]. Environmental Toxicology and Chemistry, 33: 875-881.

Tiwari M, Guha S. 2013a. Kinetics of the biodegradation pathway of endosulfan in the aerobic and anaerobic environments[J]. Chemosphere, 93: 567-573.

Tiwari M, Guha S. 2013b. Simultaneous analysis of endosulfan, chlorpyrifos, and their metabolites in natural soil and water samples using gas chromatography-tandem mass spectrometry[J]. Environmental Monitoring and Assessment, 185: 8451-8463.

Van Drooge B, Grimalt J, Camarero L, et al. 2004. Atmospheric semivolatile organochlorine compounds in European high-mountain areas (Central Pyrenees and High Tatras)[J]. Environmental Science & Technology, 38: 3525-3532.

Vorkamp K, Christensen J, Glasius M, et al. 2004a. Persistent halogenated compounds in black guillemots (*Cepphus grylle*) from Greenland - levels, compound patterns and spatial trends[J]. Marine Pollution Bulletin, 48: 111-121.

Vorkamp K, Christensen J, Riget F. 2004b. Polybrominated diphenyl ethers and organochlorine compounds in biota from the marine environment of East Greenland[J]. Science of the Total Environment, 331: 143-155.

Vorkamp K, Riget F, Glasius M, et al. 2004c. Chlorobenzenes, chlorinated pesticides, coplanar chlorobiphenyls and other organochlorine compounds in Greenland biota[J]. Science of the Total Environment, 331: 157-175.

Walse S, Shimizu K, Ferry J. 2002. Surface-catalyzed transformations of aqueous endosulfan[J]. Environmental Science & Technology, 36: 4846-4853.

Wang D, Alaee M, Guo M, et al. 2014. Concentration, distribution, and human health risk assessment of endosulfan from a manufacturing facility in Huai'an, China[J]. Science of the Total Environment, 491: 163-169.

Wania F, Mackay D. 1993. Global Fractionation and cold condensation of low volatility organochlorine compounds in polar-regions[J]. Ambio, 22: 10-18.

Weber J, Halsall C J, Muir D, et al. 2006. Endosulfan and gamma-HCH in the Arctic: An assessment of surface seawater concentrations and air-sea exchange[J]. Environmental Science & Technology, 40: 7570-7576.

Weber J, Halsall C J, Muir D, et al. 2010. Endosulfan, a global pesticide: A review of its fate in the environment and occurrence in the Arctic[J]. Science of the Total Environment, 408: 2966-2984.

Wessel N, Rousseau S, Caisey X, et al. 2007. Investigating the relationship between embryotoxic and genotoxic effects of benzo[alpha]pyrene, 17 alpha-ethinylestradiol and endosulfan on Crassostrea gigas embryos[J]. Aquatic Toxicology, 85: 133-142.

Wirth E, Lund S A, Fulton M, et al. 2001. Determination of acute mortality in adults and sublethal embryo responses of *Palaemonetes pugio* to endosulfan and methoprene exposure[J]. Aquatic Toxicology, 53: 9-18.

Yasmeen R, Tulasi S J, Rao J V R. 1991. Metabolic changes in the air-breathing fish anabas-scandens on long-term exposure to endosulfan[J]. Pesticide Biochemistry and Physiology, 40: 205-211.

Zhang G, Chakraborty P, Li J, et al. 2008. Passive atmospheric sampling of organochlorine pesticides, polychlorinated biphenyls, and polybrominated diphenyl ethers in urban, rural, and wetland sites along the Coastal Length of India[J]. Environmental Science & Technology, 42: 8218-8223.

Zhang Z, Hong H, Zhou J, et al. 2003. Fate and assessment of persistent organic pollutants in water and sediment from Minjiang River Estuary, Southeast China[J]. Chemosphere, 52: 1423-1430.

Zhao Z, Zeng H, Wu J, et al. 2013. Organochlorine pesticide (OCP) residues in mountain soils from Tajikistan[J]. Environmental Science-Processes & Impacts, 15: 608-616.

Zhu N, Schramm K, Wang T, et al. 2014. Environmental fate and behavior of persistent organic pollutants in Shergyla Mountain, southeast of the Tibetan Plateau of China[J]. Environmental Pollution, 191: 166-174.

Zhu Z, Edwards R, Boobis A. 2009. Increased expression of histone proteins during estrogen-mediated cell proliferation[J]. Environmental Health Perspectives, 117: 928-934.

第6章 六溴环十二烷（HBCDs）研究进展

本章导读

- 首先概述六溴环十二烷的结构特点，物理化学性质以及毒性效应等。
- 介绍六溴环十二烷的生产和使用情况以及污染来源，并分析了其在不同介质中的环境行为。
- 从样品前处理方法和仪器检测技术两个方面介绍了六溴环十二烷的分析方法。
- 叙述了六溴环十二烷在各种环境介质如大气、室内灰尘、生物体中的赋存情况，包括其空间分布特征和时间变化趋势。
- 简述了六溴环十二烷的控制措施并对其未来研究热点进行了展望。

六溴环十二烷（hexabromocyclododecanes，HBCDs）是一种新型溴代阻燃剂，早先作为多溴二苯醚（PBDEs）的替代品而出现。随着对该物质性质及环境行为等研究的深入，六溴环十二烷也被认定为新的环境不安全因素。鉴于六溴环十二烷具有环境持久性、生物累积性、远距离迁移能力等 POPs 特性，可能会对人类健康和环境产生重大不利影响，2013 年 5 月《斯德哥尔摩公约》缔约方大会第六次会议正式决定将六溴环十二烷增列入公约的附件 A，禁止其生产、使用和进出口，同时附列了关于建筑物中的发泡聚苯乙烯和挤塑聚苯乙烯的生产和使用的各项特定豁免。

6.1 HBCDs 的结构特点、物理化学性质及毒性效应

6.1.1 结构特点

六溴环十二烷，亦称为 1,2,5,6,9,10-六溴环十二烷，是一种 6 溴代脂环类化合物。分子式为 $C_{12}H_{18}Br_6$，分子量为 641.7，白色固体。工业生产的六溴环十二烷通过溴化 1,5,9-环十二烷三烯制得，具有 6 个立体中心，理论上可形成 16 种立体异构体，包括 6 对对映异构体和 4 种内消旋异构体（Law et al.，2005）。但市售商品六溴环十二烷中常见的只有 3 种非旋光对映异构体，即 α-HBCD、β-HBCD 和

γ-HBCD（化学结构式见图 6.1）。由于制造商及其所采用的生产方法的不同，各同分异构体占比不同，市售商品六溴环十二烷主要由 75%～89% γ-HBCD，10%～13% α-HBCD 和 1%～12% β-HBCD 组成，有时会有非常少量的质量分数约 0.5% δ-HBCD 和 0.3% ε-HBCD 检出（Heeb et al.，2005）。

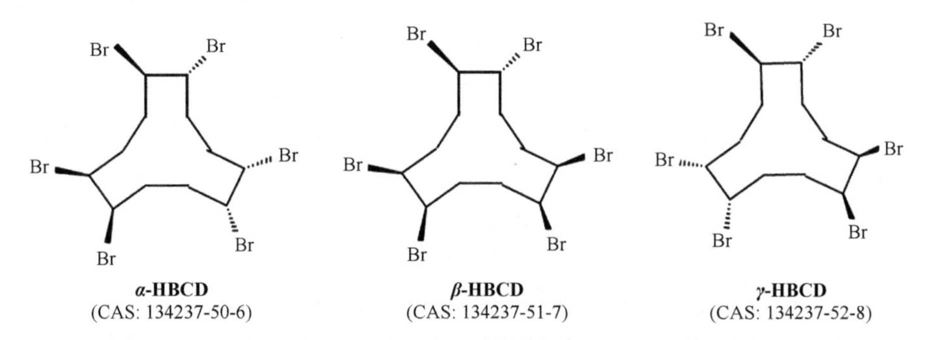

图 6.1　市售六溴环十二烷 3 种非旋光对映异构体成分化学结构式

6.1.2　物理化学性质

作为多种非对映异构体的混合物，市售商品六溴环十二烷的物化特性与各非对映异构体有少许差别（具体物化性质见表 6.1）。市售商品六溴环十二烷的 $\log K_{OW}$ 值为 5.62，是一种脂溶性物质，水溶性较低，在 20℃时，其水溶性从盐水中的 46.3 μg/L 到淡水中的 65.6 μg/L 不等。其中 α 和 γ 异构体的溶解度值相差较大，可能是空间结构的变化导致极性、偶极力矩等的不同所致。HBCDs 熔点低、热稳定性差，分解温度低，在 150℃即开始分解出 HBr，熔点通常在 175～195℃之间，熔融后立即开始热分解。当温度>160℃时，三种同分异构体会发生重排反应，由原先以 γ-HBCD 占优势的混合物转化为以 α-HBCD 占优势的混合物，热重排后的组成比例约为：78% α-HBCD、13% β-HBCD 和 9% γ-HBCD（Barotini et al.，2001）。此外，HBCDs 的疏水亲脂性和低蒸气压，使其容易吸附于土壤、微小粒子和底泥等介质的有机质中，易于富集在动植物的脂肪组织中。

表 6.1　HBCDs 基本理化性质 [a]

	熔点（℃）	沸点	蒸气压（mmHg，21℃）	溶解度（μg/L）	$\log K_{OW}$	$\log K_{OA}$
α-HBCD	179～181	>230℃时分解	4.7E–07	48.8	5.07	12.4
β-HBCD	170～172			14.7	5.12	
γ-HBCD	207～209			2.08	5.47	
商品六溴环十二烷	172～184			65.6	5.62	

a 表中数据引自参考文献（Smith et al.，2005；Barontini et al.，2001；Stenzel and Nixon，1997；MacGregor and Nixon，2004；MacGregor and Nixon，1997；Hunziker et al.，2004）。

6.1.3 毒性效应

HBCDs 能够在生物体的脂肪组织、胚胎或者肝脏等器官中蓄积，蓄积到一定浓度时会表现出生物毒性和生态毒性。由于其在水介质中溶解性较低，对水生生物的急性毒性较低。但另一方面，由于其具有较高的吸附潜力，从长期毒性方面来看，对水生生物极具毒性。在 Wildlife International 公司开展的大型水蚤长期生态毒性实验和中肋骨条藻生长抑制实验中，HBCDs 的无可见效应浓度和半数效应浓度（EC_{50}）计算值分别为 3.1 μg/L 和 52 μg/L，两者均低于市售商品 HBCDs 的水溶性（Drottar and Krueger，1998；Desjardins et al.，2005）。基于采用鱼类模型进行的研究表明 HBCDs 可能会引起氧化应激反应并干扰凋亡程序和激素信号传导，对鱼类的肝脏生物转化酶和甲状腺系统造成影响，降低其成活率（Palace et al.，2008；Deng et al.，2009；Hu et al.，2009；Zhang et al.，2008a；Lower and Moore，2007）。HBCDs 对鱼类的毒性作用机制具体表现为使其蛋白质代谢功能下降、细胞骨架动力学及细胞防御机制发生变化（Kling and Förlin，2009）。此外，HBCDs 还具有遗传毒性潜力，会加大海底蛤类的细胞死亡率（Smolarz and Berger，2009）。对于鸟类物种，HBCDs 首先储存在脂肪中，然后在发育过程中向鸟蛋迁移，其毒性影响主要为使鸟类表现出蛋壳厚度减小、生长速度和成活率降低等效应（Mattioli et al.，2009；Marteinson et al.，2009）。HBCDs 对哺乳动物的关键生物过程和下丘脑-垂体-甲状腺轴以及性类固醇激素也存在干扰（van der Ven et al.，2006；Yamada-Okabe et al.，2005；Hamers et al.，2006），还可能影响中枢神经系统、引发生殖和发育效应，并具有代际传承性（van der Ven et al.，2009；Saegusa et al.，2009；Ema et al.，2008）。基于啮齿动物模型的研究显示 HBCDs 在体内和体外均具有神经毒性潜力，能够降低反应性和适应性，引起听觉功能丧失等（Eriksson et al.，2006；Dingemans et al.，2009；Lilienthal et al.，2009）。甲状腺激素是神经系统正常发育不可缺少的物质之一（Forrest et al.，2002），HBCDs 引起的甲状腺系统紊乱也可能对后代造成神经毒性效应。一项关于其大鼠发育毒性的研究中，从大鼠孕期第 10 天到后代断奶期间对母体进行了一系列不同浓度水平的 HBCDs 饮食暴露实验，结果显示甲状腺效应（甲状腺机能减退、甲状腺重量增大、血清促甲状腺激素增加等）同时见于母体和后代（Saegusa et al.，2009）。不同异构体的 HBCDs 具有明显的毒性差异。利用 Hep G2 细胞研究 HBCDs 的细胞毒性发现，γ-HBCD 毒性强于 β-HBCD，α-HBCD 的毒性较之较小，其中活性氧的产生是造成氧化损伤的主要原因（Zhang et al.，2008a）。此外，众多的活体实验表明，HBCDs 急性毒性很低，致癌性和致畸性都不明显（European Commission，2008b）。由于 HBCDs 在大鼠体内代谢速度很快，在 28 天的高剂量重复给药情况下，无明显毒性效应。慢性毒性实验的结果显示，HBCDs 会影响由 PPAR 受体介导的脂肪代谢、三甘油酸代谢、胆固醇合成、毒物代谢相关的一相和二相酶的表达，这些毒理学效应可能可以解释其内在的制毒机制（van der Ven et al.，2006）。

6.2　HBCDs 的生产和使用

自 20 世纪 60 年代开始，HBCDs 因其优异的阻燃特性被作为添加型阻燃剂加以生产。市售商用 HBCDs 常以以下商品名称出现于全球市场上：Cyclododecane-hexabromo、HBCD、Bromkal 73-6CD、Nikkafainon CG1、Pyroguard F 800、Pyroguard SR 103、Pyroguard SR 103A、Pyrovatex 3887、Great Lakes CD-75P^{TM}、Great Lakes CD-75、Great Lakes CD-75XF、Great Lakes CD-75PC，以及死海溴品有限公司 Ground FR 1206 I-LM、FR 1206 I-LM 和 Compacted FR 1206 I-CM 等。

六溴环十二烷（HBCDs）被认为是继多溴二苯醚（PBDEs），四溴双酚 A（TBBPA）之后的全球第三大溴代阻燃剂。其生产量已占溴代阻燃剂总产量的 80%～85%，全球需求量在 2001 年就已经达到 16 700 t（Covaci et al.，2006）。根据溴科学与环境论坛调查报告（BSEF，2010），HBCBs 主要产于美国、欧洲和亚洲（日本，中国）。2006 年欧盟 HBCDs 生产量和进口量各约为 6000 t，而 2005 年美国 HBCDs 的生产和进口总量约在 4540～22 900 t 之间。日本当局报告 2008 年 HBCDs 的生产和进口总量为 2744 t。中国自 2000 年开始生产 HBCDs，生产厂家大部分集中在东部沿岸，包括渤海莱州湾、江苏连云港和苏州等近海地区，尚无信息表明中国有大量进口 HBCDs。如图 6.2 所示，2005 年后我国 HBCDs 生产业随着国内需求量的增长而迅猛发展，2013 年生产量达到最大值。之后 HBCDs 产量因被《斯德哥尔摩公约》限制而呈下降趋势，预计在停止生产 HBCDs 前，我国 HBCDs 的总产量累计 238 000 t，国内市场消耗 HBCDs 量占 79%左右（Li et al.，2016）。

HBCDs 在日常用品中的应用情况如表 6.2 所示，主要用作建筑设施保温材料发泡聚苯乙烯（EPS）和挤塑聚苯乙烯（XPS）产品中的阻燃剂，起到隔热和阻燃作用。在 EPS 和 XPS 的聚合和挤出生产过程中，小于 3.0%的 HBCDs 作为使用添加剂被加入（Marvin et al.，2011）。HBCDs 的第二大重要用途为在纺织品背面涂层过程中添加到棉布或棉布上的聚合物分散液中以充当阻燃添加剂。涂层过程中，HBCDs 以 2.2%～4.3%的浓度与聚合物分散液一起在纺织品表面形成薄膜涂层。此外，HBCDs 还可添加到电气电子设备和器材、橡胶黏合剂、胶水和油漆中（POPRC，2010）。

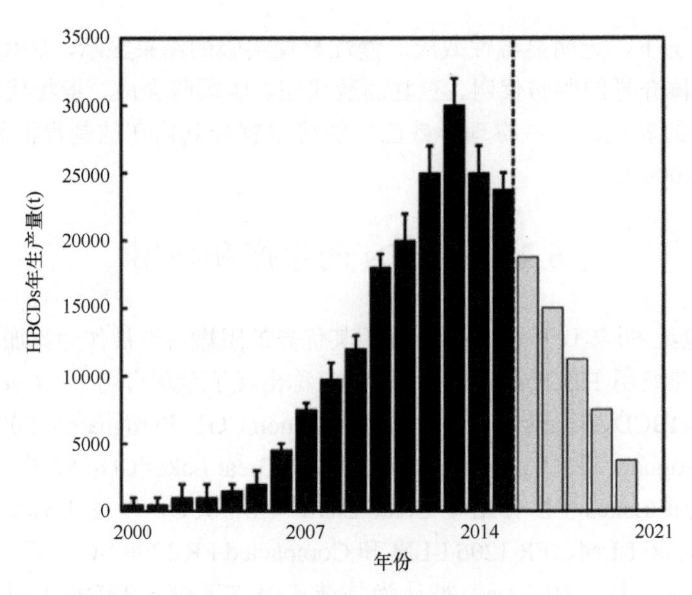

图 6.2　我国 HBCDs 的历史和预计未来年生产量（Li et al.，2016）

表 6.2　日常用品中 HBCDs 的使用情况

材料	日常用品
发泡聚苯乙烯和挤塑聚苯乙烯	交通工具、建筑物、公路和铁路路堤等处的隔热板等
纺织涂层剂	室内装饰织物、床垫布料、住宅和商用家具装饰、车辆座椅装饰等
高抗冲聚苯乙烯	电气电子器材：视听设备柜、冰箱绝热层、电路配电盒、电线、电缆等
其他	橡胶黏合剂、胶水和油漆等

6.3　HBCDs 污染的来源

6.3.1　环境中 HBCDs 的污染源

HBCDs 没有天然来源，在其生产、相关产品制造使用过程中以及作为废物丢弃后会释放到环境中。若 2021 年 HBCDs 的生产停止后，其释放预计将持续至 2100 年（Li et al.，2016）。工业点源向空气、废水和地表水的直接排放被认为是环境中 HBCDs 的主要污染来源之一。欧盟、瑞士和日本在释放量实际测量值和数学模型的基础上，对 HBCDs 的不同来源和不同寿命阶段的释放量进行了评估。在欧盟，HBCDs 总释放量自 2004 年以来持续增加，工业点源向水中的排放量最大，高达每年 2478 kg（废水排放 1553 kg，地表水中排放 925 kg），而向空气中排放 HBCDs 的量为 665 kg（European Commission，2008b）。在日本，工业点源向空气中的排放量最大（571 kg/a），而向水中的排放量仅为 41 kg/a（Managaki et al.，2009）。

据瑞士基于 HBCDs 在几年内不同寿命阶段的流向研究进行的物质流分析结果表明，建筑材料是 HBCDs 最主要的释放源，约一半是聚苯乙烯隔热板中 HBCDs 的扩散式大气排放（Morf et al., 2008）。HBCDs 作为添加型阻燃剂，与聚苯乙烯母体之间为物理性混合，没有共价键作用，在生产及使用过程中会缓慢释放。每平方米聚苯乙烯泡沫每年可向大气排放 5 μg 的 HBCDs（Martin and Basf, 2004）。而日本的物质流量分析结果表明，日本纺织品使用过程产生的 HBCDs 释放量为最大释放量。考虑到建筑材料造成的 HBCDs 排放仍将持续数十年，因此建筑材料成为长期向环境渗漏或挥发 HBCDs 的潜在污染源，因此将来的建筑拆除则可能造成更大的 HBCDs 环境释放（Kimura et al., 2009）。含有 HBCDs 的产品在使用期结束后，可能进行填埋处理、焚化、回收或者作为废物留在环境中。隔热板是最主要的含 HBCDs 的废物。据了解，该材料大多是进行填埋或焚化处理。由于隔热板和建筑材料中的 HBCDs 用量不断增加，采用此类材料的建筑被拆毁时灰尘中会有一定的 HBCDs 释放量。2006 年，报废隔热板造成 HBCDs 的释放量估计为 8512 kg/a（European Commission, 2008b）。2009 年欧洲溴化阻燃剂工业小组的一项行业调查揭示，由于非受控填埋或堆肥、空纸包装的回收、流向未知目的地的物质以及包装的无保护储存，包装废物成为 HBCDs 可能向土壤中释放的主要污染源（Arnot et al., 2009）。HBCDs 每年向土壤中流失的量估计为 1857 kg/a。此外，含有经过 HBCDs 处理的高抗冲聚苯乙烯材质的电子电器废弃物在回收利用时亦可向周边环境中排放一定量的 HBCDs。根据瑞士的物质流量分析，因车辆、绝热板和电气电子设备回收造成的 HBCDs 排放量估计约占 HBCDs 总释放量的 2%，而焚烧处理造成的排放量估计占 0.1%（Morf et al., 2008）。

6.3.2　人体中 HBCDs 的污染源

食物、灰尘、空气、纺织品、聚苯乙烯产品及电子设备等是人体中 HBCDs 的可能污染来源，人体可能通过皮肤暴露、经口暴露或吸入蒸气和微粒等途径摄入 HBCDs（Covaci et al., 2006; Harrad et al., 2010a; Harrad et al., 2010b）。对于职业暴露人群，在工作环境中含 HBCDs 微尘或微粒的直接皮肤暴露和吸入途径值得关注。Thomsen 等（2017）研究发现，含 HBCDs 的发泡聚苯乙烯制造厂的工人血液中 HBCDs 的检出浓度高达 856 ng/g，比非职业暴露个体血液浓度水平高出近 100 倍。

对于非职业暴露人群来说，日常生活中的饮食和空气都是潜在的污染源。人类饮食暴露水平在全球和各地区各不相同。在欧美国家，HBCDs 的平均饮食暴露浓度在<0.01～5 ng/g 之间（Roosens et al., 2009）。其中鱼和肉等动物源性脂肪食品可能是最主要的人类饮食暴露源（Shi et al., 2009; Remberger et al., 2004; Driffield et al.，2008）。而在所有的饮食样本中，鱼类的 HBCDs 检出浓度最高，其数值高达 9.4 ng/g（Remberger et al.，2004；Knutsen et al.，2008；Allchin and Morris，2003）。在大量摄入鱼类的挪威人体血液中，HBCDs 的浓度水平与其鱼肉摄入量呈显著正相关（Knutsen et al.，2008；Thomsen et al.，2008）。禽蛋是另一个潜在的人类暴露源（Hiebl and Vetter，2007；Covaci et al.，2009）。在发展中国家污染现场附近采集的家养鸡蛋中 HBCDs 的浓度水平为<3.0～160 ng/g lw（POPRC，2012）。Hiebl 和 Vetter（2007）在德国鸡蛋中发现 HBCDs 的浓度水平高达 2.0 μg/g lw。此外，蔬菜等植物类食物也是一类潜在的人类暴露源。对代表英国膳食的 19 种不同食物群中溴化阻燃剂检测结果显示，蔬菜中的 HBCDs 浓度与肉和鱼中的报告浓度相似（Driffield et al.，2008）。在植物油中也检出 0.45 ng/g 浓度水平的 HBCDs（Eljarrat et al.，2014）。蔬菜、植物油和植物脂肪中含有 HBCDs 的原因可能是将含有该物质的污水污泥用作了粮食作物的肥料（Kupper et al.，2008）。

此外，也有很多学者将室内空气，尤其是灰尘，视为成人和幼儿的 HBCDs 重要暴露源。HBCDs 在住宅空气、住宅灰尘、办公室空气和汽车空气等样品中都有检出（Abdallah and Harrad，2009）。已报道的室内尘中 HBCDs 的浓度水平最高可达 130 μg/g（Stapleton et al.，2008）。有研究发现，来自食物和灰尘的 HBCDs 日暴露量约在同一个数量级，血清中的 HBCDs 浓度与室内灰尘中的 HBCDs 呈正相关性，而与食物中的 HBCDs 的浓度无明显相关性（Roosens et al.，2009）。对于估计每天摄入量为 200 mg 灰尘，体重为 10 kg 的幼儿，通过灰尘摄入的 HBCDs 暴露量可能比单纯通过膳食受到的暴露量还要高出 10 倍（Abdallah et al.，2008a）。这些研究都证实了室内灰尘中 HBCDs 的暴露对于长时间在室内生活工作的人体的重要影响。值得一提的是，尽管人在汽车中的时间并不长，但汽车灰尘中的 HBCDs 对人体内 γ-HBCD 的贡献比室内灰尘还大（Abdallah et al.，2008a）。对于婴幼儿，除了呼吸暴露外，母乳是另一个 HBCDs 的重要暴露来源。在欧洲、亚洲以及俄罗斯和美国等诸多国家和地区，母乳中均已检出了 HBCDs，浓度水平从<1 ng/g 至几百 ng/g 体重不等（Covaci et al.，2006；Lignell et al.，2009；Colles et al.，2008；Shi et al.，2009；Kakimoto et al.，2008；Polder et al.，2008；Schecter et al.，2008）。

6.4 HBCDs 的环境行为

6.4.1 在空气中的环境行为

HBCDs 的化学结构是一个稳定的 12 元环，物化性质非常稳定，在空气中具有持久性，估计半衰期超过两天。在北半球和南半球，HBCDs 光化降解半衰期分别为 0.4～4 d 和 0.6～5.4 d（Arnot et al.，2009）。由于其挥发性较低，空气中的HBCDs 大部分会吸附到大气微粒上，然后通过干/湿沉降发生潜在迁移。一般认为，HBCDs 的迁移潜力取决于发生吸附的大气微粒的远距离迁移特性。在季节和昼夜温度波动下，HBCDs 能够发生活跃的表面-空气交换，即在温度较高的时候进入大气，然后在温度较低和海拔或纬度较高的地方沉降下来，经过这样一连串跳跃式沉积/挥发而产生远距离迁移，也称为“蚂蚱跳效应”或“全球蒸馏效应”。如在瑞典和芬兰的城市地区和偏远地区采集的大气样本中，六溴环十二烷的浓度表现出明显的季节和昼夜波动率，冬季浓度较高，而夏季和秋季浓度较低（Remberger et al.，2004）。HBCDs 的远距离传播特性也得到诸多野外研究和环境监测数据的支持。目前在欧洲、亚洲、南北美洲甚至在北极地区的生物和非生物气样品中，都已经发现 HBCDs 的存在。在远离污染源的青藏高原地区的鱼体样品中也检测出HBCDs，表明 HBCDs 可通过大气远距离传输进入该地区（Zhu et al.，2013）。中国南部大气的颗粒相中 HBCDs 的浓度百分比变化差异较大（69.1%～97.3%），说明 HBCDs 的远距离迁移会受到环境条件的制约（Yu et al.，2008）。

6.4.2　在生物体中的环境行为

生物累积性是指由于持久性有机污染物的低水溶性和高脂溶性，生物浓缩因子（BCF）即某物质在生物体内达到平衡时的浓度与环境介质中该物质浓度的比值非常大，使其在生物体内出现高浓度的蓄积现象。一般来说，持久性有机污染物的标志之一是在水生生物中的生物富集因子大于 5000。HBCDs 具有很强的生物积累和生物放大潜力。根据经济合作与发展组织 305 天测试方法，计算出 HBCDs在虹鳟鱼体内的生物富集因子值为 13 085（Drottar and Krueger，2000）。Law 等（2005）通过虹鳟鱼暴露实验计算出 α-、β-和 γ-HBCD 的生物放大因子分别为 9.2、4.3 和 7.2，同时指出在该鱼种体内可能存在 HBCDs 生物异构化现象，即 γ 异构体在鱼体内可以转化成 α 异构体，β 异构体可以转化成 α 异构体和 γ 异构体，但是 α 异构体不能转化成其他异构体。野外研究表明，生物区系内 HBCDs 的浓度水平总体上随着水生食物网和北极食物网中营养级的升高而升高。在安大略湖的多种食物链关系中，α-和 γ-HBCD 的生物放大因子均大于 1，且高于 4,4′-DDT 和 PCBs的生物放大因子（Tomy et al.，2004）；在加拿大的温尼伯湖食物网中，α-、β-和 γ-HBCD 的生物放大因子值分别为 1.4、1.3 和 2.2（Law et al.，2006）；HBCDs 在北海食物链顶级物种斑海豹和鼠海豚体内的浓度水平比海星和海螺等水生无脊椎动物体内的浓度水平高出几个数量级（Morris et al.，2004）；我国太湖黄鲇鱼中HBCDs 浓度（平均浓度 71.6 ng/g lw）远高于鲤鱼和虾中（7.23～26.47 ng/g lw）（Su et al.，2014）。此外，有研究发现 HBCDs 在挪威北极的极地鳕鱼到环斑海豹之间的生物放大作用很强，其放大因子为 36.4，但在环斑海豹到北极熊之间则没有出现生物放大作用，其放大因子仅为 0.6，因此认为北极熊对 HBCDs 具有较强的代谢能力（Sørmo et al.，2006）。

HBCDs 的三种非对映异构体在生物体内具有不同的生物累积表现，总体上，α-HBCD 比 β-和 γ-HBCD 的生物累积性要高得多。在对挪威湾海峡海洋食物链中 HBCDs 存在状况的调查研究中发现，从沉积物到最高营养级海鸟，三种 HBCDs 异构体比值从 3∶1∶10（α∶β∶γ）上升到 55∶1（α∶γ）（Haukås et al.，2009）。该结果与在中国两条受污染河流中的研究结果一致，即 γ-HBCD 是沉积物中最主要的非对映异构体，而 α-HBCD 则选择性地在生物体内富集（Zhang et al.，2009）。在加拿大东部北极地区海洋食物网中，α-HBCD 与营养级之间呈现显著正相关性，营养级放大因子为 7.4（$p < 0.01$），而 γ-HBCD 的浓度水平却随着营养级的增大而显著降低，呈现营养级稀释效应（Tomy et al.，2008）。所观测的非对映异构体优势差异部分主要归因于异构体不同的环境归属和特性，以及可能的 γ-HBCD 向 α-HBCD 发生的生物转化（Zegers et al.，2005；Law et al.，2006；Tomy et al.，2009）。Tomy 等（2009）发现在加拿大西部北极地区海洋食物网中的白鲸体内 α-HBCD 浓度水平占 HBCDs 总量的 95%以上，而在白鲸的主要捕食物种北极鳕鱼体内却以 γ-HBCD 为主，占 HBCDs 总量的 77%以上，因此认为白鲸能使其体内的 γ-HBCD 异构化为 α-HBCD。以上研究表明，HBCDs 能够被哺乳动物充分吸收并具有选择性，而且 β 异构体和 γ 异构体的代谢速率远高于 α 异构体，α 异构体的生物放大因子比 β 异构体和 γ 异构体大得多。这也解释了为什么一般工业生产的 HBCDs 中以 γ 异构体为主，通常含有 75%～89%的 γ 异构体，α 异构体和 β 异构体相对较少，总量不超过 30%；而生物体中 α 异构体的含量却远远大于 γ 异构体和 β 异构体。

由于室内室外空气以及食物的持续暴露，HBCDs 可蓄积在人类脂肪组织以及血液中（Pulkrabova et al.，2009；Johnson-Restrepo et al.，2008；Antignac et al.，2008；Weiss et al.，2006；Roosens et al.，2009）。例如，在美国人体脂肪组织中检出富集浓度水平为 0.33 ng/g 的 HBCDs（Johnson-Restrepo et al.，2008）。在法国母亲和婴儿脂肪组织内 HBCDs 的富集水平达到 ng/g lw（Antignac et al.，2008）。从总体数据而言，α-HBCD 是富集暴露于人类体内 HBCDs 的主要非对映异构体，其次是 γ-HBCD 和 β-HBCD。但是人类组织内的 α-、β-和 γ-HBCD 异构体的分布特征并不一致，在不同研究之间表现出一定的差异（Thomsen et al.，2007；Weiss et al.，2006；Roosens et al.，2009；Shi et al.，2009；Eljarrat et al.，2009）。

6.4.3 在水和底泥中的环境行为

HBCDs 在水中的溶解度较低、分裂成有机碳的能力强而且缺乏可水解的功能群，因此水解导致的降解几乎可以不考虑。HBCDs 主要以吸附在底泥颗粒物上的形式存在于水生环境中。利用 BIOWIN 模型（环境微生物混合种群条件下发生喜氧生物降解的概率估算模型）对 HBCDs 的持久性评价结果表明，HBCDs 不易发生生物降解，一次降解的预计时间为连续数周（POPRC，2012）。根据空气污染远距离传播监评方案对 HBCDs 的计算结果，市售商用 HBCDs 和 γ-HBCD 在水中的半衰期约为 5 年。在淡水沉积物和海洋沉积物中的半衰期介于 6～210 d 之间，中值为 35d。在经济合作与发展组织的 301 天快速生物降解实验中，HBCDs 在 28 天之内未发生任何生物降解（POPRC，2012）。欧盟风险评估指出在 20℃条件下，α-，β-，γ-HBCDs 在喜氧沉积物中的半衰期分别为 113 d、68 d 和 104 d（European Commission，2008a）。沉积物岩芯中 HBCDs 的分布研究显示，20 世纪七八十年代沉积在亚洲和欧洲海洋沉积物中的 HBCDs 目前仍有大量存在，表明实地环境中 HBCDs 的持久性要高于实验数据（Minh et al.，2007；Tanabe，2008；Kohler et al.，2008；Bogdal et al.，2008）。因此水生底泥环境常被认为是 HBCDs 的环境归宿之一。在三种 HBCDs 同分异构体中，α-HBCD 的环境降解速度似乎比 β-HBCD 和 γ-HBCD 慢（Davis et al.，2006；Gerecke et al.，2006）。此外，研究发现，HBCDs 在大部分沉积物中的立体异构体分布特征与商用六溴环十二烷的组成相似，其中 γ-HBCD 是含量最大的立体异构体（Covaci et al.，2006）。

6.5 HBCDs 的分析方法

6.5.1 样品前处理方法

样品前处理一般包括提取过程和净化过程两个部分。HBCDs 在环境中属于痕量或者超痕量污染物，其分析检测存在一定难度，因此建立可靠、高效的前处理流程尤为重要。作为最早被研究的 POPs 物质，PBDEs 和二噁英类物质的前处理流程开发已经比较完善，而 HBCDs 的样品处理方法一般参考 PBDEs 的前处理方法并稍作调整。近年来发展的 HBCDs 的样品前处理方法详见表 6.3。对于水样，常采用液-液萃取法（LLE）和固相萃取法（SPE）进行：液-液萃取法利用组分在溶剂中的不同溶解度而达到分离或提取目的；固相萃取法主要通过吸附材料将目标化合物在柱子上保留，然后通过一定的溶剂将其洗脱下来（Suzuki et al.，2006；Shi et al.，2013；Lankova et al.，2013a）。对于固体样品，目前采用的萃取方法主要有：索氏提取、振荡提取和组织捣碎法（匀浆法）、加速溶剂萃取（ASE）、超声萃取（UAE）。索氏提取是一种比较经典的提取方法，被美国环境保护署（EPA）作为萃取有机物的标准方法（EPA3540C），其优点在于设备简单、易于操作和推广、成本较低，缺点是耗时太长、溶剂消耗大、需要冷凝水。振荡提取和组织捣碎法一般适用于含水量比较多的环境样品，比如植物、食物、动物组织等（Zacs, et al.，2014a；Zacs，et al.，2014b；Lankova et al.，2013b）。加速溶剂萃取则是一种相对较新的方法，虽然其成本比较高，但是由于消耗试剂较少、效率高、时间快，而且自动化程度高、操作方便，目前在提取 HBCDs 的实验中应用非常多（Abdallah et al.，2008a；Abdallah et al.，2013；ten Dam et al.，2012）。超声萃取主要是利用超声波辐射压强产生的强烈空化效应、机械振动、扰动效应等增大物质分子运动频率和速度，增加溶剂穿透力，从而加速目标物进入溶剂。与常规萃取方法相比，其萃取效率高、时间短，与 ASE 方法相比则具有设备简单、成本低的优点，因此该方法也得到了广泛使用（Suzuki et al.，2006；Zhang et al.，2015）。通过比较索氏提取、超声萃取以及浸渍方法提取纺织品中 HBCDs 的效果，发现以甲苯为萃取溶剂的索氏提取过程中 α-HBCD 比例增高而 γ-HBCD 比例降低了，这可能是因为高温条件下 γ-HBCD 重排转化成了 α-HBCD。超声萃取温度随着超声持续进行而容易升高，因此也可能出现同样的问题。因此，浸渍方法被推荐为纺织品中 HBCDs 的提取方法（Kajiwara et al.，2009）。

为了防止对仪器的污染和最大程度去除杂质产生的基质干扰效应，含有杂质较多的样品经过提取之后，往往需要经过净化过程如除脂脱硫等才可进入色谱柱中。常用的除脂手段是利用浓硫酸和经过浓硫酸处理的酸性硅胶去除，除硫通常是用活化的铜粉，而凝胶渗透色谱（GPC）法被证明既可以除硫也可以除脂，因在现在使用较广泛。经过除脂脱硫后的溶液，可以进一步通过吸附色谱法、凝胶渗透色谱法、浓硫酸磺化法进行净化和分类分离，然后进入色谱分离。近来一些研究将多步骤萃取和净化过程糅合到了一起。例如在利用选择性加压溶剂萃取方法提取 HBCDs 时，往萃取罐中从上至下填入固体样品、铜粉、滤膜、酸性硅胶、无水硫酸钠、硅藻土、florisil 等净化材料，可实现萃取和净化的同步进行（Abdallah et al.，2013）。基质固相分散萃取技术也能实现萃取净化一体化和简便化，例如先将 0.05 g 灰尘和 0.5 g florisil 混合，混合物置于玻璃小柱中 florisil 吸附剂上面，随后用不同极性溶剂洗脱达到萃取和分离目标物的目的（Lankova et al.，2015）。基于悬浮溶剂固化的分散液液微萃取技术（DLLME-SFO）是另一种新型的快速微量残留检测方法，即通过微量萃取剂在分散剂作用下形成分散的有机微液滴，均匀地分散在样品水溶液中，形成水/萃取剂/分散剂乳浊液体系，从而使目标物被萃取到有机相中。该方法已被应用到地表水及自来水体中 HBCDs 的分析中，主要以 1-十一醇为提取剂、甲醇为分散剂，并加以超声辅助萃取过程，其中所需萃取溶剂量少、萃取速度快，HBCDs 回收率（80%～108%）及检测限（92～132 pg/mL）均表现良好（Martín et al.，2015）。此外，同位素稀释法不仅能够避免复杂基质定

表6.3 近年来发展的HBCDs的样品前处理方法

样品类型	样品前处理方法[a]			方法回收率(%)	检测限	参考文献
	提取方法	提取溶剂	净化方法			
室内空气	Soxhlet	正己烷/二氯甲烷混合液（1∶9，*v/v*）	SPE	85～94	3.3 pg/m³	Abdallah et al.，2008a
垃圾渗滤液	LLE	二氯甲烷	—	77～92	2 pg/mL	Suzuki et al.，2006
	SPE	丙酮	—	54～85		
地表水、自来水	超声辅助，DLLME-SFO，1-十一醇为提取剂、甲醇为分散剂			80～108	92～132 pg/mL	Martín et al.，2015
血清	LLE	正己烷/甲基叔丁基醚混合液（1∶1，*v/v*）	酸处理，SPE	94～102	20～40 pg/g	Shi et al.，2013
鸡全血	UAE	乙腈	d-SPE	84～115	30～190 pg/mL	Yuan et al.，2016
牛奶	冷干后ASE	正己烷/丙酮混合液（1∶1，*v/v*）	GPC，酸处理，SPE	87～102	20～50 pg/g	Shi et al.，2013
母乳	LLE	蚁酸，乙腈	d-SPE	108～111	6～30 pg/mL	Lankova et al.，2013a
婴儿奶粉	水溶解，LLE			81～84	50～90 pg/mL	
海洋沉积物	UAE	丙酮	～	约100%	2 pg/g	Suzuki et al.，2006
室内灰尘	ASE	正己烷/二氯甲烷混合液（1∶9，*v/v*）	SPE	82～85	100 pg/g	Abdallah et al.，2008a
灰尘、底泥、土壤	选择性加压溶剂萃取，正己烷/二氯甲烷混合液（3∶2，*v/v*），罐中填入铜粉、酸性硅胶、florisil等同步净化			87～104	1.0～1.2 pg/g	Abdallah et al.，2013
室内灰尘	基质固相分散萃取，正己烷/二氯甲烷混合液（3∶17，*v/v*）				250～500 pg/g	Lankova et al.，2015
海洋沉积物	UAE	正己烷/二氯甲烷混合液（1∶1，*v/v*）	活化铜粉，SPE	88～106	1.5～3.1 pg/g	Zhang et al.，2015
生物	UAE	正己烷/二氯甲烷混合液（1∶1，*v/v*）	GPC	78～112	1.3～2.4 pg/g ww	
鱼类	振荡萃取	乙腈	d-SPE	104～115	100～250 pg/g	Lankova et al.，2013b
鱼类	ASE	正己烷/丙酮混合液（1∶1，*v/v*）	SPE	80～110	10 pg/g	ten Dam et al.，2012
鱼类	振荡萃取	正己烷/二氯甲烷混合液（1∶1，*v/v*）	酸处理，florisil层析柱	91～104	5～12 pg/g ww	Zacs，et al.，2014a
			GPC，florisil层析柱	99～104	7.0～29 pg/g ww	Zacs，et al.，2014b
人发	用甲醇/醋酸混合液湿法分解后，UAE，丙酮为萃取剂			69	36 ng/g	Martín et al. 2016

a Soxhlet：索氏提取；ASE（accelerated solvent extraction）：加速溶剂萃取；LLE（liquid-liquid extraction）：液液溶剂萃取；UAE（ultrasound assisted extraction）：超声辅助萃取；DLLME-SFO（dispersive liquid-liquid microextraction based on the solidification of a floating organic drop）：基于悬浮溶剂固化的分散液液微萃取；d-SPE（dispersive solid phase extraction）：分散固相萃取；GPC（gel permeation chromatography）：凝胶渗透色谱。

量分离及纯化的困难，还能提高方法的灵敏度，因此近年来也得到了越来越广泛的应用。有研究以^{81}Br代HBCD异构体作为同位素稀释物建立了水样中α-，β-，

和 γ-HBCD 的同位素稀释测定法，在将已知量的同位素稀释剂与样品充分混匀后，通过测量加入稀释剂前后样品中目标物的溴同位素丰度和含量，从而计算出样品中该元素含量即目标物含量。该方法的应用使得 HBCDs 的检测限提高了 2～3 个数量级，低至 0.011～0.062 pg/mL（Somoano-Blanco et al.，2016）。

6.5.2 仪器分析技术

POPs 的分析仪器种类众多，目前使用最广泛的是气相色谱质谱联用方法（GC-MS）和液相色谱质谱联用方法（LC-MS）。气相在检测半挥发性物质方面具有强大的分离能力、极低的检测限以及良好的峰容量等优点，但是对于分子量比较大的物质，其分离所需要的温度比较高，而高温下容易导致物质分解。而液相色谱分离不存在这样的问题，所以利用液相色谱串联质谱联用技术测定新型 POPs 在近年来得到大力的开发。

一般采用高效液相色谱质谱联用（HPLC-MS）和液相色谱串联质谱联用（LC-MS/MS）方法进行 HBCDs 分析。市售 HBCDs 主要包含三种不同的单体，当温度超过 160℃时，γ 异构体能够经过热力学重排变成 α 异构体，而且当温度超过 240℃时，HBCDs 甚至会发生分解（Peled et al.，1995；Morris et al.，2006）。所以气相方法通常只能用来检测 HBCDs 的总量而不能用于分别检测三种常见异构体（α-，β-和 γ-HBCD）的量。为了更好地了解个体 HBCDs 的环境行为，研究者发展了液相色谱串联质谱的方法来检测 HBCDs 的各个单体。Budakowski 和 Tomy 等（2003）首次利用 LC-MS/MS 测定了标准样品中的 HBCDs，但是该法并没有实现 HBCDs 三种非对映异构体的基线分离。随后 Morris 等（2004；2006）优化了液相色谱质谱联用方法实现了三种非对映异构体的基线分离，并且将方法应用到实际水体、沉积物、水生生物等样品中。自此，对 HBCDs 在不同环境基质中的研究开始白热化。由于 HBCDs 的三种非对映体只是在空间结构上存在很小的差别性，分离很难，适用的色谱柱也不是很多。目前一般采用反相 C_{18} 的色谱柱（安捷伦公司生产的 ZORBAX 系列反相柱），也有少量研究中采用 Varian 的 Pursuit XRS3 色谱柱。使用的流动相主要是水、甲醇和乙腈的混合物，有时候加入醋酸铵的缓冲液调节 pH 值（Covaci et al.，2007）。相对普通高效液相色谱来说，超高效液相色谱（UPLC）在分离能力和提高灵敏度方面更加具有优势。如图 6.3 所示，尽管使用 C_{18} 色谱柱的 UPLC 能够基线分离 α-、β-和 γ-HBCD，但仍存在 δ-和 ε-HBCD 与这三种常见异构体共流出的现象，对 HBCDs 各异构体的定性和定量造成干扰。为了解决这一问题，Baek 等建议使用 phenyl-hexyl 色谱柱（苯基己基色谱柱），相比 C_{18} 柱，该色谱柱具有更好的选择性和分离性能，能够基线分离 α-、β-、γ-、δ-和 ε-HBCD 这五种异构体（图 6.4）（Baek et al.，2017）。

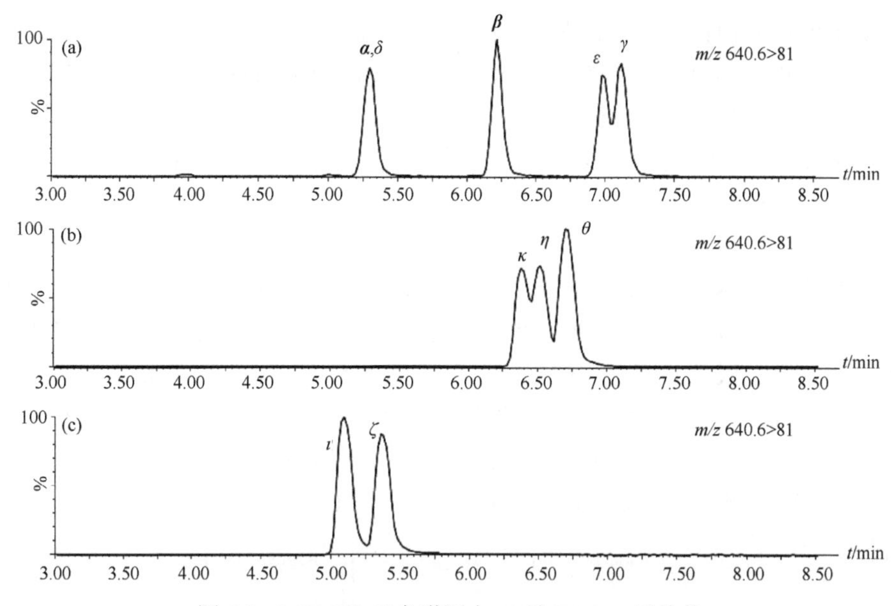

图 6.3　LC-MS/MS 色谱图中 10 种 HBCDs 异构体

（a）α-、β-、γ-、δ-和 ε-HBCD；（b）η-、θ-和 κ-HBCD；（c）ι-和 ζ-HBCD 的分离效果及出峰顺序（Waters ACQUITY CSH C_{18} 色谱柱；流动相 A：1∶1（v/v）水和乙腈混合溶液；流动相 B：甲醇，梯度洗脱，12 min 内从 60%B 变到 75%B，流速 0.3 mL/min）（Baek et al.，2017）

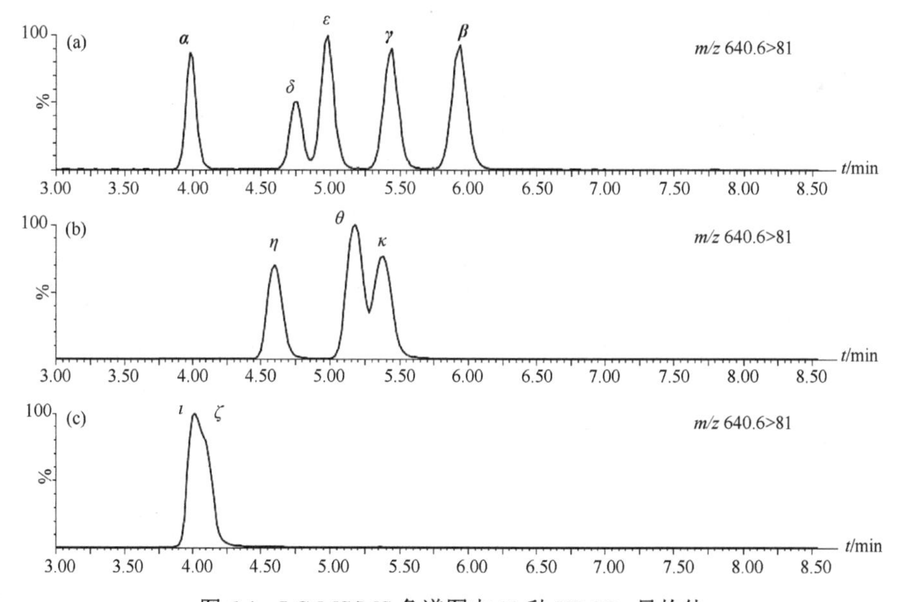

图 6.4　LC-MS/MS 色谱图中 10 种 HBCDs 异构体

（a）α-、β-、γ-、δ-和 ε-HBCD；（b）η-、θ-和 κ-HBCD；（c）ι-和 ζ-HBCD 的分离效果及出峰顺序（Waters ACQUITY CSH phenyl-hexyl 色谱柱；流动相 A：1∶1（v/v）水和乙腈混合溶液；流动相 B：甲醇，梯度洗脱，9 min 内从 70% B 变到 55% B，流速 0.3 mL/min）（Baek et al.，2017）

除了多种异构体的存在，各 HBCDs 异构体自身还存在手性对映异构。2005 年，Janak 和 Covaci 第一次用手性液相色谱柱对 HBCDs 的对映异构体进行了分离，并讨论了异构体分馏系数（Janak et al.，2005）。近年来二维 HPLC 也受到科研工作者的热捧。有研究者利用在线二维 HPLC 分离生物样品中的 HBCDs 手性异构体，样品先经第一维普通色谱柱（Synergi polar plus 柱）实现各异构体的分离，然后通过切换阀转换进入到第二维对映选择性色谱柱（Nucleodex betaPM 柱）实现进一步的各手性异构体分离（Bester and Vorkamp，2013）。多中心切割二维液相色谱在聚苯乙烯塑料中 HBCDs 的分析应用表现也非常出色。通过二维进样器连接两台独立的液相色谱，根据一维色谱中出峰情况［图 6.5（a）］，二维液相色谱从阀处于位置 1（Region-1）时开始，此时一维洗脱液流经定量环（Loop）1 即图 6.5（b）中蓝色流路，将阀切换到位置 2（Region-2）后可将定量环 1 中的样品进样至二维循环中，二维分离一经完成后即可进定量环 2［图 6.5（c）中蓝色流路］中的样品，

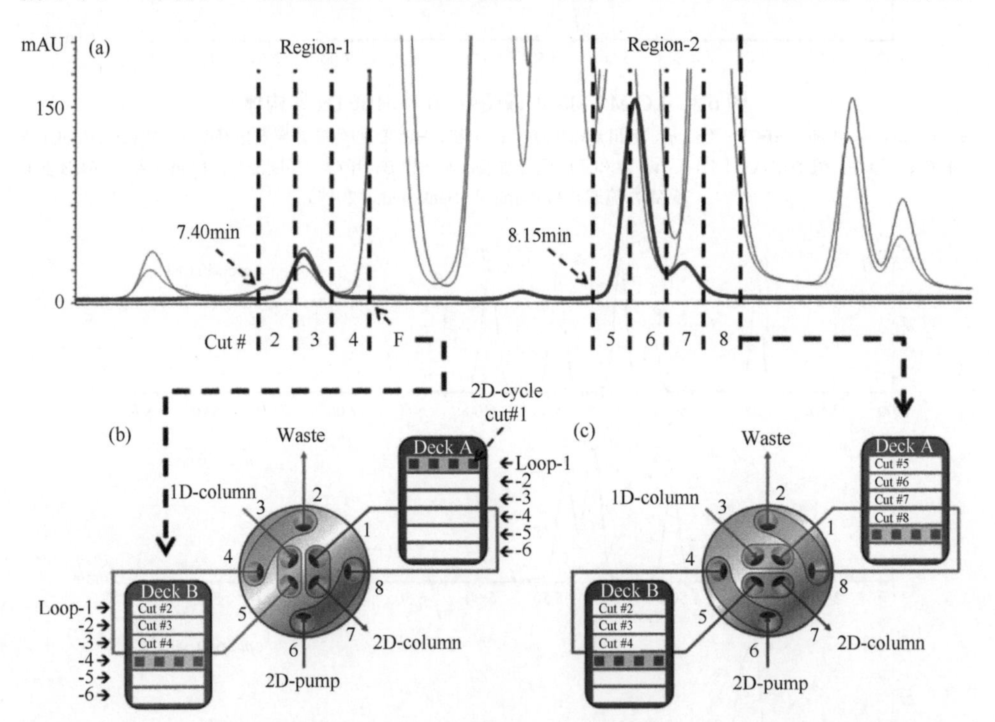

图 6.5 （a）第一维色谱图，（b，c）2D-LC 监视器，负责哪里以及什么时候进行切割组分，其中蓝色显示的是第一维的模块和流路，红色显示第二维的模块和流路（Pursch and Buckenmaier，2015）

注：Cut：切割；Waste：废液口；1D-column：一维色谱柱；2D-column：二维色谱柱；2D-pump：二维泵；Loop：定量环；2D-cycle：二维循环

随后再将这一过程重复进行。从图 6.6 中可以看出，通过第二维液相色谱（2D-LC）分析，聚苯乙烯塑料中 HBCDs 各异构体得到了很好地分离（Pursch and Buckenmaier，2015）。与以往的单柱或串联柱相比，这些二维色谱的应用使得各目标物不受其他异构体峰或杂质峰影响，大大改善了分离效果，提高了难分离痕量目标物测量的准确性。

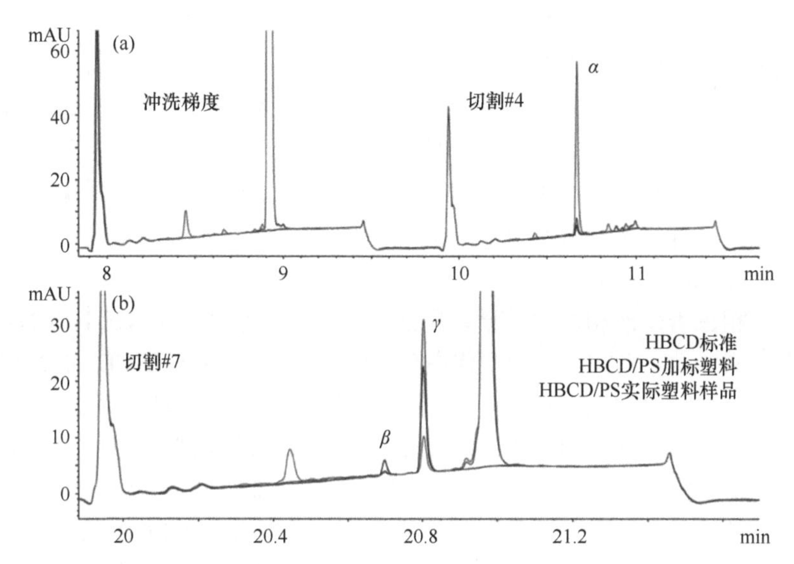

图 6.6　从 2D-LC 多中心切割分离出的聚苯乙烯塑料中 HBCDs 异构体（α，β，γ）第二维色谱图

（a）与图 6.4 中第一维色谱图相对应的切割#4；（b）切割#7（色谱柱 Zorbax SB C18；流动相：水和乙腈；流速 2 mL/min）（Pursch and Buckenmaier，2015）

液相色谱还可串联四级杆串联飞行时间质谱（Qq-TOF）、线性离子阱质谱（Qq-LITs）、电场轨道阱回旋共振质谱（LTQ Orbitrap）等分析器，这些质量分析器所具有的扫描速度、质量精度以及灵敏度在环境分析中具有很强的优势，并且串联质谱和混合串联质谱比单级质谱在选择性和检测能力上比单级质谱更加强大。Zacs 等（2014a；2014b）采用超高效液相色谱分别与两种高分辨质谱联用（UHPLC-Orbitrap-HRMS 及 UHPLC-TOF-HRMS）分析鱼体中的 HBCDs，相比传统三重四极杆质谱，这些高分辨质谱的应用大大提高了精确度，为痕量 HBCDs 的定性定量提供了新方法。质谱检测器采用的电离模式一般是电喷雾电离（ESI），这种方法中样品先带电再喷雾，带电液滴在去溶剂化过程中形成样品离子，从而被检测，对于极性大的样品效果好；另一种常用电离模式为大气压化学电离（atmospheric pressure chemical ionization，APCI），样品先形成雾，然后电晕放电针对其放电，在高压电弧中样品被电离，然后去溶剂化形成离子，最后检测，对于极性

小的样品效果较好。ESI 的应用范围比 APCI 广泛得多，但是一些研究发现 APCI 在检测 POPs 灵敏度方面比 ESI 要高几倍甚至几十倍，因此越来越多的方法倾向于用 APCI 电离源。江桂斌课题组利用 APCI-LC-MS/MS 建立了同时检测 TBC 和 HBCDs 这两种新型 POPs 的方法，该方法回收率（81%～93%）和灵敏度较高，TBC、α-HBCD、β-HBCD 和 γ-HBCD 的检测限分别达到了 4.3 pg、0.5 pg、0.4 pg、0.3 pg，完全满足实际检测的需求（Feng et al.，2010）。以 APCI 为电离源的 GC-QqQ 方法应用于 HBCDs 分析也同样具有较高的灵敏度，仪器检测限低至 100 pg/mL（Sales et al.，2016）。另外，有研究将流动常压余辉电离质谱用于泡沫塑料中的 HBCDs 的检测，即将放电腔内产生的等离子体引到腔室外面，在常压环境下解吸和电离样品，并进行质谱分析。该技术只需用少量二氯甲烷溶解固体样品，无需复杂的样品前处理，能够简便快速地对目标物进行定性分析，但在定量方面仍有一定困难（Smoluch et al.，2014）。

除了气相色谱或液相色谱质谱联用法，近几年其他检测技术在 HBCDs 的检测方面也有用武之地。例如，新型溴代高分子阻燃剂 PolyFR（HBCDs 的替代品）不能溶出到丙酮而 HBCDs 会被溶解萃取，若在聚丙乙烯泡沫塑料萃取液中探测到溴元素，则说明样品中含有 HBCDs。基于这一点，X 射线荧光光谱检测技术被用于样品中 HBCDs 的快速测定，即通过 X 射线激发样品萃取液中的溴元素放射二次 X 射线并探测其相应的能量及数量，从而快速测定是否含有 HBCDs（Schlummer et al.，2015）。但随后也有研究者指出用 X 射线荧光光谱检测技术检测 HBCDs 并不准确，一些不含 HBCDs 的其他新型材料如使用溴化苯乙烯-丁二烯作为共聚物所生产的聚苯乙烯塑料萃取液中也能探测到溴元素。在这种情况下，二维核磁共振（nuclear magnetic resonance，NMR）技术能够提供溴化苯乙烯-丁二烯的使用证据，从而帮助辨别塑料样品中是否真的存在 HBCDs（Jeannerat et al.，2016）。

6.6 环境中 HBCDs 的赋存状况

作为一种从 20 世纪 60 年代就在市场上出现的持久性有机污染物，HBCDs 的生产量和使用量都非常大，随之释放到环境中的量也不可小觑。目前从非生物态的大气、大气颗粒物、水、沉积物、土壤等环境介质到生物态的浮游生物、鱼类和哺乳动物样品中均存在 HBCDs。

6.6.1 在大气中的分布

HBCDs 具有高脂溶性和低蒸气压，在大气中大部分吸附在大气颗粒物中，只有少部分分散在气相中（Hong et al.，2016）。之前很多研究并没有明确地将吸附在大气颗粒物中的 HBCDs 和分散在气相中的 HBCDs 分开讨论，而且绝大部分研究集中在生产 HBCDs 或者聚苯乙烯厂区等高暴露区大气中的 HBCDs，涉及大气 HBCDs 的背景值以及气固相分配的研究在近年来才逐渐被重视。一项关于 5 种塑料垃圾露天焚烧产生的溴代阻燃剂污染研究表明，燃烧释放的 HBCDs 有 62%分布在大气悬浮颗粒物上，24%分布在残留灰烬上，14%分布在气相中，同时该研究还估算了我国市政固体垃圾焚烧厂每年向大气中释放的 HBCDs 量为 25.5 kg（Ni et al.，2016）。在瑞典一家靠近聚苯乙烯泡沫塑料生产区通风系统出口的工厂中测到高浓度的 HBCDs，浓度最高可达 1070 ng/ m^3（Remberger et al.，2004）。而在非生产区的大气环境背景中，中国广州城市上空大气中的 HBCDs 浓度为 0.1～3.7 pg/m^3，与在美国从密歇根湖到墨西哥海湾之间的几种不同类型背景大气（城市、半城市、农业、偏远地区）中 HBCDs（0.6～4.5 pg/m^3）以及非洲乌干达恩德培市空气中 HBCDs 的浓度接近（平均浓度为 1.47 pg/ m^3）（Yu et al.，2008；Hoh et al.，2005；Remberger et al.，2004；Arinaitwe et al.，2014）。我国东北地区哈尔滨市大气中 γ-HBCD 浓度范围在 3.9～6700 pg/m^3 之间，平均浓度为 150 pg/m^3，这一水平高于早期欧洲大气背景值：在瑞典和芬兰北部偏远地区大气中的 HBCDs 浓度为 2～280 pg/m^3，在斯德哥尔摩城市大气中浓度范围是 76～610 pg/m^3。反向轨迹模型运行结果暗示了哈尔滨大气中高污染的 HBCDs 可能来源于北京、天津、沈阳和长春这些城市大气（Remberger et al.，2004；Qi et al.，2014）。

HBCDs 在室内的建筑材料、纺织保温材料以及电子电器材料中的使用和释放，导致室内空气以及灰尘中 HBCDs 含量往往处于较高水平。瑞典斯德哥尔摩室内外 HBCDs 对比研究表明，室内空气中 HBCDs 浓度（<1.3～19 pg/m^3）要高于室外（<0.03～0.58 pg/m^3）（Newton et al.，2015）。类似的规律也在日本一家庭室内外空气中检测到（Takigami et al.，2009）。我国上海混合功能地区道路灰尘中 HBCDs 浓度范围为 4.11～508 ng/g（Wu et al.，2016）。而加拿大温哥华以及瑞典斯德哥尔摩的室内灰尘中 HBCDs 浓度范围在 20～4690 ng/g 之间（Shoeib et al.，2012；Sahlström et al.，2012）。欧洲一些国家如德国和英国室内灰尘中 HBCDs 浓度似乎更高，最高可达到 110 000 ng/g（Abdallah et al.，2008b；Abb et al.，2011）。然而 Abdallah 等（2008b）在对英国、美国、加拿大三个国家进行室内灰尘中 HBCDs 的检测中，发现三个国家家庭室内灰尘中 HBCDs 浓度没有显著差别，他们认为主要原因可能是室内环境是比较封闭的环境，污染来源是室内本身的材料。由于样品来源的各异性，也会出现室外 HBCDs 浓度高于室内污染的情况。广州和佛山市家庭、办公室、其他工作地点以及室外空气中 HBCDs 平均浓度分别为 5.43 pg/m^3、8.21 pg/m^3、48.2 pg/m^3 和 33.3 pg/m^3（Hong et al.，2016）。对于家庭室内微环境，一项来自英国 30 个家庭的厨房、客厅和卧室配对灰尘样品中 HBCDs 检测结果表

明，客厅和卧室灰尘中 HBCDs 的浓度没有显著差别，两者均远高于厨房灰尘中 HBCDs 浓度，推测可能是由于客厅和卧室材料中更高的阻燃剂释放率，或是厨房因清洁和烹饪使用水量大而更潮湿，灰尘表面水阻碍了阻燃剂从空气中吸附到灰尘上这一过程，但目前尚未有证据证实这些推测（Kuang et al.，2016）。

6.6.2 在水、沉积物、污泥以及土壤中的分布

与其他环境介质相比，水体中 HBCDs 的信息十分有限。由于极强的脂溶性，水体中的 HBCDs 浓度一般比较低，处于 pg/L 量级。南非豪登省市政固体垃圾填埋场的渗滤液中 HBCDs 浓度在 4.8～40 pg/L 范围内（Olukunle et al.，2015）。英国淡水湖水体中 HBCDs 浓度在 80～270 pg/L 范围内（Harrad et al.，2009）。日本河水中 HBCDs 浓度相对较高，如鹤见川和濑田川河水中 HBCDs 浓度在 2.5～57 ng/L 范围之间，而受纺织工业污水污染的九头龙川河水中 HBCDs 浓度范围更是高达 180～2100 ng/L（Oh et al.，2014）。在日本污水处理厂的调查研究表明，污水处理厂能够净化污水中 HBCDs，流入污水中 HBCDs 浓度在 16～400 ng/L 之间，处理后出水中 HBCDs 浓度降至 0.39～12 ng/L，HBCDs 的去除率达 90%以上（Ichihara et al.，2014）。

废水中的 HBCDs 通过吸附作用进入底泥和沉积物中，因此水体中 HBCDs 的浓度也会影响沉积物中 HBCDs 的赋存水平。日本鹤见川和濑田川河沉积物中 HBCDs 浓度在 5.7～130 ng/g dw 之间，而九头龙川河水中 HBCDs 污染严重，其相应的沉积物样品中 HBCDs 浓度也较高，最高达到 7800 ng/g dw（Oh et al.，2014）。我国七大流域表面沉积物中 HBCDs 的检出率为 54%，其中黄河、辽河、海河、塔里木河以及额尔齐斯河沉积物中 HBCDs 含量在 0～1.0 ng/g dw 之间，与日本的东京湾，北美洲的底特律河和伊利湖，以及瑞典的维斯坎河处于同一水平；珠江沉积物中 HBCDs 含量相对较高（0.12～3.7 ng/g dw），与英国淡水湖沉积物中 HBCDs 处于同一水平；而长江一沉积物中 HBCDs 含量最高达 206 ng/g dw（Li et al.，2013；Minh et al.，2007；Marvin et al.，2006；Remberger et al.，2004；Letcher et al.，2015；Harrad et al.，2009）。山东青岛莱州湾湿地是工业和城市最大化的典型区域，其沉积物中 HBCDs 的浓度水平（1.03～15.04 ng/g dw）与韩国河流沉积物中 HBCDs（0.11～19 ng/g dw）差不多（Wang et al.，2016；Lee et al.，2015）。

污染物存量指某一区域每单位面积上污染物的总体质量，由每个采样点污染物平均浓度（C_i，ng/g dw）与沉积物厚度（d_i，cm）以及干沉积物密度（ρ，g/cm^3）的乘积之和（$\sum C_i \cdot d_i \cdot \rho$）计算所得，其能够为沉积物风险评估提供重要依据（Song et al.，2004）。莱州湾湿地总 HBCDs 平均存量为 93.53 ng/cm^2，高于珠江、海河、塔尔木河、黄河以及长江沉积物中 HBCDs 的平均存量（1.77～18.3 ng/cm^2）（Wang et al.，2016；Li et al.，2013）。绝大部分沉积物中，γ-HBCD 是主要的异构体，然而在某些地区的样品中 α 异构体的含量比工业产品中的高，其原因到目前为止尚没有合理解释（Li et al.，2013）。

受 HBCDs 污染的水和底泥应用到农业或者其他土地上也会造成土壤污染。我国渤海和黄海北岸土壤普遍存在 HBCDs 污染。上海混合功能地区土壤中 HBCDs 浓度范围为 0.30～248 ng/g dw（Wu et al.，2016）。华北地区 21 个沿海城市 188 个表层土壤中 HBCDs 检出率达 100%，浓度范围在 0.123～363 ng/g 之间（平均浓度为 7.20 ng/g），高于亚洲其他几个发展中国家露天垃圾堆放附近土壤中 HBCDs 浓度（0～2.5 ng/g dw）（Zhang et al.，2016；Eguchi et al.，2013）。

6.6.3　生物态环境介质中 HBCDs 的分布

由于所处的食物链的等级以及所处的高暴露的水相环境，鱼类和海洋生物通常易富集高浓度的有机污染物，对于 HBCDs 在鱼类和海洋其他生物中富集的报道非常多。我国 9 个沿海城市包括大连、天津、青岛、上海、舟山、温州、福州、泉州和厦门的两种海水鱼（大黄鱼和鲳鱼）中 HBCDs 普遍存在，浓度在 0.57～10.1 ng/g lw 范围内（平均浓度为 3.7 ng/g lw），与韩国三大河流中鲤鱼体内 HBCDs 处于同一水平，稍高于非洲加纳和坦桑尼亚的河流鱼体内 HBCDs 含量（Xia et al.，2011；Jeong et al.，2014；Asante et al.，2013；Polder et al.，2014）。而欧洲鱼体中 HBCDs 浓度水平往往还要高于其他国家至少一个数量级以上。英国淡水湖鱼体中 HBCDs 浓度在 14～290 g/g lw 之间（Harrad et al.，2009）。比利时斯凯尔特河靠近工业区段的鱼体中 HBCDs 浓度范围在 390～12100 ng/g lw，平均浓度高达 4500 ng/g lw（Roosens et al.，2008）。捷克两大主要河流（伏尔塔瓦河和拉贝河）中鱼体内 α-、β-和 γ-HBCD 的浓度分别在 2.5～1183 ng/g lw，0.1～5.52 ng/g lw 和 0.66～44.1 ng/g lw 范围内（Svihlikova et al.，2015）。因生物放大效应的存在，一般情况下同一地区无脊椎生物体内的 HBCDs 浓度比该地区鱼体中的浓度小。作为无脊椎海洋生物的代表，法国海岸线边的贝类中 HBCDs 浓度在 0.01～0.36 ng/g ww 范围内（Munschy et al.，2013）。

相对于水生生物，陆地动物中 HBCDs 研究的实验对象种类较少，多为鸡蛋样品。坦桑尼亚北部阿鲁沙地区散养鸡鸡蛋样品中 HBCDs 检出率为 61%，最高浓度达 62 ng/g lw，平均浓度为 8.4 ng/g lw，高于欧洲比利时（平均浓度 6.6 ng/g lw）和爱尔兰（未检测到）、美国（未检测到）以及加拿大（平均浓度 0.13～0.14 ng/g lw）（Polder et al.，2016；Covaci et al.，2009；Fernandez et al.，2010；Schecter et al.，2010；Rawn et al.，2011）。而我国华南地区鸡蛋样品中 HBCDs 污染更为严重。广东是全球电子垃圾最集中的地方，每年世界各地的废旧电脑、手机、硬盘都在这里集中，由此也在广东的贵屿、清远一带诞生了电子垃圾拆解回收行业。这里大部分都是小型电子垃圾拆解作坊，被拆解的电子垃圾往往直接堆放在院子里，同时院子里还放养着家禽。在清远电子垃圾拆解院子中散养鸡鸡蛋中 HBCDs 的浓度范围在 44～350 ng/g lw 之间，平均浓度高达 172 ng/g lw（Zheng et al.，2012）。同样贵屿电子垃圾处置地附近鸡蛋和鹅蛋中也检出了高含量的 HBCDs，浓度水平分别在 56～7600 ng/g lw 和小于 110 ng/g lw 范围内，其中 α-HBCD 是最主要的异构体（Zeng et al.，2016）。近年来也有少数关于陆地哺乳动物中 HBCDs 的研究。2013～2014 年间美国中西部地区陆地食肉动物野猫肝脏样品中 HBCDs 检出率超过 90%，浓度中值为 11.8 ng/g lw，与其他污染物如 PBDEs 具有显著相关性（Boyles et al.，2017）。

对于鸟类体内的 HBCDs 研究也主要集中在对蛋类及内脏组织中的 HBCDs。在加拿大魁北克鸟岛的北鲣鸟蛋、劳伦大湖盆地的银鸥蛋、加拿大圣劳伦斯河和新不伦瑞克的游隼蛋、西班牙鸟蛋中都有 HBCDs 的发现，浓度范围跨越四个数量级，最高可达 14 617 ng/g lw（Champoux et al.，2017；Su et al.，2015；Guerra et al.，2012；Barón et al.，2015）。作为地球三极之一，南极乔治王岛企鹅和贼鸥胸肌组织中均检出了低含量的 HBCDs，浓度范围为 1.67～713 pg/g lw，说明该地区的 HBCDs 污染主要是通过长距离传播造成而非动物迁徙（Kim et al.，2015）。巴基斯坦 10 种猛禽中黑鸢的尾巴羽毛中 HBCDs 浓度最高，在 0.5～8.1 ng/g dw 范围之间，中值为 1.5 ng/g dw，其中 α-HBCD 是主要的异构体（占比为 45%），其次是 γ-HBCD（36%）和 β-HBCD（20%）（Abbasi et al.，2017）。

6.6.4 HBCDs 污染的空间变化趋势

土地用途往往是影响当地环境的重要因素。上海多处混合功能地区土壤和道路灰尘中 HBCDs 调查表明，不同区域样品中 HBCDs 的含量变化趋势基本相同：工业/住宅区>商业/住宅区>工业/农业区>农业/住宅区（Wu et al.，2016）。生产或使用 HBCDs 的工厂附近环境介质中 HBCDs 浓度水平要远高于非点源或偏远地区环境中的 HBCDs。我国华南沿海地区人口密度高，工业更发达，广泛使用含有 HBCDs 的发泡型保温材料、纺织和电子设备等，因此七大流域表面沉积物中 HBCDs 浓度水平显示出从东南地区向华北地区降低的趋势（Li et al.，2013）。非点源地区如北京郊区农田土中 HBCDs 浓度仅在 0.17～34.5 ng/g 之间（Thanh et al.，2013）。偏远地区如加拿大极地环斑海豹脂肪样品中 HBCDs 检出率仅为 38%，浓度范围为< 1～30.3 ng/g lw（Houde et al.，2017）。而瑞典一家聚苯乙烯材料生产厂外土壤中 HBCDs 浓度最高达到 1300 ng/g dw（Remberger et al.，2004）。我国天津一家聚苯乙烯材料生产厂周边灰尘、土壤、沉积物、植物、海产品中 HBCDs 含量

也较高，浓度范围分别在 328～31752ng/g dw、2.91～1730 ng/g dw，23.5～716 ng/g dw，3.45～2494 ng/g dw 和 39.5～1241ng/g lw（Zhu et al.，2017）。当然，即便同是 HBCDs 点源地区，环境中 HBCDs 的污染水平也会因生产量及生产历史的不同而不同。对我国华北地区 21 个沿海城市表层土壤中 HBCDs 的研究表明，最高平均浓度来自潍坊的样品（34.6 ng/g），其次为沧州（12.3 ng/g）。在所调查的 21 个沿海城市中，HBCDs 生产厂主要分布在潍坊、沧州和连云港，其中第一家 HBCDs 生产厂于 1999 年建立在潍坊，目前潍坊的几家生产厂 HBCDs 产量均已超过 2000 t/a。而连云港 HBCDs 生产厂起步于 2004 年，产量低；同样沧州 HBCDs 的生产量也较低（Zhang et al.，2016）。对于污染点源附近区域，环境中 HBCDs 的分布一般随着离点源的距离增加而降低。我国东部莱州湾 HBCDs 生产厂附近土壤、沉积物、植物和水生生物中 HBCDs 浓度范围分别为 0.88～6901 ng/g dw、2.93～1029 ng/g dw、 8.88～160241 ng/g dw 和 7.09～815 ng/g lw，不同采样点的 HBCDs 含量水平均与其离点源的距离呈极显著的负相关关系（$p = 0.006$）（Li et al.，2012）。潍坊距离北部沿岸一家生产规模为 3000 t/a 的 HBCDs 生产厂 2.6 km 的表层土壤中 HBCDs 高达 363 ng/g，而 11 km 远处土壤中 HBCDs 的浓度则降至了 1.71 ng/g（Zhang et al.，2016）。

6.6.5　HBCDs 污染的时间变化趋势

研究一个地区持久性有机污染物的时间变化趋势，虽然从采样和成本方面具有很大难度，但是对于了解污染物的归趋变化及污染状况、分析其未来的潜在危险等具有重要意义。到目前为止，虽然在不同的采样点和不同的基质中，HBCDs 的浓度随时间有升高亦有降低的变化，但总体上，HBCDs 在所有环境介质中的浓度水平普遍升高，甚至在部分区域超过了 PBDEs 污染水平（Covaci et al.，2006；Law et al.，2008；Tanabe，2008）。

HBCDs 最早于 20 世纪 80 年代中期在瑞士格里芬湖采集的沉积物中检出，随后岩心中的 HBCDs 浓度以指数方式升高，2001 年出现峰值，达 2.5 ng/g dw（Kohler et al.，2008）。英国 7 个浅水湖泊的沉积物芯样品 HBCDs 检测结果表明，由于自 20 世纪 60 年代后 HBCDs 的输入量迅速增加，位于城市的湖沉积物芯样品中 HBCDs 含量持续增高，而其他大多数样品中 HBCDs 浓度峰值出现在 20 世纪 80 年代末和 21 世纪早期，随后有明显的下降（Yang et al.，2016）。在生物介质中 HBCDs 分布也具有类似的规律。1998～2008 年间德国海鸥蛋内检出 HBCDs，主要单体为 α-HBCD，且其浓度随着时间持续升高直至 2000 年开始出现下降趋势（Esslinger et al.，2011）。1999～2007 年间美国鲤鱼体内 HBCDs 的含量持续升高，从 12 ng/g lw 升高至 4640 ng/g lw，这与美国于 2004 年出台的有关 PBDEs 阻燃剂的禁用措施有关（Chen et al.，2011）。1979～2012 年间加拿大两种水禽（大蓝鹭和鸬鹚）蛋的早期样品中并未检测到 HBCDs，然而 2003～2012 年间样品均能检测到低浓度的 HBCDs（Miller et al.，2015）。1998～2013 年间加拿大极地地区环斑海豹脂肪样品中 HBCDs 浓度由于该物质的持久性和不断地输入而呈增长趋势，大多在 2010～2011 年间达到峰值，其中巴芬岛区域样品中 HBCDs 浓度仍在持续升高（Houde et al.，2017）。这些调查研究结果均表明，HBCDs 浓度水平的时间变化主要与当地该商用产品的生产、使用趋势紧密相关。而在一些地区尤其对于远离污染源的偏远地区环境中 HBCDs 的时间变化还受到很多其他因素的影响。例如在西班牙西南部地区鸢、白鹳及火烈鸟鸟蛋中 HBCDs 并无明显的时间变化规律，与其他蛋类研究中结果不同的原因可能是由于鸟蛋中污染物浓度还会受到食物来源、不同的觅食习惯或者迁移等因素的影响（Barón et al.，2015；Lavoie et al.，2010）。北极地区几个时间段生物区系内 HBCDs 浓度的变化视物种和地点而定，未呈现出趋势或者无明显趋势（de Wit et al.，2010）。1997～2013 年间挪威斯瓦尔巴特群岛 141 个北极狐肝脏中 HBCDs 基本未检出，仅在 2010 年和 2012 年的两个样品中测到（12～36 ng/g lw）（Andersen et al.，2015）。

6.7 总 结

自 2001 年起，环境中 HBCDs 的浓度总体上呈持续增长趋势，这主要归因于 HBCDs 作为被禁用阻燃剂的替代品而被持续使用。虽然不同国家出台了许多有关 HBCDs 生产和使用的政策，如加拿大、澳大利亚和日本开展了多次有关 HBCDs 的储备评估；乌克兰将 HBCDs 列入了有毒化学品名单；挪威将 HBCDs 列入 2007 年国家溴代阻燃剂实施计划；2009 年欧洲化学品总署将 HBCDs 列入欧盟化学品限制名单；但几乎没有关于限制 HBCDs 生产和使用的措施。直到 2013 年 5 月《斯德哥尔摩公约》缔约方大会第六次会议正式决定将 HBCDs 增列入公约的附件 A，并于 2014 年起将逐步实施淘汰其生产和使用，才使 HBCDs 的生产和使用在全球水平被加以限制，进而以期环境中 HBCDs 的污染浓度加以有效控制。

我国关于 HBCDs 的研究起步较晚，尽管进展迅速，但目前在环境调查和人体暴露风险上仍存在着很大的空白。建筑材料、纺织保温材料以及电子电器材料的制造、使用、拆除和处置过程（填埋处理、焚化、回收或者作为废物留在环境中）均会造成 HBCDs 的释放。现有研究多关注含 HBCDs 的产品在生产和使用期对环境和人体的影响，对使用期结束后这些废物尤其是建筑材料和纺织保温材料的处置过程向环境中释放的 HBCDs 研究相对较少。此外，室内 HBCDs 污染不容乐观，目前研究多针对家居及办公室内环境，而对于人流量较大、空气流通性较差的商场以及公共交通如地铁等环境中 HBCDs 的赋存及人体暴露风险知之甚少。

参 考 文 献

Abb M, Stahl B, Lorenz W. 2011. Analysis of brominated flame retardants in house dust[J]. Chemosphere, 85: 1657-1663.

Abbasi NA, Eulaers I, Jaspers VL, et al. 2017. The first exposure assessment of legacy and unrestricted brominated flame retardants in predatory birds of Pakistan[J]. Environmental Pollution, 220: 1208-1219.

Abdallah M A-E, Drage D, Harrad S. 2013. A one-step extraction/clean-up method for determination of PCBs, PBDEs and HBCDs in environmental solid matrics[J]. Environmental Science Processes & Impacts, 15: 2279-2287.

Abdallah MA, Bressi M, Oluseyi T, et al. 2016. Hexabromocyclododecane and tetrabromobisphenol-A in indoor dust from France, Kazakhstan and Nigeria: Implications for human exposure[J]. Emerging Contaminants, 2: 73-79.

Abdallah MA, Harrad S, Covaci A. 2008a. Hexabromocyclododecanes and tetrabromobisphenol-A in indoor air and dust in Birmingham, U.K: Implications for human exposure[J]. Environmental Science & Technology, 42: 6855-6861.

Abdallah MA, Harrad S, Ibarra C, et al. 2008b. Hexabromocyclododecanes in indoor dust from Canada, the United Kingdom, and the United States[J]. Environmental Science & Technology, 42: 459-464.

Abdallah MA, Harrad S. 2009. Personal exposure to HBCDs and its degradation products via ingestion of indoor dust [J]. Environment International, 35: 870-876.

Allchin C, Morris S. 2003. Hexabromocyclododecane (HBCD) diastereoisomers and brominated diphenyl ether congener (BDE) residues in edible fish from the rivers Skerne and Tees, UK[J]. Organohalogen Compounds, 61: 41-44.

Andersen MS, Fuglei E, König M, et al. 2015. Levels and temporal trends of persistent organic pollutants (POPs) in arctic foxes (*Vulpes lagopus*) from Svalbard in relation to dietery habits and food availability[J]. Science of the Total Environment, 511: 112-122.

Antignac J, Cariou R, Maume D, et al. 2008. Exposure assessment of fetus and newborn to brominated flame retardants in France: Preliminary data[J]. Molecular Nutrition & Food Research, 52: 258-265.

Arinaitwe K, Muir DCG, Kiremire BT, et al. 2014. Polybrominated diphenyl ethers and alternative flame retardants in air and precipitation samples from the Northern Lake Victoria Region, East Africa[J]. Environmental Science & Technology, 48: 1458-1466.

Arnot J, Mccarty L, Armitage J, et al. 2009. An evaluation of hexabromocyclododecane(HBCD)for persistent organic pollutant(POP)properties and the potential for adverse effects in the environment[A]. Report submitted to EBFRIP(European Brominated Flame Retardant Industry Panel), Ed. 2009, p 214.

Asante K A, Takahashi S, Itai T, et al. 2013. Occurrence of halogenated contaminants in inland and coastal fish from Ghana: Levels, dietary exposure assessment and human health implications[J]. Ecotoxicology and Environmental Safety, 84: 123-130.

Baek S, Lee S, Kim B. 2017. Separation of hexabromocyclododecane diatereomers: Application of C_{18} and phenyl-hexyl ultra-performance liquid chromatography columns[J]. Journal of

Chromatography A, 1488: 140-145.

Barón E, Bosch C, Máñez M, et al. 2015. Temporal trends in classical and alternative flame retardants in bird eggs from Doñana Natural Space and surrounding areas (south-western Spain) between 1999 and 2013[J]. Chemosphere, 138: 316-323.

Barotini F, Cozzani V, Petarca L. Thermal stability and decomposition products of HBCD[J]. Industrial & Engineering Chemistry Research, 40: 3270-3280.

Bester K, Vorkamp K. 2013. A two-dimensional HPLC separation for the enantioselective determination of hexabromocyclododecane (HBCD) isomers in biota samples[J]. Analytical and Bioanalytical Chemistry, 405: 6519-6527.

Bogdal C, Schmid P, Kohler M, et al. 2008. Sediment record and atmospheric deposition of brominated flame retardants and organochlorine compounds in Lake Thun, Switzerland: Lessons from the past and evaluation of the present[J]. Environmental Science & Technology, 42: 6817-6822.

Bomoano-Blanco L, Rodriguez-Gonzalez P, Centineo G, et al. 2016. Simultaneous determination of α-, β-, and γ-hexabromocyclododecane diastereoisomers in water samples by isotope dilution mass spectrometry using ^{81}Br-labeled analogs[J]. Journal of Chromatography A, 1429: 230-237.

Boyles E, Tan H, Wu Y, et al. 2017. Halogenated flame retardants in bobcats from the midwestern United States[J]. Environmental Pollutation, 221: 191-198.

BSEF(Bromine Science and Environmental Forum). 2010. About Hexabromocyclododecane (HBCD)[R]. http://www.bsef.com/our-substances/hbcd/about-hbcd/(accessed October 2013).

Budakowski W, Tomy G. 2003. Congener-specific analysis of hexabromocyclododecane by high-performance liquid chromatography electrospray tandem mass spectrometry[J]. Mass spectrometry, 17: 1399-1404.

Champoux L, Rail JF, Lavoie RA. 2017. Polychlorinated dibenzo-*p*-dioxins, dibenzofurans, and flame retardants in northern gannet(*Morus bassanus*)eggs from Bonaventure Island, Gulf of St. Lawrence, 1994-2014[J]. Environmental Pollution, 222: 600-608.

Chen D, La Guardia M, Luellen D, et al. 2011. Do temporal and geographical patterns of HBCD and PBDE flame retardants in U.S. fish reflect evolving industrial usage?[J]. Environmental Science & Technology, 45: 8254-8261.

Colles A, Koppen G, Hanot V, et al. 2008. Fourth WHO-coordinated survey of human milk for persistent organic pollutants(POPs): Belgian results[J]. Chemosphere, 73: 907-914.

Covaci A, Gerecke A, Law R, et al. 2006. Hexabromocyclododecanes (HBCDs) in the environment and humans: A review[J]. Environmental Science & Technology, 40: 3679-3688.

Covaci A, Roosens L, Dirtu A, et al. 2009. Brominated flame retardants in Belgian home-produced eggs: Levels and contamination sources[J]. Science of the Total Environment, 407: 4387-4396.

Covaci A, Voorspoels S, Ramos L, et al. 2007. Recent developments in the analysis of brominated flame retardants and brominated natural compounds[J]. Journal of Chromatography A, 1153: 145-171.

Davis J, Gonsior S, Dan A, et al. 2006. Biodegradation and product identification of [^{14}C]hexabromocyclododecane in wastewater sludge and freshwater aquatic sediment.[J]. Environmental Science & Technology, 40: 5395-401.

De Wit C, Herzke D, Vorkamp K. 2010. Brominated flame retardants in the Arctic environment—trends and new candidates[J]. Science of the Total Environment , 408: 2885-2918.

Deng J, Yu L, Liu C, et al. 2009. Hexabromocyclododecane-induced developmental toxicity and apoptosis in zebrafish embryos[J]. Aquatic Toxicology, 93: 29-36.

Desjardins D, MacGregor J, Krueger H. 2005. Hexabromocyclododecane (HBCD): A 72-hour toxicity test with the marine diatom (*Skeletonema costatum*) using generator column saturated media[A]. Chapter 2. Final report. Wildlife International Maryland, USA, p 19.

Dingemans MM, Heusinkveld HJ, de Groot A, et al. 2009. Hexabromocyclododecane inhibits depolarization-induced increase in intracellular calcium levels and neurotransmitter release in PC12 cells[J]. Toxicological Sciences, 107: 490-497.

Driffield M, Harmer N, Bradley E, et al. 2008. Determination of brominated flame retardants in food by LC-MS/MS: Diastereoisomer-specific hexabromocyclododecane and tetrabromobisphenol A[J]. Food Additives & Contaminants Part A Chemistry Analysis Control Exposure & Risk Assessment, 25: 895-903.

Drottar K, Krueger H. 1998. Hexabromocyclododecane (HBCD): A flow-through life-cycle toxicity test with the cladoceran (*Daphnia magna*)[A]. Final report. Wildlife International Maryland, USA, p 88.

Drottar K, Krueger H. 2000. Hexabromocyclododecane (HBCD): A flow-through bioconcentration test with the rainbow trout (*Oncorhynchus mykiss*) [A].Final report. Wildlife International Ltd, 439A-111: p1-137.

Eguchi A, Isobe T, Ramu K, et al. 2013. Soil contamination by brominated flame retardants in open waste dumping sites in Asian developing countries[J]. Chemosphere, 90: 2365 - 2371.

Eljarrat E, Gorga M, Gasser M, et al. 2014. Dietary exposure assessment of spanish citizens to hexabromocyclododecane through the diet[J]. Journal of Agricultural & Food Chemistry, 62: 2462-2468.

Eljarrat E, Guerra P, Martínez E, et al. 2009. Hexabromocyclododecane in human breast milk: Levels and enantiomeric patterns[J]. Environmental Science & Technology, 43: 1940-1946.

Ema M, Fujii S, Hirata-Koizumi M, Matsumoto M. 2008. Two-generation reproductive toxicity study of the flame retardant hexabromocyclododecane in rats[J]. Reproductive Toxicology, 25: 335-351.

Eriksson P, Fisher C, Wallin M, et al. 2006. Impaired behaviour, learning and memory, in adult mice neonatally exposed to hexabromocyclododecane (HBCDD)[J]. Environmental Toxicology and Pharmacology, 21: 317-322.

Esslinger S, Becker R, Jung C, et al. 2011. Temporal trend(1988～2008)of hexabromocyclododecane enantiomers in herring gull eggs from the German coastal region[J]. Chemosphere, 83: 161-167.

European Commission. 2008a. Risk assessment hexabromocyclododecane, CAS-No.: 25637-99-4, EINECS No.: 247-148-4. Final Report. May 2008a. p 492.

European Commission. 2008b. Data on manufacture, import, export, uses and releases of HBCDD as well as information on potential alternatives to its use[R]. http://docplayer.net/35952373-Data-on-manufacture-import-export-uses-and-releases-of-hbcdd-as-well-as-information-on-potential-alternatives-to-its-use.html.

Federica B, Valerio C, Petarca L. 2001. Thermal stability and decomposition products of hexabromocyclododecane[J]. Industrial & Engineering Chemistry Research, 40: 3270-3280.

Feng J, Wang Y, Ruan T, et al. 2010. Simultaneous determination of hexabromocyclododecanes and tris(2, 3-dibromopropyl) isocyanurate using LC-APCI-MS/MS[J]. Talanta, 82: 1929-1934.

Fernandes F, Smith R, Petch S, et al. 2010. The emerging BFRs hexabromobenzene(HBB), bis-(2, 4, 6-tribromophenoxy) ethane (BTBPE), and decabromodiphenylethane (DBDPE) in UK and Irish foods. Proceedings BFR 2010; Kyoto, Japan, p90028.

Forrest D, Reh TA, Rüsch A. 2002. Neurodevelopmental control by thyroid hormone receptors[J]. Current Opinion in Neurobiology, 12: 49-56.

Gerecke A , Giger W, Hartmann P , et al. 2006. Anaerobic degradation of brominated flame retardants in sewage sludge[J]. Chemosphere, 64: 311-317.

Guerra P, Alaee M, Jiménez B, et al. 2012. Emerging and historical brominated flame retardants in peregrine falcon (*Falco peregrinus*) eggs from Canada and Spain[J]. Environment International, 40: 179-186.

Hamers T, Kamstra JH, Sonneveld E, et al. 2006. *In vitro* profiling of the endocrine-disrupting potency of brominated flame retardants[J]. Toxicological Sciences, 92: 157-173.

Harrad S, Abdallah MAE, Rose NL, et al. 2009. Current-use brominated flame retardants in water, sediment, and fish from English Lakes[J]. Environmental Science & Technology, 43: 9077-9083.

Harrad S, de Wit C, Abdallah M, et al. 2010a. Indoor contamination with hexabromocyclododecanes, polybrominated diphenyl ethers, and perfluoroalkyl compounds: An important exposure pathway for people?[J]. Environmental Science & Technology, 44: 3221-3231.

Harrad S, Goosey E, Desborough J, et al. 2010b. Dust from U.K. primary school classrooms and daycare centers: The significance of dust as a pathway of exposure of young U.K. children to brominated flame retardants and polychlorinated biphenyls[J]. Environmental Science & Technology, 44: 4198-4202.

Haukas M, Mariussen E, Ruus A, et al. 2009. Accumulation and disposition of hexabromocyclododecane (HBCD) in juvenile rainbow trout (*Oncorhynchus mykiss*) [J]. Aquatic Toxicology, 95: 144-151.

Heeb N, Schweizer W, Kohler M, et al. 2005. Structure elucidation of hexabromocyclododecanes—A class of compounds with a complex stereochemistry[J]. Chemosphere, 61: 65-73.

Hiebl J, Vetter W. 2007. Detection of hexabromocyclododecane and its metabolite pentabromocyclododecene in chicken egg and fish from the official food control[J]. Journal of Agricultural & Food Chemistry, 55: 3319-3324.

Hoh E, HItes R A. 2005. Brominated flame retardants in the atmosphere of the East-Central United States[J]. Environmental Science & Technology, 39: 7794-7802.

Hong J, Gao S, Chen L, et al. 2016. Hexabromocyclododecanes in the indoor environment of two cities in South China: Their occurrence and implications of human inhalation exposure[J]. Indoor and Built Environment, 25: 41-49.

Houde M, Wang X, Ferguson S H, et al. 2017. Spatial and temporal trends of alternative flame retardants and polybrominated diphenyl ethters in ringed seals (*Phoca hispida*) across the Canadian Arctic[J]. Environmental Pollution, 223: 266-276.

Hu J, Liang Y, Chen M, Wang X. 2009. Assessing the toxicity of TBBPA and HBCD by zebrafish embryo toxicity assay and biomarker analysis[J]. Environmental Toxicology, 24: 334-342.

Hunziker RW, Gonsior S, MacGregor JA, et al. 2004. Fate and effect of hexabromocyclododecane in the environment [J]. Organohalogen compounds, 66: 2300-2305.

Ichihara M, Yamamoto A, Takakura K, et al. 2014. Distribution and pollutant load of hexabromocyclododecane (HBCD) in sewage treatment plants and water from Japanese Rivers[J]. Chemosphere, 110: 78-84.

Janak K, Covaci A, Voorspoels S, Becher G. 2005. Hexabromocyclododecane in marine species from the Western Scheldt Estuary: Diastereomer- and enantiomer-specific accumulation[J].

Environmental Science & Technology, 39: 1987-1994.

Jeannerat D, Pupier M, Schweizer S, et al. 2016. Discrimination of hexabromocyclododecane from new polymeric brominated flame retardant in polystyrene foam by nuclear magnetic resonance[J]. Chemosphere, 144: 1391-1397.

Jeong G H, Hwang N R, Hwang E, et al. 2014. Hexabromocyclododecanes in crucian carp and sediment from the major rivers in Korea[J]. Science of The Total Environment, 470-471: 1471-1478.

Johnson-Restrepo B, Adams DH, Kannan K. 2008. Tetrabromobisphenol A (TBBPA) and hexabromocyclododecanes (HBCDs) in tissues of humans, dolphins, and sharks from the United States[J]. Chemosphere, 70: 1935-1944S.

Kajiwara N, Sueoka M, Ohiwa T, Takigami. 2009. Determination of flame-retardant hexabromocyclododecane diastereomers in textiles[J]. Chemosphere, 74: 1485-1489.

Kakimoto K, Akutsu K, Konishi Y, et al. 2008. Time trend of hexabromocyclododecane in the breast milk of Japanese women[J]. Chemosphere, 71: 1110-1114.

Kim JT, Son M H, Kang J H, et al. 2015. Occurrence of legacy and new persistent organic pollutants in avian tissues from King George Island, Antarctica[J]. Environmental Science & Technology, 49: 13628-13638.

Kling P, Förlin L. 2009. Proteomic studies in zebrafish liver cells exposed to the brominated flame retardants HBCD and TBBPA[J]. Ecotoxicology & Environmental Safety, 72: 1985-1993.

Knutsen H , Kvalem H , Thomsen C, et al. 2008. Dietary exposure to brominated flame retardants correlates with male blood levels in a selected group of Norwegians with a wide range of seafood consumption[J]. Toxicology Letters, 172: 217-227.

Kohler M, Zennegg M, Bogdal C, et al. 2008. Temporal trends, congener patterns, and sources of octa-, nona-, and decabromodiphenyl ethers (PBDE) and hexabromocyclododecanes (HBCD) in Swiss lake sediments[J]. Environmental Science & Technology, 42: 6378-6384.

Kuang J, Ma Y, Harrad S. 2016. Concentrations of “legacy” and novel brominated flame retardants in matched samples of UK kitchen and living room/bedroom dust[J]. Chemosphere, 149: 224-230.

Kupper T, Alencastro L, Gatsigazi R, et al. 2008. Concentrations and specific loads of brominated flame retardants in sewage sludge[J]. Chemosphere, 71: 1173-1180.

Lankova D, Kockovska M, Lacina O, et al. 2013b. Rapid and simple method for determination of hexabromocyclododecanes and other LC-MS-MS-amenable brominated flame retardants in fish[J]. Analytical and Bioanalytical Chemistry, 405: 7829-7839.

Lankova D, Lacina O, Pulkrabova J, et al. 2013a. The determination of perfluoroalkyl substances, brominated flame retardants and their metabolites in human breast milk and infant formula[J]. Talanta, 117: 318-325.

Lankova D, Svarcova A, Kalachova K, et al. 2015. Multi-analyte method for the analysis of various organohalogen compounds in house dust[J]. Analytica Chimica Acta, 854: 61-69.

Lavoie RA, Champoux L, Rail JF, Lean DRS. 2010. Organochlorines, brominated flame retardants and mercury levels in six seabird species from the Gulf of St. Lawrence (Ganada): Relationships with feeding ecology, migration and molt[J]. Environmental Pollution, 158: 2189-2199.

Law K, Halldorson T, Danell R, et al. 2006. Bioaccumulation and trophic transfer of some brominated flame retardants in a Lake Winnipeg (Canada) food web[J]. Environmental Toxicology & Chemistry, 25: 2177-2186.

Law R , Herzke D, Harrad S, et al. 2008. Levels and trends of HBCD and BDEs in the European and

Asian environments, with some information for other BFRs[J]. Chemosphere, 73: 223-241.

Law R, Kohler M, Heeb N, et al. 2005. Hexabromocyclododecane challenges scientists and regulators[J]. Environmental Science & Technology, , 39: 281A-287A.

Law R, Bersuder P, Allchin C, et al. 2006. Levels of the flame retardants hexabromocyclododecane and tetrabromobisphenol A in the blubber of harbor porpoises (*Phocoena phocoena*) stranded or bycaught in the U.K. with evidence for an increase in HBCD concentrations in recent years[J]. Environmental Science & Technology, 40: 2177-2183.

Lee IS, Kang H H, Kim UJ, Oh JE. 2015. Brominated flame retardant in Korean river sediments, including changes in polybrominated diphenyl ether concentrations between 2006 and 2009[J]. Chemosphere, 126: 18-24.

Letcher RJ, Lu Z, Chu S, et al. 2015. Hexabromocyclododecane flame retardant isomers in sediments from Detroit River and Lake Erie of the Laurentian Great Lakes of North America[J]. Bulletin of Environmental Contamination and Toxicology, 95: 31-36.

Li H, Shang H, Wang P, et al. 2013. Occurrence and distribution of hexabromocyclododecane in sediments from seven major river drainage basins in China[J]. Journal of Environmental Sciences, 24: 69-76.

Li H, Zhang Q, Wang P, et al. 2012. Levels and distribution of hexabromocyclododecane (HBCD) in environmental samples near manufacturing facilities in Laizhou Bay area, East China[J]. Journal of Environmental Monitoring, 14: 2591-2597.

Li L, Weber R, Liu J, Hu J. 2016. Long-term emissions of hexabromocyclododecane as a chemical of concern in products in China[J]. Environmental International, 91: 291-300.

Lignell S, Aune M, Darnerud P, et al. 2009. Persistent organochlorine and organobromine compounds in mother's milk from Sweden 1996-2006: Compound-specific temporal trends[J]. Environmental Research, 109: 760-767.

Lilienthal H, van der Ven LT, Piersma AH, Vos JG. 2009. Effects of the brominated flame retardant hexabromocyclododecane (HBCD) on dopamine-dependent behavior and brainstem auditory evoked potentials in a one-generation reproduction study in Wistar rats[J]. Toxicology Letters, 185: 63-72.

Lower N, Moore A. 2007. The impact of a brominated flame retardant on smoltification and olfactory function in Atlantic salmon (Salmo salar L.) smolts[J]. Marine & Freshwater Behaviour & Physiology, 40:267-284.

MacGregor J, Nixon W. 1997. Hexabromocyclododecane (HBCD): Determination of n-octanol/water partition coefficient. Wildlife International LTD 439C-104. Arlington, VA: Brominated Flame Retardant Industry Panel, Chemical Manufacturers Association.

MacGregor J, Nixon W. 2004. Determination of water solubility of hexabromocyclododecane (HBCD) using a generator column method[M]. Wildlife International, Ltd., Easton, Maryland, USA, p52.

Managaki S, Miyake Y, Yokoyama Y, et al. 2009. Emission load of hexabromocyclododecane in Japan based on the substance flow analysis[J]. Organohalogen Compounds, 71: 2471-2476.

Managaki S, Miyake Y, Yokoyama Y. et al. 2009. Emission load of hexabromocyclododecane in Japan based on the substance flow analysis[J]. Organohalogen Compounds, 71: 2471-2476.

Marteinson S , Bird D , Letcher R, et al. 2009. Behavioural and reproductive changes in American kestrels (*Falco sparverius*) exposed to technical hexabromocyclododecane (HBCD) at environmentally relevant concentrations. In 11th Annual Workshop on Brominated Flame Retardants (BFR 2009), Ottawa, Canada.

Martín J, Santos JL, Aparicio I, et al. 2015. Determination of hormones, a plasticizer, preservatives, perfluoroalkylated compounds, and a flame retardant in water samples by ultrasound-assisted dispersive liquid-liquid microextraction based on the solidification of a floating organic drop[J]. Talanta, 143: 335-343.

Martín J, Santos JL, Aparicio I, et al. 2016. Analytical method for biomonitoring of endocrine-disrupting compounds (bisphenol A, parabens, perfluoroalkyl compounds and a brominated flame retardant) in human hair by liquid chromatography-tandem mass spectrometry[J]. Analytica Chimica Acta, 945: 95-101.

Martin K, Basf AG. 2004. Emission of hexabromocyclodecane from polystyrene foams into gas phase-modeling versus experiment[C]. BFR: The Third International Workshop on Bromainated Flame Retardants, p269-272.

Marvin C H, Tomy G T, Armitage J M, et al. 2006. Distribution of hexabromocyclododecane in Detroit River suspended sediments[J]. Chemosphere, 64: 268-275.

Marvin C H, Tomy G T, Armitage J M, et al. 2011. Hexabromocyclododecane: Current understanding of chemistry, environmental fate and toxicology and implications for global management[J]. Environmental Science & Technology, 45: 8613-8623.

Mattioli L, Fernie K, Bird D, et al. 2009. Hexabromocyclododecane (HBCD) isomers in American kestrels (*Flaco sparverius*) exposed via the diet to a technical HBCD formulation; Uptake, depuration and bioisomerization. In 11th Annual Workshop on Brominated Flame Retardants (BFR 2009), Ottawa, Canada.

Meijer L, Weiss J, Van V , et al. 2008. Serum, concentrations, of neutral, and phenolic, organohalogens, in pregnant, women, and some of their infants, in The Netherlands. [J]. Environmental Science & Technology, 42: 3428-3433.

Miller A, Elliott J E, Elliott K H, et al. 2015. Brominated flame retardant trends in aquatic birds from the Salish Sea region of the west coast of North America, including a mini-review of recent trends in marine and estuarine birds[J]. Science of the Total Environment, 502: 60-69.

Minh N , Isobe T, Ueno D, et al. 2007. Spatial distribution and vertical profile of polybrominated diphenyl ethers and hexabromocyclododecanes in sediment core from Tokyo Bay, Japan[J]. Environmental Pollution, 148: 409-417.

Morf L , Buser A , Taverna R, et al. 2008. Dynamic substance flow analysis as a valuable risk evaluation tool—A case study for brominated flame retardants as an example of potential endocrine disrupters[J]. Chimia International Journal for Chemistry, 62: 424-431.

Morris S, Allchin C , Zegers B , et al. 2004. Distribution and fate of HBCD and TBBPA brominated flame retardants in North Sea estuaries and aquatic food webs[J]. Environmental Science & Technology, 38: 5497-504.

Morris S, Bersuder P, Allchin C R, Zegers B 2006. Determination of the brominated flame retardant, hexabromocyclodocane, in sediments and biota by liquid chromatography-electrospray ionisation mass spectrometry[J]. Trends in Analytical Chemistry, 25: 343-349.

Munschy C, Marchand P, Venisseau A, et al. 2013. Levels and trends of the emerging contaminants HBCDs (hexabromocyclododecanes) and PFCs (perfluorinated compounds) in marine shellfish along French coasts[J]. Chemosphere, 91: 233-240.

Newton S, Sellström, de Wit C A. 2015. Emerging flame retardants, PBDEs, and HBCDDs in indoor and outdoor media in Stockholm, Sweden[J]. Environmental Science & Technology, 49: 2912-2920.

Ni H G, Lu S Y, Mo T, Zeng H. 2016. Brominated flame retardant emissions from the open burning of five plastic wastes and implications for environmental exposure in China[J]. Environmental Pollution, 214: 70-76.

Nicola L, Andrew M. 2007. The impact of a brominated flame retardant on smoltification and olfactory function in Atlantic salmon (*Salmo salar* L.) smolts[J]. Marine and Freshwater Behaviour and Physiology, 40: 267-284.

Oh J K, Kotani K, Managaki S, Masunaga S. 2014. Levels and distribution of hexabromocyclododecane and its lower brominated derivative in Japanese riverine environment[J]. Chemosphere, 109: 157-163.

Olukunle O I, Okonkwo O J. 2015. Concentration of novel brominated flame retardants and HBCD in leachates and sediments from selected municipal solid waste landfill sites in Gauteng Province, South Africa[J]. Waste Management, 43: 300-306.

Palace BP, Pleskach K, Halldorson T, et al. 2008. Biotransformation enzymes and thyroid axis disruption in juvenile rainbow trout (*Oncorhynchus mykiss*) exposed to hexabromocyclododecane diastereoisomers[J]. Environmental Science & Technology, 42:1967-1972.

Peled M, Scharia R, Sondack D. 1995. Thermal rearrangement of hexabromocyclododecane (HBCD)[J]. Industrial Chemistry Library, 7: 92-99.

Polder A, Gabrielsen G, Odland J, et al. 2008. Spatial and temporal changes of chlorinated pesticides, PCBs, dioxins (PCDDs/PCDFs) and brominated flame retardants in human breast milk from Northern Russia[J]. Science of the Total Environment, 391: 41-54.

Polder A, Müller M B, Brynildsrud O B, et al. 2016. Dioxins, PCBs, chlorinated pesticides and brominated flame retardants in free-range chicken eggs from peri-urban areas in Arusha, Tanzania: Levels and implications for human health[J]. Science of the Total Environment, 551-552: 656-667.

Polder A, Müller M B, Lyche J L, et al. 2014. Levels and patterns of persistent organic pollutants (POPs) in tilapia (*Oreochromis* sp.) from four different lakes in Tanzania: Geographical differences and implications for human health[J]. Science of the Total Environment, 488-489: 252-260.

POPRC. 2010. UNEP/POPS/POPRC.6/10: Hexabromocyclododecane Risk Profile[EB/OL]. http://chm.pops.int/TheConvention/POPsReviewCommittee/ReportsandDecisions/tabid/3309/Default.aspx.

POPRC. 2012. Additional information on hexabromocyclododecane (HBCD)[EB/OL]. http://chm.pops.int/Convention/POPsReviewCommittee/POPRCMeetings/POPRC7/POPRC7ReportandDecisions/InformationonalternativestoHBCD/tabid/2537/Default.aspx(4, 16).

Pulkrabová J, Hrádková P, Hajslová J, et al. 2009. Brominated flame retardants and other organochlorine pollutants in human adipose tissue samples from the Czech Republic[J]. Environment International, 35: 63-68.

Pursch M, Buckenmaier S. 2015. Loop-based multiple heart-cutting two-dimensional liquid chromatography for target analysis in complex matrices[J]. Analytical Chemistry, 87: 5310-5317.

Qi H, Li WL, Liu LY, et al. 2014. Brominated flame retardants in the urban atmosphere of Northeast China: Concentrations, temperature dependence and gas-particle partitioning[J]. Science of the Total Environment, 491-492: 60-66.

Rawn DFK, Sadler A, Quade SC, et al. 2011. Brominated flame retardants in Canadian chicken egg yolks[J]. Food Additives and Contaminations, Part A 28: 807-815.

Remberger M, Sternbeck J, Palm A, et al. 2004. The environmental occurrence of hexabromocyclododecane in Sweden[J]. Chemosphere, 54: 9-21.

Roosens L, Abdallah M , Harrad S, et al. 2009. Exposure to hexabromocyclododecanes (HBCDs) via dust ingestion, but not diet, correlates with concentrations in human serum: preliminary results[J]. Environmental Health Perspectives, 117: 1707-1712.

Roosens L, Dirtu AC, Goemans G, et al. 2008. Brominated flame retardants and polychlorinated biphenyls in fish from the river Scheldt, Belgium[J]. Environment International, 34: 976-983.

Saegusa Y, Fujimoto H, Woo G , et al. 2009. Developmental toxicity of brominated flame retardants, tetrabromobisphenol A and 1, 2, 5, 6, 9, 10-hexabromocyclododecane, in rat offspring after maternal exposure from mid-gestation through lactation[J]. Reproductive Toxicology, 28: 456-467.

Sahlström L, Sellström U, de Wit C A. 2012. Clean-up method for determination of established and emerging brominated flame retardants in dust[J]. Analytical and Bioanalytical Chemistry, 404: 459-466.

Sales C, Portolés T, Sancho J V, et al. 2016. Potential of gas chromatography-atmospheric pressure chemical ionization-tandem mass spectrometry for screening and quantification of hexabromocyclododecane[J]. Analytical and Bioanalytical Chemistry, 408: 449-459.

Schecter A, Haffner D, Colacino J, et al. 2010. Polybrominated diphenyl ethers (PBDEs) and hexabromocyclodecane (HBCD) in composite U.S. food samples[J]. Environmental Health Perspectives, 118: 357-362.

Schecter A, Harris T, Shah N, et al. 2008. Brominated flame retardants in US food[J]. Molecular Nutrition & Food Research, 52: 266-272.

Schlummer M, Vogelsang J, Fiedler D, et al. 2015. Rapid identification of polystyrene foam wastes containing hexabromocyclododecane or its alternative polymeric brominated flame retardant by X-ray fluorescence spectroscopy[J]. Waste Management & Research, 33: 662-670.

Shi Z, Wang Y, Niu P, et al. 2013. Concurrent extraction, clean-up, and analysis of polybrominated diphenyl ethers, hexabromocyclododecane isomers, and tetrabromobisphenol A in human milk and serum[J]. Journal of Separation Science, 36: 3402-3410.

Shi Z, Wu Y, Li J, et al. 2009. Dietary exposure assessment of chinese adults and nursing infants to tetrabromobisphenol-A and hexabromocyclododecanes: Occurrence measurements in foods and human milk[J]. Environmental Science & Technology, 43: 4314-4319.

Shoeib M, Harner T, Webster G M, et al. 2012. Legacy and current-use flame retardants in house dust from Vancouver, Canada[J]. Environmental Pollution, 169: 175-182.

Smith K, Liu C, El-Hiti G, et al. 2005. An extensive study of bromination of cis, trans, trans-1, 5, 9-cyclododecatriene: product structures and conformations[J]. Organic & Biomolecular Chemistry, 3: 1880-1892.

Smolarz K, Berger A. 2009. Long-term toxicity of hexabromocyclododecane (HBCDD) to the benthic clam *Macoma balthica*(L.) from the Baltic Sea[J]. Aquatic Toxicology, 95: 239-247.

Smoluch M, Silberring J, Reszke E, et al. 2014. Determination of hexabromocyclododecane by flowing atmospheric pressure afterglow mass spectrometry[J]. Talanta, 128: 58-62.

Song W L, Ford J C, Li A, et al. 2004. Polybrominated diphenyl ethers in the sediments of the Great Lakes. 1. Lake Superior[J]. Environmental Science and Technology, 38: 3286-3293.

Sørmo E , Salmer M , Jenssen B, et al. 2006. Biomagnification of polybrominated diphenyl ether and hexabromocyclododecane flame retardants in the polar bear food chain in Svalbard, Norway[J]. Environmental Toxicology and Chemistry, 25: 2502-2511.

Stapleton H , Allen J , Kelly S et al. 2008. Alternate and new brominated flame retardants detected in U.S. house dust[J]. Environmental Science & Technology, , 42: 6910-6916.

Stenzel J, Nixon W. 1997. Hexabromocyclododecane (HBC): Determination of the vapor pressure using a spinning rotor gauge. 439C-117. Wildlife International Ltd., Easton, Maryland, 44.

Su G, Letcher R J, Moore J N, et al. 2015. Spatial and temporal comparisons of legacy and emerging flame retardants in herring gull eggs from colonies spanning the Laurentian Great Lakes of Canada and United States[J]. Environmental Research, 142: 720-730.

Su G, Saunders D, Yu Y, et al. 2014. Occurrence of additive brominated flame retardants in aquatic organisms from Tai Lake and Yangtze River in Eastern China, 2009—2012[J]. Chemosphere, 114: 340-346.

Suzuki S, Hasegawa A. 2006. Determination of hexabromocyclododecane diastereoisomers and tetrabromobisphenol A in water and sediment by liquid chromatography/mass spectrometry[J]. Analytical Sciences, 22: 469-474.

Svihlikova V, Lankova D, Poustka J, et al. 2015. Perfluoroalkyl substances (PFASs) and other halogenated compounds in fish from the upper Labe River basin[J]. Chemosphere, 129: 170-178.

Takigami H, Suzuki G, Hirai Y, Sakai S. Brominated flame retardants and other polyhalogenated compounds in indoor air and dust from two houses in Japan[J]. Chemosphere, 76: 270-277.

Tanabe S. 2008. Temporal trends of brominated flame retardants in coastal waters of Japan and South China: Retrospective monitoring study using archived samples from es-Bank, Ehime University, Japan[J]. Marine Pollution Bulletin, 57: 267-274.

ten Dam G, Pardo O, Traag W, et al. 2012. Simultaneous extraction and determination of HBCD isomers and TBBPA by ASE and LC-MSMS in fish[J]. Journal of Chromatogaphy B, 898: 101-110.

Thanh W, Han S, Ruan T, et al. 2013. Spatial distribution and inter-year variation of hexabromocyclododecane (HBCD) and tris-(2,3-dibromopropyl) isocyanurate (TBC) in farm soils at a peri-urban region[J]. Chemosphere, 90: 182-187.

Thomsen C, Knutsen H , Liane V , et al. 2008. Consumption of fish from a contaminated lake strongly affects the concentrations of polybrominated diphenyl ethers and hexabromocyclododecane in serum[J]. Molecular Nutrition & Food Research, 52: 228-237.

Thomsen C, Molander P, Daae H L, et al. 2007. Occupational exposure to hexabromocyclododecane at an industrial plant[J]. Environmental Science & Technology, 41(15): 5210-5216.

Tomy G , Pleskach K, Ferguson S H, et al. 2009. Trophodynamics of some PFCs and BFRs in a western Canadian Arctic marine food web[J]. Environmental Science & Technology, , 43: 4076-4081.

Tomy G , Pleskach K, Oswald T, et al. 2008. Enantioselective bioaccumulation of hexabromocyclododecane and congener-specific accumulation of brominated diphenyl ethers in an eastern Canadian Arctic marine food web[J]. Environmental Science & Technology, 42: 3634-3639.

Tomy G, Budakowski W, Halldorson T, et al. 2004. Biomagnification of α-and γ-hexabromocyclododecane isomers in a Lake Ontario food web[J]. Environmental Science & Technology, 38: 2298-2303.

van der Ven LT, van de Kuil T, Leonards PE, et al. 2009. Endocrine effects of hexabromocyclododecane (HBCD) in a one-generation reproduction study in Wistar rats[J]. Toxicological Sciences, 185: 51-62.

van der Ven LT, Verhoef A, van de Kuil T, et al. 2006. A 28-day oral dose toxicity study enhanced to detect endocrine effects ofhexabromocyclododecane in Wistar rats[J]. Toxicological Sciences, 94: 281-292.

Wang L, Zhao Q, Zhao Y, et al. 2016. Determination of heterocyclic bromiated flame retardants tris-(2, 3-dibromopropyl) isocyanurate and hexabromocyclododecane in sediment from Jiaozhou Bay wetland[J]. Marine Pollution Bulletin, 113: 509-512.

Weiss J, Wallin E, Axmon A, et al. 2006. Hydroxy-PCBs, PBDEs, and HBCDDs in serum from an elderly population of Swedish fishermen's wives and associations with bone density[J]. Environmental Science & Technology, 40: 6282-6289.

Wu M , Han T, Xu G, et al. 2016. Occurrence of hexabromocyclododecane in soil and road dust from mixed-land-use areas of Shanghai, China, and its implications for human exposure[J]. Science of the Total Environment, 559: 282-290.

Xia C, Lam J C W, Wu X, et al. 2011. Hexabromocyclododecanes (HBCDs) in marine fishes along the Chinese coastline[J]. Chemosphere, 82: 1662-1668.

Yamada-Okabe T, Sakai H, Kashima Y, Yamada-Okabe H. 2005. Modulation at a cellular level of the thyroid hormone receptor-mediated gene expression by 1, 2, 5, 6, 9, 10-hexabromocyclododecane (HBCD), 4, 4'-diiodobiphenyl (DIB), andnitrofen (NIP)[J]. Toxicology Letters, 155:127-133.

Yang C, Rose N L, Turner S D, et al. 2016. Hexabromocyclododecanes, polybrominated diphenyl ethers, and polychlorinated biphenyls in radiometrically dated sediment cores from English lakes, ~1950—present[J]. Science of the Total Environment, 541: 721-728.

Yu Z, Chen L, Mai B, et al. 2008. Diastereoisomer- and enantiomer-specific profiles of hexabromocyclododecane in the atmosphere of an urban city in South China[J]. Environmental Science & Technology, 42: 3996-4001.

Yu Z, Peng P, Sheng G, et al. 2008. Determination of hexabromocyclododecane diastereoisomers in air and soil by liquid chromatography–electrospray tandem mass spectrometry[J]. Journal of Chromatography A, 1190: 74-79.

Yuan J, Sun Y, Liu J, et al. 2016. Determination of hexabromocyclododecane enantiomers in chicken whole blood by a modified quick, easy, cheap, effective, rugged, and safe method with liquid chromatography and tandem mass spectrometry[J]. Journal of Separation Science, 39: 2846-2852.

Zacs D, Rjabova J, Bartkevics V. 2014a. New perspectives on diastereoselective determination of hexabromocyclododecane traces in fish by ultra high performance liquid chromatography-high resolution orbitrap mass spectrometry[J]. Journal of Chromatography A, 1330: 30-39.

Zacs D, Rjabova J, Pugajeva I, et al. 2014b. Ultra high performance liquid chromatography-time-of-flight high resolution mass spectrometry in the analysis of hexabromocyclododecane diastereomers: Method development and comparative evaluation versus ultra high performance liquid chromatography coupled to Orbitrap high resolution mass spectrometry and triple quadrupole tandem mass spectrometry[J]. Journal of Chromatography A, 1366: 73-83.

Zegers B , Mets A, Van B , et al. 2005. Levels of hexabromocyclododecane in harbor porpoises and common dolphins from western European seas, with evidence for stereoisomer-specific biotransformation by cytochrome p450[J]. Environmental Science & Technology, 39: 2095-2100.

Zeng Y H, Luo XJ, Tang B, et al. 2016. Habitat- and species- dependent accumulation of organohalogen pollutants in home-produced eggs from an electronic waste recycling site in South China: Levels, profiles, and human dietary exposure[J]. Environmental Pollution, 216: 64-70.

Zhang H, Bayen S, Kelly B. 2015. Co-extraction and simultaneous determination of multi-class hydrophobic organic contaminants in marine sediments and biota using GC-EI-MS/MS and LC-ESI-MS/MS[J]. Talanta, 143: 7-18.

Zhang X, Yang F, Luo C, et al. 2009. Bioaccumulative characteristics of hexabromocyclododecanes in freshwater species from an electronic waste recycling area in China[J]. Chemosphere, 76: 1572-1578.

Zhang X, Yang F, Xu C, et al. 2008a. Cytotoxicity evaluation of three pairs of hexabromocyclododecane (HBCD) enantioners on Hep G2 cell[J]. Toxicology in Vitro, 22: 1520-1527.

Zhang X, Yang F, Zhang X, et al. 2008b. Induction of hepatic enzymes and oxidative stress in Chinese rare minnow (*Gobiocypris rarus*) exposed to waterborne hexabromocyclododecane (HBCDD)[J]. Aquatic Toxicology, 86: 4-11.

Zhang Y, Li Q, Lu Y, et al. 2016. Hexabromocyclododecanes (HBCDDs) in surface soils from coastal cities in North China: Correlation between diastereoisomer profiles and industrial activities[J]. Chemosphere, 148: 504-510.

Zheng XB, Wu JP, Luo XJ, et al. 2012. Halogenated flame retardants in home-produced eggs from an electronic waste recycling region in South China: Levels, composition profiles, and human dietary exposure assessment[J]. Environment International, 45: 122-128.

Zhu H, Zhang K, Sun H, et al. 2017. Spatial and temporal distributions of hexabromocyclododecanes in the vicinity of an expanded polystyrene material manufacturing plant in Tianjin, China[J]. Environmental Pollution, 222: 338-347.

Zhu N, Fu J, Gao Y, et al. 2013. Hexabromocyclododecane in alpine fish from the Tibetan Plateau, China[J]. Environmental Pollution, 181: 7-13.

第7章　六氯丁二烯（HCBD）研究进展

本章导读

- 首先概述六氯丁二烯的结构特点及物理化学性质。
- 分析环境中六氯丁二烯的污染来源，包括生产和使用情况等。
- 阐述六氯丁二烯在不同介质中的环境行为，及其毒性效应和人体暴露风险。
- 介绍不同介质中六氯丁二烯的样品前处理方法和仪器检测方法。
- 叙述我国环境中六氯丁二烯的分布水平和分布特征。
- 简述国际上六氯丁二烯的控制措施以及我国相关研究重点。

7.1　HCBD的结构特点、物理化学性质及毒性效应

7.1.1　结构特点及物理化学性质

六氯丁二烯（hexachlorobutadiene，HCBD）又称为1,1,2,3,4,4-六氯-1,3-丁二烯，是一种脂肪族卤代烃，其结构式如图7.1所示。HCBD因具有持久性、高毒性、生物蓄积性和潜在长距离迁移能力，于2011年被欧盟提议列为持久性有机污染物候选物质，目前已通过了附件D（POPs特性符合性）、附件E（风险简介）和附件F（风险管理评估）的审查，并作为新增POPs被列入《斯德哥尔摩公约》的附件A及C受控名单中（POPRC，2011；POPRC，2012；POPRC，2013；POPRC，2016）。

六氯丁二烯的物理化学性质如表7.1所示。与已列入《斯德哥尔摩公约》的其他POPs相比，HCBD的水溶性较低，蒸气压较高，挥发性相对较大，辛醇/水分配系数对数值接近5，表明其具有亲脂性。

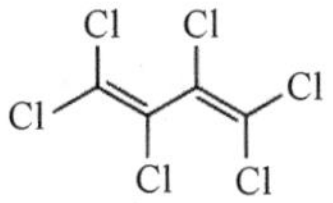

Cl　Cl
Cl　Cl
Cl　Cl

图7.1　六氯丁二烯的化学结构式（分子式C_4Cl_6）

表 7.1 六氯丁二烯的物理化学性质［引自（POPRC，2012）］

属性	数值
熔点（℃）	–21
沸点（℃）	215
密度（g/cm³，20℃）	1.68
水溶性（mg/L，25℃）	3.2
蒸气压（Pa，温度分别为 20℃和 100℃时）	20 和 2926
亨利定律常数（$Pa \cdot m^3 \cdot mol^{-1}$）	1044（实验值）；2604（计算值）
辛醇/水分配系数对数 log K_{OW}	4.78；4.9
温度为 10℃时的辛醇/空气分配系数对数 log K_{OA}	6.5
有机碳/水分配系数对数 log K_{OC}	3.7～5.4
物理状态	液体

7.1.2 毒性效应

实验室动物试验结果表明，六氯丁二烯具有中度急性毒性（半数致死浓度为 90～350 mg/kg 体重），且具有潜在的遗传毒性和致癌性，主要靶器官为肾脏，其次是肝脏。另外，六氯丁二烯毒性还具有性别差异，幼年时期的雌性动物易中毒。肾毒性的产生机制可能是通过生物活化作用，即六氯丁二烯与谷胱甘肽共轭结合成相应的半胱氨酸-*S*-共轭物，进而半胱氨酸共轭物 β-裂解酶促使 1-（半胱氨酸-*S*-基）-1,2,3,4,4-五氯苯酚-1,3-丁二烯产生活化作用，形成肾近端小管细胞中的活性硫代双烯酮，从而导致六氯丁二烯与细胞大分子的共价结合（International Agency for Research on Cancer，1999）。目前，关于六氯丁二烯对人类毒性的研究十分有限。俄罗斯接触六氯丁二烯的葡萄园工人动脉低血压症、心肌营养不良、胸痛、上呼吸道变化、肝脏受到影响、睡眠障碍、手抖、恶心以及嗅觉功能紊乱等病症发生率上升（USEPA，2003）。2000 年在英国韦斯顿村由于化学工业废物处理不当使当地发生了严重的六氯丁二烯污染，约 500 户家庭因健康问题而离开家园（Barnes et al.，2002）。虽然没有直接的证据能够证明是六氯丁二烯造成的不利影响，但鉴于体外实验以及动物实验六氯丁二烯的毒性结果，应密切关注对那些可能多次接触和长期接触低浓度六氯丁二烯的人群。

7.2 HCBD 的生产、使用及污染来源

六氯丁二烯可用于多种技术和农业用途，例如在化工行业中被用作化学品生

产的中间体；用作橡胶及其他聚合物的溶剂，回收含氯气体或从气体中清除挥发性有机成分的“清洗剂”；液压液、变压器油或热传导液；杀菌剂和葡萄栽培中使用的熏剂等（Lecloux，2004；Denier van der Gon et al.，2007；ESWI，2011）。据了解，当前 HCBD 的大部分用途似乎都已停止（POPRC，2013）。

六氯丁二烯并无自然来源，主要来源于人类生产过程，包括有意生产、无意生成以及库存。联合国欧洲经委会国家已于 20 世纪 70 年代末终止了该物质的有意生产和大部分应用，美国和加拿大也不再商业化生产。但工业生产中六氯丁二烯还可能作为副产物而被生产。在《斯德哥尔摩公约》审查委员会关于 HCBD 的风险简介报告中指出，HCBD 主要在氯化碳氢化合物如四氯乙烯、三氯乙烯、四氯化碳和六氯环戊二烯的生产过程中作为副产物产生（POPRC，2012）。作为副产物而生成的 HCBD 量甚至要高于有意生产。1982 年，全世界 HCBD 的有意生产量估计为 1 万 t，而作为副产品产生的 HCBD 量要高得多，仅美国一国的产量就达 1.4 万 t（Lecloux，2004）。2007 年估计美国工业无意生产 HCBD 总量仍高达 740 t。氯碱化工和其他基础有机化工对工业无意生产 HCBD 总产量贡献 99%以上（USEPA，2010）。在作为副产品生产之后，一部分六氯丁二烯被销售用于商业用途。而大多数氯化化学品生产过程中 HCBD 属于不必要的废物副产品，不再回收利用，可能直接释放到环境中。塑料树脂生产、镁冶金以及半导体制造中铝的等离子体刻蚀也被认为是六氯丁二烯的无意生成和排放源（Denier van der Gon et al.，2007；USEPA，2000；WWF，2005）。

废物处置和管理中存在 HCBD 的再释放现象。美国工业无意生产的 HCBD，52%用于改造或回收，42%就地焚烧销毁，5.3%在垃圾填埋场处置或封闭堆放（USEPA，2010）。除了处置过程中直接排放到环境，HCBD 还有可能从垃圾填埋场释放出来。2007～2009 年间欧洲排放 HCBD 量（仅登记排入水中）为 120～149 kg/a，其中通过废物管理排放的量高于工业直接排放量（POPRC，2012）。在英格兰 Weston 采石场垃圾堆放点边的房屋因室内六氯丁二烯的浓度过高而拆迁（Crump et al.，2004）。而波兰的市政垃圾填埋场渗滤液中也检出了 HCBD，含量水平在 0.008～0.08 μg/L 之间（检出率 45%）（Matejczyk et al.，2011）。废物焚烧过程也可能产生 HCBD，其来源与二噁英、呋喃和六氯苯的释放源相似（Environment Canada，1999）。此外，废水处理厂是六氯丁二烯的一个重要二级释放源，进入此类工厂的六氯丁二烯可能通过污水污泥被再次释放入水和土壤中（ESWI，2011）。

目前资料显示，我国并没有大量商业化生产 HCBD，可能存在众多上述无意生产和排放源，然而目前潜在的排放源及其释放到环境中的量均不清楚，相关基础数据十分匮乏。

7.3 HCBD的环境行为

7.3.1 在空气中的环境行为

基于其物理化学性质，排放到环境中的六氯丁二烯大部分停留在大气中，直至发生光化学降解或吸附到颗粒物，再通过干湿沉降到土壤或水体（Environment Canada，1999）。六氯丁二烯吸收太阳光谱中的光线，可能发生直接光解（IPCS，1994）。然而关于HCBD直接光解的实验数据非常有限。偏远地区的监测数据显示，北半球和南半球对流层中HCBD的半衰期（浓度下降一半所需要的时间）分别为1.6 a和0.6 a（HSDB，2012）。多相持久性有机污染物飘移模型预计，大气中尤其是气相中六氯丁二烯主要通过与羟基自由基反应而得到去除（Vulykh et al.，2005）。若以$2\times10^{-14}cm^3$/（分子·s）的羟基自由基反应速率常数，以及分别为7×10^5分子/cm^3和17×10^5分子/cm^3自由基浓度为依据，通过与自由基反应降解估计HCBD的半衰期为60 d到3 a不等，北半球的半衰期为2.3 a，南半球的半衰期则为0.8 a（Environment Canada，1999）。多区划持久性有机污染物飘移模型以及经济合作与发展组织多媒介归宿模型预测结果同样表明，大气中六氯丁二烯的半衰期很长（>1 a），并且预测出HCBD具有长距离环境迁移潜力：大气中HCBD浓度降至原浓度1/1000所需行进的距离为8784 km（Vulykh et al.，2005；Macleod et al.，2007）。在从未使用过六氯丁二烯的偏远地区环境中HCBD的检出也证明了这一点。加拿大西北部大奴湖的早期沉积物样品中检出了HCBD，浓度范围为0.01～0.23 ng/g（Mudroch et al.，1992）。格陵兰岛的陆生哺乳动物、鸟类、海洋无脊椎动物、鱼类和哺乳类动物以及海鸟中均发现了六氯丁二烯（Vorkamp et al.，2004）。斯瓦尔巴特群岛的北极熊样本中也检出了六氯丁二烯（Gabrielsen et al.，2004）。

7.3.2 在生物中的环境行为

六氯丁二烯在有氧条件下是一种持久性物质，在厌氧条件下可能发生还原脱氯作用。Bosma等（1994）发现，六氯丁二烯在厌氧条件下经过四个月后会基本降解完全，主要降解产物为1,2,3,4-四氯-1,3-丁二烯（>90%），但在有氧而无还原剂的条件下，三年后该物质依然存在。随后有文献报道了类似结论，在厌氧条件下六氯丁二烯会产生大量连续的还原脱氯反应，主要降解成三氯和二氯-1,3-丁二烯的异构体，以及微量的一氯-1,3-丁二烯异构体（Booker et al.，2000）。James（2009）发现活性污泥中某种不明细菌能够在厌氧条件下脱去六氯丁二烯中的氯，使其转化为不含氯的1,3-丁二烯气体。1,3-丁二烯属于第一类致癌物（IARC，2012）。还有一些报告称在有氧和厌氧水生环境中 HCBD 都出现了生物降解（HSDB，2012；Tabak et al.，1981；Schröder，1987）。而 Taylor 等（2003）援引证据指出，土壤中的六氯丁二烯在厌氧条件下可能也不会降解。尽管现有研究结论不一，但总地来说，六氯丁二烯不易生物降解，彻底生物降解的半衰期预计为 182 d（OECD，Canadian Categorization Results，2012）。

六氯丁二烯能够蓄积在生物体内。由于各生物物种的代谢方式不同以及暴露接触浓度不同，HCBD 在不同生物中的浓缩及累积情况不同（ATSDR，1994）。根据淡水和海水中藻类、甲壳类、贝类和鱼类实验室测试，HCBD 的生物浓缩因子为 71～17 000 L/kg（基于湿重计算）（IPCS，1994）。加拿大环境部报告称鱼类及贻贝的生物浓缩因子在 1～19 000 L/kg 范围之间，另外还指出六氯丁二烯不会在植物中累积（Environment Canada，1999）。安大略湖沉积物中 HCBD 在寡毛蠕虫中的平均生物浓缩因子高达 29 000 L/kg（基于干重计算），鱼类和甲壳类动物中 HCBD 的生物富集因子分别为 17 360 L/kg 和 9260～50 000 L/kg（Oliver，1987；Oliver and Niimi，1988）。基于辛醇/水分配系数对数值所计算出的无脊椎动物、鱼类、爬行动物、两栖动物、鸟类、哺乳动物和人类体内 HCBD 的生物放大因子均小于 1，表明 HCBD 不会产生生物放大作用（Kelly et al.，2007；Environment Canada，1999；IPCS，1994）。然而基于生物浓缩因子所计算出的 HCBD 生物放大因子为 3，表明存在生物放大潜力（The Netherlands，2012）。由于缺少相关食物链研究，目前尚未发现营养转移的实验证据。

7.3.3　在水和沉积物以及土壤中的环境行为

六氯丁二烯不能直接水解，而且厌氧条件下在水中的降解过程也非常缓慢，其半衰期与有机物质的数量成正比（Environment Canada，1999）。Zoeteman 等（1980）根据监测数据估算了河流和湖/地下水中 HCBD 的消散半衰期（包括挥发和吸附）分别为 3～30 d 和 30～300 d，河水中较急的湍流会加剧挥发和生物降解，还可能促进光解作用，从而缩短了半衰期。这与有毒物质数据库中提到的结论一致，根据亨利定律常数，蒸发是 HCBD 从水中消散的主要途经（HSDB，2012）。在一项实验室水培南瓜苗中 HCBD 的行为研究中，一天暴露时间后有 69%的 HCBD 从水中挥发至空气，4 天后仅有 1%残留在水体中。少量 HCBD 通过叶片和根吸收/吸附和运输等行为储存在南瓜苗中（Hou et al.，2017）。水生环境下有氧降解 HCBD 的半衰期为 4 周～6 个月，厌氧环境下地表水中 HCBD 的半衰期为 16 周～2 年，地下水则为 8 周～12 个月（Mackay et al.，2006）。

由于 HCBD 具有较高的有机碳/水分配系数，吸附力较强，从水中吸附到微粒物质上以及随后的沉积或沉降也是重要的消散途径。在一项为期 8 天的低负载量污水生物处理厂试点实验发现，在有氧条件下，约72%的物质会吸附，8%会降解，15%会挥发，5%则出现在流出的废水中（Schröder，1987）。加拿大环境部（Environment Canada，1999）也提到在水中处置六氯丁二烯可能会使该物质大量飘移至空气或沉积物中。而大部分被吸收的六氯丁二烯不具有生物相容性，这会使其长期存在于天然沉积物中，而解吸附作用则是速率控制步骤（Prytula and Pavlostathis，1996）。

同样由于HCBD具有较高有机碳/水分配系数对数值（3.7～5.4），其在土壤中的流动性极低，甚至没有流动性，这是其生物利用率低的原因之一（HSDB，2012）。挥发也是土壤中HCBD的主要归宿过程。土壤和植物系统中六氯丁二烯在两年后有4%存在于土壤表层50 cm中的不可提取的残留物中，预计剩余96%已经挥发（Environment Canada，1999）。Mackay等（2006）根据估计的水生环境有氧生物降解半衰期，指出土壤中HCBD的半衰期为4周～6个月。

7.4 HCBD的分析方法

近年来具有代表性的六氯丁二烯的分析方法如表7.2所示。大多数研究中，在分析HCBD的同时也进行了其他物质如氯苯类的分析。一般先采用气相色谱进行分离，色谱柱多选用非极性或弱极性气相色谱柱（如DB-5，HP-5，BP-5，HP-1等），柱长为25～60 m，直径为25～35 mm，液膜厚度为0.25 μm。检测器主要包括电子捕获检测器（ECD）和质谱（MS）。ECD具有运行费用低，对卤代化合物灵敏度高等优点，但不能有效去除样品中不同类化合物之间的相互干扰。质谱离子源多采用电子轰击源（EI），选择性高，得到结果更为准确。

表7.2 近年来六氯丁二烯的分析方法

样品类型	提取方法	提取溶剂	净化方法	仪器方法	方法检测限	参考文献
大气	Carbosieve & Tenax-Ta吸附-热脱附			GC-ECD	0.9 ng	Juang et al.，2010
水样	过滤后，固相萃取	1∶1∶1(*v*/*v*/*v*)甲醇∶异丙醇∶乙腈	—	GC-MS	6 ng/L	Barrek et al.，2009
水样	分散液液微萃取	2-十二烷醇	—	GC-ECD	3 ng/L	Leong and Huang，2008
				GC-MS	45 ng/L	
沉积物	冷冻干燥后，超声萃取	1∶1(*v*/*v*)正己烷∶二氯甲烷	中性氧化铝SPE柱净化	GC/MS	4 ng/g dw	Lacorte et al.，2006
沉积物	索氏提取	异丙醇，二氯甲烷（各12 h）	无水硫酸钠除水，LC-Si SPE硅胶小柱（含500 mg铜）净化	GC/MS	0.1 ng/g	Lee and Fang，1997；Lee et al.，2000，2005

续表

样品类型	提取方法	提取溶剂	净化方法	仪器方法	方法检测限	参考文献
生物	加速溶剂萃取	1∶1(*v/v*)正己烷：二氯甲烷	加硫酸去除杂质后，离心分层	GC/MS	0.54 ng/g dw	Lacorte et al.，2006
生物	冷冻干燥后，加速溶剂萃取	1∶2(*v/v*)丙酮：正己烷	酸性硅胶除杂质，然后用氧化铝柱净化	GC-ECD	3.3 ng/g ww	Macgregor et al.，2010
生物	加速溶剂萃取	1∶1(*v/v*)丙酮：正己烷	弗罗里土 SPE 柱净化	GC/MS	4.7 ng/g ww	Majoros et al.，2013
土壤	冷冻干燥后，加速溶剂萃取	1∶1(*v/v*)正己烷：二氯甲烷	弗罗里土-硅胶复合柱净化	GC-MS	0.01 ng/g dw	Zhang et al.，2014
土壤	冷冻干燥后，超声萃取	1∶1(*v/v*)正己烷：二氯甲烷	活性铜去硫，氧化铝-硅胶复合柱净化	GC-ECD	0.02 ng/g dw	Tang et al.，2014
污泥	室内风干，研磨后索氏提取	丙酮：二氯甲烷(1∶1，*v/v*)	活性铜去硫，三氧化铝-硅胶复合柱净化	GC-MS	0.14 ng/g	Cai et al.，2007
污泥	冷冻干燥，研磨后加速溶剂萃取	正己烷：二氯甲烷(1∶1，*v/v*)	活性铜去硫，弗罗里土-酸性硅胶复合柱净化	GC-MS	0.03 ng/g dw	Zhang et al.，2014

不同环境介质基体复杂程度不同，所需样品前处理技术也有所差别。对于环境水样（污水处理厂污水、湖泊水、饮用水等），可采用固相萃取（SPE）法。常使水样通过吸附剂保留其中目标物，然后选择适当强度溶剂洗脱目标物。也可选择性吸附干扰杂质而让目标物流出，或同时吸附杂质和目标物，再用合适的溶剂选择性洗脱目标物。Barrek 等（2009）考察了不同填料的 SPE 小柱对水样中 HCBD 回收率的影响。在 HCBD 加标水平为 100 ng/L 时，几种商品化的 SPE 小柱对水样中 HCBD 的回收率大小顺序为：Strata-X（64%）> Envi-Carb（63%）> Envi-disk（46%）> Oasis HLB（45%）> Strata-C_{18}E（31%）。分散液-液微萃取（DLLME）方法是近年来发展的一种新型样品前处理技术，具有操作简单、成本低、富集效率高、所需有机溶剂用量少等优点。Leong 等将上浮溶剂固化（solidification of floating organic drop，SFO）法与 DLLME 法结合应用到水样中卤代有机物的样品前处理中，并采用低毒性溶剂 2-十二烷醇（2-DD-OH）从而避免了高毒溶剂的使用，具有环境友好性（Leong and Huang，2008）。DLLME-SFO 方法具体操作如下：向 5 mL 水样中迅速加入 0.5 mL 丙酮（含 10 μL 2-DD-OH）。离心使 2-DD-OH 液滴（8 μL ± 0.5 μL）上浮在液面顶端，然后将试管置于冰水中冷却 5 min 使 2-DD-OH 液滴固化，再将其转移至锥形管中，室温下融化后取 3 μL（GC-ECD）或 2μL（GC-MS）进行仪器分析。采用该方法分析 HCBD 的线性范围在 0.01～500 μg/L

（GC-ECD）和 0.1～500 μg/L（GC-MS），检测限为 3 ng/L（GC-ECD）和 45 ng/L（GC-MS），相对标准偏差 RSD 小于 10%。自来水和河水中 HCBD 的相对回收率可达 93%～98%（GC-ECD，加标 100 ng/L）和 93%～99%（GC-MS，加标 1000 ng/L）。

固体样品（底泥、土壤、污泥）基质较为复杂，一般先采用冷冻干燥除去水分，研磨过筛，利用无水硫酸钠或硅藻土做分散剂，然后进行提取。常用的提取方法有索氏提取（SE）、加速溶剂萃取（ASE）及超声萃取（USE）等。索氏提取法是经典的提取方式，回收率高，但耗时长，有机溶剂用量也较大。加速溶剂萃取虽所需费用高，但具有有机溶剂消耗量低、萃取效率高、速度快且自动化程度高等优点，被越来越多的实验室用于固体样品中 HCBD 萃取。常用的提取溶剂为正己烷、二氯甲烷和丙酮的混合溶剂。生物样品往往含有大量脂肪，可通过浓硫酸或酸性硅胶除脂，再通过氧化铝柱、硅胶柱、弗罗里硅土柱或 SPE 小柱等进一步净化。底泥和污泥样品成分更为复杂，其净化还需除硫，一般采用 10% HCl 溶液活化的铜粉除硫。在实验过程中，一般加入适量异丙醇或异辛烷来保存目标物防止挥发或蒸干。目前国内外对于 HCBD 的分析研究对象集中于底泥、水体和生物（主要为鱼组织样品），对土壤和污泥介质中 HCBD 的分析方法研究还十分有限。江桂斌研究组采样加速溶剂萃取法提取、（酸性硅胶）-硅胶-弗罗里硅土复合柱净化的前处理方法，并结合 GC-MS 分离检测污泥和土壤中的 HCBD、1,2,4-三氯苯、1,2,4,5-四氯苯及六氯苯（Zhang et al.，2014）。污泥和土壤中目标物的加标回收率分别在 51.3%～117%和 55.0%～119%之间，在加标 0.5 ng 和 5 ng 时相对标准偏差 $RSD_{(n=3)}$ 均小于 15%。所有目标物的方法检出限在 0.01%～0.22 ng/g dw 之间。此方法操作简便，快速有效，回收率和重现性能够满足实验要求。

7.5 我国环境中 HCBD 的赋存状况

近年来六氯丁二烯引起的环境问题已受到了国内外高度关注，已在国外各种环境样品如生物、食物、水体、沉积物、城市固体废物填埋场沥出液、污泥等中检出（Matejczyk et al.，2011；Macgregor et al.，2010；Naylo and Loehr，1982；Jacobs et al.，1987；Nuhu et al.，2011；Kotzias et al.，1975；Vorkamp et al.，2004；Yurawecz et al.，1976；McConnell et al.，1975）。我国环境中也存在不同程度的 HCBD 污染，但相关监测数据十分有限。

一项为期 8 天的低负载量污水生物处理厂试点实验发现，约 72%的 HCBD 会趋向于吸附累积到污泥上（Schröder，1987）。因此，污水处理厂污泥中 HCBD 含量水平对当地或区域环境 HCBD 污染状况有着重要的指示。同时，污泥是 HCBD

一个潜在的二次释放源，可能通过污泥的二次处置如填埋、焚烧或土地应用等释放到环境中。1982 年美国城市污水处理厂污泥中 HCBD 浓度在 520～8000 ng/g 之间（平均值为 4300 ng/g），而在 1987 年报道中其浓度下降到 0.1～3740 ng/g 之间（平均值为 36 ng/g）（ Naylo and Loehr，1982；Jacobs et al.，1987）。早期美国城市污水处理厂污泥中 HCBD 水平随时间推移存在下降的趋势，这表明相关产业生产和产品使用量的下降。我国城市污水处理厂污泥中 HCBD 污染水平也呈现了相同的变化趋势(图 7.2)。1998～1999 年间从我国 9 个城市采集的 11 个污泥样品中，除了广州、佛山和深圳，其他城市污泥中也均有 HCBD 检出，浓度在 11～114 ng/g dw 之间，平均值为 39 ng/g dw，中值为 28 ng/g dw（Cai et al.，2007)。2010～2011 年间采集的 24 个城市的 37 个污水处理厂污泥样品中 HCBD 检出浓度水平相较十年前数据有所下降，在 0.05～74.3 ng/g dw 之间(检出率 76%)，中值为 0.64 ng/g dw (Zhang et al.，2014)，远低于美国环境保护署制定的风险评估过程 Part 503 biosolids rule 建议污泥农用时 HCBD 不足以引起环境和健康危害的可接受限值（600 μg/g dw）(USEPA，1995)。相关性分析结果表明，污泥中 HCBD 浓度与样品的 TOC 以及污水处理厂的处理能力及服务人口均无显著相关关系。

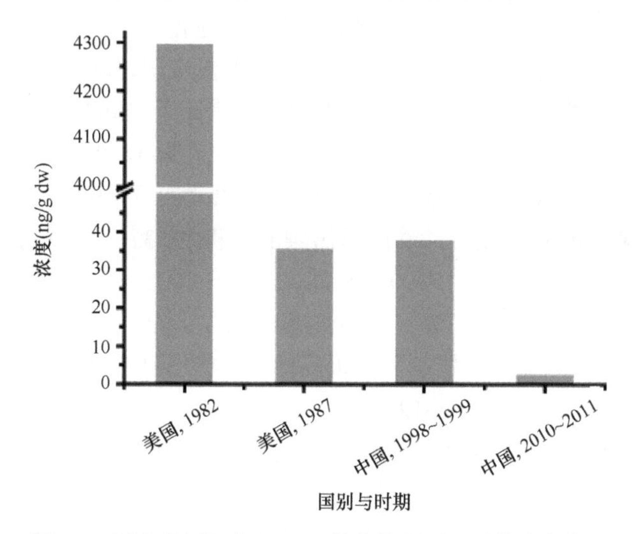

图 7.2　国内外污泥中 HCBD 的含量水平（平均浓度值）

除六氯丁二烯外，江桂斌研究组还对同时期污泥样品中其他多种持久性有机污染物包括六氯苯（HCB)、多氯萘（PCNs)、多溴二苯醚（PBDEs）和短链氯化石蜡(SCCPs)进行了分析(Zhang et al.，2014；Sun et al.，2013；Zeng et al.，2012)。污泥中 HCBD 的平均浓度水平（3.13 ng/g dw）与 PCNs（3.98 ng/g dw）处于同一水平上，低于 HCB 和 PBDEs(20.7 ng/g dw 和 20.6 ng/g dw)，显著低于 SCCPs(10

700 ng/g dw）。空间分布上，污泥中 HCBD 浓度水平在京广铁路东部工业较发达的沿海地区如山东、上海和浙江等较高，SCCPs 则呈现出相反的趋势：在京广铁路西部区域较高。而 HCB、PCNs 和 PBDEs 没有明显的地域分布特征。造成这些差异的原因目前还不清楚，可能与其污染源及生产使用情况等有关。

在一项关于生物降解六氯丁二烯的研究中曾提到由于受石油化工厂排放废水污染，吉林松花江的水体和沉积物中检出了 HCBD，但并没有给出具体数值（Li et al.，2008）。我国台湾内河流及海岸也因市政、农业和工业废水等的直接排入而受到严重污染。Lee 和 Fang（1997）首次在 1995 年采集的台湾西部海岸沉积物中检出了 HCBD，但采样点较少，仅限于两个非常靠近的排污管道和三个靠近高屏溪河口的地点。作者继而于 1996 年研究了高雄海岸 40 个采样点沉积物中 HCBD 含量，浓度范围在 0～47.4 ng/g 之间，平均浓度为 4.76 ng/g，暗示了存在不容忽视的 HCBD 释放量（Lee et al.，2000）。为了研究污染物时间上的变化趋势，Lee 等（2005）分析了于 1997 年采自相同地点的沉积物样品中 HCBD，含量在 0～29.4 ng/g 范围内，平均浓度为 3.36 ng/g。HCBD 浓度在海岸北部较高且随着采样位置从北到南而降低，这与 1996 年观察到的空间分布特征保持一致。两两比对 T 检验结果表明，HCBD 水平与 1996 年污染水平没有显著性差异。左营排水管在所研究海岸北部排入的石油化工废水，是高雄海岸 HCBD 污染的主要来源。总体上，1995～1997 年我国台湾海岸沉积物中 HCBD 污染水平相似或稍高于 1994～1997 年和 1999～2002 年间欧洲大部分河流及河口沉积物（几个 ng/g dw），但低于其中受工业影响严重的河流沉积物（最高达 300 ng/g dw），同时显著低于 1994 年位于美国与加拿大边境的圣克莱尔河受六氯丁二烯严重污染的沉积物（310 000 ng/g dw）（Lecloux，2004；Environment Canada，1999）。此外，2004～2005 年采集的高雄市凤山河周边大气样品中检出了六氯丁二烯，最高浓度达 716 μg/m^3，平均浓度为 226 μg/m^3（Juang et al.，2010），远高于加拿大北极高地（未检出到几个 pg/ m^3 范围）和瑞士（中值 0.16 ng/m^3）（POPRC，2012）。

从污染源释放的 HCBD 还会迁移至土壤及动植物中。土壤也是污染物重要的“汇”与“二次源”。我国江苏一家以生产化学中间体、农药为主的化工厂厂内土壤中 HCBD 浓度高达 27.9 ng/g dw，周边土壤中 HCBD 浓度范围在 0.04～3.33 ng/g dw 之间（Zhang et al.，2014）。类似地，重庆郊区一家农药厂 2008 年关闭后，其对环境的污染仍在继续。2011 年采集的工厂附近土壤、植物、陆生动物中 HCBD 的浓度范围分别为<0.02～5.59 ng/g dw、0.03～24.6 ng/g dw 和 1.65～3.80 ng/g ww（Tang et al.，2016）。同年在江苏省东南部太仓郊区采集的农田土、植物和陆生动物样品中也检出了 HCBD，其中农田土污染水平与化工厂周边土壤中 HCBD 含量相当（Tang et al.，2014）。在关于长江三角洲 241 个农田土壤 HCBD 赋存现状的

调查中，HCBD 的检出率为 59.3%，检出浓度在 0.07～8.47 ng/g dw 范围之间，其中化工厂较多的地区如浙江绍兴、江苏常州及上海和浙江的接壤处样品中 HCBD 的浓度较高（Sun et al.，2018）。

7.6　人体暴露 HCBD 风险评估

环境暴露剂量评估包括内暴露和外暴露评估两种方法，可为开展健康影响研究以及制定相关健康标准提供科学依据。内暴露评估法主要通过分析人体血液、组织、脂肪等生物样品中污染物及其代谢产物含量水平来掌握环境污染物通过各种暴露途径对人体暴露的总体水平。已有研究报道，在人体脂肪组织和肝脏中检出了六氯丁二烯，肝脏中的含量水平（5.7～13.7 ng/g ww）高于脂肪组织中含量（0.8～8 ng/g ww）（IPCS，1994）。外暴露评估主要根据人群直接接触的介质中污染物的含量以及不同接触途径的暴露参数计算，从而对污染物暴露时间做出预测，具有前瞻性。

饮食暴露是人体接触有机污染物的重要途径。世界卫生组织、澳大利亚健康与医学研究理事会和美国环境保护署针对饮水中的六氯丁二烯制定了参考限值，分别为 0.6 μg/L、0.7 μg/L 和 0.9 μg/L（POPRC，2012）。瑞士巴塞尔附近的饮用井水和爱沙尼亚某地区淡水中 HCBD 浓度均较低，分别在 0.05 μg/L 和 0.1 μg/L 以下（Brüschweiler et al.，2010；POPRC，2012）。相比之下，沙特阿拉伯某地区瓶装水和自来水中 HCBD 浓度较高，分别在 0.46～0.63 μg/L 和 0.53～0.81 μg/L 之间（Nuhu et al.，2011），接近或高于现有健康限值。六氯丁二烯能够在水生生物尤其是鱼类中累积。在 2007～2008 年间采集的英格兰四条河流鱼体中检出了 HCBD，但浓度均低于 0.2 ng/g（检出率 32%）（Jürgens et al.，2013）。点源附近河流生物体中 HCBD 污染较严重。圣克莱尔河沿岸三个工业区附近的笼养贻贝体内的六氯丁二烯含量高达 36 ng/g ww（POPRC，2012）。在四氯乙烯或三氯乙烯生产工厂附近的（< 40 km）的鲶鱼和鲫鱼等鱼体样品中检出了更高浓度的 HCBD，最高可达 1200 ng/g ww（Yip，1976）。圣克莱尔河沿岸三个工业区附近的笼养贻贝体内的六氯丁二烯含量高达 36 ng/g ww（POPRC，2012）。其他食品也可能蓄积 HCBD。1975 年在德国波恩市采集的炼乳、蛋黄、鸡饲料、肌肉中也都检出了 HCBD，含量分别为 4 μg/L、42 ng/g ww、29 ng/g ww、2 ng/g ww（Kotzias et al.，1975）。这些研究结果表明了通过膳食摄入 HCBD 的可能性，暴露水平一般与当地污染水平和饮食习惯有关。然而目前尚未有相关的系统性风险评估。

人体还可能通过吸入或皮肤接触等暴露空气和土壤中的 HCBD。Juang 等（2010）发现在 2004～2005 年期间，我国台湾高雄市凤山河近河岸大气样品中 HCBD 污染水平已超过规定工作场所的限值（210 μg/m^3），同时指出对于长期暴露在该环境下的居民可能会有健康风险。1976 年美国环境保护署的关于 5 个化工厂环境中 HCBD 污染水平调查显示，在两个主要生产四氯乙烯或/和三氯乙烯以及四氯化碳的工厂厂区土壤中 HCBD 浓度显著较高，达 980 000 ng/g 和 29 000 ng/g（USEPA，1976）。在加拿大 24 个农业地区土壤及 6 个大量农药应用土壤中发现，HCBD 未被检出（检测限 50 ng/g dw）（Lecloux，2004）。上述研究数据均表明，生产和排放源附近人群可能通过各种途径暴露 HCBD 的水平更高，健康危害风险高于其他人群。

7.7 土壤中 HCBD 赋存及风险评估实例

7.7.1 样品采集与预处理

17 个土壤样品来自江苏一家以生产氯碱、化学中间体如六氯环戊二烯、阻燃剂和农药为主的化工企业厂区及周边环境，于 2011 年 9 月到 2012 年 3 月期间采集，样品地理分布如图 7.3 所示。土壤样品自然风干，并挑除其中石粒或植物成分，然后研磨过筛（40 目）至均匀细粉状，保存于–20℃以待分析。

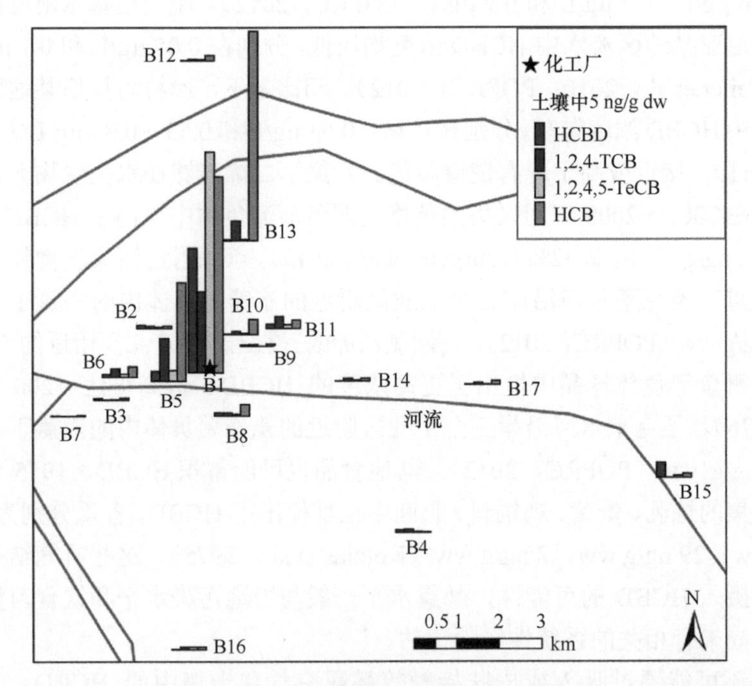

图 7.3 江苏一化工企业厂区及周边环境土壤中 HCBD、1,2,4-TCB、1,2,4,5-TeCB 和 HCB 的含量及分布（Zhang et al.，2014）

7.7.2 样品前处理与仪器分析

称取适量土壤与 10 g 无水硫酸钠混匀。利用加速溶剂萃取仪（ASE 350，Dionex，Canada）提取［在 100 ℃和 1500 psi 条件下，以二氯甲烷和正己烷（1∶1，体积比）混合液为提取溶剂，冲洗体积 60%，2 个循环］。萃取液用旋转蒸发仪浓缩到 2 mL 左右后过复合柱净化。净化柱从下到上依次为 6 g 弗罗里硅土，4 g 活化硅胶，5 g 无水硫酸钠和 1 g 活化铜粉。进样前用 50 mL 正己烷淋洗柱子，上样后用 150 mL 石油醚洗脱。洗脱液浓缩到进样小瓶衬管中至 50 μL，加入 2 ng 进样标（菲-d10）后进行仪器分析。

采用气相色谱-质谱联用仪器（岛津 GC/MS-QP2010S，Japan）分析测定，色谱柱为 HP-5MS 30 m ×0.25 μm×0.25 μm 毛细管柱（Agilent，U.S.A.）。气相色谱条件：进样口温度为 250℃，采用无分流进样方式，氦气（>99.9%）为载气，流速为 1.0 mL/min，进样量 2 μL；程序升温条件：50℃保留 1 min，以 10℃/min 升至 100℃后以 1℃/min 升至 103℃，再以 10℃/min 升至 230 ℃，最后以 20℃/min 升至 280℃，保留 5 min。质谱条件：电离方式为电子轰击（EI），离子源温度为 200℃，测定采用选择离子监测（selected ion monitoring，SIM）模式（表 7.3）。在设定条件下，所有目标化合物均达到基线分离。

表 7.3 质谱 SIM 检测离子以及目标物的保留时间（Zhang et al.，2014）

分析物质	定量离子（*m/z*）	定性离子（*m/z*）	保留时间（min）
1,2,4-三氯苯	180	145	10.91
六氯丁二烯	225	260	11.79
1,2,4,5-四氯苯	216	214	14.04
六氯苯	284	249	19.69
菲-d10	188	—	20.48

7.7.3 质量控制与质量保证

以菲-d10 为进样标进行内标校正法定量。6 个浓度的标准曲线工作溶液由标准溶液通过逐级稀释得到。应用建立的方法平行提取、净化和分析土壤样品。在加标 0.5 ng/g 和 5 ng/g 水平时，土壤中目标物的加标回收率在 55.0%～119%之间，相对标准偏差 RSD $_{(n=3)}$ 均小于 15%，回收率和重复性表现良好。每批样品设置方法过程空白，由萃取无水硫酸钠得到的提取液进行与样品相同的操作而得到。所有空白中 HCBD 均未检出，因此采用 3 倍信噪比计算样品的方法检出限（method limits of detection，MDL）。空白中三个氯苯物质含量在 0.07～0.90 ng 范围内，所有样品结果均扣除空白进行了校正。三个氯苯物质的 MDL 由空白的三倍标准偏差计算所得。所有目标物的方法检出限在 0.01～0.17 ng/g dw 之间。当样品中目标物含量低于 MDL 时视为未检出。

7.7.4 江苏一化工厂厂区及周边土壤中污染水平与分布特征

所研究企业厂区及周边土壤中六氯丁二烯（HCBD）、1,2,4-三氯苯（1,2,4-TCB）、1,2,4,5-四氯苯（1,2,4,5-TeCB）和六氯苯（HCB）的含量及分布如图 7.3 所示。厂区内土壤中 HCBD、1,2,4-TCB、1,2,4,5-TeCB 和 HCB 含量较高，分别达 27.9 ng/g dw、18.1 ng/g dw、49.6 ng/g dw 和 44.1 ng/g dw。这很有可能是由于在氯化烃和其他氯代化合物的生产过程中这四个目标物作为副产物无意被生产和排放到厂区环境中。目标物的浓度随着采样点离工厂的距离的增加而快速下降，说明该化工厂是所研究区域环境中这些污染物的重要来源。

最高的 HCBD 浓度在厂区土壤内检出。相比美国报道的不同生产厂土壤中 HCBD 污染数据（USEPA，1976），此厂区内 HCBD 浓度稍高于主要生产氯气、四氯化碳或/和三嗪类灭草剂的工厂（< 0.1～9 ng/g），远低于主要生产四氯乙烯或/和三氯乙烯的工厂（6400～980 000 ng/g）。工厂周边土壤样品中 HCBD 浓度比较低，在 0.04～3.33 ng/g dw 范围内，中间值为 0.23 ng/g dw。在生产过程中，HCBD 可能作为副产物形成，可通过大气沉降和废物处置等途径释放到土壤环境中。HCBD 具有高有机碳/水分配系数值（$\log K_{OC}$ 约 4.9），易吸附在土壤或沉积物上，因此在土壤中的迁移能力比较低（Li et al.，2008）。这些可能是造成工厂 1 km 以外的样品中 HCBD 浓度非常低，比厂内低 100 倍的原因。为了探索可能影响土壤中 HCBD 浓度水平的因素，同时测定了土壤样品的总有机碳（TOC）（表 7.4），并对 HCBD 与 TOC 及氯苯目标物进行了相关性分析，结果见表 7.5。土壤中 HCBD 的含量与 TOC 无显著相关关系，但与三个氯苯物质的相关系数在 0.622～0.993 之间，呈显著线性相关（$p < 0.01$）。这一结果暗示着土壤中这些物质具有共同来源和从点源到偏远地区迁移时类似的环境行为。

表 7.4 氯碱工厂附近土壤样品信息（Zhang et al.，2014）

编号	TOC（%）	编号	TOC（%）
B1	4.33	B10	2.36
B2	1.30	B11	4.63
B3	2.05	B12	2.79
B4	0.87	B13	2.58
B5	6.44	B14	2.87
B6	2.72	B15	1.61
B7	1.38	B16	1.96
B8	2.94	B17	2.58
B9	2.09		

表 7.5　土壤中目标物含量与可能影响因素的相关分析（表中值为相关系数 R）（Zhang et al., 2014）

	1,2,4-TCB	HCBD	1,2,4,5-TeCB	HCB
HCBD	0.879**			
1,2,4,5-TeCB	0.882**	0.993**		
HCB	0.802**	0.622**	0.629**	
TOC（%）	0.665**	0.345	0.346	0.454*
离工厂距离	–0.407	–0.247	–0.300	–0.295

*代表显著相关水平 $p<0.05$（n=17，0.575>|R|>0.456）；**代表显著相关水平 $p<0.01$（n=17，|R|>0.575）。

7.7.5　化工厂厂区土壤中 HCBD 的风险评估

HCBD 具有毒性和持久性，且易在土壤中累积（Neuhauser et al., 1985），因此利用危害商数（hazard quotient，HQ）计算法进一步评估了 HCBD 污染对环境的生态风险。HQ 为剂量（植物，动物或人类摄入污染物的剂量）或所研究地点环境中污染物的测定浓度与对环境生态等无危害的污染物量参考限值的比值。一般，HQ 值小于 1 意味着危害的可能性很小而当 HQ 值大于 1 暗示着不能排除存在危害的可能性。预测无危害浓度值（predicted no effects concentration，PNEC）可由半数致死浓度［50% lethal concentration，LC_{50}（引起 50%试验动物死亡时的毒物浓度)］或半数有效浓度［50% effective concentration，EC_{50}（引起 50%试验动物产生某一特定反应或某反应指标被抑制一半时的浓度)］除以 1000 计算得到（Zolezzi et al., 2005；Euro Chlor，2002）。氯苯物质的 EC_{50} 值从 USEPA 的数据库［ECOTOXicology database，ECOTOX（2001）］中获得。而关于 HCBD 对土壤生物毒性的研究非常有限，我们利用 EPI Suite Version 4.1 模型预测了 14 天 HCBD 暴露蚯蚓的 LC_{50} 值为 214 mg/kg。HQ 计算结果如表 7.6 所示，该生产工厂厂区内及周边土壤中 HCBD、1,2,4-TCB 和 HCB 的危害商数值均小于 1，可认为对土壤生物无急性危害。厂区内及周边 B5 和 B15 土壤中 1,2,4,5-TeCB 的危害商数大于 1，说明这些地点土壤中该物质可能会对其中生物造成危害。上述的风险评估中，由于土壤中 HCBD 的相关毒性数据的缺失增大了评估结果的不确定性。

此外，人类也可能通过土壤途径暴露 HCBD。鉴于高浓度的 HCBD 在厂区内土壤样品中检出，有必要对工厂工人进行职业性暴露 HCBD 风险评估。危害商数风险计算模型也可被用来评估人体通过土壤偶然摄入、污染颗粒物摄入和皮肤接触等方式暴露土壤中 HCBD 而产生的危害。当各个途径的 HQ 值大于 0.2 时，暗示着土壤中 HCBD 污染可能存在对人体有危害。HQ 的计算公式如下：

$$HQ=\frac{EDI}{TDI} \tag{7-1}$$

表 7.6 氯碱工厂内及周边土壤中目标污染物对土壤生物的生态风险评估（Zhang et al.，2014）

采样点	HQ [a]			
	HCBD	1,2,4-TCB	1,2,4,5-TeCB	HCB
B1	0.13	0.38	27.9	0.05
B2	0.00	0.01	0.65	0.00
B3	0.00	0.00	0.26	0.00
B4	0.00	0.01	0.46	0.00
B5	0.01	0.20	2.23	0.00
B6	0.00	0.04	0.59	0.00
B7	0.00	0.00	0.09	0.00
B8	0.00	0.01	0.67	0.00
B9	0.00	0.00	0.17	0.00
B10	0.00	0.02	0.12	0.00
B11	0.00	0.05	0.85	0.00
B12	0.00	0.01	0.09	0.00
B13	0.00	0.09	0.20	0.00
B14	0.00	0.01	0.04	0.00
B15	0.02	0.00	3.33	0.00
B16	0.00	0.02	0.04	0.00
B17	0.00	0.01	0.05	0.00

a 危害商数（hazard quotient，HQ）为 EEC 与 $PNEC_{soil}$ 的比值（$HQ=EEC/PNEC_{soil}$），其中，EEC 是土壤中污染物的实验测量值，$PNEC_{soil}$ 为污染物对土壤生物无危害的预测浓度，由半数致死浓度（LC_{50}）或半数效应浓度（EC_{50}）除以 1000 所得，即 $PNEC_{soil}=LC_{50}/1000$ 或 $PNEC_{soil}=EC_{50}/1000$（European Chemicals Bureau 203）（http://www.epa.gov/region5/superfund/ecology/erasteps/erastep2.html）

式中，EDI 为每日摄入量评估值；TDI 为每日耐受摄入量。世界卫生组织针对人体摄入 HCBD 设定了 0.2 μg/kg 体重的每日耐受量（WHO，2004）。人体通过土壤偶然摄入、污染物颗粒摄入和皮肤接触等方式暴露土壤中 HCBD 的量计算如方程式（7-2）～式（7-4）所示。

$$EDI_{土壤偶然摄入}=\frac{污染物浓度\times每日偶然摄入量\times肠道吸收因子\times暴露时间}{成人体重\times常数因子} \quad (7\text{-}2)$$

$$EDI_{污染颗粒摄入}=\frac{污染物浓度\times大气中颗粒物浓度\times吸入速率\times肺吸收因子\times暴露时间}{成人体重\times常数因子} \quad (7\text{-}3)$$

$$EDI_{皮肤接触}=\frac{污染物浓度\times皮肤暴露面积\times皮肤上土壤负载量\times暴露次数\times皮肤吸收因子\times暴露时间}{成人体重\times常数因子} \quad (7\text{-}4)$$

本例中计算 HQ 所需参数如表 7.7 所示。人体通过土壤偶然摄入、污染颗粒无摄入以及皮肤接触摄入HCBD的量分别为2.7×10^{-9} mg/(kg·d)、5.8×10^{-10} mg/(kg·d)和4.8×10^{-9} mg/(kg·d)，三种接触途径的HQ值分别为1.4×10^{-5}、2.9×10^{-6}和2.4×10^{-5}。结果表明，所有接触途径的HQ值均小于0.2，说明该厂内工人通过土壤途径暴露HCBD危害比较低。

表 7.7　计算人体通过土壤途径暴露 HBCD 的 HQ 时采用的参数 [a]

参数		数值	单位
C_s	生产企业厂内 HCBD 浓度	0.0279	mg/kg
IR_s	成人每日偶然土壤摄入量	0.00002	kg/d
AF_{GIT}	胃肠道吸收因子	1	
D_{Hours}	每日暴露时间	8	h
D_{Days}	每周暴露天数	5	
D_{Weeks}	每年暴露周数	50	
B_w	成人体重	71	kg
P_{Air}	大气中颗粒物浓度	407	μg/m^3
IR_A	吸入速率	0.66	m^3/h
AF_{Inh}	肺吸收因子	1	
SA_H	皮肤暴露面积（假设只有手暴露）	890	cm^2
SL_H	暴露皮肤上土壤负载量	1e–7	kg/（cm^2·event）
AF_{Skin}	皮肤吸收因子（RAIS，2010）	0.1	
EF	每日皮肤暴露次数	2	events/d
TDI	每日可容忍摄入量	0.0002	mg/（kg·d）

a C_s为本研究所测得一化工厂厂内土壤中 HCBD 含量。IR_s，AF_{GIT}，B_w，IR_A，AF_{Inh}，SA_H，SL_H，AF_{Skin}和 TDI 是从计算模型网上获知（http://www.popstoolkit.com/tools/HHRA/NonCarcinogen.aspx）。根据我国工人（成人）一般情况设定D_{Hours}，D_{Days}，D_{Weeks}和 EF。P_{Air} 从 2012 年化工厂所在城市环保局提供的监测数据中获得，在 6～407 μg/m^3 范围内，计算时设置为最大值。

7.8　控 制 措 施

自从六氯丁二烯的POPs特性被审核认定后，该物质引起了广泛的关注。目前HCBD 已作为新型持久性有机污染物被列入《关于持久性有机污染物的斯德哥尔摩公约》的附件 A 和附件 C，意味着将在全球范围内取消该化学品的有意识生产、使用、出口和进口，并采取措施防止、削减或消除该化学品的无意生成和排放。除此之外，一些国家和国际组织也已出台了关于六氯丁二烯的管制条例和控制措施。例如欧洲经济委员会（UNECE）将 HBCD 列入《关于持久性有机污染物的奥胡斯议定书》和《在环境问题上获得信息、公众参与决策和诉诸法律的奥胡斯公约》下的《污染物释放和转移登记册议定书》，还纳入了瑞典长期监测方案的化学品。欧盟持久性有机污染物指令[（EC）No 850/2004 号指令]以及加拿大《2012 年禁用部分有毒物质法规》均规定，禁止生产、销售和使用六氯丁二烯。美国国家排放标准则要求针对六氯丁二烯的橡胶轮胎生产、氯生产和有机化学过程等各类排放来源中应用最佳可得的控制技术。

针对有意生产，禁止该化学品的生产、使用、出口和进口是最有效的控制措施。目前可获知的信息表明 HCBD 的有意生产和使用基本已停止。对于无意生成的 HCBD，可根据实际情况通过改良工艺、采用替代生产工艺或替代品等措施来尽可能减少 HCBD 的形成和释放。一些针对其他持久性有机污染物采取的措施也同样适用于六氯丁二烯。例如发达国家将高温焚烧作为一种排放控制技术来处理氯化化学品生产产生的残留物。在欧洲通过焚烧处理，氯碱生产设施造成的六氯丁二烯向空气的排放量已被基本降至为零。法国的一家氯化溶剂生产厂还采用了剥离工艺作为控制技术去除六氯丁二烯。低压氯解法工艺生产四氯乙烯过程中产生的六氯丁二烯比高压工艺中产生的要更多，但在生产工艺中加入后续蒸馏以及焚烧废弃步骤，可显著降低低压氯解法工艺过程中形成的六氯丁二烯（UNECE，2007）。

7.9 研究展望

现有调查研究表明我国可能存在众多 HCBD 的无意生成和排放源。鉴于 HCBD 已被列入《关于持久性有机污染物的斯德哥尔摩公约》的控制名单，不久地将来我国也需采取措施防止、削减或消除该化学品的无意生成和排放。除了氯碱化工和污水处理厂，其他工业生产如塑料树脂生产、镁冶金等，垃圾填埋和垃圾焚烧，以及汽车尾气等都有可能是潜在的 HCBD 源。然而目前关于 HCBD 的无意源鉴定研究仍十分有限。因此，明确 HCBD 的无意生产和排放源清单包括其生成机制及影响因素是未来研究的重点。另外，职业人群暴露 HCBD 风险也是未来关注的热点。

参考文献

ATSDR(Agency for Toxic Substances and Disease Registry). 1994. Toxicological profile for hexachlorobutadiene. Public Health Service, U. S. Department of Health and Human Services (publication No. TP-93/08).

Barnes G, Baxter J, Litva A, et al. 2002. The social and psychological impact of the chemical contamination incident in Weston Village, UK: A qualitative analysis[J]. Social Science & Medicine, 55: 2227-2241.

Barrek, S, Cren-Olivé, C, Wiest, L, et al. 2009. Multi-residue analysis and ultra-trace quantification of

36 priority substances from the European Water Framework Directive by GC–MS and LC-FLD-MS/MS in surface waters[J]. Talanta, 79: 712-722.

Booker R S, Pavlostathis S G. 2000. Microbial reductive dechlorination of hexachloro-1, 3-butadiene in a methanogenic enrichment culture[J]. Water Research, 34: 4437-4445.

Bosma T N P, Cottaar F H M, Posthumus M A, et al. 1994. Comparison of reductive dechlorination of hexachloro-1, 3-butadiene in Rhine sediment and model systems with hydroxocobalamin[J]. Environmental Science & Technology, 28: 1124-1128

Brüschweiler B J, Märki W, Wülser R. 2010. *In vitro* genotoxicity of polychlorinated butadienes (C_{14}～C_{16})[J]. Mutation Research/DNA Repair, 699: 47-54.

Cai Q, Mo C, Wu Q, et al. 2007. Occurrence of organic contaminants in sewage sludges from eleven wastewater treatment plants, China[J]. Chemosphere, , 68: 1751-1762.

Crump D, Brown V, Rowley J, et al. 2004. Reducing ingress of organic vapours into homes situated on contaminated land[J]. Environmental Technology, 25: 443-450.

Denier van der Gon H, van het Bolscher M, Visschedijk A, Zandveld P. 2007. Emissions of persistent organic pollutants and eight candidate POPs from UNECE-Europe in 2000, 2010 and 2020 and the emission reduction resulting from the implementation of the UNECE POP protocol[J]. Atmospheric Environment, 41: 9245-9261.

Environment Canada. 1999. Priority substance list assessment report, hexachlorobutadiene[M]. http://www.hc-sc.gc.ca/ewh-semt/pubs/contaminants/psl2-lsp2/hexachlorobutadiene/index-eng.php.

ESWI(Expert Team to Support Waste Implementation). 2011. Study on waste related issues of newly listed POPs and candidate POPs[R]. Fianl Report for European Commission. No ENV.G.4/FRA/2007/0066.

Euro Chlor. 2002. Euro Chlor risk assessment for the marine environment, OSPARCOM Region-North Sea: Hexachlorobutadiene.

Gabrielsen G W, Knuden L B, Verreault J, et al. 2004. Halogenated organic contaminants and metabolites in blood and adipose tissue of polar bears (*Ursus maritimus*) from Svalbard. SFT project 6003080. Norsk Polar Institut. SPFO report 915/2004.

Heinisch E, Kettrup A, Bergheim W, et al. 2007. Persistent chlorinated hydrocarbons (PCHCS), source-oriented monitoring in aquatic media. 6. Strikingly high contaminated sites[J]. Fresenius Environmental Bulletin, 16: 1248-1273.

Hou X, Zhang H, Li Y, et al. 2017. Bioaccumulation of hexachlorobutadiene in pumpkin seedlings after waterborne exposure[J]. Environmental Science Processes & Impacts, 19:1327-1335.

HSDB (Hazardous Substances Data Bank). 2012. Hexachlorobutadiene. Division of Specialized Information Services, National Library of Medicine[R]. http://toxnet.nlm.nih.gov/.

IARC. 2012. IARC Monographs on the Evaluation of Carcinogenic Risks to Humans, Volume 100F, A Review of Human Carcinogens: Chemical Agents and Related Occupations[R]. http://monographs.iarc.fr/ENG/Monographs/vol100F/.

International Agency for Research on Cancer. 1999. IARC Monographs on the Evaluation of Carcinogenic Risks to Humans, Volume 73, World Health Organization. Geneva[R]. http://monographs.iarc.fr/ENG/Monographs/vol73/volume73.pdf.

IPCS (International Programme on Chemical Safety). 1994. Environmental health criteria 156: hexachlorobutadiene[R]. http://www.inchem.org/documents/ehc/ehc/ehc156.htm.

Jacobs L, O'Connor G, Overcash M, et al. 1987. Effects of trace organics in sewage sludges on soil-plant systems and assessing their risk to humans[M]. In: Page A L (ed.). Land Application of

Sludge. Chelsea, MI: Lewis Pub, 101-143.

James D L. 2009. Biochemical dechlorination of Hexachloro-1, 3-butadiene[D]. PhD thesis(196 p.). Murdoch University. Perth, Western Australia.

Juang D, Lee C, Chen W, et al. 2010. Do the VOCs that evaporate from a heavily polluted river threaten the health of riparian residents?[J]. Science of the Total Environment, 408: 4524-4531.

Jürgens M, Johnson A, Jones K, et al. 2013. The presence of EU priority substances mercury, hexachlorobenzene, hexachlorobutadiene and PBDEs in wild fish from four English rivers[J]. Science of the Total Environment, s461–462: 441-452.

Kelly B C, Ikonomou M G, Blair J D, et al. 2007. Food web - specific biomagnification of persistent organic pollutants[J]. Science, 317: 2362-2339.

Kotzias D, Klein W, Korte F.1975. Analysis of residues of hexachlorobutadiene in foodstuff and poultry[J]. Chemosphere, 4: 247-250(in German).

Lacorte S, Raldúa D, Martínez E, et al. 2006. Pilot survey of a broad range of priority pollutants in sediment and fish from the Ebro River basin (NE Spain)[J]. Environmental Pollution, 140: 471-482.

Lecloux A. 2004. Hexachlorobutadiene—Sources, environmental fate and risk characterisation[J]. Science Dossiers, 2004.

Lee C, Fang M. 1997. Sources and distribution of chlorobenzenes and hexachlorobutadiene in surficial sediments along the coast of Southwestern Taiwan[J]. Chemosphere, 35: 2039-2050.

Lee C, Song H, Fang M. 2000. Concentrations of chlorobenzenes, hexachlorobutadiene and heavy metals in surficial sediments of Kaohsiung coast, Taiwan[J]. Chemosphere, 41: 889-899.

Lee C, Song H, Fang M. 2005. Pollution topography of chlorobenzenes and hexachlorobutadiene in sediments along the Kaohsiung coast, Taiwan—A comparison of two consecutive years' survey with statistical interpretation[J]. Chemosphere 58: 1503-1516.

Leong M, Huang S. 2008. Dispersive liquid-liquid microextraction method based on solidification of floating organic drop combined with gas chromatography with electron-capture or mass spectrometry detection[J]. Journal of Chromatography A, 1211: 8-12.

Li M, Hao L, Sheng L, et al. 2008. Identification and degradation characterization of hexachlorobutadiene degrading strain Serratia marcescens HL1[J]. Bioresource Technology, 99: 6878-6884.

Macgregor K, Oliver I, Harris L, et al. 2010. Persistent organic pollutants (PCB, DDT, HCH, HCB & BDE) in eels (*Anguilla anguilla*) in Scotland: Current levels and temporal trends[J]. Environmental Pollution, 158: 2402-2411.

Mackay D, Shiu Y W, Ma K C, Lee S C. 2006. Handbook of physical-chemical properties and environmental fate for organic chemicals[M]. Boca Raton, FL: CRC/Taylor & Francis, 2006.

Macleod M, Wegmann F, Scheringer M. 2007. Model results for overall persistence and potential for long range transport for the UNECE convention on longrange transboundary air pollution protocol on persistent organic Substances candidate substances[R]. https://www.researchgate.net/publication/239586622_Model_Results_for_Overall_Persistence_and_Potential_for_Long_Range_Transport_for_the_UNECE_Convention_on_Long-range_Transboundary_Air_Pollution_Protocol_on_Persistent_Organic_Substances_Candidate_Subs.

Majoros L, Lava R, Ricci M, et al. 2013. Full method validation for the determination of hexachlorobenzene and hexachlorobutadiene in fish tissue by GC-IDMS[J]. Talanta, 116: 251-258.

Matejczyk M, Płaza G, Nałęcz-Jawecki G, et al. 2011. Estimation of the environmental risk posed by landfills using chemical, microbiological and ecotoxicological testing of leachates[J]. Chemosphere, 82: 1017-1023.

McConnell G, Ferguson D, Pearson C. 1975. Chlorinated hydrocarbons and the environment[J]. Endeavour, 34: 13-18.

Mudroch A, Allan R J, Joshi S R. 1992. Geochemistry and organic contaminants in the sediments of Great Slave Lake, Northwest Territories, Canada[J]. Arctic, 45: 10-19.

Naylor L, Loehr R. 1982. Priority pollutants in municipal sewage sludge. A perspective on the potential health risks of land application[J]. Biocycle, 21: 18-22.

Neuhauser E F, Loehr R C, Malecki M R, et al. 1985. The toxicity of selected organic chemicals to the Earthworm Eisenia fetida[J]. Journal of Environtal Quality, 14: 383-388.

Nuhu A, Basheer C, Abuthabit N, et al. 2011. Analytical method development using functionalized polysulfone membranes for the determination of chlorinated hydrocarbons in water[J]. Talanta, 87: 284-289.

OECD, Canadian Categorization Results. 2012. Chemicals, ecological categorization results from the Canadian domestic substance list[R]. http://webnet.oecd.org/CCRWeb/ChemicalDetails.aspx?Key=39f5728f-87ad-442f-bb9a-0139ed06599e&Idx=0, 2012-02-23.

Oliver B G, Niimi A J. 1988. Tophodynamic analysis of polychlorinated biphenyl congeners and other chlorinated hydrocarbons in the Lake Ontario ecosystem[J]. Environmental Science & Technology, 22: 388-397.

Oliver B G. 1987. Biouptake of chlorinated hydrocatbons from laboratory spiked and field sediments by oligochaete worms[J]. Environmental Science & Technology, 21: 785-790.

POPRC (Persistent Organic Pollutants Review Committee). 2011. UNEP/POPS/POPRC.7/3: Hexachlorobutadiene[R]. http://chm.pops.int/TheConvention/POPsReviewCommittee/Overviewand-Mandate/ tabid/2806/Default.aspx.

POPRC(Persistent Organic Pollutants Review Committee). 2012. UNEP/POPS/POPRC.8/16/Add.2: 六氯丁二烯风险简介[R]. http://chm.pops.int/TheConvention/POPsReviewCommittee/OverviewandMandate/tabid/2806/Default.aspx.

POPRC(Persistent Organic Pollutants Review Committee). 2013. UNEP/POPS/POPRC.9/13/ADD.2: Risk management evaluation on hexachlorobutadiene[R]. http://chm.pops.int/TheConvention/POPsReviewCommittee/OverviewandMandate/tabid/2806/Default.aspx.

POPRC(Persistent Organic Pollutants Review Committee). 2016. UNEP/POPS/POPRC.12/6[R]. http://chm.pops.int/TheConvention/POPsReviewCommittee/OverviewandMandate/tabid/2806/Default.aspx.

Prytula M T, Pavlostathis S G. 1996. Extraction of sediment-bound chlorinated organic compounds: implication on fate and hazard assessment[J]. Water Science & Technology, 33: 247-254.

Schröder H. 1987. Chlorinated hydrocarbons in biological sewage purification—Fate and difficulties in balancing[J]. Water science and Technology, 19: 429-438.

Sun J, Liu J, Liu Q, et al. 2013, Hydroxylated polybrominated diphenyl ethers (OH-PBDEs) in biosolids from municipal wastewater treatment plants in China.[J]. Chemosphere, 90: 2388-2395.

Sun J, Pan L, Zhan Y, Zhu L. 2018. Spatial distributions of hexachlorobutadiene in agricultural soils from the Yangtze River Delta region of China[J]. Environmental Science and Pollution Research, 25:3378-3385.

Tabak H H, Quave S A, Mashni CI, Barth E. 1981. Biodegradability studies with organic priority pollutant compounds[J]. Journal - Water Pollution Control Federation, 53: 1503-1518.

Tang Z, Huang Q, Cheng J, et al. 2014. Distribution and accumulation of hexachlorobutadiene in soils and terrestrial organisms from an agricultural area, East China[J]. Ecotoxicology & Environmental Safety, 108: 329-334.

Tang Z, Huang Q, Nie Z, et al. 2016. Levels and distribution of organochlorine pesticides and hexachlorobutadiene in soils and terrestrial organisms from a former pesticide-producing area in Southwest China[J]. Stochastic Environmental Research & Risk Assessment, 30: 1249-1262.

The Netherlands. 2012. Annex E submission. Moermond C.T.A. and E.M.J. Verbruggen, Enrionmental risk limits for hexachlorobenzene and hexachlorobutadiene in water[A], RIVM letter report 601714015/2011 and personal communication to Annex E submission by Dr. Janssen M.P.M.(2012).

UNECE. 2007. Exploration of management options for hexachlorobutadiene (HCBD), Paper for the 6th meeting of the UNECE CLRTAP Task Force on persistent organic pollutants, Vienna. http://www.unece.org/fileadmin/DAM/env/lrtap/TaskForce/popsxg/2007/6thmeeting/Exploration%20of%20management%20options%20for%20HCBD%20final.doc.pdf.

USEPA. 1976. Sampling and analysis of selected toxic substances: Task 1B-hexachlorobutadiene[R], EPA 560/6-76-015. https://nepis.epa.gov/EPA/html/DLwait.htm?url=/Exe/ZyPDF.cgi/9101344Y.PDF?Dockey=9101344Y.PDF.

USEPA. 1995. A Guide to the Biosolids Risk Assessments for the EPA Part 503 Rule. EPA/832-B-93-005[R]. http://water.epa.gov/scitech/wastetech/biosolids/503rule_index.cfm (accessed April 2014).

USEPA. 2000. Draft PBT national action plan for hexachlorobenzene (HCB) for public review[R]. http://www.epa.gov/pbt/pubs/hcbactionplan.pdf(accessed April 2014).

USEPA. 2003. Health effects support document for hexachlorobutadiene[R]. EPA 822-R-03-002. http://water.epa.gov/action/advisories/drinking/upload/2004_01_16_reg_determine1_support_cc1_hexachlorobutadiene_healtheffects.pdf.

USEPA. 2010. National priority chemicals trends report (2005—2007) Section 4: Trends analyses for specific priority chemicals (2005-2007): Hexachloro-1, 3-butadiene (HCBD)[R]. http://www.epa.gov/osw/hazard/wastemin/minimize/trend10/sec4/part4.pdf.

Vorkamp K, Riget F, Glasius M, et al. 2004. Chlorobenzenes, chlorinated pesticides, coplanar chlorobiphenyls and other organochlorine compounds in Greenland biota[J]. Science of the Total Environment, 331: 157-175.

Vulykh N, Dutchak S, Mantseva E, Shatalov V. 2005. EMEP contribution to the preparatory work for the review of the CLRTAP protocol on persistent organic pollutants. Meteorological Synthesizing Centre – East 2005.

WHO(World Health Organization). 2004. Hexachlorobutadiene in drinking-water. Background document for preparation of WHO Guidelines for drinking-water quality. WHO/SDE/WSH/03.04/101.(accessed April 2014).

WWF. 2005. Stockholm Convention "New POPs", Screening additional POP candidates. http://www.wwf.or.jp/activities/lib/pdf_toxic/chemical/newpopsfinal.pdf.

Yip G. 1976. Survey for hexachloro 1, 3 butadiene in fish, eggs, milk, and vegetables[J]. Journal - Association of Official Analytical Chemists, 59: 559-561.

Yurawecz M, Dreifuss P, Kamps L. 1976. Determination of hexachloro-1, 3-butadiene in spinach, eggs, fish, and milk by electron capture gas-liquid chromatography[J]. Journal - Association of Official Analytical Chemists, 59: 552-561.

Zeng L, Wang T, Ruan T, et al. 2012. Levels and distribution patterns of short chain chlorinated paraffins in sewage sludge of wastewater treatment plants in China[J]. Environmental Pollution, 160: 88-94.

Zhang H, Wang Y, Sun C, et al. 2014. Levels and distributions of hexachlorobutadiene and three chlorobenzenes in biosolids from wastewater treatment plants and in soils within and surrounding a chemical plant in China[J]. Environmental Science & Technology, 48: 1525-1531.

Zhang H, Xiao K, Liu J, et al. 2014. Polychlorinated naphthalenes in sewage sludge from wastewater treatment plants in China.[J]. Science of the Total Environment, 490: 555-560.

Zoeteman B C J, Harmsen K, Linders J B H J, et al. 1980. Persistent organic pollutant in river water and ground water of the Netherlands[J]. Chemosphere, 9: 231-249.

Zolezzi M, Cattaneo C, Tarazona J V. 2005. Probabilistic ecological risk assessment of 1,2,4-trichlorobenzene at a former industrial contaminated site[J]. Environmental Science & Technology, 39: 2920-2926.

第8章 得克隆（DP）及其类似物

本章导读

- 首先对得克隆及其类似物的结构特点、物理化学性质、生产使用以及限制情况进行概述。
- 介绍得克隆及其类似物的POPs特性，包括持久性、生物富集性、长距离迁移能力以及毒性等，同时对得克隆在不同环境介质中的赋存情况、生物累积特点进行综述。
- 对得克隆在我国典型地区的风险评估进行总结。
- 对关于得克隆的典型研究案例进行阐述。

8.1 概　　述

得克隆，双（六氯环戊二烯）环辛烷（dechlorane plus，DCRP，DP），以及其各自的反式和顺式异构体及其组合（图 8-1）。其相关理化性质及其系列物的物理化学性质见表8.1和表8.2。由于其阻燃性能优异，可用作非增塑型阻燃剂，广泛应用于黏合剂、密封剂以及电线电缆的涂层、电器的硬塑料外壳、塑料屋顶材料中。当前广泛使用的得克隆产品有3种，分别为DP-25、DP-35和DP-515，它们在化学组成上一致，但在颗粒大小方面有所不同。

尽管得克隆已经生产和使用了几十年，但直到2006年才在环境样品中首次被发现（Hoh et al.，2006）。迄今为止有关得克隆的毒性数据非常有限（Brock et al.，2010；Wu et al.，2012）。根据《关于持久性有机污染物的斯德哥尔摩公约》附件D的评价标准，得克隆被认为是符合POPs持久性的特点的（Sverko et al.，2011）。

本章针对《关于持久性有机污染物的斯德哥尔摩公约》附件D第1、2段中所列的信息要求和筛选标准，对得克隆进行具体陈述，概括介绍了得克隆的生产、使用、持久性、生物富集性、不利影响和远距离迁移这几项筛选标准的相关证据。同时，选取中国科学院生态环境研究中心调查得克隆生产厂职业工人得克隆暴露情况的研究作为典型案例，评估了得克隆的典型地区暴露风险。

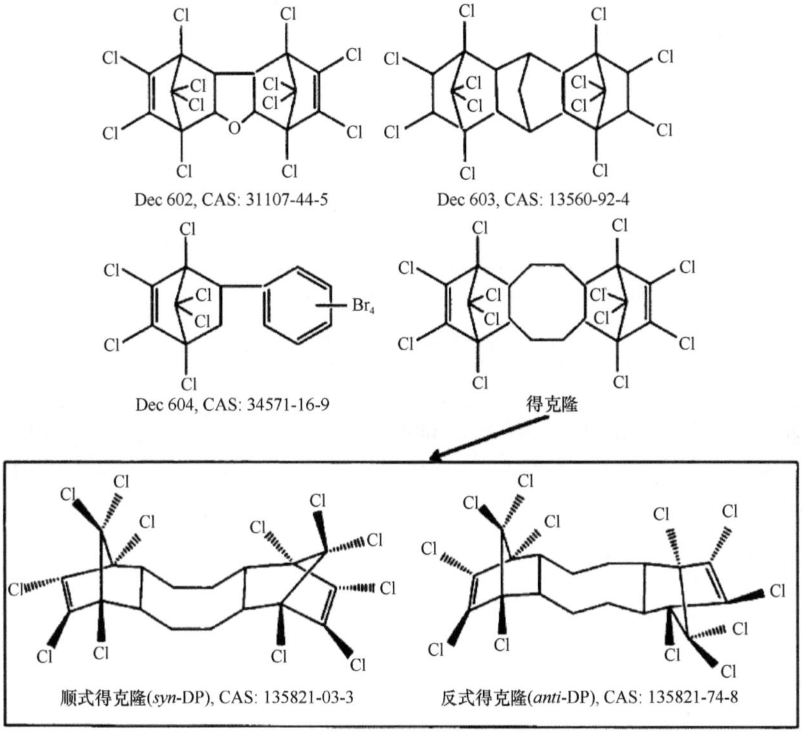

Dec 602, CAS: 31107-44-5

Dec 603, CAS: 13560-92-4

Dec 604, CAS: 34571-16-9

得克隆

顺式得克隆(*syn*-DP), CAS: 135821-03-3

反式得克隆(*anti*-DP), CAS: 135821-74-8

图 8.1 DP 及其类似物结构式

表 8.1 DP 的相关理化性质概览（ACD / Labs Percepta 平台-PhysChem 模块生成）

理化性质	数值
密度	（1.8±0.1）g/cm^3
沸点	在 760 mmHg 时为（599.8±50.0）℃
蒸气压力	在 25℃为（0.0±1.6）mmHg
汽化焓	（86.0±3.0）kJ/mol
闪点	（311.3±27.5）℃
折射率	1.659
摩尔折射率	（132.1±0.4）cm^3
ACD / log*P*	9.51
ACD / log*D*（pH 5.5）	9.36
ACD / BCF（pH 5.5）	1 000 000.00

续表

理化性质	数值
ACD / K_{OC}（pH 5.5）	2 934 735.00
ACD / log*D*（pH 7.4）	9.36
ACD / BCF（pH 7.4）	1 000 000.00
ACD / K_{OC}（pH 7.4）	2 934 735.00
极化率	（52.4±0.5）10^{-24} cm^3
表面张力	（61.0±5.0）dyn/cm^2
摩尔体积	（358.1±5.0）cm^3

注：mmHg、dyn 为非法定单位，1 mmHg=1.3322×10^2 Pa，1 dyn=10^{-5} N。

表 8.2　得克隆系列物的物理化学性质

性质	DP	Dec 602	Dec 603	Dec 604
分子式	$C_{18}H_{12}Cl_{12}$	$C_{14}H_4Cl_{12}O$	$C_{17}H_8Cl_{12}$	$C_{13}H_4Br_4Cl_6$
分子量	653.7	613.6	637.7	692.5
熔点（℃）	350	296	300	180
蒸气压（Pa）	4.71×10^{-8}	5.53×10^{-7}	1.59×10^{-7}	8.47×10^{-8}
密度	1.8	—	—	—
水溶性	0.04	8.49	0.30	2.21
log K_{OW}	9.3	7.1	8.5	8.5
log K_{AW}	–3.24	–5.21	–3.37	–4.70
log K_{OA}	12.26	12.27	11.83	13.22

8.2　得克隆及其类似物的生产、使用以及限制情况

8.2.1　得克隆在国内外的生产、使用情况

得克隆作为阻燃剂已被使用多年。20 世纪 70 年代，美国 OxyChem 公司为替代灭蚁灵（Mirex）开始生产得克隆，同一时期加拿大也将得克隆列入本国物质清单。在 60 年代末期至 70 年代初期，美国 OxyChem 公司开始生产得克隆的同系物 Dechloranes 602（Dec 602，$C_{14}H_4C1_{12}O$）、603（Dec 603，$C_{17}H_8Cl_{12}$）、604（Dec 604，$C_{13}H_4Br_4C1_5$）。自 1986 年起，得克隆每年世界销售量达到 5000 t，而中国的年产量大约为 300 t。目前，作为十溴二苯醚的替代品，得克隆在一系列阻燃应用产品中销售。如：电子电线和电缆、汽车、硬塑料连接器和塑料屋顶材料等。

8.2.2　得克隆在国内外的限制情况

作为灭蚁灵的替代品，得克隆目前尚没有在国内外被禁止使用。得克隆及其同系物已使用 40 多年，直到 2006 年，Hoh 等才首次在北美五大湖环境介质报道了得克隆的存在。而直到 2010 年才在五大湖沉积物及鱼体中证实其他得克隆类物质的存在。自此，得克隆类物质的理化性质、在环境介质中的残留状况及对生物体的危害才引起国内外研究者的高度重视。加拿大化学品管理计划认为得克隆是有机阻燃剂组成的一部分。因其对人类健康可能造成的潜在风险，被确定为评估的优先事项。目前，其被欧盟列为低产量化学品。2017 年 9 月，得克隆被 ECHA 列入 9 个新增高关注物质清单，认为其是高持久性与高生物蓄积性的物质（ECHA，2017）。美国环境保护署也将其确定为高产量化学品，至少有 45 万 kg/a 的得克隆生产或进口到美国（Sverko et al.，2011）。

8.3　得克隆的 POPs 特性

8.3.1　得克隆的持久性

得克隆在不同的环境中的化学稳定性都很好，能够在环境中长时间存在。在水中以厌氧环境下降解的半衰期可超过 24 年（OxyChem，2007；Sverko et al.，2011a），在悬浮沉积物中的半衰期可达 17 年（Sverko et al.，2008），在鱼体内的半衰期可达 14 年（Ismail et al.，2009a）。

在北美五大湖的大气中，得克隆存在一定的时间累积趋势：2003～2007 年，其平均浓度为 0.23～21.4 pg/m^3（Salamova and Hites，2010）；2005～2006 年，平均浓度为 0.8～20 pg/m^3（Venier and Hites，2008）；2005～2009 年，平均浓度为 0.39～23.5 pg/m^3（Salamova and Hites，2011）。

具有较高敏感性的反式同分异构体在迁移过程中容易产生降解（Möller et al.，2010），所以通过反式同分异构体的比例可以预测得克隆在水库中的持久性与环境过程。在中国南部的东江流域中，反式得克隆的比例在 0.28～0.53 之间（平均值为 0.43±0.06），比工业品中的得克隆含量要低。这种情况在远离假设源五大湖的巴基斯坦中也存在（Hoh et al.，2006；Syed et al.，2013），这说明低的沉降通量也许是因为与得克隆源的距离比较远（Hoh et al.，2006；Wang et al.，2010）。

Hoh 等从得克隆的两个异构体的空间构象分析认为 *anti*-得克隆可能比 *syn*-得克隆更容易被生物所代谢，*syn*-得克隆具有更长的持久性。这是因为 *anti*-得克隆辛烷上的内部四个氢原子受氯原子的空间位阻较 *syn*-得克隆少，但相关假定还未受到实验验证。Tomy 等（2008）在鱼的暴露实验和 Li 等（2013b）在老鼠的暴露实验中都未检测到得克隆的相关代谢产物。

8.3.2 得克隆的长距离迁移能力

得克隆能够长时间地在环境中存在。其在 25℃与自由基反应的半衰期约为 0.5 d，小于《斯德哥尔摩公约》附件 D 规定的两天的筛选标准；但与氧气反应的半衰期为 160 d，大于《斯德哥尔摩公约》附件 D 规定的两天的筛选标准，说明其在一定条件下可以进行远距离迁移。通过使用 290 nm 波长的光照射 168 h，研究水中的得克隆的剩余量，计算得出其在水中光降解的半衰期大于 24 年（Möller et al.，2010）。实验研究发现，得克隆易从水体进入底泥中，其吸收分配系数（K_p）为（4. 5±1. 9）$\times 10^6$（Möller et al.，2010）。得克隆很少或不发生降解，这些都是其可以进行长距离迁移的必备条件。

有研究表明得克隆可以在偏远地区检出（表 8.3）。Möller 等（2010；2012）分析了采自东格陵兰海和靠近南极附近海域的海洋边界层空气和表层海水，发现得克隆的含量在空气和海水中分别为 0.05～4.2 pg/m^3 和<MDL～1.3 pg/L。在塔斯马尼亚海角测得的得克隆在树皮中的浓度为（0.89±0.21）ng/g lw（Salamova and Hites，2013）。根据中国南北极数据中心的数据显示，在北极黄河站监测点的海水、大气、沉积物、粪土、植物以及土壤中均有不同浓度的得克隆检出。在采自西藏东南部的松萝样品中，有得克隆和得克隆类似物 Dec 602 的检出，得克隆浓度在 20～1132 pg/g dw 之间，均值为 318 pg/g dw，Dec 602 含量在 27～843 pg/g dw 之间，均值为 167 pg/g dw（Yang et al.，2016a）。得克隆在中国青藏高原地区（Ma et al.，2017），中国黄海的沉积物以及柱芯（Wang et al.，2017）中也有检出。得克隆及其类似物在偏远地区的赋存详细情况见表 8.3。

表 8.3 得克隆及其类似物在偏远地区的赋存情况

样品	采样地点	数值	时间	数据来源
地表水	北极黄河站海水	69～303 pg/L	2014	南北极数据中心
	南北极海水	<MDL～1.3 pg/L	2009	Möller et al.，2010
沉积物	中国黄海	14.3～245.5 pg/g dw	2012	Wang et al.，2017
	北极黄河站	176～885 pg/g dw	2014	南北极数据中心
空气	拉萨市	ND～11 pg/m^3	2008～2010	Ma et al.，2017
	印度洋	1.7～11 pg/m^3	2010	Möller et al.，2012
	印度洋	0.26～2.1 pg/m^3	2010	Möller et al.，2012
	北极黄河站	4～63 pg/m^3	2014	南北极数据中心
	南北极海上	0.05～4.2 pg/m^3	2009	Möller et al.，2010

续表

样品	采样地点	数值	时间	数据来源
土壤	北极黄河站	109～492 pg/g dw	2014	南北极数据中心
生物	北极黄河站植物	0.2～3.7 pg/g dw	2014	南北极数据中心
	北极黄河站粪便	40～757 pg/g dw	2014	南北极数据中心
	塔斯马尼亚	（0.89 ± 0.21）ng/g lw	2009～2010	Salamova and Hites，2013
	青藏高原松萝	DP：20～1132 pg/g dw	2010	Yang et al.，2016a
	青藏高原松萝	Dec 602：27～843 pg/g dw	2010	Yang et al.，2016a

1）远距离迁移的潜在机制

得克隆及其类似物与自由基反应的半衰期小于《斯德哥尔摩公约》规定的两天的筛选标准，但是由于高氯代阻燃剂相对较低的蒸气压，导致其在大气中存在是结合在颗粒物上（>99%）而不是在气相中，因此实际的半衰期可能会更长（Sverko et al.，2011）。偏远地区的监测数据也证实了这一点，即得克隆的远距离传输机制可能是通过大气的颗粒物，以及海洋洋流传输（Möller et al.，2010）。

2）远距离迁移总结

在大气中，25℃的条件下，得克隆自由基反应的半衰期大概为 0.5 d，与氧气反应的半衰期长达 160 d（使用美国 EPI Suite 软件 2012 版计算得到）。在水中的半衰期更是长达两年（OxyChem，2007），从近陆到极地海洋，得克隆浓度减小的规律也证实了得克隆的远距离传输（海洋传输）能力。因其持久性，并结合得克隆及其类似物的迁移距离估计数和在偏远地区的检出，得出得克隆及其类似物满足《斯德哥尔摩公约》附件 D（UNEP，2001）所列的远距离迁移标准。

8.3.3　得克隆的生物富集性

生物富集因子（bioaccumulation factor，BAF）和生物-沉积物富集因子（bio-sediment accumulation factor，BSAF）是常用的表达有机污染物在生物体内累积程度的参数。BAF 计算公式如下：

$$\mathrm{BAF}=C_b / C_w \tag{8-1}$$

式中，C_b 为 DP 在生物体中的浓度（ng/g ww）；C_w 为 DP 在水体中的浓度（ng/g dw）。如果 BAF 大于 5000，则认为污染物存在生物富集效应。

BASF 的计算公式为

$$\mathrm{BSAF}=(C_b/f_{lip})=(C_S/f_{oc}) \tag{8-2}$$

式中，f_{lip} 为生物体中脂类所占的质量百分比；C_S 为 DP 在沉积物中的浓度（ng/g dw）；f_{oc} 为沉积物中有机碳所占质量百分比。如果 log BASF 大于 1.7（1.7 来源于非离子有机化合物在脂类和沉积物有机碳之间的分配系数），则认为该污染物存在生物累积。

得克隆在动植物体内都具有一定的生物富集性与放大性（Peng et al.，2014；Tomy et al.，2007，2008；Wang et al.，2015；Wu et al.，2010），甚至在人体中也检测到得克隆的存在（Barón et al.，2014；Gauthier and Letcher，2009；Guerra et al.，2011；Ren et al.，2009；Salamova and Hites，2013；Sun et al.，2012；Wu et al.，2010）。

得克隆存在 2 种立体异构体[顺式（*syn*-得克隆）与反式（*anti*-得克隆）]。在商品化的得克隆中，这两种异物体的比例也会因为生产商的不同而有所差异。安邦公司产品的 f_{syn}（表示生物体中 *syn*-得克隆浓度占总得克隆浓度的比例，f_{syn} = [*syn*-得克隆]/（[*syn*-得克隆]+[*anti*-得克隆]），f_{anti} 类同）在 0.40 左右，而 OxyChem 公司产品的 f_{syn} 为 0.20～0.36。通过测定两种异构体在生物体内的组成比例，并比较商品化得克隆顺式与反式的比例情况，来评价得克隆在生物体当中是否存在立体选择性富集行为。现有的研究表明，在环境中得克隆存在立体选择性富集。Tomy 研究组最早在加拿大温尼伯湖高营养级生物中发现 *anti*-得克隆含量较高，*syn*-得克隆在低营养级生物中占主导，同时也观察到了 *anti*-得克隆生物放大现象。而在安大略湖的研究当中，在实验室条件下，*syn*-得克隆与 *anti*-得克隆的生物放大因子（BMF）在虹鳟幼鱼中分别为 5.2 与 1.9。相比之下，在温尼伯湖和安大略湖中，经过营养校正过的 BMFTL 暗示了在捕食者与被食者的关系间生物累积与生物转化的种间差异。BMFTL 在安大略湖鳟鱼和香鱼的捕食食物链中的值可达 12，在温尼伯湖中 *anti*-得克隆和 *syn*-得克隆的值分别为 2.5 和 0.45。所以没有发现得克隆两个异构体的生物放大现象（Tomy et al.，2007）。

Tomy 研究组在另一研究中用得克隆饲喂幼虹鳟鱼发现，得克隆易于在鱼体特别是其肝脏中累积，除肝脏外，在鱼体中更易累积 *syn*-得克隆（Tomy et al.，2008）。在得克隆重污染的中国南方电子废弃物回收区域的水库食物链中，发现 *anti*-得克隆在生物体中消减得比 *syn*-得克隆要快，并且这种趋势随着营养级升高而增大（Wu et al.，2010）。这可能是高营养级生物更倾向于代谢 *anti*-得克隆或者说生物更容易吸收 *syn*-得克隆而造成。

对生物体中得克隆含量及累积性研究较多的水生生物之一是鱼类。Hoh 等（2006）在加拿大伊利湖（Lake Erie）的研究中发现白眼鱼中的 f_{syn} 为 0.40±0.05，高于得克隆的商品值，表明 *syn*-得克隆容易富集。Kang 等（2010）调查了韩国主要河流的几种鱼类（鲻鱼、东方虾虎鱼、鲈鱼和鲫鱼等）中得克隆的异构体组成，

f_{anti}平均值为 0.67，低于其商品化得克隆f_{anti}的值（0.75），说明这些鱼类也选择性累积 *syn*-得克隆。对中国东北河流中的长绵鳚中得克隆的含量研究发现，得克隆会在鱼体内累积，其f_{syn}值为 0.47，说明 *syn*-得克隆同样在鱼体内较易累积（Wang et al.，2012）。通过对大凌河河口鱼体内得克隆污染特征的调查发现，所有鱼体样品中的 f_{syn} 值普遍高于我国工业产品中的值，表明在各环境介质中鱼体更易富集 *syn*-得克隆。对中国南方电子回收垃圾场附近的螺、对虾、鲮鱼、鲫鱼、乌鳢以及水蛇体内得克隆的分析发现，f_{syn}值随着营养级的升高不断增加，即低营养级的生物容易富集 *anti*-得克隆（Wu et al.，2010）。对中国北方海域中的牡蛎进行检测得出，其f_{syn}为 0.45，大于商品值，其体内易富集 *syn*-得克隆（Jia et al.，2011）。从已经发表的研究中可以看出，生物易于富集 *syn*-得克隆，但也有个别相反的研究结果，生物体累积 *anti*-得克隆，或者都不累积。如研究大连黄海海域潮间带大型海藻时，发现大型海藻累积海水及底泥中的得克隆，且 *anti*-得克隆更易富集（巩宁等，2013）。用得克隆饲喂鹌鹑 90 天后，实验结果表明，在高剂量暴露下，组织中易富集 *syn*-得克隆，而在低剂量暴露下易富集 *anti*-得克隆（Li et al.，2013b）。来自北美大湖地区的银鸥卵却对得克隆的两种异构体都没有富集（Gauthier et al.，2007）。

对人体中得克隆异构体含量的研究发现，其 f_{anti} 值与商品得克隆的值比较接近，即在人体中没有发现其异构体相对富集的现象。在人类乳汁中，f_{anti} 约为 0.67（Siddique et al.，2012），血浆中为 0.58～0.64（Ren et al.，2009），而头发中为 0.55～0.76（Zheng et al.，2010）。从现有研究来看，得克隆异构体在生物体内存在选择性富集，*syn*-得克隆较易在某些生物体内富集；部分生物在体内易累积 *anti*-得克隆；在个别生物和人体中发现得克隆，但不存在异构体选择性累积。得克隆在生物体内的异构体选择性累积存在一些特异性，不同的物种所累积的异构体可能不同。对于生物累积的组织部分，现有研究发现得克隆易富集在肝脏，并可通过鱼的血脑屏障到达脑部。在我国南方某电子垃圾回收地区水体中采集的鲮鱼和黑鱼分出的脑、肝脏和肌肉中分别检测到得克隆的存在，且黑鱼的肝组织和鲮鱼的脑组织中得克隆的残留水平最高（Zhang et al.，2011a）。在另一电子废弃物回收区检测黑鱼和鲫鱼的肝脏和鱼卵，发现黑鱼和鲫鱼肝脏中得克隆的浓度范围分别为 260～920 ng/g lw 和 340～1670 ng/g lw，其中雄性要比雌性的残留水平高出很多。该研究还显示，得克隆在卵中的浓度比与肝脏中的浓度存在显著的负相关，说明得克隆从鱼母体转移到卵中的剂量依赖于其在肝脏中的浓度（Wu et al.，2013）。Wu 等（2010）研究发现在电子废弃物回收区域，水生物种的 BAF 值超过 3.7，如得克隆在鲮鱼、鲫鱼和水蛇中的 BAF 值分别为 4.1、3.8 和 4.4，说明得克隆在水生生物体内都存在富集现象，并且都倾向累积顺式异构体，其体内 *syn*-得克隆的 BAF 值

都大于 *anti*-得克隆。在加拿大 Ontario 湖中研究发现鲑鱼（lake trout）中 *syn*-得克隆的 BASF 值为 0.8，而 *anti*-得克隆为 0.3（Shen et al.，2011）。而在中国南方电子废弃物回收区域的水生生物当中发现了比较低的 BASF 值（0.001～0.025）（Zhang et al.，2011b），但另一研究表明在中国北方海域，牡蛎中得克隆的 BASF 值为 4.6，说明得克隆在牡蛎中累积（Jia et al.，2011）。对饥饿状态大型溞的研究表明，其对得克隆也有明显的累积（BAF=3.86）（王爱媛，2012）。

生物放大因子（BMF）是评价污染物在同一食物链上的高营养级生物摄取低营养级生物富集某种元素或难降解物质，使其在机体内的浓度随营养级数提高而增大的重要参数（Wu et al.，2010）。在加拿大温尼伯湖食物链中，*syn*-得克隆和 *anti*-得克隆都存在生物放大现象，并且两者存在较大差异。对于白眼鱼/白鱼食物链，*syn*-得克隆的 BMF 为 0.3，而 *anti*-得克隆的 BMF 为 11，*anti*-得克隆易随营养级数提高而放大。而在安大略湖的食物链中却没有发现得克隆的生物放大现象（Tomy et al.，2007）。另一评价生物放大现象的参数是营养级放大因子（TMF），其数值可以通过以营养级为横坐标、以生物体内污染物脂类平均浓度为纵坐标，多点线性回归得到直线方程的斜率来确定（Wu et al.，2010）。TMF 小于 1，表明污染物不被生物所摄取或污染物很快就被代谢，大于 1 则说明污染物在食物链中随着生物营养级数的提高而放大（张鸿雁等，2015）。对中国南方电子回收区附近的水库食物链研究表明，*syn*-得克隆的 TMF 为 11.3，几乎是 *anti*-得克隆（TMF=6.5）的 2 倍，说明 *syn*-得克隆在此食物链中存在异构体选择性放大。得克隆在同一食物链中随营养级数的提高而放大的能力相当于或略低于多氯联苯同系物，是多溴二苯醚的 2～3 倍（Wu et al.，2010）。

中国南部辽东半岛的水生食物链中，得克隆的营养级放大因子极低（Peng et al.，2014）。相同的情况在中国南部海岸电子废物回收处附近的水鸟体内（Zhang et al.，2011b）和西班牙的不同物种未出生的鸟卵中也存在（Barón et al.，2014），在这些生物体内得克隆的浓度与营养级水平没有任何关联，说明得克隆的生物放大性在水鸟和鸟卵中并不显著。

得克隆在一定的剂量下会呈现出生物累积性（Wang et al.，2016a），且在五大湖的环境中也发现了此现象（Shen et al.，2010、2011、2014；Sverko et al.，2010）。尽管在五大湖中得克隆的含量很高（Shen et al.，2010），但其在鱼体内的含量却相对较低（0.37 ng/g lw）（Guo et al.，2017）。有研究者认为得克隆由于其大分子的结构，在生物体内的脂肪中可能不易溶，使得得克隆在鱼体内的生物累积性可能不高（Zitk et al.，1980）。但是得克隆的含量在五大湖银鸥的卵内却能达到 50 ng/g lw（算术平均值）（Su et al.，2015），含量远远高于鱼体内得克隆的含量，这也许反映出了近些年得克隆的产量与生物体内浓度的关联性（Su et al.，2015）。关于人体组织中得克隆的报道目前涉及的组织有人乳（Ben et al.，2013；Siddique et al.，2012）、血清（Ren et al.，2009；Ben et al.，2013；He et al.，2013；Brasseur et al.，2014；Cequier et al.，2015）和头发（Zhang et al.，2013）。其中血清和头发样品均采自中国电子垃圾回收区及其对照区域，人乳样品采自加拿大普通人群。不论是电子垃圾回收区、对照区还是加拿大普通社区，文献报道的人体组织样品 f_{anti} 均值也均小于 0.75，但普遍高于水生鱼类样品的 f_{anti} 比值（罗超等，2013）。Zhang 等（2011c）对生物的营养级与浓度（自然对数转化）进行回归分析发现，如果排除乌鳢，则 DP 浓度与生物的营养等级间存在明显的正相关性（图 8.2）。

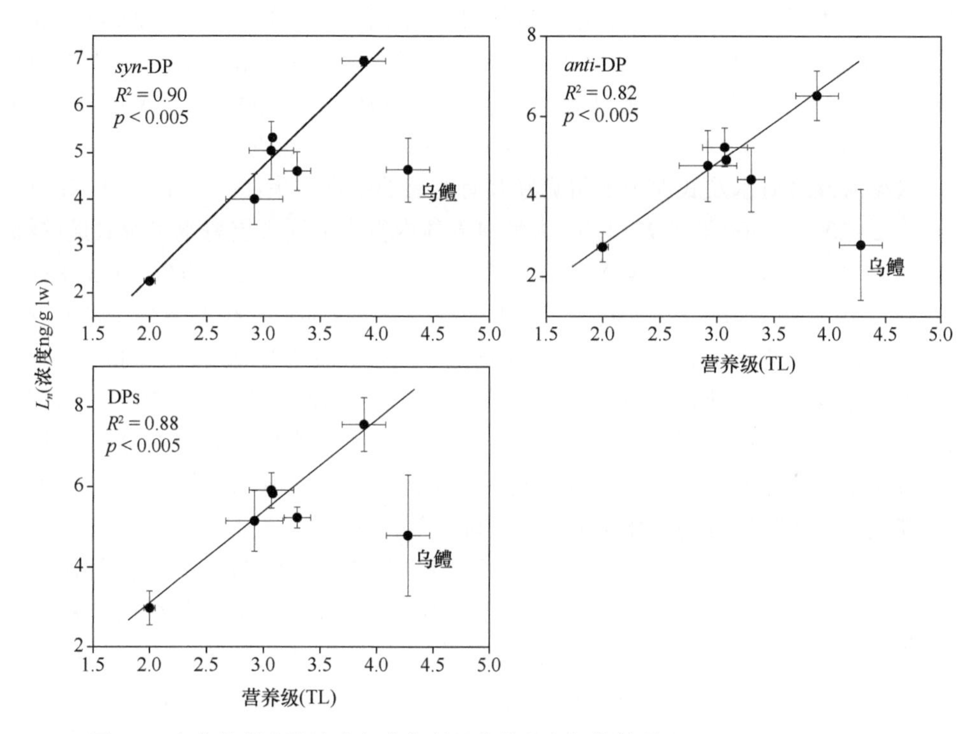

图 8.2 生物体得克隆浓度与生物所处营养级之间的关系（Zhang et al.，2011c）

在中国北部沿海的牡蛎样品中，得克隆的 logBAF 在 1.0～7.9 的范围内，平均值为 4.6（Jia et al.，2011）。在污染严重的中国南海区域的水生生物的食物链中检测出得克隆的 logBAF 在所有的水生生物物种（除去不知名的螺类和北方蛇头鱼）中，均高于 3.7（Wu et al.，2010），说明在污染严重的区域得克隆具有明显的生物富集性。

对中国江苏淮安得克隆生产地附近 7 个物种的食物链研究中，得出了一致的结果，其 *syn*-得克隆的 TMF 为 3.1，稍大于 *anti*-得克隆（TMF=1.9），总得克隆的

TMF 为 2.2（Wang et al.，2015）。对半封闭生态水文环境、稳定生物群落的生态系统——扎龙湿地进行的得克隆生物富集研究，发现 *syn*-得克隆和 *anti*-得克隆生物群落中的浓度分布与生物富集存在较相似的趋势，即鸟类> 鱼类> 节肢动物> 底栖动物> 微生物藻类> 植物，*syn*-得克隆、*anti*-得克隆、得克隆的 TMF 值分别为 2.31、3.27、3.14（周娜娜，2011）。一项关于秃鹰血中得克隆的检测结果显示，得克隆的 f_{anti} 平均值为 0.63，表示 *syn*-得克隆比 *anti*-得克隆更易富集（Venier et al.，2010）。

在土壤-根部的生物累积效应研究中发现，*syn*-得克隆的根部生物富集因子比 *anti*-得克隆的要高，说明在水稻中，*syn*-得克隆的累积效应更容易发生。这种差异也许是因为不同污染物在不同土壤或者植物内的不同生物可利用性（Zhang et al.，2015a）。She 等（2013）研究了电子垃圾拆解地的一个草食性食物链，发现苹果蜗牛相对于水稻中的得克隆的生物放大现象，顺式和反式得克隆在苹果蜗牛和水稻中的 BMF 值分别为 0.67～7.9（均值 3.1）和 0.59～4.7（均值 2.3）。

大型海藻对海水及底泥中的得克隆具有明显的生物富集性，其 BCF 和 BSAF 分别为 21 200±12 300 和 5.93±1.46，大型海藻体内得克隆受表层海水以及底泥的综合影响。表层海水、底泥以及海藻中得克隆的 f_{syn} 值分别为 0.34±0.06、0.51±0.03 和 0.18±0.01。表层海水 f_{syn} 接近并略低于中国得克隆商品值，底泥中得克隆 f_{syn} 高于商品值，而大型海藻中的 f_{syn} 显著低于商品中的值，表明得克隆在不同环境介质中代谢和富集的特征不同，海藻更易于富集 *anti*-得克隆（巩宁等，2013）。但是 *anti*-得克隆更容易在大型海藻孔石莼体内富集，原因可能是在不同生物中两种得克隆异构体的富集和代谢特点不同，也可能是因为它们在海水中的溶解度不同以及可能发生转化降解等物理化学因素（袁陆妗等，2013）。

得克隆在小鼠肝、脑组织中有富集现象。肝组织富集的浓度大于脑组织中的浓度；得克隆同分异构体在小鼠脑组织和肝组织中的分布比例与商品化得克隆中的比例存在差异性而这种差异性分布与性别存在明显的相关性（黄磊等，2012）。通过老鼠喂饲实验发现，得克隆的选择性富集与暴露浓度有关。在低浓度［1 mg/（kg·d）］暴露条件下，得克隆无选择性富集现象；但在高浓度［10 mg/（kg·d）］暴露条件下，老鼠表现出明显的 *syn*-得克隆富集特征。生物对 *sny*-得克隆的选择性富集还表现为随营养级增加，*syn*-得克隆的比例增加。

在家禽的研究中也发现了得克隆及其类似物的生物富集现象。除了对映异构体的差异富集，不同组织器官的富集也不相同，其中异构体可以在鸭子的肌肉组织、肝脏、脑、血液以及子代鸭蛋中的差异富集，富集受到组织的脂含量、肝隔离和血脑屏障的影响。得克隆类似物 Dec 602 的子代传输率大于 1，顺式得克隆易于在血液中富集，而反式得克隆比较容易穿过血脑屏障，在大脑中富集（Wu et al.，2016）。Zheng 等（2014）研究了电子垃圾拆解地广东清远的鸡中得克隆和得克隆

脱氯产物 Cl_{11}-DP 在不同组织中的分布，发现在肠道环境中没有对映异构体的选择富集，脂肪含量和血液的灌注状态与得克隆含量相关，反式得克隆的选择富集主要发生在脂肪组织、脑和肝脏中，Cl_{11}-DP 的主要来源是吸附而不是生物体内的脱氯过程。

在 5 个水生鸟类样品中，无论是 *syn*-还是 *anti*-DP，均没有发现 DP 的浓度与生物营养等级之间存在显著的正相关。但是，在陆生雀鸟中，发现 *syn*-和 *anti*-DP 浓度都与样品的营养等级存在正相关关系。食虫性的鸟类比杂食性鸟类会富集更多的得克隆，不同种类的鸟类中反式异构体的比例有所不同（Peng et al.，2015），参见图 8.3。

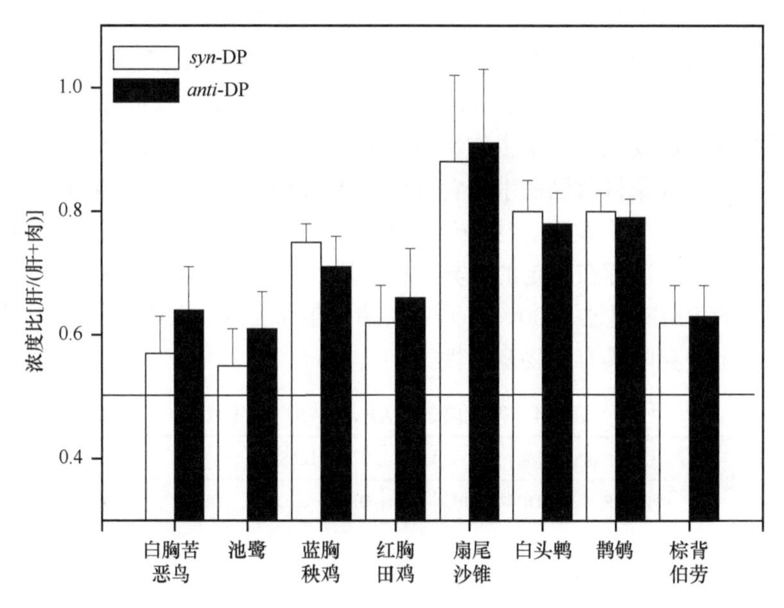

图 8.3　鸟类样品中得克隆在肝脏与肌肉组织间的分布（Peng et al.，2015）

对台州电子垃圾拆解地的野生青蛙中的得克隆的生物富集以及其在不同组织中的差异研究（Li et al.，2014），发现得克隆富集程度存在组织差异。顺式得克隆在青蛙的不同组织中不存在组织差异，灭蚁灵和 Dec 602 在肝脏和肌肉组织中的比例也接近于 1。而反式得克隆和反式-Cl_{11}-DP 在肌肉组织中的停留量高于肝脏组织。血脑屏障对于得克隆类的阻碍作用使得其在肝脏组织中的含量高于脑组织中。相比于脑和肌肉，顺式得克隆则比较容易在肝脏中富集。

蚯蚓等低等生物的生物富集效应不明显。在针对电子垃圾拆解地土壤和蚯蚓的研究中发现，大多数蚯蚓体内的 BASF 值很低，在 0.0007～1.85 之间，均值为 0.23，证明蚯蚓对得克隆不具有生物放大效应（Xiao et al.，2015）。

在电子垃圾拆解地，某水生系统的三种鱼类即鲫鱼、鲮鱼和黑鱼的 BSAF 均值分别为顺式得克隆 0.007、0.01 和 0.06；反式得克隆 0.003、0.025 和 0.001。比其他亲脂性的溴代阻燃剂低两个数量级，而得克隆类的 BAF 值都是大于 5000，表明 BSAF 值也许作为指示生物放大的标准具有不确定性（Zhang et al.，2011c）。

Chen 等（2013）研究了北方猛禽中得克隆的富集情况，发现猛禽中得克隆的含量在 10～810 ng/g lw 之间，是目前世界范围内野生物种中检测到的最高浓度，且猛禽中得克隆的含量与 f_{anti} 呈正相关关系。

生物富集与富集总结

得克隆在不同种类的生物体内都表现出一定的生物富集性与放大性。目前有确切证据证明对得克隆存在选择性富集的生物是水生鱼类。各地得克隆的 BAF、BASF 和 TMF 值在表 8.4 中列出。Tomy 等（2008）利用得克隆单体喂养虹鳟的实验结果证实，*syn*-得克隆具有比 *anti*-得克隆高的同化效率和低的净化速度。这一结果也可以解释目前发现的水生生物体内大多富集 *syn*-得克隆的现象。f_{anti} 值随营养级增加而降低的现象目前已在水生食物链（Wu et al.，2010；Xian et al.，2011）、水生鸟类和陆生鸟类中发现。这些结果表明，随着营养级的增加得克隆两种单体的富集或者代谢情况存在一定的差异。得克隆类物质 $\log K_{OW}$ 值均大于 7，在多种水生生物中的 BMF 超过 5000，根据《斯德哥尔摩公约》附件 D 生物富集性的筛选标准，得出得克隆具有生物富集性。

表 8.4　得克隆的 BAF、BASF 和 TMF

采点地区	生物种类	BAF（log）			BASF			TMF（BMF）		
		syn-DP	*anti*-DP	DP	*syn*-DP	*anti*-DP	DP	*syn*-DP	*anti*-DP	DP
中国南方								0.45	2.5	
扎龙湿地								5.2	1.9	
	鲮鱼	4.2	4	4.1				11.3	6.6	10.2
	鲫鱼	4.15	3.7	3.8				2.31	3.27	3.14
	水蛇	4.7	4.1	4.4						
	大型溞			3.86						
中国北部	牡蛎						4.6			
中国南部	鲫鱼				0.007	0.003				
	鲮鱼				0.01	0.025				
	黑鱼				0.06	0.001				
加拿大	鲑鱼									
中国台州	蚯蚓				0.8	0.3	0.23			
中国南部	蜗牛							3.1	2.3	

8.3.4　得克隆的毒性

8.3.4.1　对水生生物的毒性

有研究表明得克隆可以对多种水生生物造成不利影响。Barón 等研究发现得克隆对贻贝的遗传毒性高于十溴二苯醚（BDE209）（Barón et al.，2016）。Kang 等的研究显示得克隆暴露可以引起斑马鱼体内氧化损伤和甲状腺激素分泌不平衡（Kang et al.，2016）。将中华鲟幼鱼暴露于得克隆 14 天后可以发现得克隆对全身应激反应、小 G 蛋白信号通路、钙信号通路和代谢过程都有影响，并可能诱导肝细胞凋亡（Liang et al.，2014）。得克隆的短期暴露对几种海藻的生长未造成影响，但可造成藻类的氧化胁迫和生理损伤；长期暴露下可造成藻类的生长抑制（姜涛，2011）。得克隆对大型溞 48 h 的活动抑制率 LD_{10} 为 48.7 mg/L，根据 OECD 化学物质生态毒性评估指标，将得克隆对大型溞的毒性定义为慢性 4 级。得克隆的长期暴露对大型溞的繁殖能力有显著的刺激作用，主要表现为产溞次数和产溞总数的增加，但是对母溞的生长有轻微的抑制作用。48 h 暴露时受到的氧化胁迫与 24 h 时相比严重，抗氧化系统有缓慢的受损增加的趋势（姜涛，2011）。低浓度的得克隆对纤细裸藻生长有一定的促进作用，高浓度的对纤细裸藻的膜结构和抗氧化系统有一定的不利影响（常叶倩等，2017）。得克隆可能通过抑制孔石莼幼体光合效率，产生氧化胁迫途径抑制孢子繁殖，对孔石莼幼体生长发挥有抑制作用（景德清，2014）。陈香平等（2017）发现得克隆的暴露对斑马鱼具有神经毒性作用，铅与得克隆的联合暴露对于斑马鱼自主运动、触摸反应以及自由游泳活力的影响为拮抗作用。反式得克隆可以穿过鱼类的血脑屏障，相比于在肝脏中，得克隆在大脑中的停留时间较长（Zhang et al.，2011a）。

8.3.4.2　对陆生生物毒性

Brock 等（2010）对大鼠进行重复剂量经口毒性（repeat dose toxicity，RDT）并进行了生殖毒性研究，发现在 5000 mg/kg 剂量时依然没有发现得克隆对大鼠的存活参数或临床，解剖病理有不利影响。大鼠经口暴露得克隆后，可以引起肝脏氧化损伤、代谢紊乱和信号转导（Wu t al.，2012）。对赤子爱蚯蚓进行得克隆的暴露发现，得克隆可以改变蚯蚓体内乙酰胆碱酯酶的活性并造成氧化应激损伤，同时神经元损伤相关基因和途径也发生了明显改变（Zhang et al.，2014；Yang et al.，2016b）。Crump 等研究了得克隆对鸡胚胎干细胞的毒性试验，结果显示，得克隆在鸡的肝脏细胞中正反异构体组成发生了显著改变，但在 3 μmol/L 浓度时依然没有显示出具有细胞毒性（Crump et al.，2011）。在鹌鹑中，得克隆易于在肝脏中累积并造成肝脏毒性（Li et al.，2013a）。同时研究者发现得克隆会在大鼠的肝脏累积，顺式得克隆的浓度在各个组织器官中都易累积，但未发现其对大鼠造成明显的组织病理学和死亡等作用（Li et al.，2013b）。高剂量（100 mg/kg）的得克隆会使大鼠子宫重量明显上升，表明得克隆具有雌激素效应，而对大鼠血清中甲状腺激素水平没有明显影响（孙莹等，2014）。将得克隆类似物 Dec 602 用 10 μg/kg 体重的剂量连续饲喂雄性小鼠 7 天，发现暴露 Dec 602 的小鼠脾脏 $CD4^+$和 $CD8^+$细胞亚群细胞凋亡增加，控制细胞免疫和体液免疫的 Th1 和 Th2 细胞平衡遭到了破坏，Th1 降低，Th2 升高（Feng et al.，2016）。表 8.5 为 OxyChem 公司提供的得克隆毒性数据。

表 8.5 OxyChem 公司提供的得克隆毒性数据

受试生物	暴露方式	暴露剂量	生理指标
大鼠	口服	LD_{50}：25g/kg	无明显变化
兔	皮肤	LD_{50}：8g/kg	无明显变化
大鼠	吸入	LC_{50}：2.25 mg/kg	无明显变化
大鼠	90 天口服	1%、3%、10% LD_{50}	肝脏重量增加 10%
兔	28 天皮肤暴露	500 mg/kg、2000 mg/kg	无明显变化
兔	28 天吸入	640 mg/kg、1540 mg/kg	肺有病理改变

8.3.4.3 对细菌毒性

得克隆对 T3 发光细菌的遗传学毒性：得克隆对 T3 发光细菌没有急性毒性，但在得克隆浓度≥300 μg/L 时会观察到明显的 DNA 损伤（Dou et al.，2015）。得克隆暴露处理可促进乳腺癌 MCF-7 细胞的增殖并能使其蛋白表达谱发生明显改变，表明了得克隆有雌激素效应（刘志远，2014；李健超，2016）。

8.3.5 得克隆的环境转化

Sverko 等于 2008 年报道了在尼亚加拉河的沉积物中发现脱氯的得克隆失去一个氯（DP-1Cl）或二个氯（DP-2Cl）的产物。通过分析检测这些脱氯产物成分，证实分别为 DP-1Cl（$C_{18}H_{13}Cl_{11}$）和 DP-2Cl（$C_{18}H_{14}C_{10}$）。在北极的海水中也发现了得克隆的脱一个氯与脱两个氯的转化产物（Möller et al.，2010）。当然这些脱氯的降解产物可能来自于生产过程中的副产物，也可能来自于在大气中的光降解和生物降解，还有研究表明如果进样衬管比较脏，得克隆也可能在气相色谱进样过程中产生降解（Möller et al.，2010）。此外，得克隆的顺反对映异构体在不同的环境基质中也存在着分馏，例如在植物样品和人体样品中，顺式异构体比例均有所上升（相比于得克隆产品中与周围环境中），证明顺式异构体更易在生物体中富集（Zhang et al.，2013；2015a）。

得克隆转化的主要产物之一为脱氯得克隆 Cl_{11}-DP，目前已在电子垃圾拆解地的鸡中（Zheng et al.，2014），在台州地区的野生青蛙中（Li et al.，2014），以及污水处理厂的污泥中（Zeng et al.，2014）检出。但由于 *anti*-DP 的特定构型，使得其环辛烷内侧 4 个碳原子的位阻比 *syn*-DP 的高，因而导致 *anti*-DP 更易被代谢。*anti*-DP 的选择性代谢会导致 *syn*-DP 的相对比例上升。另外一种可能是顺反异构体与特定内源物的结合能力存在差别，在浓度较低时，结合部位对于 DP 来说比较充足，因而顺反式都能被结合上去；但当暴露浓度增加后，结合部位数量不足，顺式可能比反式更容易与内源物质结合，使得顺式异构体呈现相对富集现象。第三个原因可能是顺式异构体存在着肠道内的选择性吸收。这一点可能与鲤鱼的暴露情况恰恰相反。进入清除期后，可以看到 f_{anti} 的比值有一定程度回升，表明 *syn*-DP 的清除速度要比 *anti*-DP 快。可能顺式异构体易于结合，解离也相对容易，因此，在进入清除期后，更多的顺式异构体从体内清除，导致 f_{anti} 比值出现一定程度回升。图 8.4 所示为得克隆脱氯产物在不同浓度暴露组组织中的组成特征。

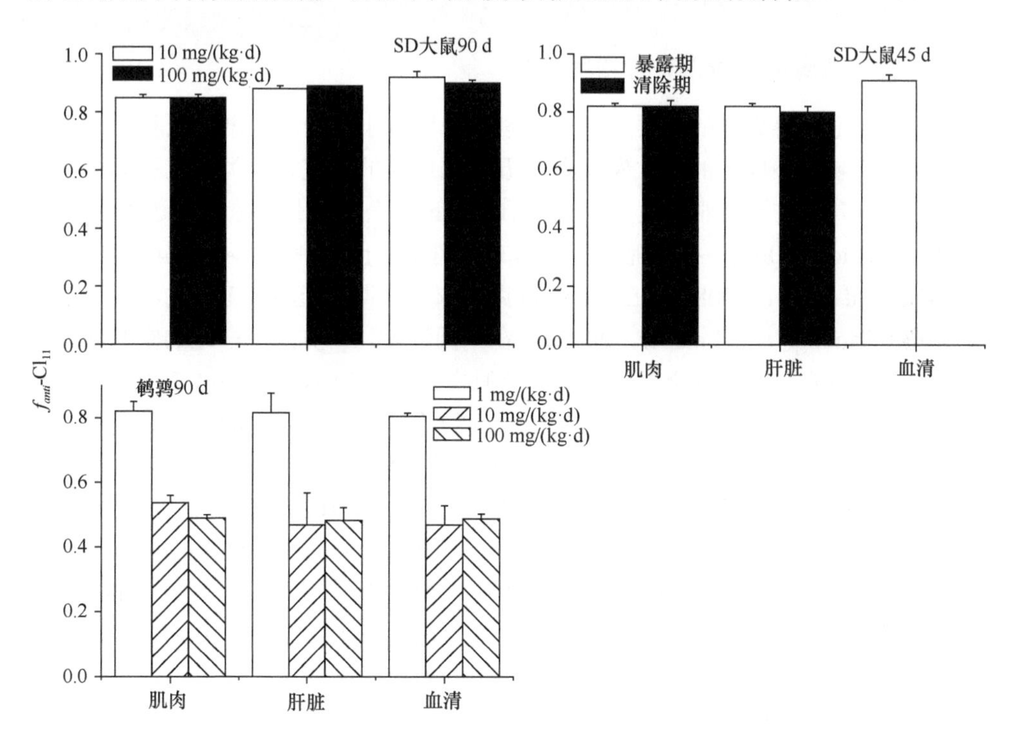

图 8.4　脱氯产物在不同浓度暴露组组织中的组成特征（Li et al.，2013a；2013b）

8.3.6　小结

20 世纪 70 年代，得克隆作为灭蚁灵的替代品开始生产使用。美国 OxyChem

公司是最先研发该产品的公司，随后中国淮安安邦公司也有一定的得克隆的生产量（300～1000 t）。得克隆主要作为阻燃剂应用于电线、电缆、尼龙、电子元件、电视以及计算机外壳等高分子材料。现有的实验和软件计算结果显示，得克隆在环境中比较稳定，很少发生降解，半衰期较长；监测数据显示，得克隆可以在偏远地区的地表水、植物、土壤、沉积物等环境介质中检出，证明其具有远距离迁移的能力。得克隆及其相关化合物在不同环境基质中均有检出，表明其可在生产使用过程中通过灰尘、废水等释放到环境。在远距离迁移和生物累积等环境过程中，得克隆存在降解转化，如脱氯产物等。毒性数据显示得克隆不具有急性毒性，但有一定的亚急性毒性。得克隆可能诱发肝功能、内分泌功能。尽管得克隆对生物的不利影响尚未有定论，但由于得克隆的生物富集趋势、在生物群以及人体内的浓度可能随时间推移而上升，是否能达到可造成损害健康的水平尚不可知。

8.4 我国与世界各地环境及人体中得克隆浓度分布

8.4.1 生产地周边环境得克隆浓度分布

世界上生产得克隆的主要工厂有两家，分别位于美国五大湖地区和中国的淮安市。得克隆在环境中的首次发现是在五大湖地区的空气、鱼类和沉积物中，其中大气中最高值位于尼亚加拉大瀑布（近 OxyChem 公司）附近，浓度高达 490 pg/m^3（Hoh and Hites，2006）。在尼亚加拉大瀑布的树皮中也检测到了> 100 ng/g 的得克隆（Qiu and Hites，2008），在鸟蛋中得克隆浓度与得克隆生产工厂的距离呈显著负相关（Gauthier and Letcher，2009）。在中国淮安，得克隆生产地的空气和土壤中检测到了高浓度的得克隆以及得克隆类似物 Dec 602（Wang et al.，2010）。Zhang 和禹甸等分别研究了中国得克隆生产工厂周边不同环境介质中的得克隆的存在水平（Zhang et al.，2015b；禹甸等，2017）。Zhang 等测得的土壤中的结果为 0.50～2315 pg/g dw，而禹甸等测得的土壤中的浓度为 0.665～102 ng/g dw。Zhang 等测得的沉积物中的含量为 0.32～20.5 ng/g dw，禹甸等的结果为 0.165～65.1 ng/g dw。Zhang 等利用主动采样和被动采样采集的空气中的得克隆含量分别为 5.52～3332 ng/m^3 和 1.00～4560 ng/m^3；禹甸等检测的河水中的得克隆含量为 ND～4.91 ng /L（Zhang et al.，2015b；禹甸等，2017）。这些结果高于同是位于生产工厂附近的五大湖地区空气和地表水的浓度。

8.4.2 电子垃圾拆解地得克隆环境浓度分布

电子垃圾拆解是得克隆释放到环境中的一个重要途径。在中国电子垃圾拆解地的表层土中得克隆含量最高可达 3327 ng/g（Yu et al.，2010）。在电子垃圾拆解地区的空气和土壤中检测到的得克隆浓度水平比对照地区高出 1～2 个数量级（Chen et al.，2011）。在电子垃圾拆解地的所有种类的水生生物中均有 19.1～9630 ng/g lw 的得克隆的检出，高出其他地区的水生生物 1～2 个数量级（Wu et al.，2010）。在电子垃圾拆解地的翠鸟和捕食鱼类等生物中也有类似的规律（Mo et al.，2013）。广东贵屿地区的土壤和鱼体内也检测到了得克隆与其类似物 Dec 602、Dec 603、Dec 604、Dec 604 CB（Tao et al.，2015）。对台州电子垃圾拆解地的土壤和蚯蚓中的得克隆含量进行调查发现，土壤中的浓度为 0.17～1990 ng/g dw，蚯蚓中的浓度为 3.43～89.2 ng/g lw。She 等（2013）也研究了电子垃圾拆解地的土壤，并对同一地点的土壤水稻和苹果蜗牛进行了分析，发现顺式得克隆的含量分别为 2.89～4.52 ng/g dw、0.16～0.39 ng/g dw、0.24～3.19 ng/g dw 之间；反式得克隆的含量在 9.2～12.9 ng/g dw、0.55～1.6 ng/g dw 和 0.99～6.35 ng/g dw 之间。Li 等（2014）研究了台州地区的野生青蛙中的得克隆及其类似物在不同组织中的分布，发现得克隆、灭蚁灵、Dec 602、得克隆脱氯产物反式-Cl_{11}-DP 的含量分别为 2.01～291 ng/g lw、0.65～179 ng/g lw、0.26～12.4 ng/g lw 和 nd～8.67 ng/g lw。对台州电子垃圾拆解地鸭子、鸭蛋、鸭的肝脏、脑、鸭血、鸭肉中的得克隆及其类似物的分布研究表明，脂肪含量、肝隔离、血脑屏障等因素均影响得克隆在不同组织中的分布，Dec 602 的子代传输率大于 1（Wu et al.，2016）。Zheng 等（2014）研究了电子垃圾拆解地得克隆在鸡组织中的分布，研究了与鸡相关的土壤和食物，发现土壤是鸡体内得克隆最主要的来源，得克隆的降解产物反式-Cl_{11}-得克隆来自于吸附而不是体内的降解。Peng 等（2015）研究了广东清远电子垃圾拆解地的水生和陆生雀鸟中的得克隆及其脱氯产物，在三种鸟类中有脱氯产物的检出，得克隆含量在 1.2～104 ng/g lw 之间。

8.4.3　在污染源以外地区 DP 浓度分布

在非电子垃圾拆解和生产地以外的地区也有得克隆的广泛检出。例如在世界范围内的海洋、湖泊、河流及其沉积物中（De la Torre et al.，2012；Sun et al.，2013；Möller et al.，2010；Qi et al.，2010；Möller et al.，2012；Fang et al.，2014；Wang et al.，2016b；Wang et al.，2017；Sverko et al.，2008），在淡水鱼类（Kang et al.，2010），在森林表层土中，得克隆的浓度水平在 pg/g 量级（Zheng et al.，2015a）。同时在鸟蛋中（Gauthier and Letcher 2009；Guerra et al.，2011）、在城市污水处理厂的污泥中（De la Torre et al.，2011；Zeng et al.，2014），以及海豚中等均有得克隆的检出。在我国渤海和黄海北部海岸地区的海水、沉积物和软体动物中，得克隆的含量分别为 1.8 ng/L、2.9 ng/g dw 和 4.1 ng/g ww（Jia et al.，2011）。Sun 等（2014）研究了珠三角的鸟蛋中的得克隆并研究了其异构体分布，以及得克隆的脱氯产物

anti-Cl_{11}-DP，其中得克隆的含量水平在4.6～268 ng/g lw，其含量与反式得克隆比例f_{anti}呈反比；而降解产物*anti*-Cl_{11}-DP的含量在nd～0.86 ng/g lw。有研究报道了珠三角地区水生环境中的水、底泥和鱼类中的得克隆水平，其在底泥中的含量为0.08～19.4 ng/g dw，水中为0.24～0.78 ng/L，鱼类中为nd～189 ng/g lw。底泥上层浓度显著高于下层，鱼类相比于底泥的BASF值较低（He et al.，2014）。

8.4.4 世界及我国不同区域人体中得克隆浓度分布

现在已经开展的研究证明人类可以通过饮食、呼吸吸入以及皮肤接触等多种途径暴露得克隆。

普通人群所在的室内环境已经被证明有得克隆的检出。杭州室内空气中的得克隆含量在0～347 pg/m^3 之间，平均为84.9 pg/m^3，其中在办公室空气中，为22.1～370 pg/m^3，平均为134 pg/m^3（林敏，2014）。在加拿大居民家庭室内灰尘中检测到了2.3～182 ng/g的得克隆的存在，其中一个极高值甚至达到了5683 ng/g的水平（Zhu et al.，2007）。在埃及开罗的室内灰尘中也检测到了0.01 ng/g和0.3 ng/g的反式和顺式得克隆（Hassan and Shoeib，2014）。而在广东的三个电子垃圾及拆解地室内灰尘中检测到了23～23 600 ng/g的得克隆（Zheng et al.，2015b）。在北京的酒店灰尘中也检测到了最高达124 000 ng/g的得克隆，甚至高于污染区域电子垃圾拆解地的浓度水平（Cao et al.，2014）。

食品是人体摄入污染物的重要来源。Kim等研究了韩国市场上的各种食品中的得克隆及其类似物，发现得克隆、灭蚁灵、Dec 602和Dec 603的含量水平分别在nd～170 pg/g ww、nd～107 pg/g ww、nd～20.8 pg/g ww、nd～0.41 pg/g ww（Kim et al.，2014）。在西班牙的鱼和植物油中有<LOD～384 pg/g的得克隆检出（Eyken et al.，2016）。大连淡水鱼食用部分得克隆含量为0.87 ng/g ww，海鱼食用部分含量为0.99 ng/g ww。大连市居民通过海鱼和淡水鱼摄入得克隆的平均量在0.48 ng/（kg体重·d）和0.34 ng/（kg体重·d），低于非致癌风险基准值200 ng/（kg体重·d）（高珊等，2012）。

得克隆在环境中的存在使得在人体中也有广泛的检出。有研究报道了职业工人以及电子垃圾拆解地居民体内得克隆的存在情况。其中在广东贵屿电子垃圾拆解地居民血清中的得克隆含量则为7.8～465 ng/g lw，而在与贵屿临近的濠江地区居民血清中为0.93～50.5 ng/g（Ren et al.，2009）。Yan等（2012）研究了电子垃圾拆解工人血清中的得克隆和得克隆降解产物*anti*-Cl_{11}-DP，发现拆解工人血清中的得克隆含量为22～2200 ng/g lw，而同一地区城镇居民血清中得克隆含量则为2.7～91 ng/g lw。对于电子垃圾拆解工人体内血清以及其头发中的得克隆的研究结果表明，血清和头发之间含量显著相关，但是女性的相关性低于男性。在头发和血清中，得克隆含量分别为 6.3～1100 ng/g dw 和 22～1400 ng/g lw 之间；对于脱氯产物 *anti*-Cl_{11}-DP，头发中含量为 0.02～1.8 ng/g dw，血清中含量为 nd～7.9 ng/g lw（Chen et al.，2015）。在生产得克隆的工厂，在直接接触得克隆生产的工人体内全血中得克隆的含量为 171～2958 ng/g lw，在同一工厂不接触得克隆生产运输的工人全血中得克隆的含量为 165～687 ng/g lw（Zhang et al.，2013）。Brasseur 等研究了法国居民血清中的得克隆及其类似物的含量水平，发现浓度顺序为 Dec 603>得克隆>灭蚁灵>Dec 602，其中得克隆的浓度为（1.40±1.40）ng/g lw（Brasseur et al.，2014）。同在西欧的挪威居民体内的 Dec 602 浓度为 0.18 ng/g lw，顺式和反式得克隆的含量分别为 0.45 ng/g lw 和 0.85 ng/g lw（Cequieret al.，2015）。韩国居民体内得克隆含量的中值是 0.75 ng/g lw，Dec 602 含量与得克隆相当为 0.67 ng/g lw，Dec 603 和灭蚁灵的含量较低，而 Deco 604 则低于检测限（Kim et al.，2016）。在中国莱州湾附近居民体内的得克隆含量的均值为 3.6 ng/g lw（He et al.，2013）。罗超等（2013）在频繁接触电脑的大学生血清中检测到的顺式得克隆和反式得克隆残留量分别为（33.44±12.39）$\times 10^{-9}$ mg/mL 和（38.74±21.14）$\times 10^{-9}$ mg/mL。Qiao 等（2018）研究了南方大学生中头发和血清中的得克隆的含量水平，发现头发中的总的得克隆含量在 nd～5.45 ng/g dw。

得克隆在母乳以及胎盘等的检出揭示了得克隆可能通过母婴传递对胎儿以及婴幼儿产生暴露风险。Siddique 等（2012）在加拿大母乳中测得的得克隆含量为 0.98 ng/g lw。Ben 等（2013）研究了浙江温岭电子垃圾拆解地居民中的母乳和母血中的得克隆和 Cl_{11}-得克隆，发现在该地居住 20 年以上的普通人群中得克隆含量远高于居住 3 年内的普通人群，说明得克隆可以在人体内累积。在针对该地区的另一研究中，Ben 等（2014）发现胎盘有一定的阻断得克隆的功能，脐带血中得克隆的含量为母血的 0.35～0.45。

8.5 我国典型地区得克隆的风险简介

8.5.1 得克隆环境风险概述

得克隆作为一种非增塑型阻燃剂世界上只有两家公司生产，美国 OxyChem 年产量在 500～5000t，淮安安邦公司年产量在 300～1000 t。得克隆的生产使用量与已列入《斯德哥尔摩公约》的物质相比处于中等产量水平，与林丹、六氯丁二烯等的产量相当，低于短链氯化石蜡等高吨位的化工产品。

目前还没有得克隆被禁止生产和使用的报道，美国环境保护署将其确定为高产量化学品。2017 年 9 月，得克隆被列入欧洲化学品管理局（ECHA）发布的高关注物质清单，并认为其是高持久性与高生物富集性的物质。

几种得克隆类物质的 $\log K_{OW}$ 均大于 7，满足公约附件 D 对生物富集性的要求（$\log K_{OW}>5$）。此外，实验研究表明得克隆在鲮鱼、鲫鱼、水蛇、大型溞等水生生物中的生物富集因子均大于 5000。一个关于食物链的研究发现 *syn*-得克隆、*anti*-得克隆、得克隆的生物放大因子值分别为 2.31、3.27、3.14。目前尚没有关于得克隆在高等哺乳动物中的富集因子的研究，但在海洋哺乳动物海豚中有得克隆及其类似物的检出。有研究报道 Dec 602 生物富集性高于得克隆。同时本实验室研究发现人类的血液、头发等组织中有得克隆的检出。本实验室在电子垃圾拆解地的研究还发现，得克隆在鸭子和野生青蛙的不同组织中的富集有差异性，Dec 602 在鸭子鸭蛋的子代传输率大于 1。因此我们认为得克隆及其类似物符合公约附件 D 中关于生物富集性的筛选标准。

得克隆可以通过大气和海洋传输进行远距离传输，其在大气与水中的持久性证明其具备远距离传输的能力。同时文献报道了在世界上偏远的地区包括南北极、西藏地区的海水、植物、沉积物、空气等环境样品中都有得克隆的存在，印证了其远距离传输潜能。综合来讲，得克隆符合公约附件 D 关于远距离传输潜能的标准。同时环境化学与生态毒理学国家重点实验室的结果也表明，得克隆和类似物 Dec 602 在西藏地区的松萝中检出。

得克隆的毒性不高，没有急性毒性，有一定的亚急性毒性表现。针对得克隆的毒理学效应显示高剂量的得克隆可以穿过血脑屏障造成斑马鱼的神经毒性，对大鼠和人类乳腺癌细胞（MCF-7）具有雌激素效应以及在大鼠肝脏累积并造成氧化损伤。环境化学与生态毒理学国家重点实验室关于得克隆类似物 Dec 602 的毒理学研究表明，Dec 602 的低剂量连续暴露可以引起小鼠的免疫系统失衡。

得克隆类化合物在各种环境介质如大气、水、沉积物、土壤和生物体中都普遍存在。根据环境化学与生态毒理学国家重点实验室关于生产地环境、职业工人以及电子垃圾拆解地的研究表明，典型地区人群会面临比普通地区人群更高的得克隆的暴露风险。虽然得克隆的毒性较低，但实验室结果也表明，低剂量连续暴露 Dec 602 也会引起小鼠的免疫毒性，Dec 602 和得克隆均具有高的生物富集性，长期累积是否会造成风险尚未可知，这些还需要进一步的研究进行揭示。

虽然涉及得克隆生产的企业只有两家，但作为非增塑型阻燃剂，得克隆产品可能涉及的下游企业有电子元件加工、电器制造等。作为阻燃剂只要有相关阻燃功能的化合物和产品都可以替代它，但由于得克隆本身是作为替代品被生产，因此关于得克隆替代品尚没有报道。目前得克隆尚未在发达国家与发展中国家的生产和使用受到限制。但是发达国家例如美国、日本对卤代阻燃剂的需求量已经逐步放缓，而亚洲市场（除日本）之外，对阻燃剂的需求量持续增长。得克隆作为新型的氯代阻燃剂受到越来越广泛的使用，虽然目前尚未报道有国家和地区管控得克隆的使用和生产，但未来无卤代阻燃剂取代卤代阻燃剂必将是主流的环保方向。关于得克隆的风险管理需要更详细的行业资料的支撑，包括其生产企业和可能涉及的下游企业。

8.5.2　工厂周边地区得克隆环境风险

动物实验表明得克隆的急性毒性较低，但是亚急性毒理学效应实验表明，长期皮肤接触和吸入高浓度的得克隆会造成肺部、肝脏和生殖系统组织病变等。高剂量的得克隆对大鼠具有雌激素效应，并且会产生肝脏的氧化损伤。但动物实验的结果可能并不适用于人类。按照得克隆在淮安地区大气中的中值计算得到的儿童和成人的日均暴露量为 7.90 ng/（kg·d）和 2.45 ng/（kg·d），而根据中国 51 个城市的大气中的得克隆含量的均值计算所得的儿童和成人通过大气的日均得克隆暴露量为 0.01 ng/（kg·d）和 0.003 ng/（kg·d），工厂周围的暴露量对于儿童和成人来说分别是其他地区的 790 倍和 817 倍（王洁，2010）。表明在生产地人群的得克隆暴露风险高于其他地区。采用高暴露参数，在得克隆环境浓度高的得克隆生产地淮安，计算得到得克隆的儿童和成人的日均总暴露量分别是 65.9 ng/（kg·d）和 13.7 ng/（kg·d）（王洁，2010）。得克隆毒性较低，根据对大鼠的 5000 mg/（kg·d）的无明显毒性作用水平，计算得到的暴露限值为［5000 mg/（kg·d）/65.9 ng/（kg·d）$=7.6\times10^7$］，采用 1000 的不确定度作为是否存在风险（<1000 表示存在一定的风险）的参照值，即使是在得克隆暴露风险最高的生产地周边地区，人体的得克隆暴露量也远远没有达到会造成风险的水平。

8.6　研究案例——职业暴露人群血液和头发中得克隆浓度水平

8.6.1　材料与方法

8.6.1.1　样品采集

2004 年，江苏安邦电化公司开始生产 DP，每年的产量大约在 300～1000 t 之间。迄今为止，大约共生产 2100～7000 t 的 DP。生产厂的工人是 DP 的高暴露人群。为了研究 DP 长期暴露的人体健康风险，张海东等在 2011 年 11 月进行了 DP 生产工人的相关样品的采集工作，他们的工作与 DP 的生产厂合作进行。

将采集的人群分为三组，第一组（A 组，24 人）来自直接参与 DP 生产过程的部门，也包括研磨、运输、包装等工序；第二组（B 组，12 人）与第一组工人来自同一工厂，但是其工作并不涉及 DP 生产过程，主要是进行产品质量检验分析的技术人员；第三组（C 组，12 人）来自于其他工厂的工人，该工厂与 DP 生产厂的距离为 3 km。以上参与者均签署书面文件同意提供血液或头发样品。样品采集前，所有参与人员都填写了调查问卷，提供了相关信息，如年龄、性别、职业史，以及职业暴露防护设备的使用情况等（表 8.6）。

表 8.6 样品提供人员的个人信息调查表

人员类别	人数	年龄	性别		工作年限（年）	参与 DP 生产的时间（年）	是否配备防护用品
			男	女			
第一组	24	35～55	21	3	14～33	1～8	无
第二组	12	33～45	3	9	13～23	0	无
第三组	12	32～52	10	2	17～32	0	无

全血样品采用医用真空采血管进行采集，每人采集血液量约为 20 mL，头发样品在获得前要求提供者用洗发液先清洗头发，剪发后得到 2～3 g 头发样品并用铝箔包裹好。以上血液和头发样品保存在 4℃，之后运回实验室，并保存在–20℃冰箱中。

8.6.1.2 标品和试剂

正己烷，二氯甲烷（农残级）购自 J.T.Baker（NJ，USA），壬烷（色谱纯）购自 Sigma-Aldrich（USA），硅胶（70-230 目）购自 Merck（Darmstadt，Germany），无水硫酸钠从北京化学公司购得。*syn*-DP 和 *anti*-DP 标准物质（50 mg/mL，纯度 > 95%），以及回收率内标 $^{13}C_{12}$ -PCB-138，定量内标 $^{13}C_{12}$ -PCB-209 购自 Wellington Laboratories（Guelph，ON，Canada）。DP 商品样由得克隆生产厂提供。牛全血购自于中国上海的 Perfemiker 公司。进行方法验证的头发样品采集自中国科学院生态环境中心附近的理发店。

8.6.1.3 样品准备

头发样品：洗净后剪碎为 2～3 mm 大小。

ASE：人体头发样品采用 ASE。与 10 g 无水 Na_2SO_4 混匀后装入 34 mL 不锈钢萃取池中（萃取池在使用前用二氯甲烷超声清洗两次，并再用二氯甲烷空提一次），加入 1 ng 的 $^{13}C_{12}$ -PCB-209 作为净化内标。提取溶剂：正己烷：二氯甲烷（1：1，*v/v*）；头发样品提取温度为 100℃；压力：1500 psi；静态时间：8 min；净化时间：120 s；冲洗体积：60%；两个循环。

洗脱柱洗脱：全血样品与 50 g 无水硫酸钠混匀，研磨为极细小颗粒。然后装柱（柱子底部预填入 1～2 cm 的无水硫酸钠，再填入研磨后的样品混合物，后用 1～

2 cm 的无水硫酸钠覆盖）。洗脱液为正己烷：二氯甲烷（1∶1，*v/v*）。

净化：全血和头发样品的提取液用旋转蒸发仪浓缩至约 2 mL。浓缩后的提取液用复合硅胶柱净化。先用 70 mL 正己烷预淋洗硅胶柱，上样后再用 100 mL 正己烷洗脱，洗脱液旋转蒸发浓缩后转移至 KD 管中，氮吹至 1 mL 左右转移到进样小瓶，最后分别浓缩至 20 μL 壬烷中。上机前加入 1.0 ng 的 $^{13}C_{12}$ 标记的进样内标。具体流程图见图 8.5。

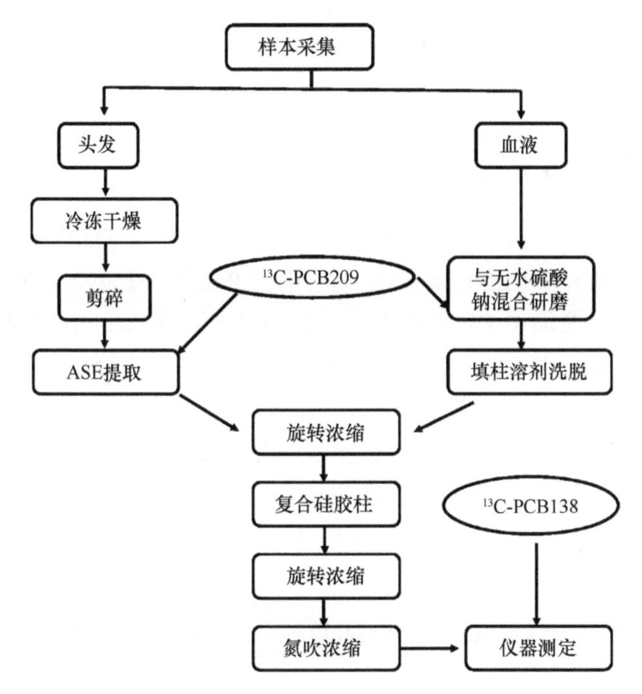

图 8.5　环境和人体样品中 DP 的前处理流程图

8.6.1.4　仪器条件

用岛津 2010 Ultra 气相色谱-质谱联用仪（GC/MS，SHIMADZU 2010 Ultra，Japan）进行样品分析，离子源为负化学源。采用 DB-5MS 毛细管色谱柱（15 m × 0.25 mm i.d. × 0.1 μm，J&W Scientific），载气为氦气，反应气是甲烷，流速为 1 mL/min，采用不分流进样。离子源、进样口、传输线的温度分别为 200℃、285℃、285℃。选择离子检测模式。

8.6.1.5　质量控制

DP 在牛全血空白和头发空白样品中均未检出。在 5 g 牛全血和 2 g 头发样品中加入 500 pg 的商品 DP 及 1 ng 的 ^{13}C-PCB-209 进行加标实验，牛全血和头发中

DP 的回收率分别为 89.7% ± 9.4%和 92.3% ± 5.3%（均值±SD，n = 6）。在牛全血和头发样品中，内标物 ^{13}C-PCB-209 的回收率分别为 91.2% ± 12.8%和 89.7% ± 15.2%（均值 ± SD，n = 6）。检测限定义为 3 倍信噪比，血液和头发样品中 *syn*-DP 和 *anti*-DP 的方法检测限分别为 0.846 ng/g lw 和 0.592 ng/g lw，0.018 ng/g dw 和 0.013 ng/g dw。实际血液和头发样品检测分析时都加入内标物，内标物 $^{13}C_{12}$-PCB-209 在人体血液样品和头发样品中的回收率范围分别为 86.3%～114.6%，82.2%～121.8%。每分析 10 个样品要做一次实验室空白，在空白样品中没有 DP 检出。

8.6.2 结果与讨论

8.6.2.1 血液中 DP 的浓度水平

DP 在所有 47 个全血样品中都有检出（参见表 8.7）。∑DP 浓度范围为 89.8～2958 ng/g lw（中值：456 ng/g lw），这个结果比 Ren 等（2009）所报道的我国电子垃圾拆解地区工人血清中 DP 的浓度值（7.8～465 ng/g lw，中值为 42.6 ng/g lw）高出 10 倍以上。A、B、C 三组人群全血中检测出的 DP 浓度呈现出下降趋势：A 组（171～2958 ng/g lw，均值为 857 ng/g lw）> B 组（165～687 ng/g lw，均值为 350 ng/g lw）> C 组（89.8～513 ng/g lw，均值为 243 ng/g lw）（图 8.6）。此外，在 A 组与 B 组、A 组与 C 组人群全血中的 DP 浓度之间存在着显著性差异（A *vs.* B，p=0.014，A *vs.* C p=0.023），然而在 B 组和 C 组之间并不存在显著性差异（p=0.457）。

表 8.7 三组人群血液和头发样品中 *syn*-DP，*anti*-DP 和∑DP 的浓度

	A组		B组		C组	
	血液（n=23）	头发（n=22）	血液（n=12）	头发（n=11）	血液（n=12）	头发（n=10）
syn-DP	386（80.4~1242）	279（89.1~799）	143（69.4~302）	102（13.0~379）	106（47.6~252）	28.5（1.88~142）
anti-DP	471（90.6~1716）	158（82.3~1360）	207（95.8~385）	158（14.7~545）	207（42.2~339）	53.3（2.20~213）
∑DP	857（171~2958）	260（171~2159）	350（165~687）	260（27.7~924）	243（89.8~513）	81.7（4.08~356）
f_{anti}	0.54（0.35~0.72）	0.56（0.48~0.63）	0.60（0.53~0.76）	0.59（0.46~0.79）	0.61（0.43~0.69）	0.60（0.48~0.79）
标准偏差	0.108	0.102	0.087	0.081	0.076	0.084

顺式（*syn*-DP）或反式（*anti*-DP）的丰度通常用来解释 DP 在环境中的归趋，本节选用 *anti*-DP 的丰度 f_{anti}。f_{anti} 可以用下面的公式表示：

$$f_{anti} = [anti\text{-DP}]/([anti\text{-DP}] + [syn\text{-DP}])$$

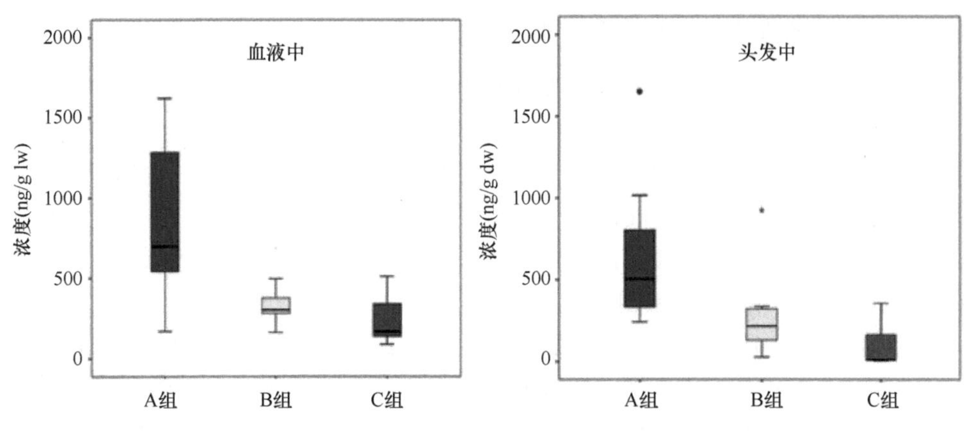

图 8.6 A、B 和 C 三组人群血液和头发样品浓度对比

式中，f_{ant}表示 *anti*-DP 占总 DP 浓度的比值；[*anti*-DP]表示 *anti*-DP 的浓度；[*syn*-DP]表示 *syn*-DP 的浓度。

商品 DP 的反式丰度值f_{anti}并不是恒定不变的，文献报道的f_{anti}值在 0.60～0.80 之间变化（Ben et al.，2013）。该研究中对安邦生产的商品 DP 分析得到的f_{anti}值为 0.68 ± 0.01（n=4）。

该研究测得的血液中的f_{anti}值范围在 0.35～0.76（均值：0.56 ± 0.10）之间，A、B、C 三组人群中测得的全血中的f_{anti}均值分别为 0.54（A）、 0.60（B）、0.61（C）。A 组人群全血的f_{anti}值要略低于其他两组人群，然而三组全血样品的f_{anti}值相互之间并没有表现出显著的差异性。此外，图 8.7 对比了该研究与文献报道的人体中f_{anti}值，整体上职业暴露人群体内的f_{anti}值要低于一般居民。该研究中的f_{anti}值与 Ren 等报道的电子垃圾拆解工人体内的f_{anti}值相似（贵屿和对照区濠江的f_{anti}均值分别为 0.57 和 0.63）（Ren et al.，2009）。

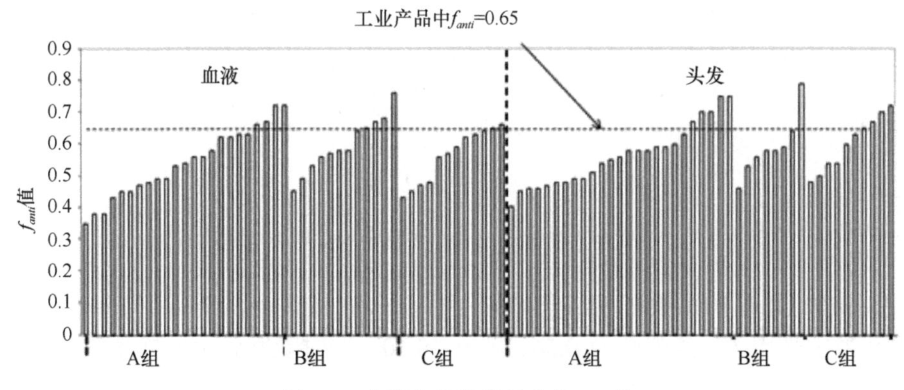

图 8.7 血液和头发样品中的f_{anti}值

8.6.2.2 头发中 DP 的浓度水平

DP 的两种异构体在所有的头发样品中均有检出（参见表 8.7）。浓度范围为 4.08～2159 ng/g dw。和血液中的 DP 浓度分布趋势相似，A 组人群头发中检出的浓度最高(171～2159 ng/g dw，平均 667 ng/g dw)，其次为 B 组(27.7～924 ng/g dw)，最低的是 C 组（4.08～356 ng/g dw）。同样 A 组与 B 组以及 A 组与 C 组之间也存在着显著的差异性（A *vs*. B，p=0.033；A *vs*. C p=0.030；B *vs*. C，p=0.967），这与在血液样品中观察到的结果相一致。

Zheng 等（2010）对我国华南地区不同人群进行了研究，发现电子垃圾拆解地区工人的头发样品中 DP 浓度（均值 15.4 ng/g dw）要高于该地区其他居民头发中 DP 的浓度（均值 6.08 ng/g dw），与本研究观察到的趋势相一致。图 8.8 对比了该研究与文献报道的人体中 DP 浓度水平，可以看出 DP 生产工人体内（血液和头发）DP 浓度处于较高水平，要高于电子垃圾拆解地区工人以及一般居民体内的 DP 浓度。

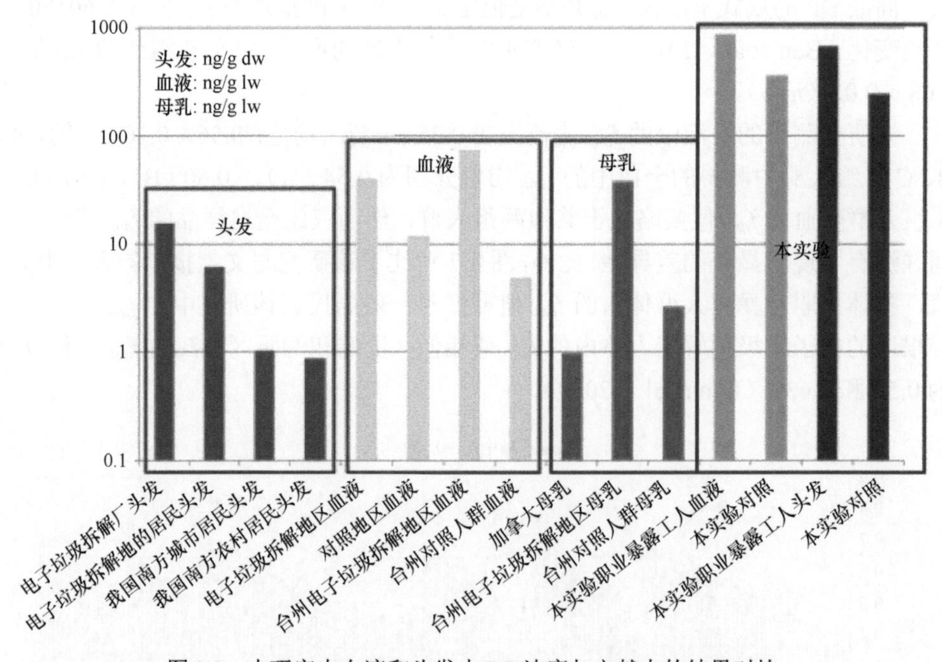

图 8.8 本研究中血液和头发中 DP 浓度与文献中的结果对比

头发中 f_{anti} 值的范围在 0.46～0.79 之间（平均 0.54 ± 0.09），A、B、C 三组人群的头发中平均 f_{anti} 值分别为 0.56、0.59、0.60。同时观察到头发样品中 f_{anti} 值与全血中具有相似的分布趋势。

8.6.2.3　DP 立体选择异构的生物转化的可能性

通常可以用 f_{anti} 值来评价 DP 两种异构体立体选择性生物转化的可能性（Tomy et al.，2007；Siddique et al.，2012）。文献报道的大气中的 f_{anti} 值是稳定的，与商品 DP 的 f_{anti} 值相似（Wang et al.，2010.）。而且，Qiu 等（2008）研究表明 f_{anti} 值在距离工厂源超过 1000 km 的其他环境介质如树皮中也保持了相对的稳定，与商品 DP 的 f_{anti} 值相似。另一方面，对北美安大略湖的银白鱼（smelt）、白鱼类（alewife）（Tomy et al.，2007）等水生生物的研究显示 *syn*-DP 可能出现立体选择性富集或累积，导致出现水生生物体内 f_{anti} 值较低的现象。该研究在职业暴露工人的血液和头发样品中也观察到了较低的 f_{anti} 值，暗示其在人体内可能出现立体选择性生物累积或生物转化。之前对电子垃圾拆解地区的研究显示，该地区工人血液中的 f_{anti} 值也低于商品 DP 的 f_{anti} 值，作者认为这一现象是由于电子垃圾燃烧导致 DP 异构体的降解（Ren et al.，2009）。该研究的实验中较低的 f_{anti} 值可能是由于 *syn*-DP 在职业暴露工人的体内出现立体选择性生物累积或生物转化，但仍然需要进一步的研究加以证实。

8.6.2.4　血液和头发中 DP 的浓度关系

在所有的参与者中，从 41 位参与者身上同时采集到血液样品和头发样品。将采自同一个人的血液和头发作为对应，发现血液和头发的 DP 浓度对数值之间存在显著的正相关性（$p<0.05$）（图 8.9）。这一结果与 Zheng 等在我国华南电子垃圾拆

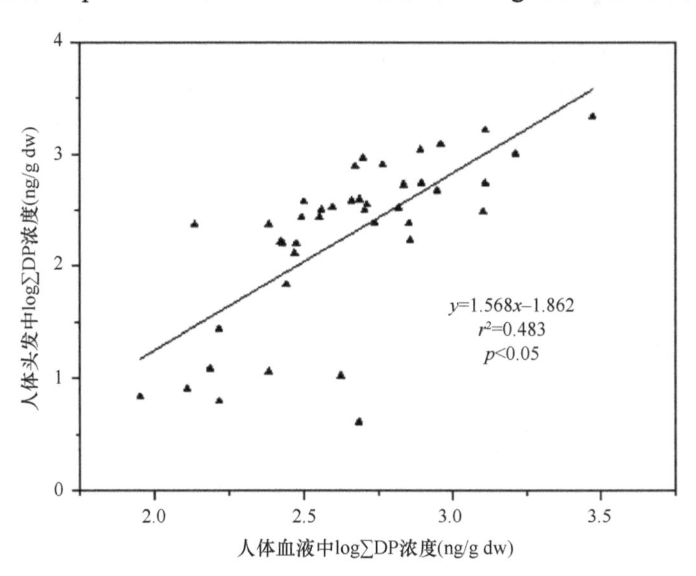

图 8.9　血液和头发 ΣDP 浓度之间的相关性

解地区的室内灰尘与头发样品的浓度之间的研究结果相一致，他们也发现了相似的关系。此外，血液和对应的头发样品中的 f_{anti} 值之间也存在着显著的正相关（$p<0.05$）关系，见图 8.10。

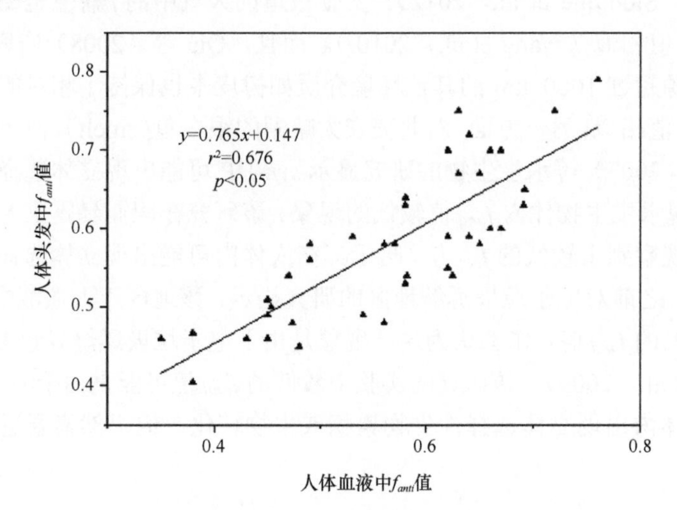

图 8.10 血液和头发 f_{anti} 值之间的相关性

8.6.2.5 DP 浓度水平与暴露时间的关系

对所有参与者的年龄、性别、工作时间与 DP 浓度之间的关系进行了调查。所有 48 位参与者的平均年龄是 42 岁（从 32～55 岁），其中女性为 14 人，男性为 34 人。在血液（头发）样品中，DP 浓度与年龄和性别之间并不存在相关性。但是在对职业暴露工人所在的 A 组进行分析中，发现 *syn*-DP、*anti*-DP 以及∑DP 的对数浓度与工作时间之间存在着显著的正相关关系（图 8.11 和图 8.12）。从图中可以看

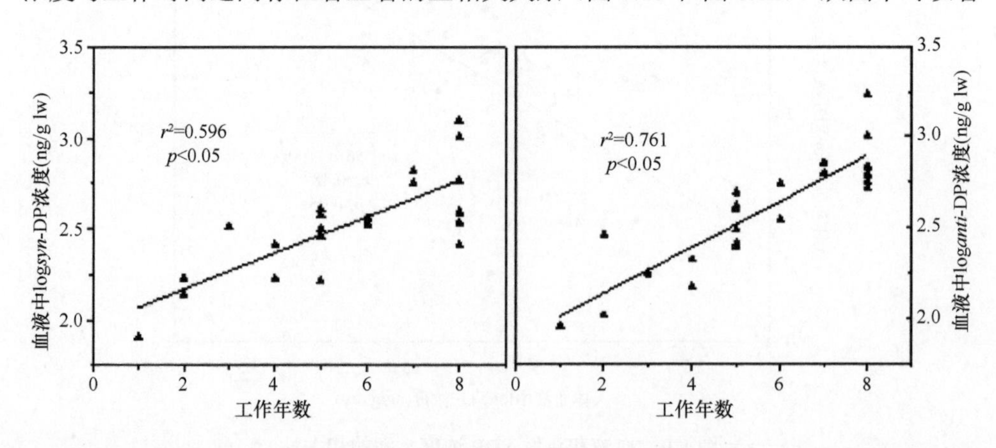

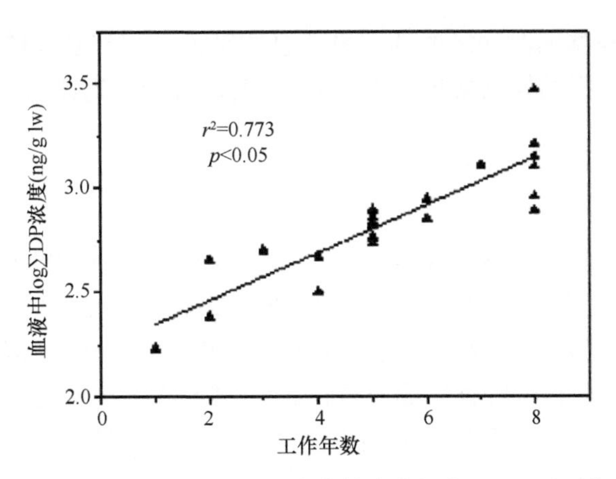

图 8.11　*syn*-DP，*anti*-DP 和 ΣDP 在人体血液中的浓度与在 DP 工厂工作时间之间的相关性

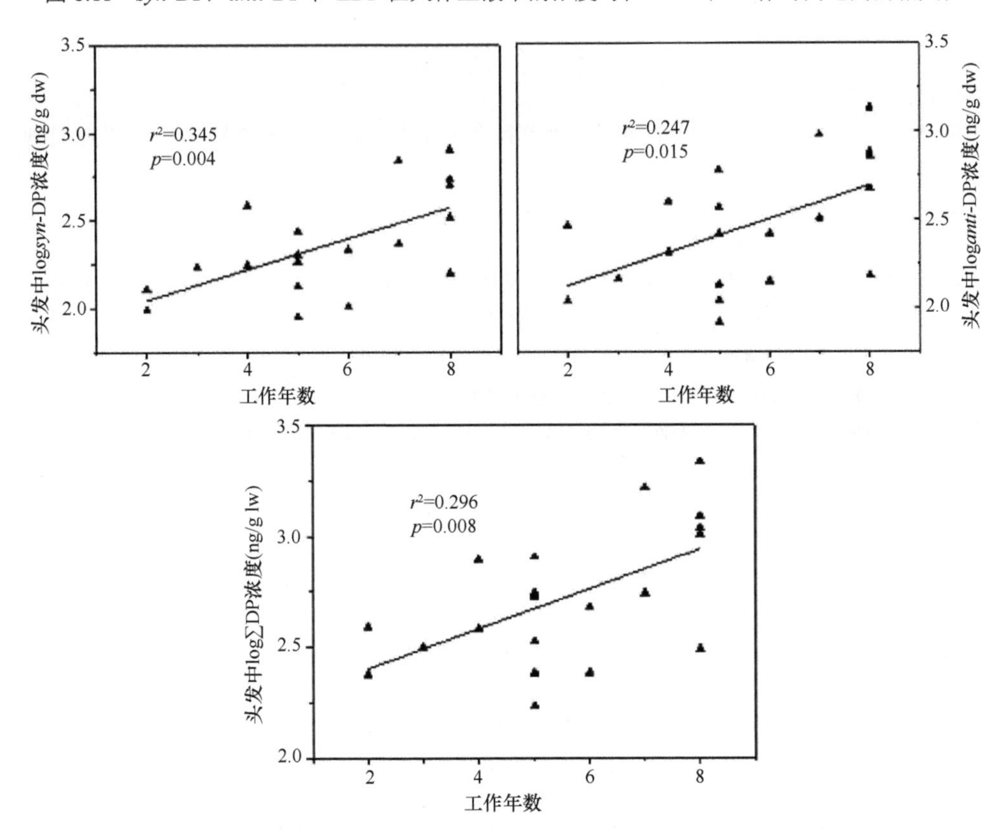

图 8.12　*syn*-DP，*anti*-DP 和 ΣDP 在人体头发中的浓度与在 DP 工厂工作时间之间的相关性

出随着暴露时间的增加，职业暴露工人体内 DP 发生了明显的生物累积现象，这表明 DP 对职业暴露人群具有潜在的健康风险。此外，全血浓度与暴露时间之间的相

关性要强于头发与暴露时间之间的关系。总体来说，对于血液样品来说，头发样品具有易获得且无损的样品采集优势，因此头发适合于作为评价 DP 暴露风险的生物指示剂。

8.6.3 小结

本章研究发现职业暴露工人体内（血液和头发）DP 的浓度要高于对照人群，且工人体内 DP 浓度随工人暴露时间的增加发生累积，因此 DP 的职业暴露应该得到重视。血液样品和头发样品中的 f_{anti} 值要低于商品 DP 的 f_{anti} 值，表明在人体内可能发生异构体的立体选择性富集或转化。目前 DP 在职业暴露工人体内富集是否会对工人身体健康造成不利的影响尚不清楚，而且其对职业暴露人群的潜在长期风险仍需要进一步的研究。

参 考 文 献

常叶倩, 于文汐, 俞爽, 等. 2017. 氯代阻燃剂得克隆对纤细裸藻的生态毒性效应[J]. 生态毒理学报, (3): 366-372.

陈香平, 黄长江, 陈元红, 等. 2017. 铅和得克隆联合暴露对斑马鱼胚胎的神经毒性作用[J]. 生态毒理学报, (3): 309-316.

高珊等. 2012. 大连食用鱼体内得克隆污染情况及人体暴露风险研究[A]. 持久性有机污染物论坛 2012 暨第七届持久性有机污染物全国学术研讨会论文集.

巩宁, 邵魁双, 贾宏亮, 等. 2013. 氯代阻燃剂得克隆在大连黄海海域潮间带不同环境介质中的含量及生物富集[J]. 海洋环境科学, 32(5): 674-678.

黄磊, 等. 2012. 得克隆在小鼠脑及肝内的富集特点研究, 持久性有机污染物论坛暨第七届持久性有机污染物全国学术研讨会论文集.

姜涛. 2011. 氯代阻燃剂得克隆(Dechlorane Plus)对海藻的生物毒性及生物富集[D]. 大连: 大连海事大学.

景德请. 2014. 得克隆对孔石莼幼体发育的影响及其机制分析[D]. 大连:大连海事大学.

李健超. 2016. 得克隆对 MCF-7 细胞蛋白表达谱的影响[D]. 大连: 大连海事大学.

林敏. 2014. 杭州市室内空气中典型卤代阻燃剂的污染水平与污染特征[D]. 杭州: 浙江工业大学.

刘志远. 2014. 得克隆的类雌激素效应研究[D]. 大连: 大连海事大学.

罗超, 李文龙, 李百祥. 2013. 大学生血清中新型阻燃剂得克隆残留分析[J]. 中国公共卫生, 29(8): 1236-1236.

孙莹, 王晓溪, 李百祥, 等. 2014. 氯化阻燃剂得克隆对大鼠环境激素作用[J]. 中国公共卫生, 30(9): 1163-1165.

王爱媛. 2012. 氯代阻燃剂得克隆对大型溞的毒性研究[D]. 大连: 大连海事大学.

王洁. 2010. 得克隆的源、排放以及人体暴露评价研究[D]. 大连: 大连海事大学.

魏葳. 2014. 环境多介质中得克隆类物质的分析方法及应用[D]. 大连: 辽宁师范大学.

禹甸, 李志刚, 鲜啟鸣. 2017. 得克隆生产厂周边环境中得克隆的污染水平及分布特征[J]. 南京大学学报(自然科学), 53(2): 301-308.

袁陆妗, 陆光华, 叶秋霞, 等. 2013. 环境中得克隆的蓄积及毒理学效应[J]. 环境与健康杂志, 30(6): 550-553.

张鸿雁, 李硕, 陈胜文. 2015. 得克隆生物累积及毒性效应[J]. 上海第二工业大学学报, 32(4): 290-297.

周娜娜. 2011. 扎龙湿地得克隆类物质残留与生物富集效应研究[D]. 哈尔滨: 哈尔滨工业大学.

Barón E, Máñez M, Andreu A C, et al. 2014. Bioaccumulation and biomagnification of emerging and classical flame retardants in bird eggs of 14 species from Doñana Natural Space and surrounding areas (South-western Spain)[J]. Environmental International, 68, 118-126.

Barón E, Dissanayake A, Vilàcano J, et al. 2016. Evaluation of the genotoxic and physiological effects of decabromodiphenyl ether (BDE-209) and dechlorane plus (DP) flame retardants in marine mussels (*Mytilus galloprovincialis*)[J]. Environmental Science & Technology, 50(5): 2700-2708.

Ben Y J, Li X H, Yang Y L, et al. 2013. Dechlorane plus and its dechlorinated analogs from an e-waste recycling center in maternal serum and breast milk of women in Wenling, China[J]. Environmental Pollution, 173(1): 176-181.

Ben Y J, Li X H, Yang Y L, et al. 2014. Placental transfer of dechlorane plus in mother-infant pairs in an e-waste recycling area(Wenling, China)[J]. Environmental Science & Technology, 48(9): 5187-5193.

Brasseur C, Pirard C, Scholl G, et al. 2014. Levels of dechloranes and polybrominated diphenyl ethers (PBDEs) in human serum from France[J]. Environment International, 65(2): 33-40.

Brock W J, Schroeder R E, Mcknight C A, et al. 2010. Oral repeat dose and reproductive toxicity of the chlorinated flame retardant dechlorane plus.[J]. International Journal of Toxicology, 29(6): 582.

Cao Z, Xu F, Covaci A, et al. 2014. Distribution patterns of brominated, chlorinated, and phosphorus flame retardants with particle size in indoor and outdoor dust and implications for human exposure[J]. Environmental Science & Technology, 48(15): 8839-8846.

Cequier E, Marcé R M, Becher G, et al. 2015. Comparing human exposure to emerging and legacy flame retardants from the indoor environment and diet with concentrations measured in serum[J]. Environment International, 74(74): 54.

Chen S J, Tian M, Wang J, et al. 2011. Dechlorane plus (DP) in air and plants at an electronic waste (e-waste) site in South China[J]. Environmental Pollution, 159(5): 1290-1296.

Chen D, Wang Y, Yu L, et al. 2013. Dechlorane plus flame retardant in terrestrial raptors from northern China[J]. Environmental Pollution, 176(5): 80.

Chen K, Zheng J, Yan X, et al. 2015. Dechlorane plus in paired hair and serum samples from e-waste workers: Correlation and differences[J]. Chemosphere, 123: 43-47.

Gauthier L T. 2011. The effects of dechlorane plus on toxicity and mRNA expression in chicken embryos: A comparison of *in vitro* and *in ovo* approaches[J]. Comp Biochem Physiol C Toxicol Pharmacol, 154(2): 129-134.

De l T A, Sverko E, Alaee M, et al. 2011. Concentrations and sources of dechlorane plus in sewage sludge[J]. Chemosphere, 82(5): 692-697.

De l T A, Alonso M B, Martínez M A, et al. 2012. Dechlorane-related compounds in franciscana dolphin (*Pontoporia blainvillei*) from southeastern and southern coast of Brazil[J]. Environmental Science & Technology, 46(22): 12364-12372.

Dou J, Jin Y, Li Y, et al. 2015. Potential genotoxicity and risk assessment of a chlorinated flame retardant, dechlorane Plus[J]. Chemosphere, 135: 462.

ECHA. 2017. Candidate List of substances of very high concern for Authorisation [R]. https: //echa.europa.eu/documents/10162/13638/ec__dechlorane_plus_annex_xv_svhc_en.pdf/2b729df8-a54f-1485-f77b-185457d96fbd.

Fang M, Kim J C, Chang Y S. et al. 2014. Investigating dechlorane plus (DP) distribution and isomer specific adsorption behavior in size fractionated marine sediments[J]. Science of the Total Environment, 481(1): 114-120.

Feng Y, Tian J, Xie H Q, et al. 2016. Effects of acute low-dose exposure to the chlorinated flame retardant dechlorane 602 and Th1 and Th2 immune responses in adult male mice[J]. Environmental Health Perspectives, 124(9): 1406.

Gauthier L T, Letcher R J. 2009. Isomers of Dechlorane Plus flame retardant in the eggs of herring gulls (*Larus argentatus*) from the Laurentian Great Lakes of North America: Temporal changes and spatial distribution[J]. Chemosphere, 75(1): 115-120.

Guerra P, Fernie K, Jiménez B, et al. 2011. Dechlorane plus and related compounds in peregrine falcon (*Falco peregrinus*) eggs from Canada and Spain[J]. Environmental Science & Technology, 45(4): 1284.

Guo J, Venier M, Salamova A, et al. 2017. Bioaccumulation of dechloranes, organophosphate esters, and other flame retardants in Great Lakes fish[J]. Science of the Total Environment, 583: 1-9.

Hassan Y, Shoeib T. 2015. Levels of polybrominated diphenyl ethers and novel flame retardants in microenvironment dust from Egypt: An assessment of human exposure[J]. Science of the Total Environment, 505(505C): 47-55.

He S, Li M, Jin J, et al. 2013. Concentrations and trends of halogenated flame retardants in the pooled serum of residents of Laizhou Bay, China[J]. Environmental Toxicology & Chemistry, 32(6): 1242-1247.

He M J, Luo X J, Wu J P, et al. 2014. Isomers of dechlorane plus in an aquatic environment in a highly industrialized area in Southern China: Spatial and vertical distribution, phase partition, and bioaccumulation[J]. Science of the Total Environment, 481(1): 1-6.

Hoh E, Lingyan Zhu A, Hites R A D. 2006. Dechlorane plus, a chlorinated flame retardant, in the Great Lakes[J]. Environmental Science & Technology, 40(4): 1184-1189.

Ismail N, Gewurtz S B, Pleskach K, et al. 2009. Brominated and chlorinated flame retardants in Lake Ontario, Canada, lake trout (*Salvelinus namaycush*) between 1979 and 2004 and possible influences of food-web changes[J]. Environmental Toxicology & Chemistry, 28(5): 910-920.

Jia H, Sun Y, Liu X, et al. 2011. Concentration and bioaccumulation of dechlorane compounds in coastal environment of northern China[J]. Environmental Science & Technology, 45(7): 2613.

Kang J H, Kim J C, Jin G Z, et al. 2010. Detection of dechlorane plus in fish from urban-industrial rivers[J]. Chemosphere, 79(8): 850-854.

Kang H, Moon H B, Choi K. 2016. Toxicological responses following short-term exposure through gavage feeding or water-borne exposure to dechlorane plus in zebrafish (*Danio rerio*)[J]. Chemosphere, 146: 226.

Kim J, Son M H, Kim J, et al. 2014. Assessment of dechlorane compounds in foodstuffs obtained from retail markets and estimates of dietary intake in Korean population[J]. Journal of Hazardous

Materials, 275(2): 19-25.

Kim J, Son M H, Shin E S, et al. 2016. Occurrence of Dechlorane compounds and polybrominated diphenyl ethers (PBDEs) in the Korean general population[J]. Environmental Pollution, 212: 330-336.

Li Y, Yu L, Zhu Z, et al. 2013a. Accumulation and effects of 90-day oral exposure to Dechlorane Plus in quail (*Coturnix coturnix*)[J]. Environmental Toxicology & Chemistry, 32(7): 1649.

Li Y, Yu L, Wang J, et al. 2013b. Accumulation pattern of Dechlorane Plus and associated biological effects on rats after 90 d of exposure[J]. Chemosphere, 90(7): 2149-2156.

Li L, Wang W, Lv Q, et al., 2014. Bioavailability and tissue distribution of Dechloranes in wild frogs (*Rana limnocharis*) from an e-waste recycling area in Southeast China[J]. Journal of Environment Sciences, 26(3): 636-642.

Liang X, Li W, Martyniuk C J, et al., 2014. Effects of dechlorane plus on the hepatic proteome of juvenile Chinese sturgeon (*Acipenser sinensis*)[J]. Aquatic Toxicology, 148(1): 83-91.

Möller A, Xie Z, Sturm R, et al. 2010. Large-scale distribution of dechlorane plus in air and seawater from the Arctic to Antarctica[J]. Environmental Science & Technology, 44(23): 8977.

Möller A, Xie Z, Cai M, et al. 2012. Brominated flame retardants and dechlorane plus in the marine atmosphere from Southeast Asia toward Antarctica[J]. Environmental Science & Technology, 46(6): 3141-3148.

Mo L, Wu J P, Luo X J, et al. 2013. Dechlorane Plus flame retardant in kingfishers (*Alcedo atthis*) from an electronic waste recycling site and a reference site, South China: influence of residue levels on the isomeric composition[J]. Environmental Pollution, 174(5): 57-62.

OxyChem. 2007. Dechlorane plus manual[R]. http://www.oxy.com/OurBusinesses/Chemicals/Products/Documents/dechloraneplus/dechlorane_plus.pdf.(Accessed Jun 2015).

Peng H, Wan Y, Zhang K, et al. 2014. Trophic transfer of dechloranes in the marine food web of Liaodong Bay, north China[J]. Environmental Science & Technology, 48(10): 5458-5466.

Peng Y, Wu J P, Tao L, et al. 2015. Accumulation of dechlorane plus flame retardant in terrestrial passerines from a nature reserve in South China: The influences of biological and chemical variables[J]. Science of the Total Environment, 514: 77.

Qi H, Liu L, Jia H, et al. 2010. Dechlorane plus in surficial water and sediment in a northeastern Chinese river[J]. Environmental Science & Technology, 44(7): 2305-2308.

Qiao L, Zheng X B, Yan X, et al. 2017. Brominated flame retardant (BFRs) and dechlorane plus (DP) in paired human serum and segmented hair[J]. Ecotoxicology & Environmental Safety, 147: 803-808.

Qiu X, Hites R A. 2008. Dechlorane plus and other flame retardants in Tree Bark from the Northeastern United States[J]. Environmental Science & Technology, 42(1): 31-36.

Ren N, Sverko E, Li Y F, et al. 2008. Levels and isomer profiles of dechlorane plus in chinese air[J]. Environmental Science & Technology, 42(17): 6476-80.

Ren G, Yu Z, Ma S, et al., 2009. Determination of dechlorane plus in serum from electronics dismantling workers in South China[J]. Environmental Science & Technology, 43(24): 9453-7.

Salamova A, Hites R A. 2010. Evaluation of tree bark as a passive atmospheric sampler for flame retardants, PCBs, and organochlorine pesticides[J]. Environmental Science & Technology, 44(16): 6196-201.

Salamova A, Hites R A. 2011. Dechlorane plus in the atmosphere and precipitation near the Great Lakes[J]. Environmental Science & Technology, 45(23): 9924.

Salamova A, Hites R A. 2013. Brominated and chlorinated flame retardants in tree bark from around the globe[J]. Environmental Science & Technology, 47(1): 349-54.

She Y Z, Wu J P, Zhang Y, et al. 2013. Bioaccumulation of polybrominated diphenyl ethers and several alternative halogenated flame retardants in a small herbivorous food chain[J]. Environmental Pollution, 174(5): 164.

Shen L, Reiner E J, Macpherson K A, et al. 2010. Identification and screening analysis of halogenated norbornene flame retardants in the Laurentian Great Lakes: Dechloranes 602, 603, and 604[J]. Environmental Science & Technology, 44(2): 760-6.

Shen L, Reiner E J, Helm P A, et al. 2011. Historic trends of dechloranes 602, 603, 604, dechlorane plus and other norbornene derivatives and their bioaccumulation potential in lake ontario[J]. Environmental Science & Technology, 45(8): 3333-40.

Shen L, Jobst K J, Reiner E J, et al. 2014. Identification and occurrence of analogues of dechlorane 604 in Lake Ontario sediment and their accumulation in fish[J]. Environmental Science & Technology, 48(19): 11170.

Siddique S, Xian Q, Abdelouahab N, et al. 2012. Levels of dechlorane plus and polybrominated diphenylethers in human milk in two Canadian cities[J]. Environment International, 39(1): 50-55.

Su G, Letcher R J, Moore J N, et al. 2015. Spatial and temporal comparisons of legacy and emerging flame retardants in herring gull eggs from colonies spanning the Laurentian Great Lakes of Canada and United States[J]. Environmental Research, 142(4): 720.

Sun Y, Luo X, Wu J, et al. 2012. Species- and tissue-specific accumulation of dechlorane plus in three terrestrial passerine bird species from the Pearl River Delta, South China[J]. Chemosphere, 89(4): 445-451.

Sun J, Zhang A, Fang L, et al. 2013. Levels and distribution of dechlorane plus and related compounds in surficial sediments of the Qiantang River in eastern China: The results of urbanization and tide[J]. Science of the Total Environment, 443(3): 194-199.

Sun Y X, Xu X R, Hao Q, et al. 2014. Species-specific accumulation of halogenated flame retardants in eggs of terrestrial birds from an ecological station in the Pearl River Delta, South China[J]. Chemosphere, 95(1): 442.

Sun R, Luo X, Li Q X, et al. 2017. Legacy and emerging organohalogenated contaminants in wild edible aquatic organisms: Implications for bioaccumulation and human exposure[J]. Science of the Total Environment, 616-617: 38-45.

Sverko E, Tomy G T, Marvin C H, et al. 2008. Dechlorane plus levels in sediment of the lower Great Lakes[J]. Environmental Science & Technology, 42(2): 361.

Sverko E, Harner L. 2010. Dechlorane plus in the global atmospheric passive sampling (GAPS) study[C]. Presented at Dioxin, San Antonio, TX, September. 12-17, #1505.

Sverko E. 2011. Determination of dechlorane plus in the environment[D]. PhD thesis, McMaster University. 44, 574-579.

Syed J H, Malik R N, Li J, et al. 2013. Levels, profile and distribution of dechloran plus (DP) and polybrominated diphenyl ethers (PBDEs) in the environment of Pakistan[J]. Chemosphere, 93(8): 1646.

Tao W, Zhou Z, Shen L, et al. 2015. Determination of dechlorane flame retardants in soil and fish at Guiyu, an electronic waste recycling site in south China[J]. Environmental Pollution, 206(1): 361-368.

Tomy G T, Kerri Pleskach, Nargis Ismail, et al. 2007. Isomers of dechlorane plus in lake Winnipeg and lake ontario food webs[J]. Environmental Science & Technology, 41(7): 2249-54.

Tomy G T, Thomas C R, Zidane T M, et al. 2008. Examination of isomer specific bioaccumulation parameters and potential *in vivo* hepatic metabolites of *syn*- and *anti*-dechlorane plus isomers in juvenile rainbow trout (*Oncorhynchus mykiss*)[J]. Environmental Science & Technology, 42(15): 5562.

UNEP. 2001. Final Act of the Conference of Plenipotentiaries on the Stockholm Convention on Persistent Organic Pollutants[R]. United Nations Environment Program: Geneva, Switzerland. 44.

USEPA. 2010. High Production Volume (HPV) Challenge[R]. http://www.epa.gov/chemrtk/pubs/summaries/dechlorp/c15635tc.htm (accessed August 2010).

Venier M, Hites R A. 2008. Flame retardants in the atmosphere near the Great Lakes[J]. Environmental Science & Technology, 42(13): 4745.

Venier M, Wierda M, Bowerman W W, et al. 2010. Flame retardants and organochlorine pollutants in bald eagle plasma from the Great Lakes region[J]. Chemosphere, 80(10): 1234-40.

Von E A, Pijuan L, Martí R, et al. 2015. Determination of dechlorane plus and related compounds (dechlorane 602, 603 and 604) in fish and vegetable oils[J]. Chemosphere, 144: 1256.

Wang D G, Meng Y, Hong Q, et al. 2010. An Asia-specific source of dechlorane plus: concentration, isomer profiles, and other related compounds[J]. Environmental Science & Technology, 44(17): 6608-13.

Wang L, Jia H, Liu X, et al. 2012. Dechloranes in a river in northeastern China: Spatial trends in multi-matrices and bioaccumulation in fish (*Enchelyopus elongatus*)[J]. Ecotoxicology & Environmental Safety, 84(10): 262-267.

Wang D G, Guo M X, Pei W, et al. 2015. Trophic magnification of chlorinated flame retardants and their dechlorinated analogs in a fresh water food web[J]. Chemosphere, 118: 293.

Wang P, Zhang Q, Zhang H, et al. 2016a. Sources and environmental behaviors of Dechlorane Plus and related compounds — A review[J]. Environment International, 88: 206.

Wang G, Peng J, Hao T, et al. 2016b. Distribution and region-specific sources of dechlorane plus in marine sediments from the coastal East China Sea[J]. Science of the Total Environment, 573: 389.

Wang G, Peng J, Hao T, et al. 2017. Effects of terrestrial and marine organic matters on deposition of dechlorane plus (DP) in marine sediments from the Southern Yellow Sea, China: Evidence from multiple biomarkers.[J]. Environmental Pollution, 230: 153.

Wu J P, Zhang Y, Luo X J, et al. 2010. Isomer-specific bioaccumulation and trophic transfer of dechlorane plus in the freshwater food web from a highly contaminated site, South China[J]. Environmental Science & Technology, 44(2): 606-11.

Wu B, Liu S, Guo X, et al. 2012. Responses of mouse liver to dechlorane plus exposure by integrative transcriptomic and metabonomic studies[J]. Environmental Science & Technology, 46(19): 10758-64.

Wu J P, She Y Z, Zhang Y, et al. 2013. Sex-dependent accumulation and maternal transfer of dechlorane Plus flame retardant in fish from an electronic waste recycling site in South China[J]. Environmental Pollution, 177(4): 150-155.

Wu P F, Yu L L, Li L, et al. 2016. Maternal transfer of dechloranes and their distribution among tissues in contaminated ducks[J]. Chemosphere, 150: 514-519.

Wu X, Yan W, Hou M, et al. 2017. Atmospheric deposition of PBDEs and DPs in Dongjiang River

Basin, South China[J]. Environmental Science & Pollution Research International, 24(4): 3882.
Xian Q, Siddique S, Li T, et al. 2011. Sources and environmental behavior of dechlorane plus — A review[J]. Environment International, 37(7): 1273-1284.
Xiao K, Wang P, Zhang H, et al. 2013. Levels and profiles of dechlorane plus in a major E-waste dismantling area in China[J]. Environmental Geochemistry & Health, 35(5): 625.
Yan X, Zheng J, Chen K H, et al. 2012. Dechlorane plus in serum from e-waste recycling workers: Influence of gender and potential isomer-specific metabolism[J]. Environment International, 49(4): 31.
Yang R, Wei H, Guo J, et al. 2011. Historically and currently used dechloranes in the sediments of the Great Lakes[J]. Environmental Science & Technology, 45(12): 5156.
Yang R, Zhang S, Li X, et al. 2016a. Dechloranes in lichens from the southeast Tibetan Plateau: Evidence of long-range atmospheric transport[J]. Chemosphere, 144(D24): 446-451.
Yang Y, Ji F, Cui Y, et al. 2016b. Ecotoxicological effects of earthworm following long-term Dechlorane Plus exposure[J]. Chemosphere, 144: 2476-2481.
Yu Z, Lu S, Gao S, et al. 2010. Levels and isomer profiles of dechlorane plus in the surface soils from e-waste recycling areas and industrial areas in South China[J]. Environmental Pollution, 158(9): 2920.
Zeng L, Yang R, Zhang Q, et al. 2014. Current levels and composition profiles of emerging halogenated flame retardants and dehalogenated products in sewage sludge from municipal wastewater treatment plants in China[J]. Environmental Science & Technology, 48(21): 12586.
Zhang Y, Wu J P, Luo X J, et al. 2011a.Tissue distribution of Dechlorane Plus and its dechlorinated analogs in contaminated fish: High affinity to the brain for *anti* -DP[J]. Environmental Pollution, 159(12): 3647-52.
Zhang X L, Luo X J, Liu H Y, et al. 2011b. Bioaccumulation of several brominated flame retardants and dechlorane plus in waterbirds from an e-waste recycling region in South China: associated with trophic level and diet sources.[J]. Environmental Science & Technology, 45(2): 400-5.
Zhang Y, Wu J P, Luo X J, et al. 2011c. Biota-sediment accumulation factors for dechlorane plus in bottom fish from an electronic waste recycling site, South China[J]. Environment International, 2011, 37(8): 1357-61.
Zhang H, Wang P, Li Y, et al. 2013. Assessment on the occupational exposure of manufacturing workers to dechlorane plus through blood and hair analysis[J]. Environmental Science & Technology, 47(18): 10567-73.
Zhang L, Ji F, Li M, et al. 2014. Short-term effects of dechlorane plus on the earthworm Eisenia fetida determined by a systems biology approach[J]. Journal of Hazardous Materials, 273(6): 239-246.
Zhang Y, Luo X J, Mo L, et al. 2015a. Bioaccumulation and translocation of polyhalogenated compounds in rice (*Oryza sativa* L.)planted in paddy soil collected from an electronic waste recycling site, South China[J]. Chemosphere, 137: 25.
Zhang Q, Zhu C, Zhang H, et al. 2015b. Concentrations and distributions of dechlorane plus in environmental samples around a dechlorane plus manufacturing plant in East China[J]. Science Bulletin, 60(8): 792-797.
Zheng J, Wang J, Luo X J, et al. 2010. Dechlorane Plus in human hair from an e-waste recycling area in South China: Comparison with dust[J]. Environmental Science & Technology, 44(24): 9298.
Zheng X B, Luo X J, Zeng Y H, et al. 2014. Sources, gastrointestinal absorption and stereo-selective and tissue-specific accumulation of dechlorane plus (DP) in chicken[J]. Chemosphere, 114(22):

241-246.
Zheng Q, Nizzetto L, Li J, et al. 2015a. Spatial distribution of old and emerging flame retardants in Chinese forest soils: Sources, trends and processes[J]. Environmental Science & Technology, 49(5): 2904.
Zheng X, Xu F, Chen K, et al. 2015b. Flame retardants and organochlorines in indoor dust from several e-waste recycling sites in South China: Composition variations and implications for human exposure[J]. Environment International, 78: 1-7.
Zhu J, Feng Y L, Shoeib M. 2007. Detection of dechlorane plus in residential indoor dust in the city of Ottawa, Canada[J]. Environmental Science & Technology, 41(22): 7694-8.
Zitko V. 1980. The uptake and excretion of mirex and dechloranes by juvenile Atlantic salmon[J]. Chemosphere, 9(2): 73-78.

附录　缩略语（英汉对照）

AChE	acetylcholine esterase，乙酰胆碱酯酶
ADI	acceptable daily intake，每日允许摄入量
APCI	atmospheric pressure chemical ionization，大气压化学电离
APFO	ammonium perfluorooctanoate，全氟辛酸铵
ASE	accelerated solvent extraction，加速溶剂萃取
BAF	bioaccumulation factor，生物富集因子
BAT	best practicable technology，最佳可行技术
BCF	bio-concentration factor，生物浓缩因子
BEP	best environment practice，最佳环境实践
BFRs	brominated flame retardants，溴系阻燃剂
BMF	bio-magnification factor，生物放大因子
BOD	biochemical oxygen demand，生化需氧量
BSAF	bio-sediment accumulation factor，生物-沉积物富集因子
COD	chemical oxygen demand，化学需氧量
CPs	chlorinated paraffins，氯化石蜡
DBP	dibutyl phthalate，邻苯二甲酸二丁酯
DDT	dichloro-diphenyl-tricgloroethane，二氯二苯三氯乙烷
diPAPs	polyfluoroalkyl phosphate diesters，多氟烷基磷酸二酯
DLLME	dispersive liquid-liquid microextraction，分散液液微萃取
DOP	dioctyl phthalate，邻苯二甲酸二辛酯
DP	dechlorane plus，得克隆
EC_{50}	50% effective concentration，半数有效浓度
ECD	electron capture detector，电子捕获检测器
EI	electron impact，电子轰击
EROD	ethoxyresorufin-*O*-deethylase，脱乙基酶
ESI	electrospray ionization，电喷雾电离
FTOHs	fluorotelomer alcohols，氟调醇
FTSAs	fluorotelomer sulfonates，氟调磺酸盐

GABA gamma amino butyric acid, γ-氨基丁酸
GC gas chromatograph, 气相色谱
GPC gel permeation chromatography, 凝胶渗透色谱
HBCDs hexabromocyclododecanes, 六溴环十二烷
HCB hexachlorobenzene, 六氯苯
HCBD hexachlorobutadiene, 六氯丁二烯
HCHs hexachlorocyclohexane, 六氯环己烷
HPLC high performance liquid chromatography, 高效液相色谱
HQ hazard quotient, 危害商数
HRMS high resolution mass spectrum, 高分辨质谱
HS-SPME headspace solid phase micro-extraction, 顶空固相微萃取
ICP-MS inductively coupled plasma masss pectrometry, 电感耦合等离子体质谱
LC_{50} 50% lethal concentration, 半致死浓度
LCCPs long chain chlorinated paraffins, 长链氯化石蜡
LD_{50} 50% lethal dose, 半数致死剂量
LLE liquid-liquid extraction, 液液萃取
LOD limit of detection, 检测限
LOQ limit of quantitation, 定量限
LRMS low resolution mass spectrum, 低分辨质谱
LRT long-range transport, 长距离迁移特性
MAE microwave assisted extraction, 微波辅助萃取
MCCPs medium chain chlorinated paraffins, 中链氯化石蜡
MDL method limits of detection, 方法检出限
MROD methoxyresorufin-*O*-deethylase, 脱甲基酶
MTBE methyl *tert*-butyl ether, 甲基叔丁基醚
NCI negative chemical ionization, 负化学电离源
NMR nuclear magnetic resonance, 核磁共振
OCPs organochlorine pesticides, 有机氯农药
PAHs polycyclic aromatic hydrocarbon，多环芳烃
PAPs polyfluoroalkyl phosphate esters, 多氟烷基磷酸酯类
PBBs polybrominated biphenyls, 多溴联苯
PBDDs polybrominated dibenzo-*p*-dioxin, 多溴联苯并二噁英
PBDEs polybrominated diphenyl ethers, 多溴二苯醚
PBDFs polybrominated dibenzofuran, 多溴联苯并呋喃

PCAs	polychlorinated *n*-alkanes，多氯代正构烷烃
PCBs	polychlorinated biphenyls，多氯联苯
PCI	positive chemical ionization，正化学电离源
PCNs	polychlorinated naphthalenes，多氯萘
PFAAs	perfluoroacyl acid，全氟烷基酸
PFASs	perfluoroalkyl substances，全氟化合物
PFCAs	perfluorocarboxylic acids，全氟羧酸类
PFDA	perfluorodecanoic acid，全氟癸酸
PFDoDA	perfluorododecanoic acid，全氟十二酸
PFHxA	perfluorohexanoate，全氟己酸
PFHxS	perfluorohexane sulfonic acid，全氟己烷磺酸
PFIs	polyfluorinated iodine alkanes，全氟碘烷类化合物
PFK	perfluoro kerosene，全氟煤油
PFOS	perfluorooctane sulfonate，全氟辛基磺酸及其盐类
PFOSAs	perfluoroalkyl sulfonamides，全氟烷基磺酰胺类
PFOSF	perfluorooctane sulfonyl fluoride，全氟辛基磺酰氟
PFPiAs	perfluorinated phosphinates，全氟次磷酸酯
PFSAs	perfluorosulfonates，全氟磺酸类
PFUnDA	perfluoroundecanoic acid，全氟十一酸
PNEC	predicted no-effect concentration，预测无毒性效应浓度
POPs	persistent organic pollutants，持久性有机污染物
PROD	pyranose oxidase，吡喃糖氧化酶
PUF	polyurethane foam，聚氨酯泡沫
QIT	quadrupole ion trap，四极杆离子阱
QSAR	quantitative structure activity relationship，定量结构-活性相关
QSPR	quantitative structure property relationship，定量结构-性质相关
RRF	relative response factor，相对响应因子
RSD	relative standard deviation，相对标准偏差
SBSE	stir bar sorptive extraction，搅拌棒吸附萃取
SCCPs	short chain chlorinated paraffins，短链氯化石蜡
SIM	selected ion monitoring，选择离子监测
SPE	solid phase extraction，固相萃取
SPME	solid phase micro-extraction，固相微萃取
S/N	signal-to-noise ratio，信噪比

TBA tertiary butanol，叔丁醇
TD thermal desorption，热解析
TH tyrosine hydroxylase，酪氨酸羟化酶
TL trophic level，营养级
TMF trophic magnification factor，营养级放大因子
TOC total organic carbon，总有机碳
TOF-MS time-of-flight mass spectrometer，飞行时间质谱仪
TSH thyroid stimulating hormone，促甲状腺激素
UAE ultrasound assisted extraction，超声辅助萃取

索　引

P

Q

R

S

T

W

X

Y

Z

其他

彩　　图

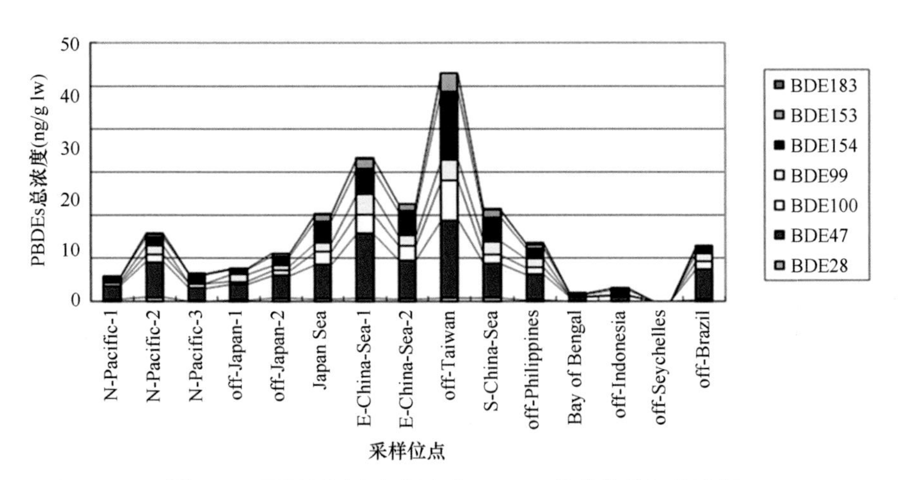

图 2.13　不同地区飞鱼肌肉中 PBDEs 单体的堆积柱形图

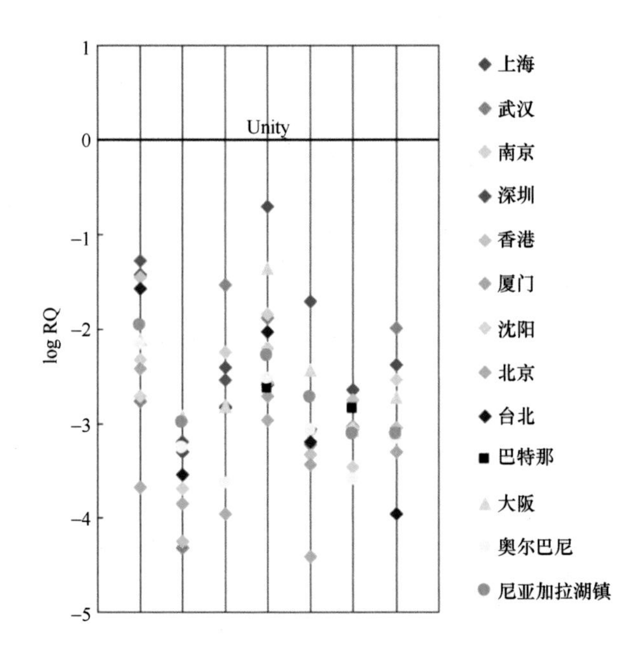

图 3.6　自来水中 PFOS、PFHxS、PFBS、PFOA、PFHxA、PFPeA 和 PFBA 风险熵值（Mak et al.，2009）

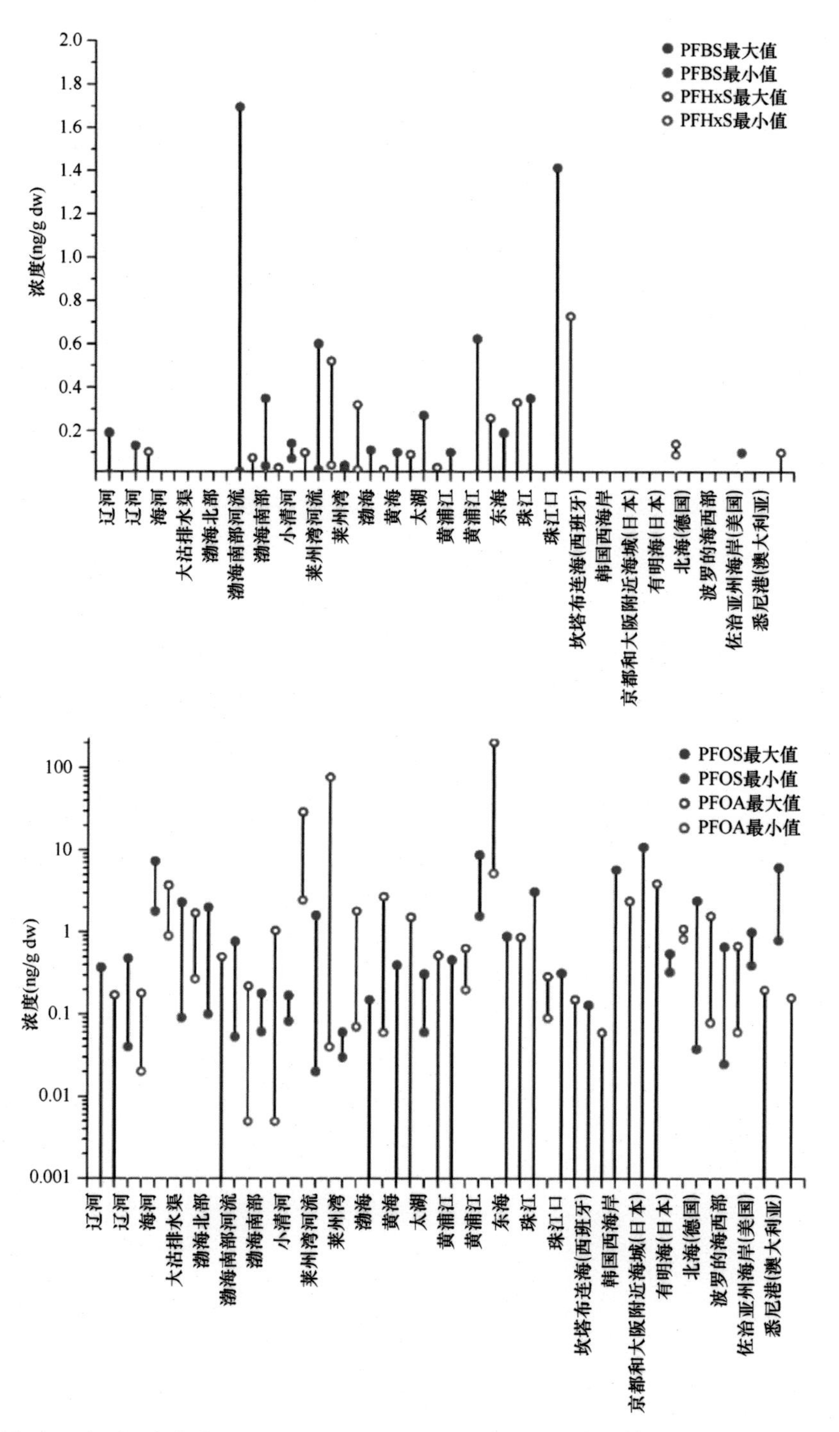

图 3.7 表层沉积物中 PFBS、PFHxS、PFOS 和 PFOA 浓度比较（Gao et al.，2015a）

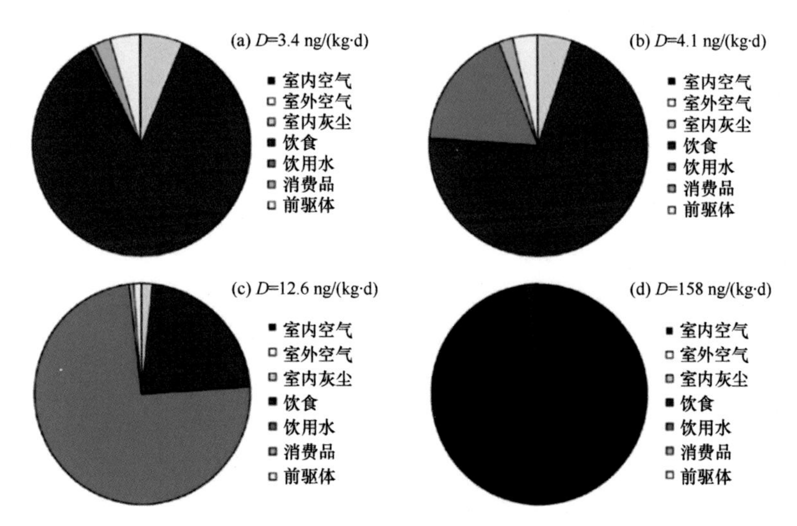

图 3.8 人体 PFOA 暴露途径

（a）背景区域，饮用水中 PFOA 浓度为 1.3 ng/L；（b）饮用水中 PFOA 浓度为 40 ng/L；（c）饮用水点源污染区域，PFOA 浓度为 519 ng/L；（d）职业暴露人群，室内空气中 PFOA 浓度为 1μg/m^3（Vestergren and Cousins，2009）

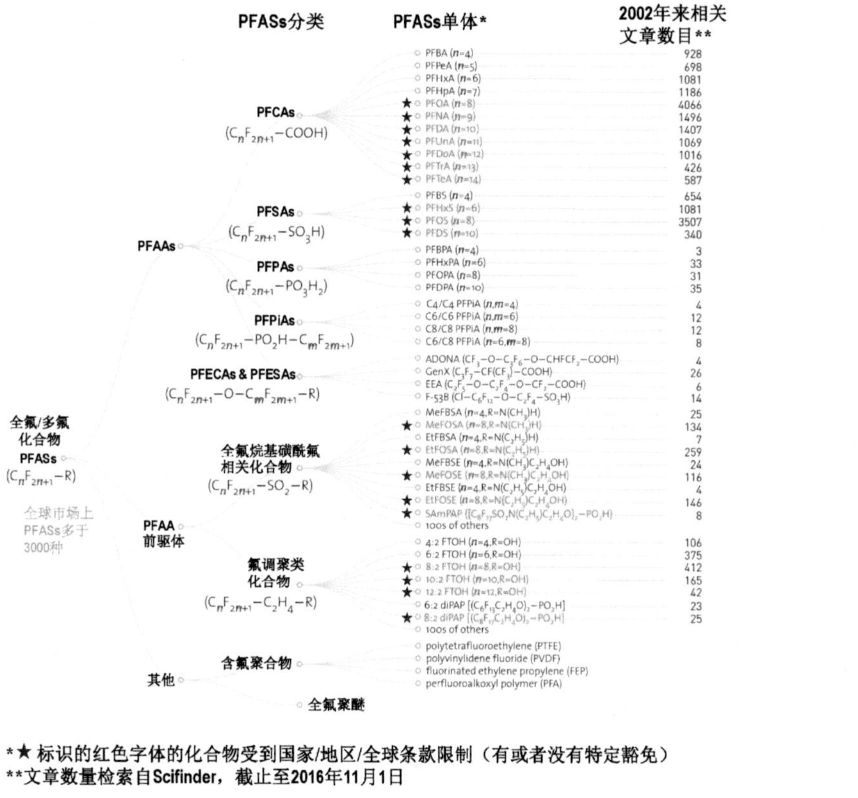

PFASs分类 | PFASs单体* | 2002年来相关文章数目**

全氟/多氟化合物 PFASs ($C_nF_{2n+1}-R$)

全球市场上PFASs多于3000种

PFAAs

PFCAs ($C_nF_{2n+1}-COOH$)

PFASs单体*	2002年来相关文章数目**
PFBA (n=4)	928
PFPeA (n=5)	698
PFHxA (n=6)	1081
PFHpA (n=7)	1186
★ PFOA (n=8)	4066
★ PFNA (n=9)	1496
★ PFDA (n=10)	1407
★ PFUnA (n=11)	1069
★ PFDoA (n=12)	1016
★ PFTrA (n=13)	426
★ PFTeA (n=14)	587

PFSAs ($C_nF_{2n+1}-SO_3H$)

PFASs单体*	2002年来相关文章数目**
PFBS (n=4)	654
★ PFHxS (n=6)	1081
★ PFOS (n=8)	3507
★ PFDS (n=10)	340

PFPAs ($C_nF_{2n+1}-PO_3H_2$)

PFASs单体*	2002年来相关文章数目**
PFBPA (n=4)	3
PFHxPA (n=6)	33
PFOPA (n=8)	31
PFDPA (n=10)	35

PFPiAs ($C_nF_{2n+1}-PO_2H-C_mF_{2m+1}$)

PFASs单体*	2002年来相关文章数目**
C4/C4 PFPiA (n,m=4)	4
C6/C6 PFPiA (n,m=6)	12
C8/C8 PFPiA (n,m=8)	12
C6/C8 PFPiA (n=6,m=8)	8

PFECAs & PFESAs ($C_nF_{2n+1}-O-C_mF_{2m+1}-R$)

PFASs单体*	2002年来相关文章数目**
ADONA ($CF_3-O-C_3F_6-O-CHFCF_2-COOH$)	4
GenX ($C_3F_7-CF(CF_3)-COOH$)	26
EEA ($C_2F_5-O-C_2F_4-O-CF_2-COOH$)	6
F-53B ($Cl-C_6F_{12}-O-C_2F_4-SO_3H$)	14

PFAA前驱体

全氟烷基磺酰氟相关化合物 ($C_nF_{2n+1}-SO_2-R$)

PFASs单体*	2002年来相关文章数目**
MeFBSA (n=4,R=$N(CH_3)H$)	25
★ MeFOSA (n=8,R=$N(CH_3)H$)	134
EtFBSA (n=4,R=$N(C_2H_5)H$)	7
★ EtFOSA (n=8,R=$N(C_2H_5)H$)	259
MeFBSE (n=4,R=$N(CH_3)C_2H_4OH$)	24
★ MeFOSE (n=8,R=$N(CH_3)C_2H_4OH$)	116
EtFBSE (n=4,R=$N(C_2H_5)C_2H_4OH$)	4
★ EtFOSE (n=8,R=$N(C_2H_5)C_2H_4OH$)	146
★ SAmPAP {$[C_8F_{17}SO_2N(C_2H_5)C_2H_4O]_2-PO_2H$}	8
100s of others	

氟调聚类化合物 ($C_nF_{2n+1}-C_2H_4-R$)

PFASs单体*	2002年来相关文章数目**
4:2 FTOH (n=4,R=OH)	106
6:2 FTOH (n=6,R=OH)	375
★ 8:2 FTOH (n=8,R=OH)	412
★ 10:2 FTOH (n=10,R=OH)	165
★ 12:2 FTOH (n=12,R=OH)	42
6:2 diPAP [$(C_6F_{13}C_2H_4O)_2-PO_2H$]	23
★ 8:2 diPAP [$(C_8F_{17}C_2H_4O)_2-PO_2H$]	25
100s of others	

其他

含氟聚合物

- polytetrafluoroethylene (PTFE)
- polyvinylidene fluoride (PVDF)
- fluorinated ethylene propylene (FEP)
- perfluoroalkoxyl polymer (PFA)

全氟聚醚

*★ 标识的红色字体的化合物受到国家/地区/全球条款限制（有或者没有特定豁免）
**文章数量检索自Scifinder，截止至2016年11月1日

图 3.9 PFASs 分类（Wang et al.，2017）

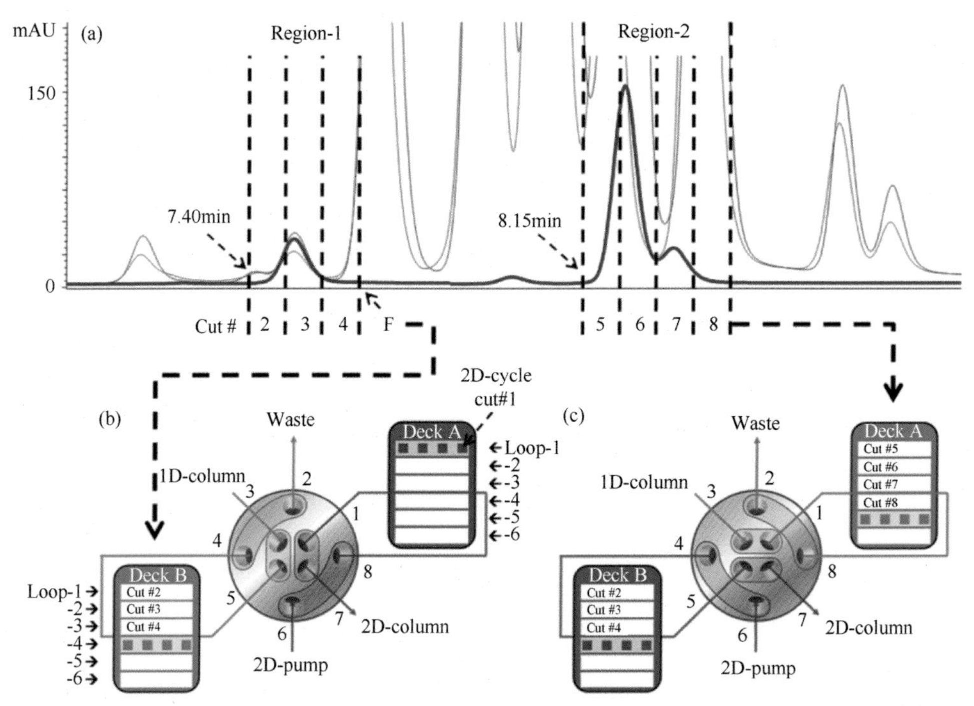

图 6.5 （a）第一维色谱图，（b，c）2D-LC 监视器，负责哪里以及什么时候进行切割组分，其中蓝色显示的是第一维的模块和流路，红色显示第二维的模块和流路（Pursch and Buckenmaier，2015）

注：Cut：切割；Waste：废液口；1D-column：一维色谱柱；2D-column：二维色谱柱；2D-pump：二维泵；Loop：定量环；2D-cycle：二维循环